高等学校建筑环境与能源应用工程专业系列教材

工 业 通 风

（第五版）

杨昌智　　主　编
刘建麟　刘忠兵　副主编
孙一坚　沈恒根　主　审

中国建筑工业出版社

图书在版编目（CIP）数据

工业通风 / 杨昌智主编；刘建麟等副主编.
5 版. -- 北京：中国建筑工业出版社，2025.9.
（高等学校建筑环境与能源应用工程专业系列教材）.
ISBN 978-7-112-31469-0

Ⅰ. X962

中国国家版本馆 CIP 数据核字第 2025VL1077 号

责任编辑：张文胜
责任校对：刘梦然

高等学校建筑环境与能源应用工程专业系列教材

工 业 通 风
（第五版）

杨昌智　主　编

刘建麟　刘忠兵　副主编

孙一坚　沈恒根　主　审

*

中国建筑工业出版社出版、发行（北京海淀三里河路 9 号）

各地新华书店、建筑书店经销

霸州市顺浩图文科技发展有限公司制版

天津画中画印刷有限公司印刷

*

开本：787 毫米×1092 毫米　1/16　印张：19　字数：459 千字
2025 年 9 月第五版　　2025 年 9 月第一次印刷
定价：**58.00 元**
ISBN 978-7-112-31469-0
（45181）

第五版前言

能源和环境问题始终是我们必须面对的重要问题。特别是新型工业的出现和发展，加剧了降低能源消耗、强化环境控制的紧迫性。工业领域的通风除尘，不仅关系到人们特别是现场作业人员的身体健康，也对产品质量和生产能耗有着非常重要的影响。《工业通风》作为我国通风领域重要教材，在工业生产及相关行业的有害物控制、清洁生产与节能降耗中发挥了巨大作用，培养了大量相关技术人才，可以说是我国通风领域的经典教材，老一辈编著者特别是孙一坚教授为之付出了大量劳动和心血，在此向他们致以崇高的敬意！

随着社会的不断进步和经济的迅猛发展，业界对工业生产过程的通风除尘要求越来越高，新的污染控制技术不断涌现，国家相关空气质量控制标准、有害物排放标准不断修订，要求也在不断提高。为了适应新的发展需求，有必要对第四版《工业通风》进行修订。特别要感谢第四版教材作者孙一坚老师、沈恒根老师及中国建筑工业出版社的信任，把教材的修订任务交给我们。

在本次修订过程中，我们针对高等学校教材的特点，着重阐述基本概念、基本原理和基本方法，同时适当涉及针对目前典型工业厂房特征的设计方向。在充分传承第三版、第四版经典内容的基础上，增加了"通风系统""典型通风系统设计案例及分析"等章节；调整了部分章节的内容与顺序；增加了系统调试内容；更新了引用的相关卫生标准、排放标准等。

全书共分10章，其中第4、7、8、9章及10.2、10.3节由杨昌智编写；第1章由杨昌智、刘忠兵编写；第2章、第3.2节、附录由刘忠兵编写；第3.1、3.3节，第5、6章及第10.1节由刘建麟负责编写；艾正涛参与编写了第3.1节、第6.3节；刘忠兵参与了全书统稿和校对工作。研究生廖筱、张焕好、褚于颉、廖禹、卢熙灵、李本佳，以及湖南省建筑环境与能源应用学会秘书王丹参与了部分插图编辑工作。

由于时间仓促，修订者水平有限，许多新的方法和技术未能得到体现，同时书中不免存在欠妥、纰漏之处，恳请广大读者批评指正。

第四版修订本说明

本书自 1980 年出版至今，历经第一版、第二版、第三版共 30 次印刷及第四版的 7 次印刷。由于教材内容深入浅出，结合工程实际，除满足建筑环境与能源应用工程专业（原供热、供燃气、通风与空调专业）使用外，还被从事本专业的工程技术人员作为主要专业用书参考。

本书第四版由湖南大学孙一坚、东华大学沈恒根对全书进行修订和编写工作。第四版修订本对发现的问题又进行了纠正。第四版修订过程中，我们力求继承传统，以阐明工业通风的基本原理和基本规律为主，同时尽量注意理论联系实际，反映近年来在本学科领域的最新成果。应该说明，第四版是在第三版基础上进行的工作，保留了原书所给出的专业基础理论方面的分析和论述。在第三版中，陈在康教授、谭天祐教授、叶龙教授等做了大量工作，第四版中也包含了他们的贡献。

本版仍保持原书的编排方式和风格，每章后有习题。根据近年来工业通风技术的发展、与本专业有关的国家标准规范的修订以及注册公用设备工程师（暖通空调专业）考试与通风相关的内容要求，对本书相关内容进行了修改。修订与编写过程中，参考了《机械工业采暖通风与空气调节设计手册》《实用供热空调设计手册》、暖通空调有关设计标准规范及大量的期刊论文，在此向有关作者致谢。

本书在编写过程中得到中国建筑工业出版社的支持和帮助，谨致谢意。

本书第四版出版后经过一段时间的使用，发现了其中的一些错漏之处，主要表现在文字表述、符号、公式表示和一些数据等方面。为了修正发现的错漏，特出版该修订本。

敬请读者对本书的不足之处，批评指正。

目　　录

第1章 绪 论

在工业生产过程中散发的各种污染物（颗粒物、污染蒸气和气体）以及余热和余湿，如果不对其进行控制，会使室内外空气环境受到污染和破坏，危害人类健康、动植物生长，影响产品质量和生产过程的正常运行。因此，控制工业有害物对室内外空气环境的影响和破坏，是必须解决的问题。工业通风就是研究生产过程中污染控制的一门技术。

1.1 工业有害物的类型、危害及来源

"工业通风"课程中的工业有害物包括颗粒物（粉尘）、有害气体、余热和余湿。

1.1.1 颗粒物（粉尘）的来源及其危害

1. 颗粒物的来源

颗粒物是指能在空气中浮游的微粒，有固态颗粒物、液态颗粒物，工业领域中大多是粉尘，即固态颗粒物，它主要产生于冶金、机械、建材、轻工、电力等工业部门的生产过程，本书中若无特指均指固体颗粒物。它的来源主要有以下几个方面：

（1）固体物料的机械粉碎和研磨，例如选矿、耐火材料车间的矿石破碎过程和各种研磨加工过程；

（2）粉状物料的混合、筛分、包装及运输，例如水泥、面粉等的生产和运输过程；

（3）物质的燃烧，例如煤燃烧时产生的烟尘，其占燃煤量的10%以上；

（4）物质被加热时产生的蒸气在空气中的氧化和凝结。例如矿石烧结、金属冶炼等过程中产生的锌蒸气，在空气中被冷却时会凝结、氧化成氧化锌固体微粒。

第（1）、（2）两种来源属于物料物理形态与尺度的变化产生的颗粒物，其尺度相对较大，称为灰尘。第（3）种来源属于物料的化学变化产生的颗粒物，若化学变化的残灰随烟进入气体中，则颗粒物尺度相对较大，常见为烟尘；如果其残灰未进入气体中，则气体中的颗粒物尺度相对较小，称为烟。例如香烟燃烧产生的烟和烟灰，其中烟的颗粒物尺度较小，达到微米级以下，而烟灰的颗粒物尺度相对较大。第（4）种来源属于气态相变为固态产生的颗粒物，其尺度也比较小。

当一种物质的微粒分散在另一种物质之中时，可以构成一个分散系统，把固体或液体微粒分散在气体介质中而构成的分散系统称为气溶胶。当分散在气体中的微粒为固体时，通称为含尘气体，当分散在气体中的微粒为液体时，通称为雾。

按照环境空气质量标准，颗粒物可分为：

总悬浮颗粒物（TSP）：指能悬浮在空气中，空气动力学当量直径$\leqslant 100\mu m$的颗粒物。

可吸入颗粒物（PM_{10}）：指悬浮在空气中，空气动力学当量直径$\leqslant 10\mu m$的颗粒物。

呼吸性颗粒物（$PM_{2.5}$）：指悬浮在空气中，空气动力学当量直径$\leqslant 2.5\mu m$的颗粒物。

按照气溶胶的来源及物理性质，可细分为：

（1）粉尘（dust）：包括所有固态分散性微粒。粒径上限约为 $200\mu m$；较大的微粒沉降速度快，经过一定时间后不可能仍处于浮游状态。粒径在 $10\mu m$ 以上的称为"降尘"，粒径在 $10\mu m$ 以下的称为"飘尘"。在大气中浮游数量最多的微粒粒径为 $0.10\sim10\mu m$。主要来源于工业排尘、建筑工地扬尘、道路扬尘等。

（2）烟（smoke）：包括所有凝聚性固态微粒，以及液态粒子和固态粒子因凝集作用而生成的微粒，通常是高温下生成的产物。粒径范围为 $0.01\sim1.00\mu m$，一般在 $0.50\mu m$ 以下。如铅金属蒸气氧化生成的 PbO，木材、煤、焦油燃烧生成的烟就属于这一类。它们在空气中沉降得很慢，呈强烈的布朗运动，有较强的扩散能力。主要来源于工业炉窑、餐饮炉窑等。

（3）雾（mist）：包括所有液态分散性微粒的液态凝集性微粒，如很小的水滴、油雾、漆雾和酸雾等，粒径在 $0.1\sim10\mu m$ 之间。

（4）烟雾（smog）：原指大气中形成的自然雾与人为排出的烟气（煤粉尘、二氧化硫等）的混合体，如伦敦型烟雾。其粒径从十分之几微米到几十微米。还有一种光化学烟雾，是工厂和汽车排烟中的氮氧化物和碳氢化物经太阳紫外线照射而生成的二次污染物，是一种浅蓝色的有毒烟雾，俗称洛杉矶型烟雾。

2. 颗粒物对人体的危害

工业有害物危害人体的途径有三个方面：在生产过程中最主要的途径是经呼吸道进入人体，其次是经皮肤进入人体，通过消化道进入人体的情况较少。

颗粒物对人体健康的危害与颗粒物的性质、粒径大小和进入人体的颗粒物量有关。颗粒物的化学性质是危害人体的主要因素。因为化学性质决定它在人体内参与和干扰生化过程的程度和速度，从而决定危害的性质和大小。有些毒性强的金属颗粒物（铬、锰、镉、铅、镍等）进入人体后，会引起中毒甚至死亡。例如，铅使人贫血，损害大脑；锰、镉损坏人的神经、肾脏；镍可以致癌；铬会引起鼻中隔溃疡和穿孔，以及肺癌发病率增加。此外，它们都能直接对肺部产生危害。如，吸入锰尘会引起中毒性肺炎，吸入镉尘会引起心肺功能不全等。颗粒物中的一些重金属元素对人体的危害很大。

一般颗粒物进入人体肺部后，可能引起各种尘肺病。有些非金属颗粒物（如硅、石棉、炭黑等），由于人体吸入后不能排除，将造成硅肺（又称"矽肺"）、石棉肺或尘肺。例如，含有游离二氧化硅成分的颗粒物，在肺泡内沉积会引起纤维性病变，使肺组织硬化而丧失呼吸功能，引发硅沉着病（又称"硅肺病""矽肺病"）。

颗粒物粒径的大小是危害人体健康的另一个重要因素，它主要表现在以下两个方面：

一方面，微细颗粒物粒径小，在空气中不易沉降，也难以被捕集，会造成长期空气污染，同时容易随空气进到人的呼吸系统深部。一般来讲，人呼吸接触的是 TSP（总悬浮颗粒物），较粗的颗粒物被人的鼻腔阻拦或在口腔沉积，粒径小于 $10\mu m$ 的 PM_{10} 可以进入人的气管、支气管中。支气管表面长着可以蠕动的纤毛，这些纤毛可以将沉积的颗粒物随黏液送到咽喉，然后被人咳出去或者咽到胃里。粒径小于 $2.5\mu m$ 的 $PM_{2.5}$ 能够进入由纤维和肺泡组成的肺部。如果 $PM_{2.5}$ 在肺泡沉淀下来，由于肺泡壁板薄、总表面积大，有含碳酸液体的润湿，再加上周围毛细血管很多，粒径小的尘粒较易溶解，肺泡吸收也较快。因为尘粒通过肺泡的吸收速度快，而且被肺泡吸收后，不经肝脏的解毒作用，直接被血液和淋巴液输送至全身，对人体有很大的危害。颗粒物若沉积在肺部纤维上破坏其活动性，大量沉积会导致尘肺，使人的呼吸能力显著下降。

从上述分析可以看出，2.5μm 以下的颗粒物对人体危害较大。据实测，生产车间产尘点空气中的颗粒物粒径大多在 10μm 以下，而且 2.5μm 以下者占 40%～90%。对于呼吸功能强的人员来讲，更粗的颗粒物进入人体内部的可能性较大；环境中颗粒物质量浓度越大，进入人体的颗粒物的量越大。

颗粒物粒径小，其化学活性增大，表面活性也增大（单位质量的表面积增大），加剧了人体生理效应的发生与发展。例如，锌和一些金属本身并无毒，但将其加热后形成烟状氧化物时，可与人体内蛋白质作用而引起发烧，引发铸造热病。

另一方面，颗粒物的表面可以吸附空气中的污染气体、液体以及细菌、病毒等，它是污染物质的媒介物，还会和空气中的化合物（如二氧化硫）联合作用，加剧对人体的危害。

铅尘还能大量吸收太阳紫外线短波部分，严重影响儿童的生长发育。

1.1.2　有害蒸气和气体的来源及其对人体的危害

在化工、造纸、纺织物漂白、金属冶炼、浇铸、电镀、酸洗、喷漆等过程中，均产生大量的有害蒸气和气体。

有害蒸气和气体，对人体健康有极大的危害和影响，既能通过人的呼吸进入人体内部危害人体，又能通过人体外部器官的接触伤害人体。下面介绍几种常见的有害蒸气和气体，说明它们对人体的危害。

1. 汞蒸气

汞蒸气一般产生于汞矿石的冶炼和用汞的生产过程，是一种剧毒物质。汞即使在常温或 0℃ 以下，也会大量蒸发，对人体造成很大危害。汞蒸气通过呼吸道或胃肠道进入人体后便发生中毒反应。汞的急性中毒症状主要表现在消化器官和肾脏，慢性中毒则表现在神经系统（易怒、头痛、记忆力减退等），以及伴随而来的营养不良、贫血和体重减轻等。

2. 铅

在有色金属冶炼以及红丹、蓄电池、橡胶等生产过程中有铅蒸气产生，它在空气中可以迅速氧化和凝聚成氧化铅微粒。铅及其化合物通过呼吸道进入人体后，一部分在体内积累，损害消化道、造血器官和神经系统。铅的急性中毒表现为口中略有甜味、流涎、恶心及胃痛等，慢性中毒开始时有神经衰弱、食欲不振症状，严重时可出现中毒性脑病。

3. 苯

苯是一种挥发性较强的液体，苯蒸气是一种具有芳香味、易燃和麻醉性的气体。它主要产生于焦炉煤气和以苯为原料和溶剂的生产过程。苯进入人体的途径是吸入蒸气或从皮肤表面渗入。苯中毒能危及血液和造血器官，对女性的影响较大。

4. 一氧化碳（CO）

一氧化碳多数是工业炉、内燃机等设备不完全燃烧时的产物，也有来自煤气设备的泄漏。由于人体内红细胞中血红蛋白对一氧化碳的亲和力远大于对氧的亲和力，所以吸入一氧化碳后会阻止血红蛋白与氧气的亲和，使人体发生缺氧现象，引起窒息性中毒。一氧化碳是无色无味气体，能均匀地和空气混合，不易被人发觉，因此必须注意防备。

5. 二氧化硫（SO_2）

二氧化硫主要来自含硫矿物燃料（煤和石油）的燃烧，在金属矿物的焙烧、毛和丝的漂白、化学纸浆和酸的制备等生产过程亦有含二氧化硫的废气排出。二氧化硫是无色、有硫酸味的强刺激性气体，是一种活性毒物，在空气中可以氧化成三氧化硫，形成硫酸烟雾。它对呼吸器官有强烈的腐蚀作用，使鼻、咽喉和支气管发炎。

6. 氮氧化物（NO_x）

氮氧化物主要来源于燃料的燃烧及化工、电镀等生产过程。NO_x 对呼吸器官有强烈的刺激性，能引起急性哮喘。实验证明，NO_2 会迅速破坏肺细胞，可能是肺气肿和肺瘤的病因之一。NO_2 的体积浓度为 $1.0 \sim 3.0 \text{mL/m}^3$ 时，可闻到臭味；体积浓度为 13mL/m^3 时，眼鼻有急性刺激感；体积浓度为 16.9mL/m^3 时，呼吸 10min，会使肺活量减少，肺部气流阻力提高。

根据有害蒸气和气体对人体危害的性质，可将它们概括为麻醉性、窒息性、刺激性和腐蚀性几类。

1.1.3 颗粒物、有害蒸气和气体对生产的影响

颗粒物对生产的影响主要是降低产品质量和机器工作精度。如感光胶片、电子芯片、集成电路、化学试剂、精密仪表和微型电机等产品，若被固态颗粒物沾污或其转动部件被磨损、卡住，就会降低产品质量。有些工厂曾经由于对生产环境的固态颗粒物控制不严而遭受许多损失。现代工农业生产中对空气洁净度的要求越来越高。如电子芯片和大规模集成电路生产车间、生产抗生素的制药车间等，对环境的洁净度要求都非常高。即便是一般的生产车间，高速运转部件也需要防尘。否则，轻则影响产品质量、设备寿命，重则造成废品、报废设备。

农作物种子的培育和保存中，颗粒物可能携带其他作物的花粉，从而改变农作物的性状。颗粒物还使光照度和能见度降低，影响空间作业的视野。

有些颗粒物如煤尘、铝粉和谷物粉尘在一定条件下会发生爆炸，造成经济损失和人员伤亡。

有害蒸气和气体对工农业生产也有很大危害。例如，二氧化硫、三氧化硫、氟化氢和氯化氢等气体遇到水蒸气时，会对金属材料、油漆涂层等产生腐蚀作用，缩短其使用寿命。

有害气体对农作物的危害表现为：

（1）在高浓度污染气体影响下，产生急性危害，使植物叶片表面产生伤斑或者直接使植物叶片枯萎脱落；

（2）在低浓度污染气体长期影响下，产生慢性危害，使植物叶片退绿；

（3）在低浓度污染气体影响下产生看不见的危害，即植物外表不出现症状，但生理机能受影响，造成产量下降，品质变坏。

对农作物有危害的气体有：二氧化硫、氟化氢、二氧化氮和臭氧等。

1.1.4 工业有害物对大气的污染

工业有害物不仅会危害室内空气环境，如不加控制地排入大气，还会造成大气污染，在更大的范围内破坏大气环境。工业化国家大气污染的发展和演变大致可分三个阶段。第一阶段的大气污染主要是燃煤引起的，即所谓煤烟型污染，主要污染物是烟尘和二氧化硫。在第二阶段，随工业的发展，石油代替煤作为主要燃料，同时汽车数量倍增，这时大气污染已不再限于城市和工矿区，而是呈现广域污染，主要污染物是二氧化硫与含有重金属的飘尘、硫酸烟雾、光化学烟雾等共同作用的产物，属于复合污染。第三阶段，各国重

4

视环境保护，经过严格控制、综合治理，环境污染基本得到控制，环境质量明显改善。

目前，由于能源结构的特点与区域社会经济发展的差异性，在工业化国家曾发生的大气污染三个阶段，在我国表现出逐段发生或共存状态。我国的能源结构主要以煤为主，燃煤过程产生的主要大气污染物为烟尘、SO_2 和 NO_x 等。在运输和交通工具使用的汽车数量上也呈现出快速发展的态势，汽车尾气污染逐渐成为城市环境的主要污染物。

在城市与城镇化建设、工业建设过程中，我国十分重视节能减排和生态环境的保护工作，在国民经济高速发展的同时不得以牺牲生态环境为代价已为社会共识。国家在有关大气污染控制和改善环境的法律法规中，对各类污染排放物都提出了严格的排放限值要求。同时，国家采取了一系列措施减少有害物排放，要求在国民经济高速增长的同时不断降低污染物排放量。通过环境综合治理、清洁生产、污染控制技术的实施等，我国的环境空气质量已经得到了明显改善。

1.2 工业有害物对人体危害的影响因素

在工农业生产中，人是最重要的因素，一切生产过程必须"以人为本"。工业有害物对人体的危害程度取决于下列因素：

（1）污染物本身的物理、化学性质对人体产生污染作用的程度，即毒性的大小。

污染物与人体组织发生化学或物理化学作用，在一定条件下破坏人体正常生理机能，引起某些器官和系统发生暂时性或永久性病变，称为中毒。不同的污染物，其毒性不同；同一种污染物，不同的物理化学性状，其毒性也不相同。如前所述，颗粒物的粒径不同，对人体的影响是不同的。粒径越小，其化学活性越强。有些颗粒物，微米级对人体影响不大，当粒径达到纳米级则对人体产生显著影响。另外，在生产环境中，往往同时存在两种以上的污染物，它们有的表现为单独作用，有的表现为相加作用或相乘作用（毒性大于相加的总和），这些也都与污染物的性质有关。

（2）污染物在空气中的含量，即浓度的高低。毫无疑问，浓度越高作用强度越大，影响越显著。

（3）污染物与人体持续接触的时间。

污染物在未失去活性之前，对人体的毒性作用 $Risk$ 可表示为：

$$Risk = \alpha \cdot Dose \tag{1-1}$$

式中　α——单位剂量的风险系数或毒性；

$Dose$——人体接触污染物的总量。

$$Dose = C \cdot t$$

式中　C——人体暴露场所污染物浓度；

　　　t——暴露时间。

对于有些污染物存在一个最低浓度 a，污染物在这个最低浓度以下，即使长时间作用，对人体也不会产生危害或仅有一些轻微影响。因为这种浓度的污染物，或者不被吸收，或者被人体的保护性反应所分解（毒性减弱或变为无害），或者可使其从体内排出。如果把这个浓度称为阈值剂量，式（1-1）变为：

$$Risk = \begin{cases} 0 & Dose \leqslant 阈值 \\ k \cdot (Dose - 阈值) & Dose > 阈值 \end{cases} \qquad (1-2)$$

式中　k——剂量—效应斜率。

（4）车间的环境条件以及人的劳动强度、年龄、性别和体质情况等。

在空气湿度或温度不同的条件下，一定浓度的污染物可能产生不同的危害。潮湿时会促使某些污染物的毒性增大；高温时使人体毛细血管扩张，出汗增多，血液循环及呼吸加快，从而吸入污染物的速度增大。

劳动强度对污染物的吸入及危害作用等有明显的影响。重体力劳动时，对某些污染物所致的缺氧更为敏感。

在同样条件下接触污染物时，有些人可能没有任何症状，有些人中毒，并且致病的程度也往往各不相同。这与人的年龄、性别和体质等有关。

1.3　工业通风系统设计的依据

在进行工业通风系统设计时，采用什么类型的系统，选用什么样的净化设备，对排至室外的空气处理到什么程度，需要有一个依据。这些依据主要的就是现行的空气质量标准、建筑环境污染物卫生标准、污染物排入大气环境或建筑环境的排放标准等。

1.3.1　污染物浓度

污染物浓度是非常重要的参数，单位体积气体（通风中多采用空气）中的污染物含量称为浓度。在环境空气质量标准、建筑环境卫生标准中，污染物浓度常以现况浓度给出；在污染物排放标准中，通常按物理标准工况（1个物理大气压，0℃）给出，甚至增加条件，如燃烧排放污染物，增加空气过剩系数基准值、干空气修正单位体积气体等。

有害蒸气或气体的浓度有两种表示方法，一种是质量浓度，另一种是体积浓度。质量浓度即单位体积空气中所含有害蒸气或气体的毫克数，以 mg/m³ 或 mg/L 表示。体积浓度即每立方米空气中所含有害蒸气或气体的毫升数，以 mL/m³ 表示。因为 $1m^3 = 10^6 mL$，常采用百万分率符号 ppm 表示，即 $1mL/m^3 = 1ppm$。1ppm 表示空气中某种有害蒸气或气体的体积浓度为百万分之一。例如通风系统的排气中，若二氧化硫的体积浓度为 10ppm，就相当于每立方米空气中含有 10mL 二氧化硫。

在标准状态下，有害蒸气或气体的质量浓度和体积浓度可按下式进行换算：

$$Y = \frac{M \times 10^3}{22.4 \times 10^3} C = \frac{M}{22.4} C \quad mg/m^3 \qquad (1-3)$$

式中　Y——有害蒸气或气体的质量浓度，mg/m³；

　　　M——有害蒸气或气体的摩尔质量，g/mol；

　　　C——有害蒸气或气体的体积浓度，ppm 或 mL/m³。

【例 1-1】　在标准状态下，10ppm 的二氧化硫相当于多少 mg/m³？

二氧化硫的摩尔质量 $M=64g/mol$，所以 $Y=64/22.4 \times 10 = 28.6mg/m^3$。

粒尘在空气中的含量，即含尘浓度也有两种表示方法，一种是质量浓度；另一种是颗粒浓度，即每立方米空气中所含粉尘的尘粒数。在工业通风技术中一般采用质量浓度，颗粒浓度主要用于洁净车间。

1.3.2 环境空气质量标准

人类主要在有环境空气的空间中生活、生产、工作，作为空气质量保障条件，我国于1982年开始执行《大气环境质量标准》GB 3095—82。随着环境形势的发展，于1996年修订为《环境空气质量标准》GB 3095—1996，现行标准为《环境空气质量标准》GB 3095—2012。该标准中规定了环境空气质量功能区划分、标准分级、污染物项目、取值时间和浓度限值，以及采样分析方法及数据统计的有效性规定。

按照环境空气质量标准对不同地区进行分类：一类区为自然保护区、风景名胜区和其他需要特殊保护的地区；二类区为城镇规划中确定的居住区、商业交通居民混合区、文化区、一般工业区和农村地区。这两类地区所执行的环境空气质量标准分为两级：一类区执行一级浓度限值，二类区执行二级浓度限值（见附录2）。

从1997年6月开始，我国的城市陆续开展空气质量日报、周报工作，采用空气污染指数API量化环境空气污染的程度，来评定城市环境空气质量。

采用空气污染指数API报告环境空气污染程度，其范围为0～500，其中50、100、200分别对应于一、二、三类区的平均浓度限值，500则对应于对人体健康产生明显危害的污染水平。表1-1给出了我国城市环境空气质量报告用五类污染物浓度与空气污染指数换算，表1-2给出了空气污染指数范围及相应的空气质量等级。

我国城市环境空气质量报告中污染物质量浓度与空气污染指数API的换算　　表1-1

空气污染指数 API	污染物浓度（mg/m³）				
	SO_2（日均值）	NO_2（日均值）	PM_{10}（日均值）	CO（小时均值）	O_3（小时均值）
50	0.050	0.080	0.050	5	0.120
100	0.150	0.120	0.150	10	0.200
200	0.800	0.280	0.350	60	0.400
300	1.600	0.565	0.420	90	0.800
400	2.100	0.750	0.500	120	1.000
500	2.620	0.940	0.600	150	1.200

空气污染指数范围及相应的空气质量等级　　表1-2

空气污染指数 API	空气质量等级	对健康的影响	建议采取的措施
0～50	优秀	可正常活动	
51～100	良好		
101～150	轻微污染	易感人群症状轻度加剧，健康人群出现刺激症状	心脏病和呼吸系统疾病患者应减少体力消耗和户外活动
151～200	轻度污染		
201～250	中度污染	心脏病和肺病患者症状显著加剧，运动耐受力降低，健康人群中普遍出现症状	老年人和心脏病、肺病患者应停留在室内，并减少体力活动
251～300	中度重污染		
>300	重度污染	健康人群运动耐受力降低，有明显强烈症状，提前出现某些疾病	老年人和病人应当留在室内，避免体力消耗，一般人群应避免户外活动

7

1.3.3 卫生标准

为了保护工业企业建筑环境内劳动者和工业企业周边环境居民的安全与健康，使工业企业设计符合卫生要求标准要求，我国于 1962 年发布了《工业企业设计卫生标准》，于 1979 年作了修订，在 2002 年再次修订为《工业企业设计卫生标准》GBZ 1—2002 及《工作场所有害因素职业接触限值》GBZ 2—2002，2007 年对 GBZ 2—2002 进行了修订，并将其分为两部分，分别为化学有害因素（GBZ 2.1—2007）和物理因素（GBZ 2.2—2007）。2010 年，将 GBZ 1—2002 修订为 GBZ 1—2010；2019 年将 GBZ 2.1—2007 修订为 GBZ 2.1—2019。《工业企业设计卫生标准》GBZ 1 适用于国内所有新建、扩建、改建项目和技术改造、技术引进项目的职业卫生设计及评价，该标准还规定了工业企业的选址与整体布局、防尘、防暑、防噪声与振动、防非电离辐射、辅助用室等方面的内容，以保证工业企业的设计符合卫生要求。GBZ 2.1 给出了具体工作场所污染因素的职业接触限值，部分化学有害因素、粉尘的职业接触限值见附录 3。

卫生标准中规定的工作场所污染因素的职业接触限值，是职业性污染因素的接触限值，指劳动者在职业活动过程中长期反复接触对机体不引起急性或慢性有害健康的容许接触水平。化学因素的职业接触限值，可分为时间加权平均容许浓度、最高容许浓度和短时间接触容许浓度三类。其中，时间加权平均容许浓度，指以时间为权数规定的 8h 工作日、40h 工作周的平均容许接触浓度；最高容许浓度，指在一个工作日内、任何时间、工作地点的化学有害因素均不应超过的浓度；短时间接触容许浓度，指在实际测得的 8h 工作日、40h 工作周平均接触浓度遵守时间加权平均容许浓度（PC-TWA）的前提下，容许劳动者短时间（15min）接触的加权平均浓度。

1.3.4 排放标准

为保护环境，防止工业废水、废气、废渣（简称"三废"）对大气、水源和土壤的污染，保障人们身体健康，我国在 1973 年发布了第一个环保标准《工业"三废"排放试行标准》GBJ 4—73。1982 年又制定了《大气环境质量标准》GB 3095—82，1996 年、2000 年、2012 年进行了 3 次修订，现行标准为《环境空气质量标准》GB 3095—2012。作为对《工业"三废"排放试行标准》GBJ 4—73 的改进，不同行业又制定了相应的排放标准，如《水泥工业污染物排放标准》GB 4915—85、《钢铁工业污染物排放标准》GB 4911—85 等。1996 年在以上排放标准的基础上制定了《大气污染物综合排放标准》GB 16297—1996，该标准规定了 33 种大气污染物的排放限值，同时规定了标准执行中的各种要求。该标准适用于现有污染源大气污染物排放管理，以及建设项目的环境影响评价、设计、环境保护设施竣工验收及其投产后的大气污染物排放管理。

在《大气污染物综合排放标准》GB 16297—1996 中规定了最高允许排放速率，将现有污染源分一、二、三级，新污染源分为二、三级。按污染源所在的环境空气质量功能区类别，执行相应级别的排放速率标准，即：位于一类区的污染源执行一级标准（一类区禁止新、扩建污染源，一类区现有污染源改建执行现有污染源的一级标准）；位于二类区的污染源执行二级标准；位于三类区的污染源执行三级标准。

在锅炉大气污染物排放方面，1983 年首次发布了锅炉大气污染物排放标准，1991 年、1999 年、2001 年、2014 年分别进行了修订，现行标准为《锅炉大气污染物排放标准》GB 13271—2014，该标准规定了锅炉大气污染物浓度限值、监测和监控要求。

在使用国家排放标准时，需查询是否有地方标准和行业标准，因各地环境生态（人员密度、气候条件、自然条件、污染物容纳量等）不同，按环保标准制定规则，后者要严于国家标准，由此来正确选定适合的排放浓度限值。随着我国对环保要求日益严格，针对污染严重的火电厂、钢铁冶金、有色冶金、建材水泥、建材玻璃、机械铸造等行业又制定了更严格的大气污染物排放标准。使用时应注意查询。

附录 4～附录 7 中列出了部分大气污染物排放浓度限值。

习　　题

1. 颗粒物、有害蒸气和气体对人体有何危害？

2. 试阐明颗粒物粒径大小与人体危害的关系。

3. 写出下列物质在车间空气中的最高容许浓度限值，并指出何种物质的毒性最大：一氧化碳、二氧化硫、氯、丙烯醛、铅烟、五氧化砷、氧化镉。

4. 卫生标准对工业车间环境空气中工业有害物作了哪些规定？试举例说明。

5. 空气中汞蒸气的质量浓度为 $0.01mg/m^3$，试将该值换算为体积浓度（单位：mL/m^3）。

6. 制定排放标准时，为何地方标准要严于国家标准要求？试举例说明。

第2章　控制工业有害物的通风方法

用通风方法改善车间环境空气质量，简要说就是在局部地点或整个车间把不符合卫生标准的污染空气经过处理达到排放标准排至室外，把新鲜空气或经过净化符合卫生标准的空气送入室内。前者称为排风，后者称为进风。

工业有害物在车间内的传播途径及特性为有害物控制方法的选择提供依据。防止工业有害物污染室内空气最有效的方法是在污染物产生地点直接进行捕集，经过净化处理，排至室外，这种通风方法称为局部排风。局部排风系统需要的风量小、效果好，设计时应优先考虑。

如果由于生产条件限制、污染源不固定等原因，不能采用局部排风，或者采用局部排风后，室内污染物浓度仍超过卫生标准，这种情况下可以采用全面通风。全面通风是对整个车间进行通风换气，即用新鲜空气把整个车间的污染物浓度稀释到最高容许浓度限值以下。全面通风所需的风量比局部排风大，相应的系统也较大。

按照通风动力的不同，通风系统可分为自然通风和机械通风两类。自然通风依靠室外风力造成的风压或室内外空气温度差所造成的热压使空气流动；机械通风依靠风机形成的压力使空气流动。相比机械通风，自然通风不需要专门的动力，是一种比较经济的通风方法。

2.1　工业有害物在车间内的传播途径及特性

颗粒物、污染气体都要通过一定的传播过程，扩散到周围空气中去，再与人体接触，造成对人体的危害。使颗粒物从静止状态变成悬浮于周围空气中的作用称为尘化作用。常见的尘化作用有：

1. 剪切压缩造成的尘化作用

筛分物料用的振动筛上下往复振动时，使疏松的物料不断受到挤压，因而会把物料间隙中的空气猛烈挤压出来。当这些气流向外高速运动时，出于气流和固态颗粒物的剪切压缩作用，带动固态颗粒物一起逸出，如图 2-1 所示。

2. 诱导空气造成的尘化作用

物体或块、粒状物料在空气中高速运动时，能带动周围空气随其流动，这部分空气称为诱导空气，如图 2-2 所示。

图 2-3 是诱导空气造成尘化作用的一个示例，用砂轮磨光金属时，在砂轮高速旋转下甩出的金属屑会产生诱导空气，使磨削下来的细固态颗粒物随其扩散。钢凿冲击石块时，石块的碎粒四处飞溅所产生的诱导空气也会造成尘化。

3. 综合性的尘化作用

如图 2-4 所示，皮带运输机输送的粉料从高处下落到地面时，由于气流和颗粒物的剪切作用，被物料挤压出来的高速气流会带着颗粒物向四周飞溅。另外，粉料在下落过程中，由于剪切和诱导空气的作用，高速气流也会使部分物料飞扬。

4. 热气流上升造成的尘化作用

当炼钢电炉、加热炉以及金属浇铸等产尘设备表面的空气被加热上升时，会带着颗粒物一起运动，如图 2-5 所示。

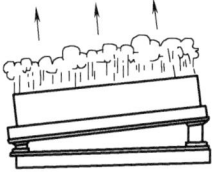

图 2-1　剪切压缩造成的尘化作用

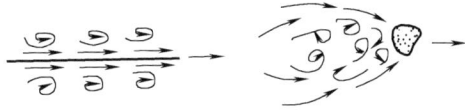

图 2-2　诱导空气

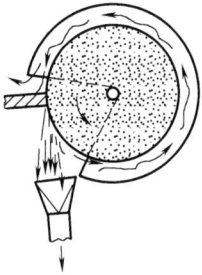

图 2-3　诱导空气造成的
尘化作用示例

图 2-4　综合性的尘化作用

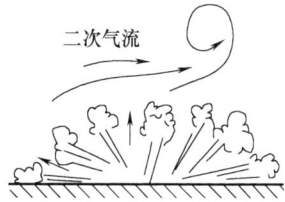

图 2-5　热气流上升造成的尘化作用

通常把上述使颗粒物由静止状态进入空气中呈悬浮状态的尘化作用称为一次尘化作用，引起一次尘化作用的气流称为尘化气流。一次尘化作用造成局部地点的空气污染，这些浮游的颗粒物又怎样在车间内传播呢？下面进一步讨论该问题。

首先，根据颗粒物所受的力，分析一个直径为 $10\mu m$、密度为 $2700kg/m^3$ 的尘粒在空气中的运动情况。尘粒所受的力主要有重力、机械力（惯性力）、分子扩散力和气流带动尘粒运动的力。当尘粒在重力作用下自由降落时，其最大降落速度为 $0.0080m/s$，与一般车间具有的空气流动速度（$0.20\sim0.30m/s$）相比是很小的。这说明，颗粒物的运动主要受室内气流的支配。当尘粒受到作布朗运动的空气分子的撞击而作扩散运动时，由于尘粒的质量比分子大得多，尘粒依靠扩散在 $1s$ 内运动的距离只有 $1.2\times10^{-8}m$，与室内气流速度相比，分子扩散力的作用完全可以忽略不计。当尘粒受机械力作用以初速度 v_0 作水平运动时，由于空气的阻力，尘粒作减速运动，可用以下公式表达尘粒运动的规律：

尘粒运动的末速度为：

$$v=v_0 e^{-t/\tau} \tag{2-1}$$

尘粒在时间 t 内运动的距离 s 为：

$$s=\int_0^t v dt=\int_0^t v_0 e^{-t/\tau} dt=\tau v_0(1-e^{-t/\tau}) \tag{2-2}$$

式中　τ——尘粒在空气中动量改变的特征时间，$\tau=\dfrac{d_c^2\rho_c}{18\mu}$；

d_c——尘粒的直径，m；

ρ_c——尘粒的密度，kg/m^3；

μ——空气的动力黏度，Pa·s。

设上述尘粒以初速度 $v_0=10m/s$ 作水平运动，经过 0.01s 后，尘粒的速度迅速降到 $5\times10^{-5}m/s$，很快失去功能，尘粒运动的最大距离只有 $8\times10^{-3}m$。这表明，即使在机械力作用下，尘粒也不可能单独在车间内传播。

由此可知，颗粒物本身不具有独立运动能力，一次尘化作用给予颗粒物的能量不足以使颗粒物在室内进一步扩散，它只能造成局部地点的空气污染。造成颗粒物进一步扩散、污染车间空气环境的主要原因是二次气流，包括车间内的自然风气流、机械通风气流、惯性物诱导气流、冷热气流对流等形成的室内气流。二次气流带着局部地点的含尘空气在整个车间内流动，使颗粒物扩散到整个车间（二次尘化作用），二次气流的方向和速度等因素决定了粉尘扩散的方向和范围，如图 2-5 所示。

有害蒸气和气体散发到空气中，通过分子扩散和周围空气分子混合形成混合气体。由于有害蒸气和气体自身的扩散能力有限，故它们和颗粒物一样，随室内气流运动在室内传播。

2.2　对工业有害物的控制原理

颗粒物在车间内的传播与扩散是一次尘化作用和二次尘化作用的共同结果。一方面，需要从防治一次尘化作用入手，这主要从工艺过程控制或改革工艺来解决；另一方面，颗粒物是跟随气流而运动的，因此控制好气流流动，就可以有效地控制二次尘化作用，进而改善车间空气环境。这就是采用通风方法控制工业有害物，必须合理组织车间内气流的主要原因。

1. 改革工艺设备和工艺操作方法，从根本上防止和减少污染物的产生

生产工艺的改革能有效解决防尘、防毒问题。例如，用湿式作业代替干式作业可以大大减少颗粒物的产生。在产尘车间内坚持湿法清扫可以防止二次尘源的产生。用无毒原料代替有毒或剧毒原料，能从根本上防止污染物的产生。采用无氟电镀、无汞仪表等，消除了剧毒物质的危害。改革工艺时，应尽量使生产过程自动化、机械化、密闭化，避免污染物与人体直接接触。

在总图布置和建筑设计方面与工艺及通风措施密切结合起来，进行综合防治。

2. 采用通风措施控制污染物

如果改革工艺设备和工艺操作方法后仍有污染物散入室内，应采取局部通风或全面通风措施。采取通风措施控制污染物应在合理进行工艺设计、建筑设计、厂区总平面设计的基础上，采取综合预防和治理措施，并应防止生产中产生的有害物对室外环境造成污染。通风方法包括自然通风和机械通风，其中机械通风又包括局部通风和全面通风。在选择通风方式时，应根据生产工艺的特点和污染物的性质，考虑系统初投资和运行能耗。比如在选用机械通风方式时，应尽可能采用局部通风。如果设置局部通风后仍不能满足卫生标

准，或工艺条件不允许设置局部通风时，才考虑采用全面通风。

3. 个人防护措施

由于技术和工艺上的原因，某些车间作业地点未能达到卫生标准的要求时，应对操作人员采取个人防护措施，如配备防尘、防毒口罩或面具，穿戴按工种配备的防护服装等。

4. 建立严格的检查管理制度

为了确保通风系统的安全运行，对通风系统要建立运行规程，设置专职管理的班组或人员。定期进行通风设备的维护和管理，定时监测环境空气中污染物的浓度。对生产过程中接触尘、毒的人员应定期进行体检，以便及时发现问题，采取措施进行整改。对严重危害人员身体健康又不采取防护措施、长期达不到卫生标准要求的劳动生产岗位或车间，依据相关规定可勒令其停止生产。

2.3 通风控制方法的类型及适用场合

2.3.1 自然通风

自然通风依靠室内外温差所造成的热压，或者室外风力作用在建筑物上所形成的压差，使室内外的空气进行交换，从而改善室内空气环境。因自然通风不需要专设动力装置，对于产生大量余热的车间是一种经济有效的通风方法。其不足之处是自然进入的室外空气无法预先进行处理，同样从室内排出的空气中，如果含有有害粉尘或有毒气体，也无法进行净化处理。另外，自然通风的通风量一般受室外气象条件的影响，通风效果不稳定。

2.3.2 机械通风

机械通风依靠风机造成的压力使空气流动。由于风机的风量和压力可以根据工程需要来选择，故机械通风能够确保通风量，并可以控制空气流动方向和气流速度，也可以按所要求的空气参数对进风和排风进行处理。相比自然通风，机械通风较复杂，一次投资和运行费用较大。局部通风分为局部送风和局部排风两大类，它们都是利用局部气流，使局部工作地点不受污染，营造良好的空气环境。

1. 局部排风

局部排风利用局部气流直接在有害物质产生地点对其加以控制或捕集，避免污染物扩散到车间作业地带。与全面通风相比，它具有排风量小、控制效果好等特点。因而在散发热、湿、蒸汽或有害物质的室内，应首先考虑采用局部排风。只有不能采用局部排风或采用局部排风后仍达不到卫生标准要求时，再采用全面通风。局部排风系统示意图如图 2-6所示，它由以下几部分组成：

（1）局部排风罩

局部排风罩用来捕集污染物，它的性能对局部排风系统的技术经济指标有直接影响。性能良好的局部排风罩（如密闭罩），只要较小的风量就可以获得良好的工作效果。针对不同的生产设备和工艺操作类型，选择适合的排风罩形式。

（2）风管

通风系统中输送气体的管道称为风管，它把系统中的各种设备或部件连成一个整体。为了提高系统的经济性，应合理选定风管的截面形状、管内气体流速、管路走向。风管通常用表面光滑的材料制作，如薄钢板、聚氯乙烯板，有时也用混凝土、砖等材料制作。

（3）净化设备

为了防止大气污染，当排出的有害物超过排放标准时，必须用净化设备处理，达到排放标准后排入大气。净化设备分除尘器和污染气体净化装置两类。

（4）风机

风机为机械排风系统提供空气流动的动力。为了防止风机的磨损和腐蚀，通常把它放在净化设备的后面。

2. 局部送风

对于面积大、操作人员少的生产车间，用全面通风的方式改善整个车间的空气环境，既困难又不经济。例如，某些高温车间，不需要对整个车间进行降温，可以只向个别局部工作地点送风，从而在局部工作地点营造良好的空气环境，这种通风方法称为局部送风。

局部送风分为系统式和分散式两种。系统式局部送风是利用通风机和风管直接将室外新鲜空气或者处理到一定参数的空气送到工作地点。图2-7是铸造车间浇注工部系统式局部送风示意图，空气经集中处理后送入局部工作区。分散式局部送风可以使用轴流风扇、喷雾风扇对室内空气再循环，也可以采用蒸发冷却机组对室外空气处理后送风。

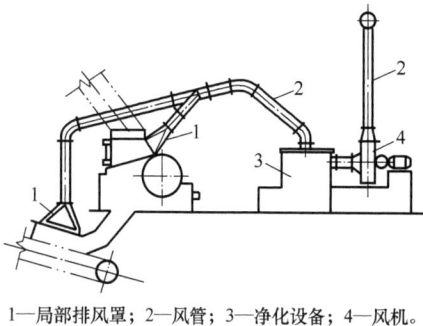

1—局部排风罩；2—风管；3—净化设备；4—风机。

图 2-6　局部排风系统示意图　　　　图 2-7　铸造车间浇注工部系统式局部送风示意图

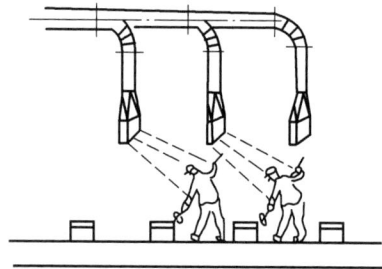

3. 全面通风

全面通风是对整个车间进行通风换气，其目的是稀释室内有害物浓度或消除余热、余湿，使室内空气达到卫生标准和满足生产要求。相比局部通风，全面通风所需的风量较大，相应的系统也较大，初投资和运行费用也相对较高。在一些不宜采用局部通风的场合，则需要采用全面通风，例如对于散发有害物的车间，有害物散发源不固定或者有害物散发源数量特别多、面积大且分散，或者安装局部通风装置会妨碍工人操作等。

应当指出的是，全面通风的效果不仅与通风量有关，而且与通风气流组织有关。气流组织一般做法为：把空气送到相对清洁区域，然后流向污染区域。如图2-8（a）所示，将清洁空气直接送到工作位置，经污染源后排至室外。若送风先经污染源，再流到工作位置，工作区的空气被污染后被人吸入，会对人体产生危害，如图2-8（b）所示。图2-8（c）为整个车间均有有害物散发，且散发位置不确定时的一种全面通风方式。由此可见，要使全面通风效果良好，不仅需要足够的通风量，而且要有合理的气流组织。

4. 事故通风

在生产车间，当生产设备发生事故或故障时，对于可能突然散发大量有毒气体、有爆

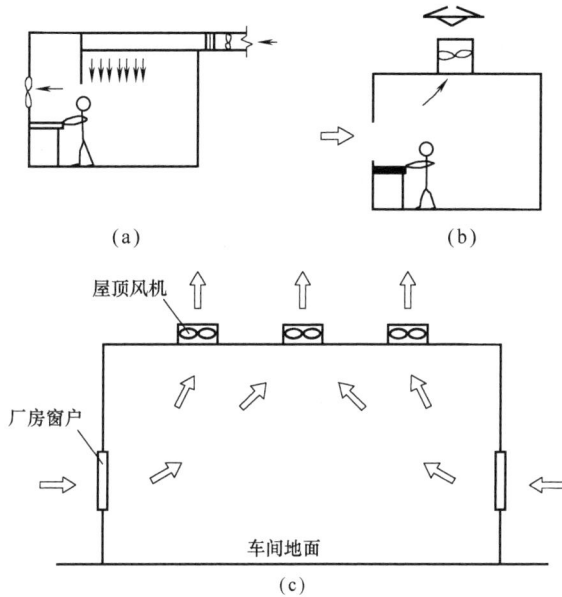

图 2-8　全面通风示意图

炸危险气体或粉尘的场所，应根据工艺设计要求设置事故通风。事故通风是保证安全生产和保障人们生命安全的一项必要措施。它虽然很少使用或从不使用，但不可以不设，应以预防为主。

事故通风量宜根据工艺设计条件通过计算确定，且换气次数不应小于 $12h^{-1}$。所谓换气次数，就是通风量 $L(m^3/h)$ 与通风房间容积 V_f（m^3）的比值，即换气次数 $n=L/V_f$。

在采用换气次数计算通风量时，通风房间容积计算应符合下列规定：①当房间高度小于或等于 6m 时，应按房间实际容积计算；②当房间高度大于 6m 时，应按 6m 的空间容积计算。事故通风可由经常使用的通风系统和事故通风系统共同保证，此时由于经常使用的通风系统平时运行，可有效预防事故的发生。设置事故排风的场所不具备自然进风条件时，应同时设置补风系统，补风量宜为排风量的 80%，且补风机应与事故排风机联锁。

对于放散有爆炸危险的可燃气体、粉尘或气溶胶等场合，事故通风系统应设置防爆通风系统或诱导式事故排风系统。事故通风机的开关装置应装在室内外便于操作的地点，以便一旦发生紧急事故时，使其立即投入运行。工作场所如果设置有毒气体或有爆炸危险气体监测及报警装置，事故通风装置应与报警装置联锁。

事故排风的吸风口应设在有毒气体或有爆炸危险气体放散量可能最大或聚集最多的地点，同时对事故排风的死角处还需采取导流措施。事故排风的排风口不应布置在人员经常停留或经常通行的地点，且排风口与机械送风系统进风口的水平距离不应小于 20m，当水平距离不足 20m 时，排风口应高于进风口，并不得小于 6m；当排气中含有可燃气体时，事故通风系统排风口距火花溅落可能地点应大于 20m；排风口不得朝向室外空气动力阴影区和正压区。

本章介绍了工业有害物在车间内的传播途径及特性、对工业有害物的控制原理；分析了局部排风、局部送风、全面通风、事故通风的作用、特点及应用条件。在进行车间的通风设计时应综合考虑系统的初投资、运行能耗，首先应根据生产工艺特点和污染物的性

15

质，尽可能采用局部通风。如果采用局部通风不能满足卫生标准的要求，或工艺条件不允许采用局部通风时，才考虑采用全面通风。有些生产车间（如铸造车间、烧结车间等），工艺设备比较复杂，车间内同时散发粉尘、有害蒸气和气体等多种污染物，进行这类车间的通风设计时，必须全面考虑各种污染物的散发情况，综合运用各种通风方式，才能做出效果良好的设计方案。恰当运用各种通风方法综合解决整个车间的通风问题，对营造良好的空气环境、提高通风系统的技术经济性能具有重要意义。例如：在铸造车间，一般采用局部排风捕集粉尘和污染气体，用全面自然通风消除散发到整个车间的热量及部分有害气体，同时对个别高温工作地点（如浇注、落砂）用局部送风进行降温。从这个例子可以看出：单纯采用某一种通风方式是不可能经济合理地解决整个车间污染物控制问题的。

习　题

1. 颗粒物不具有独立运动能力，它的运动能量主要来自哪里？
2. 造成有害物在车间扩散的主要因素什么？控制有害物扩散的原理什么？
3. 试阐述通风控制方法的类型及适用场合。
4. 什么是事故通风？事故通风设计时需要注意哪些事项？

第3章　通风气流组织与通风量

全面通风效果不仅取决于通风量的大小，还与通风气流组织有关。所谓气流组织就是合理地布置送、排风口位置，分配风量以及选用风口形式，以便用最小的通风量达到最佳的通风效果。

3.1　通风气流组织

如第2章所述，使有害物在车间扩散的主要原因是二次气流，即车间内的空气流动，控制了空气流动也就控制了有害物的扩散。气流组织就是通过设置在车间的送风口、排风（回风）口位置、数量，送风角度和每个风口的风量设计，合理地组织车间内的气流流动，达到控制有害物在车间扩散的目的，或通过对车间内进行大量通风换气（稀释通风），将车间内有害物浓度降低到卫生标准规定的浓度值之下。

比较常用的气流组织形式有单向流通风、均匀流通风、置换通风、诱导通风、稀释通风等。

全面通风是对整个房间（或车间）进行通风换气，用新鲜空气把整个车间的有害物浓度稀释到最高容许浓度以下。该方法所需的全面通风量大，一般情况下控制效果有限。

1. 单向流通风

图3-1是单向流通风的示意图。它通过有组织的气流运动，控制有害物的扩散和转移，保证操作人员呼吸区内的空气质量达到卫生标准的要求。这种方法具有通风量相对较小、控制效果较好等优点。对不同类型的车间，其设计参数需通过试验确定。

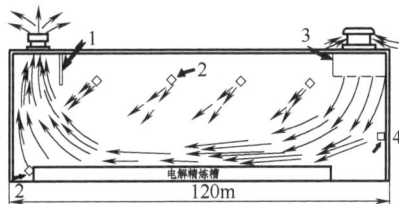

1—屋顶排风机组；2—局部加压射流；3—屋顶送风小室；4—基本射流。

图3-1　单向流通风示意图

2. 均匀流通风

速度和方向完全一致的气流称为均匀流，用它进行的通风称为均匀流通风。其工作原理是利用送风气流构成的均匀流把室内污染空气全部压出和置换，如图3-2所示。气流速度原则上要控制在0.20～0.50m/s。这种通风方法能有效排出室内污染空气。目前主要应用于汽车喷漆室等对气流、温度、湿度要求高的场合。

3. 置换通风

在有余热的房间，由于在高度方向上具有稳定的温度梯度，如果以较低的风速（0.20～0.50m/s），将送风温差较小（2.0～4.0℃）的新鲜空气直接送入室内工作区，低温的新风在重力下先是下沉，随后慢慢扩散，在地面上方形成一层空气层，而室内热源产生的热气流，由于浮力作用而上升，并不断卷吸周围空气。这样由于热气流上升时的卷吸作用、后续新风的推动作用和排风口的抽吸作用，地板上方的新鲜空气缓慢向上移动，形成类似于向上的均匀流，于是工作区的污染空气被新风所取代。当达到稳定时，室内空气在温度、浓度上便形成两个区域：上部混合区和下部单向流动的清洁区，这种通风方式称为置换通风（图 3-3）。置换通风的效果与送风条件有关。与传统的稀释通风方式相比，置换通风具有节能、通风效率高等优点。我国在影剧院的气流组织中，曾采用座椅送风口，把新鲜空气直接送入观众区，这种气流组织方式在概念上和置换通风是一致的。

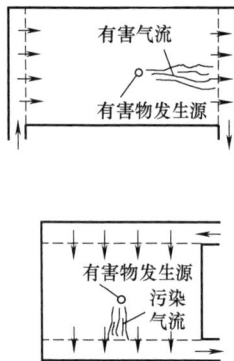

图 3-2 均匀流通风示意图

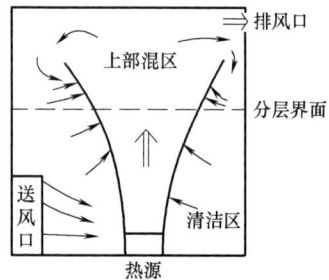

图 3-3 置换通风示意图

4. 诱导通风

诱导通风就是利用诱导气流将有害物诱导至排风口，然后排出，如图 3-4 所示。

5. 稀释通风

当有害物在整个车间内散发，进行合理的气流组织困难，且具备大量通风条件时，也可以考虑采用稀释通风，如图 3-5 所示。

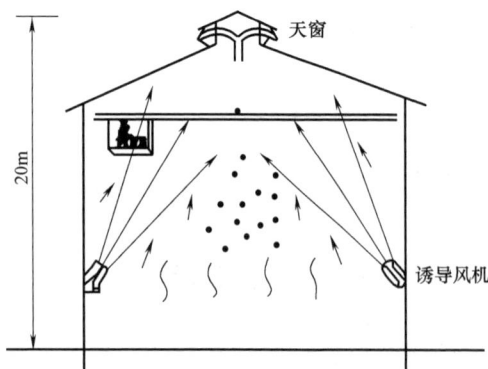

图 3-4 诱导通风示意图

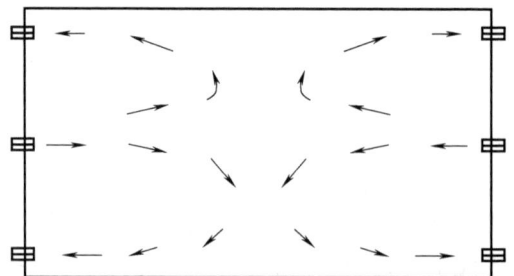

图 3-5 稀释通风示意图

此外，还有其他气流组织形式。显然，不同的气流组织形式适用于不同的场合。

3.2 通风量的确定

评价通风方法对车间内有害物的控制效果，通风量是一个非常重要的参数。计算通风量是通风设计中重要的工作。本节涉及的通风量计算为全面通风时的通风量，关于局部通风的风量计算见本书第 5 章，自然通风的风量计算见本书第 8 章。然而在实际工程设计中，难以对每个车间都进行气流组织模拟与优化，因此本节中全面通风量的计算是在假设理想情况下进行的计算，即假设污染物在室内均匀散发（室内空气中污染物浓度分布均匀）、送风气流和室内空气的混合在瞬间完成等条件下进行的通风量计算。

3.2.1 有害物散发量的计算

采用通风措施对室内有害物进行控制并计算通风量时，首先需要正确计算单位时间内进入车间的有害物散发量，包括有害蒸汽和气体、粉尘、余热和余湿等。一般情况下，有害物散发速率越大，所需的通风量越大。

1. 生产设备散热量的计算

进行车间热平衡计算时，必须首先了解生产过程，正确确定车间的得热量。为使设计安全可靠，应分别计算车间的最大和最小得热量。把最小得热量作为车间冬季计算热量；把最大得热量作为车间夏季计算热量。在冬季，采用热负荷最小班次的工艺设备散热量，不经常的散热量不予考虑，经常而不稳定的散热量按小时平均值计算。在夏季，采用热负荷最大班次的工艺设备散热量，经常而不稳定的散热量按最大值计算，白班不经常的较大的散热量也应考虑。

一般散热设备散热量的计算方法，在传热学中已经介绍。在生产车间，由于工艺设备种类繁多、结构复杂，完全用理论计算的方法确定设备散热量是很困难的，设计计算时可查阅有关文献。生产车间工艺设备散热量主要包括以下几个方面：

（1）工业炉及其热设备的散热量；

（2）原材料、成品或半成品冷却的散热量；

（3）蒸汽锻锤的散热量；

（4）燃料燃烧的散热量；

（5）电炉、电机的散热量；

（6）热水槽表面的散热量。

2. 散湿量的计算

生产车间的散湿量主要有以下几个方面：

（1）暴露水面或潮湿表面散发的水蒸气量；

（2）材料或成品的散湿量；

（3）化学反应过程中散发的水蒸气量。

3. 有害气体散发量的计算

在生产车间内，有害气体的来源主要有以下几个方面：

（1）燃料燃烧产生的有害气体；

（2）通过炉子的缝隙漏入室内的烟气；

（3）从生产设备或管道的不严密处漏入室内的有害气体；

（4）容器中化学品自由表面的蒸发；

（5）物体表面涂漆时，散入室内的溶剂蒸气；

（6）生产过程中化学反应产生的有害气体，如电解铝时产生的氟化氢，铸件浇注时产生的一氧化碳等。

由于生产过程的复杂性，散热量、散湿量和有害气体散发量一般都是通过现场测定和调查研究，按经验数据确定。在实际工程设计过程中，需要工艺专业或厂家提供相应数据。当缺乏实测数据时，可以参考相关设计手册。

3.2.2　全面通风量的计算

全面通风量是指车间内连续均匀地散发有害物，在合理的气流组织下，将有害物浓度控制到卫生标准规定的最高容许浓度以下所需的通风量。

确定全面通风量可以采用的基本原理为风量平衡原理和污染物质量平衡原理。风量平衡原理，即总进入质量风量与总排出质量风量相等；热平衡原理，即总进入能量、总排出能量、车间蓄能或散能的能量平衡。对于风量平衡，因进、排风空气温度不同，注意采用质量风量表示；当温差不大时，可以采用体积风量。对于热平衡，严格来讲要按进、排风的焓值进行核算，当气相中的水蒸气未产生相变时，可以采用表达显热的气相温度。

对于不同的车间，可能存在一种或多种有害物，下面分别针对车间存在有害物、余热和余湿时的工况进行通风量计算。

1. 消除室内有害物

对容积为 V_f 的房间进行全面通风时，污染物散发量为 x，且在车间均匀分布，通风系统启动前室内空气中污染物质量浓度为 y_1，如果采用全面通风稀释室内空气中的污染物，那么在任意一微小的时间间隔 $d\tau$ 内，室内得到的污染物量（即污染源散发的污染物量和送风带入的污染物量）与从室内排出的污染物量（排出空气带走的污染物量）之差应等于整个房间内增加（或减少）的污染物量，即

$$L_j y_0 d\tau + x d\tau - L_p y d\tau = V_f dy \qquad (3-1)$$

式中　L_j——全面通风进风量，m^3/s；

　　　y_0——送风空气中污染物质量浓度，g/m^3；

　　　x——污染物散发量，g/s

　　　L_p——全面通风排风量，m^3/s；

　　　y——在某一时刻室内空气中污染物浓度，g/m^3；

　　　V_f——房间容积，m^3；

　　　$d\tau$——某一段微小的时间间隔，s；

　　　dy——在 $d\tau$ 时间内房间内污染物质量浓度的增量，g/m^3。

式（3-1）称为全面通风的基本微分方程式。它反映了任何瞬间室内空气中污染物质量浓度 y 与全面通风量之间的关系。

根据风量平衡原理，进、排风质量相等，而进、排风之间存在温差，造成进、排风密度不同，使得进、排风的体积风量有差异，即

$$L_j = G/\rho_j$$

$$L_p = G/\rho_p$$

式中 G——全面通质量流量，kg/s；

ρ_j——全面通风进风密度，kg/m³；

ρ_p——全面通风排风密度，kg/m³。

为了便于分析室内空气中污染物质量浓度与通风量之间的关系，先研究一种理想的情况，假设污染物在室内均匀散发（室内空气中污染物质量浓度分布均匀）、送风气流和室内空气的混合在瞬间完成、送排风气流温差不大时，有：

$$L_j = L_p = G/\rho = L$$

式中 ρ——全面通风进风密度，kg/m³；

L——全面通风量，m³/s。

因而，式（3-1）简化为：

$$L y_0 d\tau + x d\tau - L y d\tau = V_f dy \tag{3-2}$$

对式（3-2）进行变换，得：

$$\frac{d\tau}{V_f} = \frac{dy}{L y_0 + x - L y}$$

由于常数的微分为零，上式可改写为：

$$\frac{d\tau}{V_f} = -\frac{1}{L} \cdot \frac{d(L y_0 + x - L y)}{L y_0 + x - L y}$$

如果在时间 τ 内，室内空气中污染物质量浓度从 y_1 变化到 y_2，那么有：

$$\int_0^\tau \frac{d\tau}{V_f} = -\frac{1}{L} \int_{y_1}^{y_2} \frac{d(L y_0 + x - L y)}{L y_0 + x - L y}$$

$$\frac{\tau L}{V_f} = \ln \frac{L y_1 - x - L y_0}{L y_2 - x - L y_0}$$

即

$$\frac{L y_1 - x - L y_0}{L y_2 - x - L y_0} = e^{\frac{\tau L}{V_f}} \tag{3-3}$$

当 $\frac{\tau L}{V_f} < 1$ 时，级数 $e^{\frac{\tau L}{V_f}}$ 收敛，式（3-3）可以用级数展开的近似方法求解。如近似地取级数的前两项，则得：

$$\frac{L y_1 - x - L y_0}{L y_2 - x - L y_0} = 1 + \frac{\tau L}{V_f}$$

$$L = \frac{x}{y_2 - y_0} - \frac{V_f}{\tau} \cdot \frac{y_2 - y_1}{y_2 - y_0} \tag{3-4}$$

式（3-4）求出的全面通风量是在给出某个规定的时间 τ、车间环境空气的污染物质量浓度 y_2 时的计算结果。式（3-4）称为不稳定状态下的全面通风量计算式。

对式（3-3）进行变换，可求得当全面通风量 L 一定时，任意时刻室内的污染物质量浓度 y_2。

$$y_2 = y_1 e^{-\frac{\tau L}{V_f}} + \left(\frac{x}{L} + y_0 \right) \left(1 - e^{-\frac{\tau L}{V_f}} \right) \tag{3-5}$$

若室内空气中初始的污染物质量浓度 $y_1=0$，上式可写成：

$$y_2=\left(\frac{x}{L}+y_0\right)\left(1-\mathrm{e}^{-\frac{\tau L}{V_\mathrm{f}}}\right) \tag{3-6}$$

当通风时间 $\tau \to \infty$ 时，$\mathrm{e}^{-\frac{\tau L}{V_\mathrm{f}}} \to 0$，室内污染物质量浓度 y_2 趋于稳定，其值为：

$$y_2=y_0+\frac{x}{L} \tag{3-7}$$

实际上，室内污染物质量浓度趋于稳定的时间并不需要 $\tau \to \infty$，例如：当 $\frac{\tau L}{V_\mathrm{f}} \geqslant 3$ 时，$\mathrm{e}^{-3}=0.0497 \ll 1$，因此可以近似认为 y_2 已趋于稳定。

由式（3-5）、式（3-6）可以画出室内污染物质量浓度 y_2 随通风时间 τ 变化的曲线，见图 3-6。图中的曲线 1 是 $y_1>\left(y_0+\frac{x}{L}\right)$，曲线 2 是 $0<y_1<\left(y_0+\frac{x}{L}\right)$，曲线 3 是 $y_1=0$。

从上述分析可以看出：室内污染物质量浓度按指数规律增加或减少，其增减速度取决于 $\frac{L}{V_\mathrm{f}}$。

根据式（3-7），室内污染物质量浓度 y_2 处于稳定时所需的全面通风量为：

$$L=\frac{x}{y_2-y_0} \tag{3-8}$$

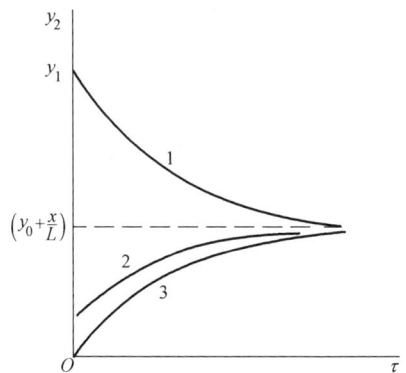

图 3-6　室内有害物质量浓度曲线

实际上，室内污染物的分布及通风气流是难以均匀的，混合过程也难以在瞬间完成，即使室内平均污染物质量浓度值符合卫生标准要求，污染源附近空气中的污染物质量浓度仍然会比室内平均值高。为了将污染源附近工人呼吸带的污染物质量浓度控制在限值以下，实际所需的全面通风量要比计算值偏大。因此引入安全系数 K。式（3-8）可改写成：

$$L=\frac{Kx}{y_2-y_0} \tag{3-9}$$

安全系数 K 为考虑多方面因素的通风量倍数，如污染物的毒性、污染源的分布及其散发的不均匀性、室内气流组织及通风的有效性等。精心设计的小型实验室能使 $K=1$。对于一般通风房间，可查询有关设计手册。

【例 3-1】　某地下室的体积 $V_\mathrm{f}=200\mathrm{m}^3$，设有全面通风系统。通风量 $L=0.04\mathrm{m}^3/\mathrm{s}$，有 198 人进入室内，人员进入后立即开启通风机，送入室外空气。试问经过多长时间该室的 CO_2 质量浓度达到 $5.9\mathrm{g/m}^3$（即 $y_2=5.9\mathrm{g/m}^3$）。

【解】　由有关资料查得每人每小时呼出的 CO_2 约为 40g，因此，CO_2 的产生量 $x=40\times198=7920$（g/h）$=2.2$（g/s）。

送入室内的空气中，CO_2 的体积分数为 0.05%（即 $y_0=0.98\mathrm{g/m}^3$），通风机启动前室内空气中 CO_2 浓度与室外相同，即 $y_1=0.98\mathrm{g/m}^3$。

由式（3-3）得：

$$\tau = \frac{V_f}{L} \ln \frac{Ly_1 - x - Ly_0}{Ly_2 - x - Ly_0}$$

$$= \frac{200}{0.04} \times \ln \frac{0.04 \times 0.98 - 2.2 - 0.04 \times 0.98}{0.04 \times 5.9 - 2.2 - 0.04 \times 0.98}$$

$$= \frac{200}{0.04} \times \ln 1.0982$$

$$= 468.36(s) = 7.81(\min)$$

根据卫生标准的规定，当数种溶剂（苯及其间系物或醇类或醋酸类）的蒸气，或数种刺激性气体（三氧化二硫、三氧化硫或氟化氢及其盐类等）同时在室内放散时，由于它们对人体的作用是叠加的，全面通风量应按各种气体分别稀释至容许浓度所需空气量的总和计算。同时，散发不同种类的污染物时，全面通风量应分别计算稀释各污染物所需的风量，然后取最大值。

【例 3-2】 某车间使用脱漆剂，每小时消耗量为 4kg，脱漆剂成分为：苯 50%、醋酸乙酯 30%、乙醇 10%、松节油 10%。求全面通风量。

【解】 各种有机溶剂的散发量为：

苯 $x_1 = 4\text{kg} \times 50\% = 2$ （kg/h）$= 555.6$ （mg/s）；

醋酸乙酯 $x_2 = 4\text{kg} \times 30\% = 1.2$ （kg/h）$= 333.3$ （mg/s）；

乙醇 $x_3 = 4\text{kg} \times 10\% = 0.4$ （kg/h）$= 111.1$ （mg/s）；

松节油 $x_4 = 4\text{kg} \times 10\% = 0.4$ （kg/h）$= 111.1$ （mg/s）。

根据卫生标准，车间空气中上述有机溶剂蒸气的容许浓度为：

苯 $y_{p1} = 6\text{mg/m}^3$；

醋酸乙酯 $y_{p2} = 200\text{mg/m}^3$；

乙醇没有规定，不计风量；

松节油 $y_{p4} = 300\text{mg/m}^3$。

送风空气中上述四种溶剂的浓度为零，即 $y_0 = 0$。取安全系数 $K = 6$，根据式（3-9）分别计算把每种溶剂蒸气稀释到最高容许浓度以下所需的风量。

苯 $L_1 = \dfrac{6 \times 555.6}{6 - 0} = 555.60$ （m³/s）；

醋酸乙酯 $L_2 = \dfrac{6 \times 333.3}{200 - 0} = 10.00$ （m³/s）；

乙醇 $L_3 = 0$；

松节油 $L_4 = \dfrac{6 \times 111.1}{300 - 0} = 2.22$ （m³/s）。

数种有机溶剂混合存在时，全面通风量为各自所需风量之和，即

$$L = L_1 + L_2 + L_3 + L_4$$

$$= 555.60 + 10.00 + 0 + 2.22$$

$$= 567.82(\text{m}^3/\text{s})$$

2. 消除室内余热

如果车间产生的有害物是余热，则根据热平衡原理可以得到下式：

$$L_j t_0 \mathrm{d}\tau + Q\mathrm{d}\tau - L_p t_p \mathrm{d}\tau = V_f \mathrm{d}t$$

同理，可以得到消除余热所需的全面通风质量流量为：

$$G = \frac{Q}{c(t_p - t_0)} \tag{3-10}$$

式中　G——全面通风质量流量，kg/s；

　　c——空气的比热容，kJ/(kg·℃)，一般取 $c=1.01$kJ/(kg·℃)；

　　Q——室内余热量，kJ/s；

　　t_p——排出空气的温度，℃；

　　t_0——送入空气的温度，℃。

3. 消除室内余湿

如果车间产生的有害物是余湿，则根据湿平衡原理可得到下式：

$$L_j d_0 \mathrm{d}\tau + W\mathrm{d}\tau - L_p d_p \mathrm{d}\tau = V_f \mathrm{d}d_0$$

可以得到消除余湿所需的全面通风质量流量为：

$$G = \frac{W}{d_p - d_0} \tag{3-11}$$

式中　G——全面通风质量流量，kg/s；

　　W——余湿量，g/s；

　　d_p——排出空气的含湿量，g/kg$_{干空气}$；

　　d_0——送入空气的含湿量，g/kg$_{干空气}$。

当送、排风温度不相同时，送、排风的体积流量是变化的，故式（3-10）和式（3-11）中均采用质量流量。

同时，散放有害物质、余热和余湿时，全面通风量应按分别消除有害物质、余热和余湿所需风量的最大值确定。

如果散入室内的有害物质量浓度、余热量、余湿量无法确定，全面通风量可根据类似房间的实测资料或经验数据按换气次数确定，换气次数的取值可参考相关规范和设计手册。

3.2.3　风量平衡和热平衡

在通风房间中，不论采用何种通风方式，单位时间内进入室内的空气量都应与同一时间内排出的空气量相同，即通风房间的空气量要保持平衡，这就是空气平衡或风量平衡。同时，如果需要使通风房间温度保持不变，必须使室内的总得热量等于总失热量，保持室内热量平衡，即热平衡。

1. 风量平衡

如前所述，通风方式按工作动力分为机械通风和自然通风两类，因此，风量平衡的数学表达式为：

$$G_{zj} + G_{jj} = G_{zp} + G_{jp} \tag{3-12}$$

式中　G_{zj}——自然进风量，kg/s；

　　G_{jj}——机械进风量，kg/s；

　　G_{zp}——自然排风量，kg/s；

　　G_{jp}——机械排风量，kg/s。

在不设有组织自然通风的房间中，当机械进、排风量相等（$G_{jj}=G_{jp}$）时，室内压力等于室外大气压力，室内外压差为零。当机械进风量大于机械排风量（$G_{jj}>G_{jp}$）时，室内压力高于室外压力，室内处于正压状态；反之，室内压力降低，处于负压状态。

由于通风房间不是非常严密，室内处于正压状态时，室内空气会通过房间不严密的缝隙或窗户、门洞渗到室外，称为无组织排风；当室内处于负压状态时，室外空气会渗入室内，称为无组织进风。在工程设计中，为了使相邻房间不被污染，常有意识地利用无组织进风和无组织排风，让清洁度要求高的房间保持正压，产生污染物的房间保持负压。但在实际工程中，室内正压或负压过大会影响通风效果，而且会带来一定危害。比如室内负压过大，会导致表 3-1 所示的不良后果。

室内负压过大引起的不良后果 表 3-1

负压（Pa）	风速（m/s）	不良后果
2.45～4.9	2～2.9	有吹风感
2.45～12.26	2～4.5	自然通风的抽力下降
4.9～12.25	2.9～4.5	燃烧炉出现逆火
7.35～12.25	3.5～6.4	抽流式排风扇工作困难
12.25～49	4.5～9	大门难以启闭
12.25～61.25	6.4～10	局部排风系统排风能力下降

在工程设计时，需要核算房间的风量平衡，特别是房间排风量比较大时，仅依靠门窗缝隙提供补风会造成室内负压过大，进而影响通风效果，设计时需考虑增设进风口或采用机械送风进行补风，以维持室内风量平衡。

2. 热平衡

热平衡计算一般需考虑全热负荷。夏季热平衡计算参见教材《空气调节》，冬季热平衡计算见下文。

工业厂房的设备、产品及通风方式不同，车间得热、失热差别较大。一般通过高于室温的生产设备、产品、供暖设备及送风系统等取得热量；通过围护结构、低于室温的生产材料及排风系统等损失热量。在使用机械通风，且使用再循环空气补偿部分车间热损失的车间中，热平衡方程为：

$$\sum Q_b + cL_p\rho_n t_n = \sum Q_f + cL_{jj}\rho_{jj}t_{jj} + cL_{zj}\rho_w t_w + cL_{bx}\rho_n(t_s - t_a) \qquad (3-13)$$

式中　$\sum Q_b$——围护结构、材料总吸热量，kW；

　　　$\sum Q_f$——生产设备、产品及供暖设备的总放热量，kW；

　　　L_p——局部和全面排风风量，m^3/s；

　　　L_{jj}——机械进风量，m^3/s；

　　　L_{zj}——自然进风量，m^3/s；

　　　L_{bx}——再循环空气量，m^3/s；

　　　ρ_n——室内空气密度，kg/m^3；

　　　ρ_w——室外空气密度，kg/m^3；

　　　t_a——室内排出空气温度，℃；

　　　t_w——室外空气计算温度，℃；在冬季，原则上室内热环境按供暖设计方法设计的全面通风，采用冬季供暖室外计算温度；室内热环境按通风设计方法进行设计的全面通风，采用冬季通风室外计算温度，冬季通风室外计算温度是指历年最冷月平均温度的平均值；室内热环境按空调设计的通风，采用冬季空调室外计算温度；

t_{jj}——机械进风温度，℃；

t_s——再循环送风温度，℃；

c——空气的比热容，kJ/(kg·℃)，其值为1.01kJ/(kg·℃)。

式（3-13）是通风房间热平衡的一般形式。

从上文分析可以看出，通风房间的风量平衡、热平衡是自然界的客观规律。设计时如果不遵循上述规律，实际运行时会在新的室内状态下达到平衡，但此时的室内参数已发生变化，达不到设计要求。

要保持室内的湿度和污染物质量浓度不变，必须保持湿平衡和污染物的质平衡。前文介绍的全面通风通风量计算公式就是建立在风量平衡和热、湿、污染物质平衡基础上的，它们只适用于较简单的情况。实际的通风问题比较复杂，有时进风和排风同时有几种形式和状态；有时要根据排风量确定进风量；有时要根据热平衡条件确定进风参数，等等。对于这些问题，都必须根据风量平衡、热平衡进行计算。下面通过例题说明如何根据风量平衡、热平衡计算机械进风量和进风温度。

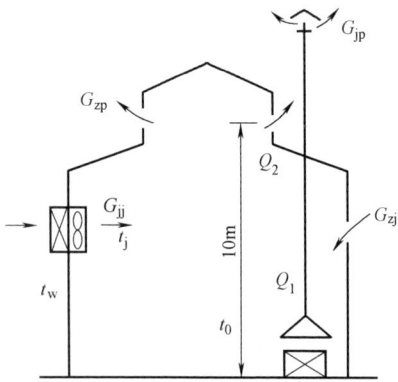

图 3-7 某车间通风系统示意图

【例 3-3】 已知某车间内生产设备散热量 $Q_1=$350kW，围护结构失热量 $Q_2=400$kW，上部天窗排风量 $L_{zp}=2.78$m³/s，局部排风量 $L_{jp}=$4.16m³/s，自然进风量 $L_{zj}=1.34$m³/s，室内工作区温度 $t_0=20$℃，室外空气温度 $t_w=-12$℃，车间内温度梯度为 0.3℃/m，上部天窗中心高10m（图 3-7）。

求：（1）机械进风量 L_{jj}。

（2）机械送风温度 t_j。

（3）加热机械进风所需热量 Q_3。

【解】 列风量平衡方程：

$$G_{zj}+G_{jj}=G_{zp}+G_{jp}$$

$$G_{jj}+L_{zj}\rho_{-12}=L_{jp}\rho_{20}+L_{zp}\rho_p$$

上部天窗的排风温度为：

$$t_p=t_0+0.3\times(H-2)=20+0.3\times(10-2)=22.4(℃)$$

$$\rho_{-12}=1.35\text{kg/m}^3;\rho_{20}=1.2\text{kg/m}^3;\rho_{22.4}\approx1.2\text{kg/m}^3$$

机械进风量为：

$$G_{jj}=4.16\times1.2+2.78\times1.2-1.34\times1.35=6.52(\text{kg/s})$$

列热平衡方程：

$$Q_1+G_{jj}ct_j+G_{zj}ct_w=Q_2+G_{zp}ct_p+G_{jp}ct_0$$

$$Q_1+G_{jj}ct_j+L_{zj}c\rho_{-12}t_w=Q_2+L_{zp}c\rho_{22.4}t_p+L_{jp}c\rho_{20}t_0$$

$$350+6.52\times1.01\times t_j+1.34\times1.01\times1.35\times(-12)$$

$$=400+2.78\times1.01\times1.2\times22.4+4.16\times1.01\times1.2\times20$$

机械送风温度 t_j＝37.7℃

加热机械进风所需的热量 $Q_s＝G_{jj}c(t_j-t_w)＝6.52×1.01×(37.7+12)＝327.28$(kW)

3.3　通风与气流组织的优化设计

3.3.1　通风量与气流组织的关系

采用通风方法对有害物在车间内扩散的控制效果，不仅与全面通风量密切相关，而且与气流组织形式密切相关。在其他因素相同的情况下，通风量相同，气流组织形式不同，车间内有害物浓度通常不同。根据全面通风量计算过程可知，当有害物散发量一定且系统工作稳定时，通风量与排风中有害物浓度直接对应，排风浓度与车间内气流组织无关。但气流组织形式不同时（图 3-8），车间内有害物浓度分布及平均浓度不同，即不同气流组织下车间内的有害物分布及空间平均浓度有较大差异。因此，全面通风效果不仅取决于通风量的大小，还与通风气流的组织有关。

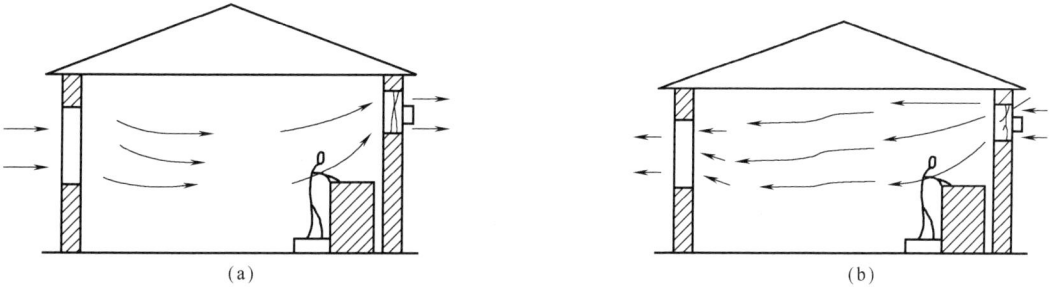

图 3-8　不同气流组织示意图

在某些情况下，尽管通风量相当大，但因气流组织不合理，仍不能全面且有效地把有害物稀释，特别是在局部区域内，有害物积聚，浓度增加。图 3-9 是某油漆车间气流组织示例。采用图 3-9（a）所示的通风方式，操作人员和工件都处在涡流区内，操作人员可能因污染物受害；改用图 3-9（b）所示的通风方式，室外空气流经工作区，再由排风口排出，通风效果大为改善。图 3-10 为某焊接车间气流组织示例，图 3-10（a）在厂房上部焊接烟带区设置轴流风机，无法有效排除烟尘；改用图 3-10（b）所示的诱导排风方式后，车间内工作环境空气质量明显改善。从上面的分析可以看出，全面通风效果与车间的气流组织密切相关。不仅要保证足够的通风量，也要有合理的气流组织。

全面通风气流组织设计的基本原则是：将新鲜空气送到作业区或操作人员经常停留的地点，应避免将有害物吹向工作区。同时，有效地从有害物散发源附近或有害物浓度最高的部位排出污染空气。

通风房间的气流组织有多种形式，设计时要根据污染源位置、人员操作位置、污染物性质及浓度分布等具体情况，确定合理的气流组织形式。气流组织形式按下述原则确定：

（1）排风口尽量靠近污染源或污染物浓度高的区域，把污染物迅速从室内排出，必要时进行净化处理。

（2）送风口应尽量接近人员操作地点，送入通风房间的清洁空气，要先经过人员操作地点，再经污染区，然后排至室外。

（3）在整个通风房间内，尽量使送风气流均匀分布，减少涡流，避免污染物在局部区域的积聚。

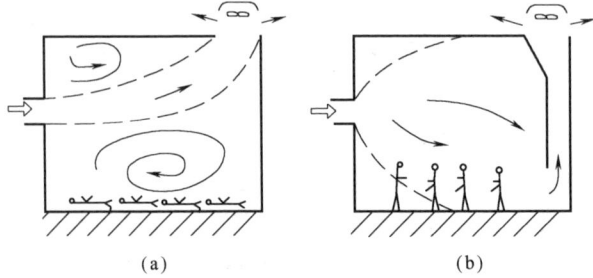

图 3-9　某油漆车间气流组织示例
(a) 不合理；(b) 合理

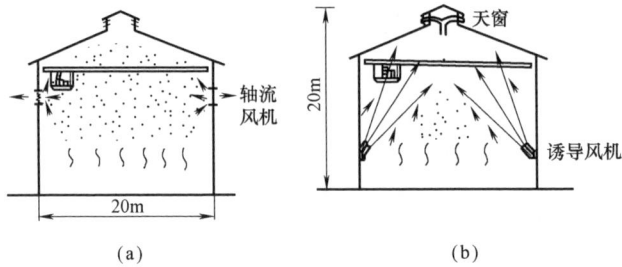

图 3-10　某焊接车间气流组织示例
(a) 不合理；(b) 合理

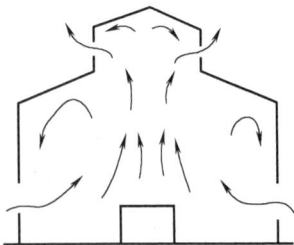

图 3-11　下送上排通风方式

当车间内同时散发热量和有害气体时，如果车间内设有工业炉、加热的工业槽及浇注的铸模等设备，在热设备上方常形成上升气流。在这种情况下，一般采用图 3-11 所示的下送上排通风方式。清洁空气从车间下部进入，在工作区散开，然后带着有害气体或吸收的余热从上部排风口排出。

为了把污染物从室内迅速排出，排风口应尽量设在污染物浓度高的区域。因此，了解车间内的污染物浓度分布，是设计全面通风时必须注意的一个问题。有害气体在车间内的浓度分布，不仅与有害气体本身的密度有关，还与有害气体和室内空气混合后的混合气体密度有关。当车间内散发的有害气体密度较大时，静态有害气体会沉积在下部，因此排风口会设在车间下部。但这种做法还不够全面，由于车间内有害气体浓度一般不会太高，由此引起的混合气体密度增值一般不会超过 $0.30 \sim 0.40 g/m^3$。但是，空气温度变化 $1.0℃$ 所引起的密度变化值为 $4.0 g/m^3$。由此可见，只要室内空气温度分布有极小的不均匀，有害气体就会随室内空气一起运动。因此，有害气体本身的密度大小对其浓度分布的影响相对较小。只有当室内没有对流气流时，密度较大的有害气体才会沉积在车间下部。另外，有些比较轻的挥发物（如汽油、醚等）也会由于蒸发吸热，使周围空气冷却，会和周围空气一起沉积。

根据暖通空调设计有关规范的规定，机械送风系统的送风方式应符合下列要求：

（1）散发热或同时散发热、湿和有害气体的生产厂房及辅助建筑物，当采用上部或上、下部同时全面排风时，宜送至作业地带；

（2）散发粉尘或密度比空气大的气体或蒸气，而不同时散发热的生产厂房及辅助建筑，当从下部地带排风时，宜送至上部地带；

（3）当固定工作地点靠近污染物散发源，且不可能安装有效的局部排风装置时，应直接向工作地点送风。

相关设计规范还规定，采用全面通风消除余热、余湿或其他污染物时，应分别从室内温度最高、含湿量或污染物浓度最大的区域排风，并且排风量分配应符合下列要求：

（1）当有害气体或蒸气的密度比空气小，或车间内有稳定的上升气流时，宜从房间上部地带排出所需风量的 2/3，从下部地带排出剩余的 1/3；

（2）当有害气体和蒸气的密度比空气大，车间内不会形成稳定的上升气流时，宜从房间上部地带排出总排风量的 1/3，从下部地带排出剩余的 2/3；

（3）房间上部地带排风量不应小于每小时一次换气；

（4）从房间下部地带排出的风量，应包括距地面 2.0m 以内的局部排风量。

3.3.2 通风气流组织效果评价与优化

1. 通风气流组织效果评价

评价气流组织效果的好坏，需要有相应的评价指标和方法。目前，针对不同的通风目的（消除粉尘、有害气体、余热、余湿），评价指标不同。

总的评价原则是：通风量小、车间内平均污染物浓度低、车间内受污染的区域小。具体评价指标和评价方法可参考相关文献。

2. 通风气流组织优化设计方法

当车间内污染物散发情况较复杂，难以从直观上选择较优的气流组织形式时，可以通过实验方法模拟实际情况，找到较优的气流组织方式。

实验方法中，有模型实验和数值模拟实验两类。其中模型实验就是遵照"流体力学"课程中的模型率，根据车间的实际情况，建立模型实验台，通过一系列模型实验寻找较优的气流组织方法。模型实验一般所需费用较高、实验周期长，且实验工况有限。

数值模拟实验则可以通过数值模拟方法进行，下面通过具体示例进行说明。

（1）模拟的基本原理

计算流体力学（CFD）是通过数值方法来求解流体的流动与传热问题的常用工具之一。自 20 世纪 80 年代开始，国内外陆续将 CFD 用于模拟、预测室内外通风及污染物扩散问题。借助 CFD 不仅可以预测通风空调房间内的流场、温度场及污染物浓度场的详细情况，还能够考虑不同因素变化时对结果的影响。相对于传统的经典理论解析法和实验测试法，CFD 作为一种虚拟实验，消耗的人力物力更少，具有较好的经济性。因此，近年来常用于室内外气流组织方案和设备内流体流动和传热等的寻优设计。通常，采用 CFD 进行通风问题模拟的一般步骤为：

1）根据具体问题建立物理模型并进行网格划分，确保网格的独立性；

2）根据不同的流态（层流、湍流），选取合适的流体模型；

3）设置合理的边界条件并采用合适的算法对离散的控制方程进行求解，同时保证一定的计算精度以及收敛性；

4）将模拟结果与实验或实测结果进行对比，判断模拟的准确性；

5）模拟结果的后处理分析，如速度场、压力场、浓度场等。

以等温定常湍流问题为例，步骤 3）中的控制方程如下式所示。

$$\frac{\partial \rho}{\partial x_i}(\rho u_i) = 0 \tag{3-14}$$

$$\frac{\partial \rho}{\partial x_i}(\rho u_i u_j) = -\frac{\partial \rho}{\partial x_i} + \frac{\partial}{\partial x_j}\left[\mu\left(\frac{\partial u_i}{\partial x_j} + \frac{\partial u_j}{\partial x_i}\right) - \frac{2}{3}\delta_{ij}\frac{\partial u_i}{\partial x_i}\right] + \frac{\partial}{\partial x_j}(-\rho\overline{u_i' u_j'}) \tag{3-15}$$

$$\frac{\partial}{\partial x_i}(\rho_m u_i Y_s) = \frac{\partial}{\partial x_j}\left[\left(\rho_m D + \frac{\mu}{Sc}\right)\frac{\partial Y_s}{\partial x_i}\right] \tag{3-16}$$

式中 ρ——流体密度，kg/m^3；

u_i 和 u_j——分别为不同方向上的速度分量，m/s；

μ——湍流黏度，$Pa \cdot s$；

$-\rho\overline{u_i' u_j'}$——雷诺应力，$N$；

ρ_m——混合密度，kg/m^3；

D——组分 s 在混合气体中的扩散系数，m^2/s；

Sc——施密特数，取 0.7；

Y_s——组分 s 的质量分数。

Y_s 可通过体积分数 c 由下式计算：

$$Y_s = \frac{c\rho_s}{c\rho_s + (1-c)\rho} \tag{3-17}$$

（2）半开放工业厂房通风模拟

1）计算对象描述：工业园区内半开放厂房在车辆卸料过程中受自然风作用，厂房内污染物会向建筑周围扩散（图 3-12）。单个卸料间长 L 为 4m，宽 W 为 2.5m，高 H 为 4.5m。各卸料间间隔 0.4m，料坑深 2m，料坑底部长 3m，宽 1.5m，风向垂直于卸料侧（即建筑半开放方向）。为简化计算，设置模型与原型的比例为 1:20，可知模型中的整个建筑尺寸为 640mm（长）×125mm（宽）×225m（高）。为满足室外建筑风环境模拟的要求，将计算域尺寸分别沿 x、y、z 方向设置为 20.55H、12.84H、6.00H。图 3-13 是该半开放厂房的网格分布图，经网格独立性检验，网格总数为 216 万个，均为结构化网格。

（a）

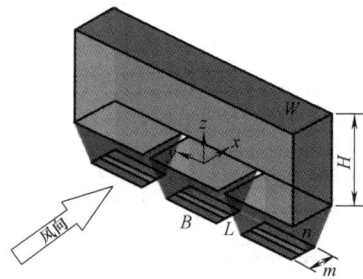

（b）

图 3-12 工业园区半开放厂房及其简化模型

（a）半开放厂房；（b）简化模型

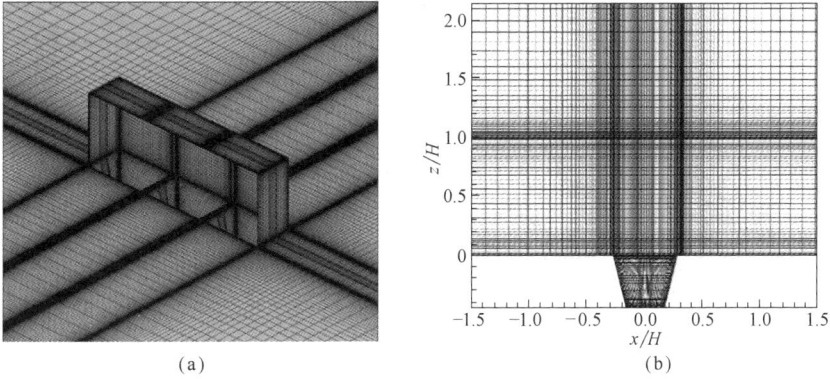

(a)

(b)

图 3-13　半开放厂房的网格分布

(a) 三维网格；(b) $y/H=0$ 平面的二维网格

2）边界条件与数值方法：设置计算域入口风廓线为 $\dfrac{U_{Z_b}}{U_H}=\left(\dfrac{z}{H_b}\right)^{0.25}$，其中 U_H 为 4.2m/s。湍动能 $k_b=\dfrac{1}{2}\left(\sigma_u^2+\sigma_v^2+\sigma_w^2\right)$，其耗散率 $\varepsilon_b=c_\mu^{0.5}k_b\mathrm{d}u/\mathrm{d}z$，其中 σ_u、σ_v、σ_w 分别为 x、y、z 三个方向上的脉动速度。设 1 个直径为 2 mm 的污染物释放源（乙烯），其体积分数为 1，释放速率为 0.35L/min。计算域出口设置为自由出流条件。计算域两侧、顶面、底面及厂房和料斗壁面均采用无滑移壁面边界条件。模拟中采用稳态 RNG k-ε 模型，通过 SIMPLEC 算法进行求解，对流项和扩散项采用二阶迎风格式。算例中收敛精度满足连续性残差低于 10^{-5}，其余变量低于 10^{-7}。

3）计算结果分析：图 3-14 给出了 $y/H=0$ 截面的无量纲风速分布，自然风受到半开放厂房的阻碍作用而风速降低，并在半开放厂房内形成涡流。同时，空气绕过厂房两侧及顶部继续向下游流去，在厂房后方形成低风速区（即空气动力学阴影区）。图 3-15 给出了厂房周围污染物扩散的无量纲浓度分布。对比图 3-14 可见，在卸料过程中，产生的扬尘主要集中在风速较低的区域，包括半开放厂房内、卸料侧较低区域以及厂房顶部。

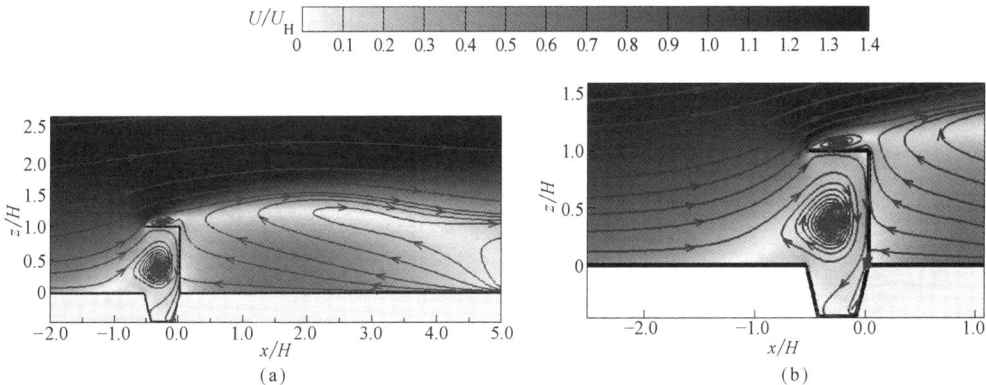

(a)

(b)

图 3-14　$y/H=0$ 截面的无量纲风速分布

(a) 厂房周围；(b) 局部放大图

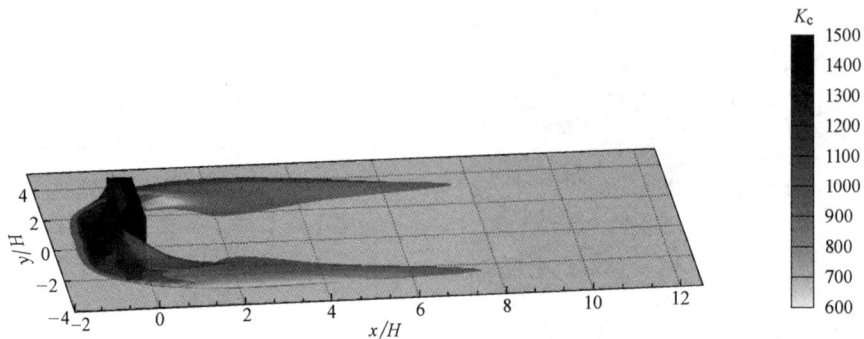

图 3-15 厂房周围污染物扩散的无量纲浓度分布

本算例模拟了自然风对半开放厂房卸料及周围扬尘扩散的影响。采用 RNG k-ε 模型及数值方法模拟半开放厂房周围的风速场和污染物浓度场。结果表明，所用的模型、边界条件及数值方法适用于该类模拟。自然风绕过半开放厂房时，部分空气流入半开放厂房内形成涡流；在风速较低的区域，如厂房内、卸料侧较低区域以及厂房顶部易形成污染物聚集区。

（3）室内气流与污染物扩散模拟

1）计算对象描述：房间模型尺寸为 3m×3m×3m（长×宽×高），该房间采用置换通风，送风口和回风口尺寸均为 0.1m×0.1m，房间送风量设为 60m³/h；房间中部区域设有一站立人体模型，其身高和皮肤表面积分别为 1.68m 和 1.49m²；房间一侧设有桌子，桌面上有一圆面污染源，如图 3-16（a）所示。采用 Fluent meshing 对物理模型进行前处理，模型计算域由多面体和六面体组成的混合非结构网格填充，如图 3-16（b）所示，网格数量为 111 万个，网格最大偏斜度小于 0.85，符合非结构网格质量要求。采用组分输运模型，质量分数为 0.04% 的 CO_2 被设定为室内空气污染物，其从位于桌面的圆面污染源释放，空气和 CO_2 均设置为不可压缩理想气体。

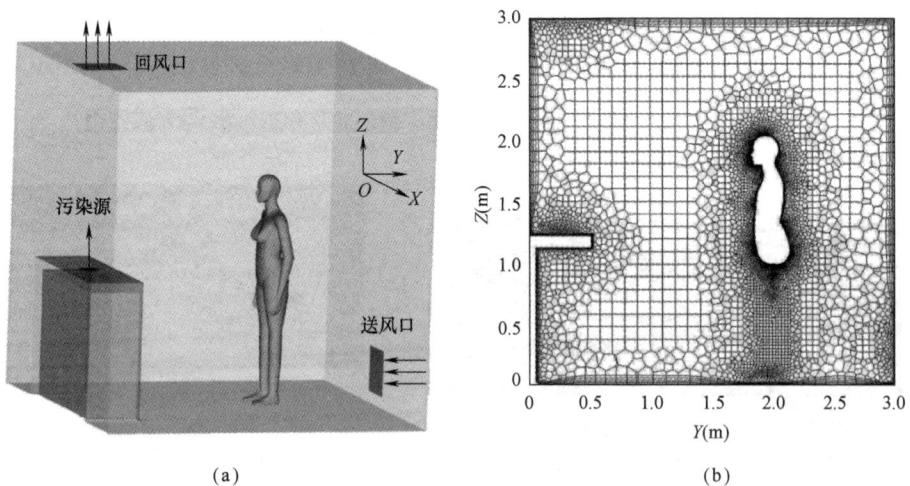

(a)   (b)

图 3-16 室内房间模型及网格

(a) 房间模型；(b) YZ 平面（X=1.5m）的二维网格

2）边界条件与数值方法：模拟边界条件设置如表 3-2 所示。模拟中采用剪应力传输 SST k-ω 湍流模型求解连续相的连续性方程和动量方程。采用二阶逆风离散方案离散动量、能量和湍流，"PRESTO"方案用于离散压力方程。稳态气流由压力关联方程半隐式方法（SIMPLE）算法求解。模拟收敛条件为能量残差小于 10^{-6}，其他量残差达到 10^{-4}，此模拟迭代次数为 10000 次。

模拟边界条件设置　　　　　　　　　　　　　　　表 3-2

模型分区	边界类型	边界条件
送风口	Velocity-inlet	送风速度：0.1m/s 送风温度：22℃
回风口	Outflow	—
人体模型	Wall	皮肤温度：32℃（恒温）
污染源	Velocity-inlet	示踪气体：CO_2 质量分数：0.04% 释放速度：0.2m/s
墙壁、顶棚、地板	Wall	绝热无滑移壁面

3）计算结果分析：图 3-17 给出了 YZ 平面（$X=1.5$m）的速度和温度分布。如图 3-17（a）所示，新鲜空气从房间下部以较低的速度送入室内，受到人体热羽流的影响向上运动，并在人体与桌子中间以及人体后侧顶棚附近产生涡流。如图 3-17（b）所示，温度较低的新鲜空气逐步与室内空气混合使室内空气温度降低，室内空气出现温度分层现象。图 3-18 给出了室内 CO_2 质量分数分布情况。由图 3-18 可知，CO_2 主要分布在桌面（污染源）区域，少量的 CO_2 扩散至人体附近。

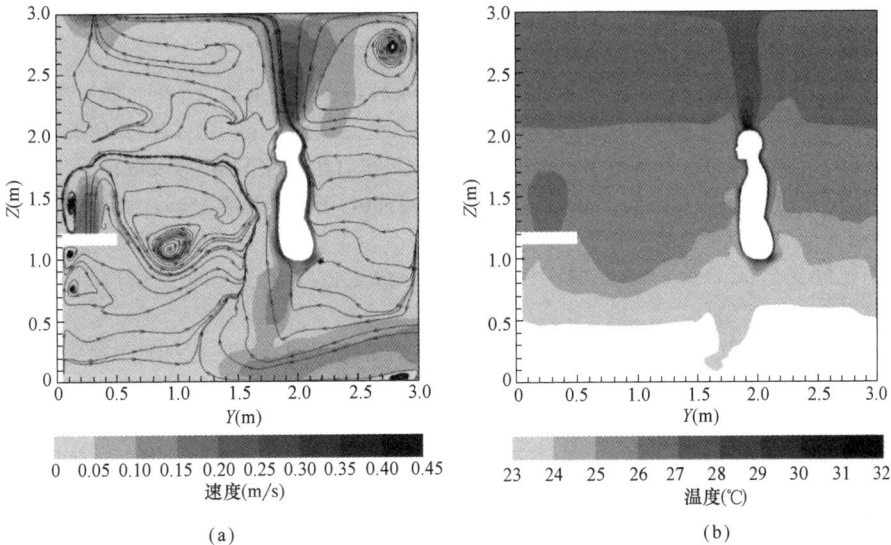

（a）　　　　　　　　　　　　　　　（b）

图 3-17　YZ 平面（$X=1.5$m）的速度和温度分布
（a）速度分布；（b）温度分布

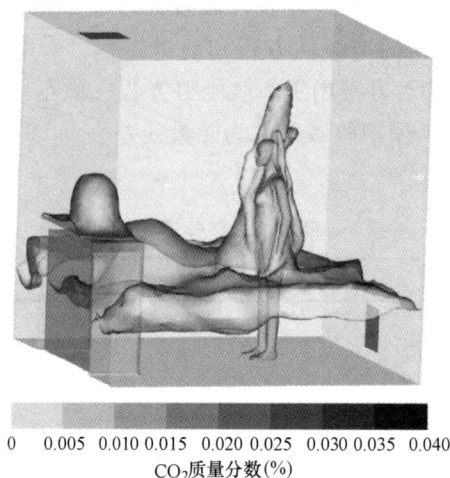

図3-18 室内 CO_2 质量分数分布情况

本算例模拟了置换通风对室内气体污染物扩散的影响。采用 SST $k\text{-}\omega$ 湍流模型及数值方法模拟置换通风房间的速度场和温度场，并引入组分输运模型，模拟室内污染物的扩散过程。结果表明，本模拟使用的边界条件和数值模拟方法均适用于该类模拟。在该算例中，置换通风对去除室内污染物有良好效果。

习 题

1. 全面通风气流组织的主要形式有哪些？各具有什么特点？

2. 当有害物散发情况相同，通风量相同，而气流组织形式不同时，车间内有害物平均浓度、分布情况是否相同？排风中有害物浓度是否相同？

3. 进行热平衡计算时，为什么计算稀释有害气体的全面通风耗热量时采用冬季供暖室外计算温度；而计算消除余热、余湿的全面通风耗热量时则采用冬季通风室外计算温度？

4. 通风设计如果不考虑风量平衡和热平衡，会出现什么现象？

5. 某车间的体积为 1000m^3，由于突然发生事故，某种污染物大量散入车间，散发量为 350mg/s，事故发生后 10min 被发现，立即启动事故风机，事故排风量为 $L=3.6\text{m}^3/\text{s}$。试问：风机启动后要经过多长时间室内污染物浓度才能降低至 100mg/m^3 以下？（风机启动后污染物继续发散）

6. 某大修厂在喷漆室内对汽车外表喷漆，每台车需 1.5h，消耗硝基漆 12kg，硝基漆中含有 20% 的香蕉水，为了降低漆的黏度，喷漆前又按漆与溶剂质量比 $4:1$ 加入香蕉水。香蕉水的主要成分是：甲苯 50%、环己酮 8%、环己烷 8%、乙酸乙酯 30%、正丁醇 4%。计算使车间空气符合卫生标准所需的最小通风量（K 值取 1.0）。

7. 某车间工艺设备散发的硫酸蒸气量 $x=20\text{mg/s}$，余热量 $Q=174\text{kW}$。已知夏季通风室外计算温度 $t_w=32℃$，要求车间内污染蒸气浓度不超过卫生标准，车间内温度不超过 $35℃$。试计算该车间的全面通风量（因污染物分布不均匀，故取安全系数 $K=3$）。

8. 某车间同时散发 CO 和 SO_2，$x_{CO}=140\text{mg/s}$，$x_{SO_2}=56\text{mg/s}$。试计算该车间所需的全面通风量（由于污染物及通风空气分布不均匀，取安全系数 $K=6$）。

9. 某车间布置如图 3-7 所示，已知生产设备散热且 $Q=350\text{kW}$，围护结构失热量 $Q_b=450\text{kW}$，上部天窗排风且 $L_{zp}=2.78\text{m}^3/\text{s}$，局部排风量 $L_{jp}=4.16\text{m}^3/\text{s}$，室内工作区温度 $t_n=20℃$，室外空气温度 $t_w=-12℃$，机械进风温度 $t_j=37℃$，车间内温度梯度 $\dfrac{\Delta t}{H}=0.3℃/\text{m}$，从地面到天窗中心线的距离为

10m。求机械进风量 L_{jj} 和自然进风量 L_{zj}（m^3/s）。

10. 车间通风系统布置如图 3-19 所示，已知机械进风量 $G_{jj}=$ 1.11kg/s，局部排风量 $G_p=1.39$kg/s，机械进风温度 $t_j=20℃$，车间的得热量 $Q_d=20$kW，车间的失热量 $Q_s=4.5(t_n-t_w)$ kW，室外空气温度 $t_w=5℃$，开始时室内空气温度 $t_n=20℃$，部分空气经侧墙上的窗孔 A 自然流入或流出。当车间达到风量平衡、热平衡状态时，请计算：

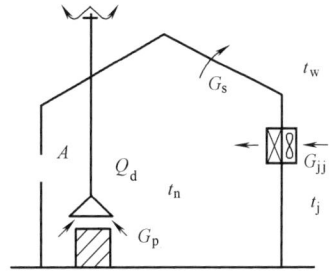

(1) 窗孔 A 是进风还是排风，风量多大？

(2) 室内空气温度是多少？

图 3-19　习题 10 图

11. 某车间生产设备散热量 $Q=11.6$kJ/s，局部排风量 $G_{jp}=$ 0.84kg/s，机械进风量 $G_{jj}=0.56$kg/s，室外空气温度 $t_w=30℃$，机械进风温度 $t_{jj}=25℃$，室内工作区温度 $t_n=32℃$，天窗排风温度 $t_p=38℃$。用自然通风排除余热时，所需的自然进风量和自然排风量分别是多少？

12. 某车间局部排风量 $G_{jp}=0.56$kg/s，冬季室内工作区温度 $t_n=15℃$，供暖室外计算温度 $t_w=-25℃$，围护结构耗热量 $Q=5.8$kJ/s。为使室内保持一定的负压，机械进风量为排风量的 90%。试确定机械送风系统的送风量和送风温度。

13. 某办公室的体积为 $170m^3$，利用自然通风系统换气次数为 $2h^{-1}$，室内无人时，空气中 CO_2 体积分数与室外相同，均为 0.05%，工作人员每人呼出的 CO_2 量为 19.8g/h，在下列情况下，求室内最多容纳人数。

(1) 工作人员进入房间后的第一小时，空气中 CO_2 浓度不超过 0.1%。

(2) 室内一直有人，CO_2 体积分数始终不超过 0.1%。

14. 体积为 $224m^3$ 的车间中，设有全面通风系统，全面通风量为 $0.14m^3/s$，CO_2 的初始质量分数为 0.05%，有 15 人在室内进行轻度劳动，每人呼出的 CO_2 量为 45g/h，进风空气中 CO_2 的质量分数为 0.05%，求：

(1) 达到稳定时车间内 CO_2 质量分数。

(2) 通风系统开启后，车间 CO_2 质量分数接近稳定值（误差为 2%）所需要的最少时间。

第4章 通风系统

为实现通风目的而构成的系统称为通风系统，根据通风功能可分为排风系统、进风系统、进风与排风组合系统。排风系统是把车间内不符合卫生标准的污染空气进行捕集净化达到排放标准后排至室外的系统；进风系统是把室外空气或符合卫生标准的循环风送入室内的系统。一般来讲，良好的通风系统是排风与进风的有机组合，是机械通风与自然通风的有机组合。

4.1 通风系统的类型、构成及工作原理

防治工业有害物污染室内环境最有效的方法是局部排风，即在污染物产生的局部地点直接捕集污染物，经过净化处理，排至室外，这种通风方法称为局部排风。局部排风系统需要的风量小、效果好，设计时应优先考虑。

如果由于生产条件限制、污染物散发源不固定等原因，不能采用局部排风，或者采用局部排风后，室内污染物浓度仍超过卫生标准，这种情况下可以采用全面通风。全面通风是对整个车间进行通风换气，即用室外空气把整个车间的污染物浓度稀释到最高容许浓度以下。全面通风所需的风量比局部排风大，相应的系统也较大。

按照通风动力的不同，通风系统可分为机械通风系统和自然通风系统两类。

4.1.1 排风系统

排风系统可分为局部排风系统和全面排风系统。局部排风系统是从产生有害物的局部地点或局部区域进行排风，可以是单个地点单独排风，也可以是多个地点同时排风，通常由局部排风罩和管路系统组成。全面排风是对整个车间进行排风。

以局部排风系统为例，其构成如图 4-1 所示。

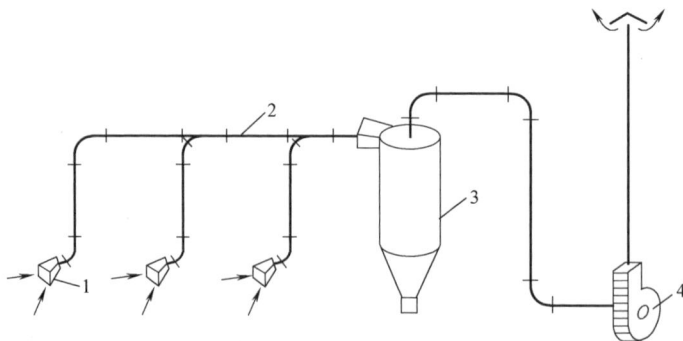

1—排风罩；2—风管；3—净化设备；4—风机。

图 4-1 局部排风系统的构成

如图 4-1 所示，排风系统一般由排风罩、风管、净化设备、风机等组成。在风机的作用下，空气从各排风罩被吸入系统，同时在排风罩附近区域形成一定的吸入气流速度，从而使排风罩具备控制和捕集从有害物散发源散发的有害物的功能。排风罩的形式、性能、结构尺寸、安装位置等对有害物控制效果、所需排风量大小等有非常重要的影响。被捕集的有害物随气流进入风管，经净化设备净化处理后，再通过风机、排气管道排至室外。

4.1.2 送风、补风系统

为了平衡空气（有排风就必有进风）、维持车间有效的气流组织、改善车间空气环境和热环境，往往在排风的同时向车间送风、补风。与排风系统一样，送风、补风系统也有全面送风系统和局部送风系统之分。全面送风一般根据车间气流组织的需要，在适当的位置布置多个送风口。在全面送风的气流组织中，送风口的布置非常重要，对全面送风系统的效果有重要影响（详见本书第 3 章）。而局部送风则是对车间的局部地点或局部区域进行送风，以改善局部区域的空气环境或热环境，或者与局部排风系统相结合，补充局部排风量、减少局部排风造成的冷/热损失。

全面送风一般与全面排风相结合，形成全面通风。全面通风中的全面送风与气流组织密切相关，详见本书第 3 章。本节主要介绍局部送风。常用的局部送风装置有风扇、喷雾风扇和系统式局部送风三种。

1. 风扇

在热辐射强度小、空气温度不太高（一般低于人体表面温度，高热环境下不超过 35℃ ）的车间，可以采用各种风扇增加工作地点的风速，帮助人体散热。当空气温度接近人的体温时，用风扇吹风可以加强人体的蒸发散热。但是，人体的汗液蒸发过多，对健康是不利的。工作地点的空气温度超过 36.5℃ 时，采用风扇吹风，人体不是散热而是得热。工作地点的风速应符合下列规定：

轻作业：2～4m/s；

中作业：3～5m/s；

重作业：4～6m/s。

产尘车间不宜采用风扇，以免形成二次气流，引起二次尘化。

2. 喷雾风扇

对于高温环境，可采用喷雾风扇。图 4-2 是一种喷雾风扇示意图。它在普通轴流风机上加设甩水盘，由供水管向甩水盘供水。风机转动时甩水盘同时转动，盘中的水在离心力作用下，沿切线方向甩出，形成许多细小的水滴（雾滴），随气流一起吹出。喷雾风扇除了能增加工作地点的风速外，水滴在空气中绝热蒸发，吸收周围空气的热量。喷雾风扇吹出的水滴不宜过大，大水滴不易蒸发，水滴直径宜小于 $60\mu m$，最大不超过 $100\mu m$，工作地点风速不应超过 3.0～5.0m/s。

3. 系统式局部送风

如果人员经常停留的工作地点热辐射强度较大、空气温度较高，而工艺条件又不允许有水滴，或者因工作地点散发有害气体或粉尘而不允许采用再循环空气时（如铸造车间的浇铸线），可以采用系统式局部送风。采用系统式局部送风，空气一般要经过冷却处理，可以用人工冷源或天然冷源（如地道风）对空气冷却。

系统式局部送风系统在结构上与一般的送风系统基本相同，只是送风口的结构有所不同。系统式局部送风系统的送风口称为"喷头"。最简单的喷头是一个渐扩短管 [图 4-3 (a)]，它适用于工作地点比较固定的场合，其紊流系数 $a=0.09$。图 4-3（b）是旋转式喷头，喷头出口设有活动的导流叶片，喷头与风管之间采用可转动的活动连接，可以任意调整气流方向，它的紊流系数 $a=0.2$。旋转式喷头适用于工作地点不固定，或设计时工作地点难以确定的场合。旋转式喷头的主要型号如表 4-1 所示。

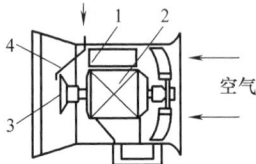

1—导风板；2—电动机；3—甩水盘；4—供水管。

图 4-2 喷雾风扇示意图

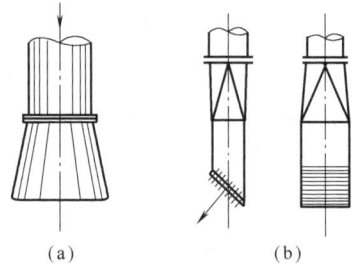

图 4-3 局部式送风喷头示意图
（a）固定式；（b）旋转式

旋转式喷头主要型号　　　　　　　　　　　　　　　　　　　　表 4-1

型　　号	送风口有效面积（m²）	送风口当量直径 D_0（mm）
No. 1	0.109	392
No. 2	0.125	421
No. 3	0.157	471
No. 4	0.218	555
No. 5	0.30	660

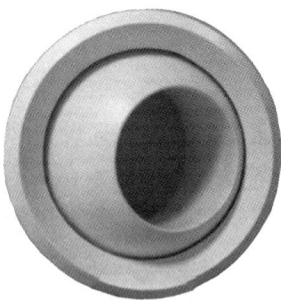

图 4-4 球形可调风口

图 4-4 是球形可调风口，它可以任意调节气流的喷射方向，广泛应用于船舶、飞机及生产车间，其紊流系数为 0.08～0.09，局部阻力系数为 1.2。

系统式局部送风装置应符合下列要求：

（1）不应将有害物质吹向人体；

（2）吹风气流应从人体前侧上方倾斜吹向人体的上部躯干（头、颈、胸），使人体上部处于清洁空气的包围之中，必要时也可由上向下垂直送风；

（3）送到人体的有效气流宽度宜为 1.0m（对室内散热量小于 23W/m² 的轻作业场合，可采用 0.6m）；

（4）人员活动范围较大时，宜采用旋转式喷头。

采用系统式局部送风时，工作地点的温度和风速可按表 4-2 选用。

系统式局部送风系统的设计主要是确定喷头尺寸、送风量和出口风速。计算前，首先要根据表 4-2 确定工作地点的温度和风速，然后按自由射流规律进行计算。

采用系统式局部送风时，工作地点的温度和风速　　　　表 4-2

热辐射强度（W/m²）	冬季		夏季	
	温度（℃）	风速（m/s）	温度（℃）	风速（m/s）
350～700	20～25	1.0～2.0	26～31	1.5～3.0
701～1400	20～26	1.0～3.0	26～30	2.0～4.0
1401～2100	18～22	2.0～3.0	25～29	3.0～5.0
2101～2800	18～22	3.0～4.0	24～28	4.0～6.0

注：1. 轻作业时，温度宜采用较高值；重作业时，温度宜采用较低值，风速宜采用较高值；中作业时，其数值可按插入法确定。

2. 表中夏季工作地点的温度，对于夏热冬冷地区或夏热冬暖地区可提高 2℃；对于累年最热月平均温度小于25℃的地区可降低 2℃。有条件时可以根据热舒适评价指标进行计算。

3. 表中热辐射强度指 1h 内的平均值。

设置系统式局部送风系统的目的是在工作地点营造一定的风速和温度，在自由射流的边界附近，射流温度接近于室温，气流速度接近于零，边界部分的气流实际上起不到局部送风的作用。因此，只取流速为轴心速度 20% 以上的范围作为局部送风的有效作用范围，表 4-2 中要求达到的温度和风速是指有效作用范围内的平均温度和平均风速，不是指整个射流断面上的平均温度和平均风速。在这种情况下，不能直接应用流体力学中的有关公式进行计算，经过换算后，系统式局部送风射流计算公式如表 4-3 所示。

系统式局部送风射流计算公式　　　　表 4-3

项　　目	起始段 $\left(\dfrac{as}{D_0}\leqslant 0.355\right)$	基　本　段
轴心速度 $\dfrac{v_s}{D_0}$	1.0	$\dfrac{0.48}{\dfrac{as}{D_0}+0.145}$
按流量的平均流速 $\dfrac{v_{sp}}{v_0}$	$1-0.8\dfrac{as}{D_0}$	$\dfrac{0.34}{\dfrac{as}{D_0}+0.145}$
平均温差 $\dfrac{t_{sp}-t_n}{t_0-t_n}$	$1-0.45\dfrac{as}{D_0}$	$\dfrac{0.41}{\dfrac{as}{D_0}+0.145}$
有效部分宽度 $\dfrac{D_s}{D_0}$	$2.78\dfrac{as}{D_0}+0.36$	$4\left(\dfrac{as}{D_0}+0.145\right)$
流量 $\dfrac{L_s}{L_0}$	$1+1.52\dfrac{as}{D_0}+5.28\left(\dfrac{as}{D_0}\right)^2$	$4.36\left(\dfrac{as}{D_0}+0.145\right)$

注：1. 下标"s"指离送风口 s 米处的数值；"0"指送风口的数值；"n"指室内空气参数。

2. 公式中，"s"指送风喷头至工作地点的距离；"D_0"指喷头的当量直径；"a"指紊流系数。

【例 4-1】　已知夏季室外通风计算温度 $t_w=30℃$，工作地点空气温度 $t_n=35℃$，热辐射强度为 $0.14W/cm^2$。在该处设置系统式局部送风，送风喷头至工作地点距离 $s=1.5m$，送风气流的作用范围 $D_s=1.4\text{m}$。试确定送风喷头的尺寸及送风参数。

【解】 根据表 4-2，在局部工作地点送风射流的平均温度 $t_{sp}=29℃$，平均风速 $v_{sp}=3.4\text{m/s}$。

（1）计算送风喷头的当量直径

$$\frac{D_s}{D_0}=4\left(\frac{as}{D_0}+0.145\right)$$

$$D_0=\frac{D_s-4as}{0.58}=\frac{1.4-4\times0.2\times1.5}{0.58}=0.345(\text{m})$$

根据表 4-1，选用 No.1 型旋转式喷头（送风口有效面积 $F_0=0.109\text{m}^2$，送风口当量直径 $D_0=0.392\text{m}$）。

（2）确定送风温度

$$\frac{t_{sp}-t_n}{t_0-t_n}=\frac{0.41}{\dfrac{as}{D_0}+0.145}=\frac{0.41}{\dfrac{0.2\times1.5}{0.392}+0.145}=0.45$$

送风温度

$$t_s=t_n+\frac{t_{sp}-t_n}{0.45}=35+\frac{29-35}{0.45}=21.7(℃)$$

（3）确定送风喷头出口流速

$$\frac{v_{sp}}{v_0}=\frac{0.34}{\dfrac{as}{D_0}+0.145}=\frac{0.34}{0.91}=0.374$$

出口流速

$$v_0=\frac{v_{sp}}{0.374}=\frac{3.4}{0.374}=9.1(\text{m/s})$$

送风喷头的送风量

$$L=v_0F_0=9.1\times0.109=0.99(\text{m}^3/\text{s})$$

4. 局部区域降温装置

如热车间（如转炉、平炉车间，铸铁、铸钢车间）的行车司机室位于车间上部，该处气温较高，在夏季炎热地区夏季温度可达 $40\sim60℃$，同时还有强烈的热辐射、粉尘和有毒气体，工作环境十分恶劣。为了给行车司机创造良好的工作条件，行车司机室必须密闭隔热，同时用特制的小型局部送风装置向行车司机室送风。小型冷剂式空调机组是目前应用较广的一种行车司机室降温装置。这种装置包括压缩冷凝机组和空气冷却器两部分。前者安装在行车桥架上并注意防尘，后者放在行车司机室内。设置空调风机组后，行车司机室夏季温度可维持在 $30℃$ 左右。为了保证有良好的降温效果，行车司机室本身必须做好隔热。

向车间送风除了维持车间一些区域的热湿环境和空气环境外，在排风量大、车间相对密闭的场合，为了平衡排出车间的风量、维持排风系统的正常工作，也需要向车间送风（补风）。用于补风的机械送风量一般为机械排风量的 $60\%\sim90\%$。车间未设空调供暖系统时，补风尽可能送至人员工作区域；当车间有温湿度要求，设置了空调供暖系统，且补风未经冷/热处理时，应将补风尽量送至排风口附近。

4.2 通风系统的划分

当车间内不同地点有不同的送、排风要求，或车间面积较大，送、排风点较多，或者不同地点、区域的生产设备工作班次不同，对通风系统要求的时间不同时，为便于运行管理，常分设多个送、排风系统。除个别情况外，通常是由一台或多台连在一起工作的风机与其联系在一起的管道及设备构成一个系统。通风系统划分的原则是：

（1）空气处理要求相同、室内参数要求相同的，可划为同一系统。

（2）同一生产流程、运行班次和运行时间相同的，可划为同一系统。

（3）对下列情况应分别设置排风系统：

1）两种或两种以上的有害物混合后有可能引起燃烧或爆炸；

2）两种或两种以上的有害物混合后会形成毒害更大或腐蚀性的混合物或化合物；

3）两种或两种以上的有害物混合后易使蒸汽凝结并积聚粉尘；

4）两种或两种以上的有害物混合后会增加净化难度；

5）散发剧毒物质的房间和设备；

6）建筑物内设有存储易燃易爆物质的单独房间或有防火防爆要求的单独房间。

（4）除尘系统的划分还应符合下列要求：

1）同一生产流程、同时工作的扬尘点相距不远时，宜合设一个系统；

2）同时工作但粉尘种类不同的扬尘点，当工艺允许不同粉尘混合回收或粉尘无回收价值时，也可合设一个系统；

3）温湿度不同的含尘气体，当混合后可能导致风管内结露时，应分设系统。

（5）不同的排风点距风机的距离相差较大，管路阻力相差较大，若划在同一个系统将显著增加系统的阻力和风机能耗时，应分开设置系统。

4.3 局部补风系统与局部排风系统的结合

对于全面通风系统，送风与排风涉及车间的气流组织，排风口位置、形式及风量大小根据气流组织的需要确定（参照第 3 章）。

而对局部排风系统进行补风，补风口的位置、风量等宜根据排风口的位置、排风量、排风性质等确定。一般按以下原则进行：

（1）对于难以保证工作区无污染的场合，补风应先经过清洁区、人员工作区域。

（2）当车间需要空调或供暖，车间排风量较大，排风冷/热损失大、排风难以循环利用，污染散发设备对温湿度要求不高时，可以考虑直接将补风送至排风罩口附近。

（3）补风气流尽可能与排风口形成的控制气流流向相同，不能影响和削弱排风罩对有害物的控制。

（4）除车间有明确的内外压差要求或车间密闭情况良好等特殊场合外，机械补风量不宜超过机械排风量的 $60\%\sim90\%$。

习　题

1. 简述通风除尘系统的类型，各类系统的构成、作用及工作原理。

2. 为什么在排风量较大、密封性较好的车间，在排风的同时需要向车间补风？补风量与排风量的大小关系通常是什么？为什么？

3. 简述通风系统的划分原则。

4. 什么是局部送风系统？简述局部送风系统的作用及应用场合。以改善热环境为目的的局部送风系统，其送风参数如何确定？（结合"建筑环境学"中热舒适原理进行说明）

5. 某工作地点需设置局部送风系统，已知工作地点送风参数为：$t_{sp}=25℃$、$v_{sp}=3m/s$，室内空气温度 $t_n=30℃$，喷头至工作地点距离 $s=1.5m$，气流作用范围 $D_s=1.5m$。计算所需的旋转式喷头的当量直径、出口风速、风量、温度。

第5章 局部排风罩与局部区域的气流控制

局部排风罩是局部排风系统的重要组成部分。通过控制局部排风罩口附近的气流运动，可在污染物散发地点直接捕集污染物或控制其在车间的扩散，保证室内工作区污染物浓度不超过卫生标准的要求。设计合适的局部排风罩，用较小的排风量即可获得较好的控制效果。同时，为对局部区域的气流进行控制，常采用一系列局部区域气流控制技术，如大门空气幕、单向流通风、吹吸式通风、气幕旋风等。

按照工作原理不同，局部排风罩可分为以下几种基本形式：

（1）密闭罩；

（2）柜式排风罩（通风柜）；

（3）外部吸气罩（包括槽边排风罩）；

（4）接受式排风罩；

（5）吹吸式排风罩。

设计局部排风罩时应遵循以下原则：

（1）局部排风罩应尽可能靠近污染物散发源，使污染物局限于较小空间，尽可能减小排风罩的吸气范围，便于捕集和控制。

（2）局部排风罩的吸气气流方向应尽可能与污染气流运动方向一致。

（3）已被污染的吸气气流不允许通过人的呼吸区，设计时要充分考虑操作人员的位置和活动范围。

（4）局部排风罩应力求结构简单、造价低，便于制作安装和拆卸维修。

（5）与工艺密切结合，使局部排风罩的配置与生产工艺协调一致，力求不影响工艺操作。

（6）要尽可能避免或减弱干扰气流（如穿堂风、送风气流等）对吸气气流的影响。

局部排风罩的结构虽然不十分复杂，但由于各种因素的相互制约，要同时满足上述原则并非易事。设计人员应充分了解生产工艺、操作特点及现场实际情况。

5.1 密 闭 罩

密闭罩的结构示意图如图5-1所示，它把污染物散发源全部密闭在罩内，在罩上设有工作孔，从罩外吸入空气，罩内污染空气由上部排风口排出。它只需较小的排风量就能形成罩内负压，有效控制污染物的逸出，排风罩气流不受周围气流的影响。它的缺点是对设备检修有影响，有的看不到罩内的工作状况。用于产尘设备的密闭罩称为防尘密闭罩。

5.1.1 防尘密闭罩的形式

防尘密闭罩随工艺设备及其配置的不同，形式是多样的。按照它和工艺设备的配置关系，可分为三类：

1. 局部密闭罩

对局部产尘点进行密闭，产尘设备及传动装置留在罩外，便于观察和检修（图5-2）。局部密闭罩的容积小、排风量少、经济性好，适用于含尘气流速度低、连续扬尘和瞬时增压不大的扬尘点。

2. 整体密闭罩

产尘设备大部分或全部被密闭，只有传动部分留在罩外（图5-3），适用于有振动或含尘气流速度高的设备。

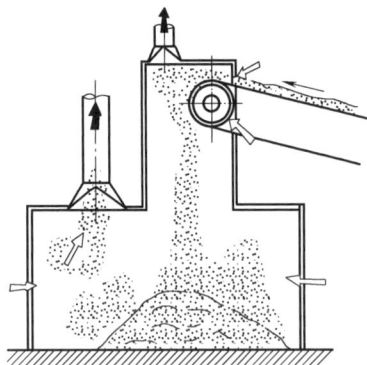

图 5-1　密闭罩的结构示意图

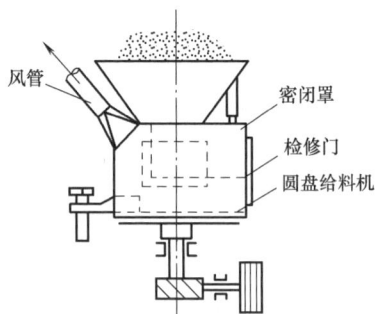

图 5-2　圆盘给料机局部密闭罩

3. 大容积密闭罩（密闭小室）

图5-4所示为振动筛密闭小室，振动筛、提升机等设备全部密闭在小室内，人员可直接进入小室检修和更换筛网。密闭小室容积大，适用于多点产尘、阵发性产尘、含尘气流速度高和设备检修频繁的场合。它的缺点是占地面积大，材料消耗多。

根据工艺设备的操作特点，密闭罩有固定式和移动式两种。图5-5是用于小型振动落砂机的固定式密闭罩。图5-6是大型振动落砂机上的移动式密闭罩，其操作流程是：砂箱落砂前，由电动机驱动，使移动罩右移；把大型砂箱用吊车安放在落砂机上，移动罩向左移动，使砂箱密闭在罩内，然后启动风机和落砂机进行落砂。

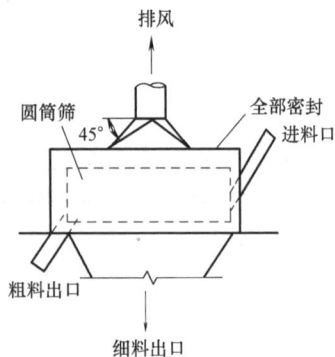

图 5-3　圆筒筛整体密闭罩

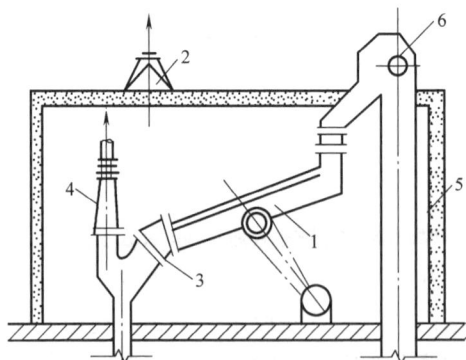

1—振动筛；2—小室排风口；3—卸料口；
4—排风口；5—密闭小室；6—提升机。

图 5-4　振动筛密闭小室

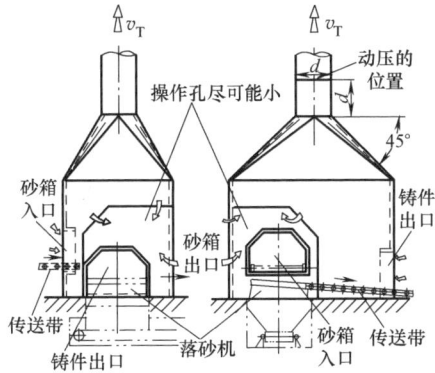

图 5-5　用于小型振动落砂机的固定式密闭罩

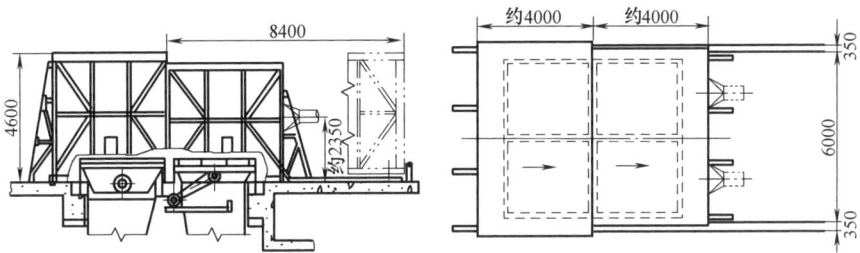

图 5-6　大型振动落砂机上的移动式密闭罩

5.1.2　排风口位置的确定

尘源被密闭后，要防止粉尘外逸，还需通过排风来消除罩内正压。罩内形成正压的主要因素有以下几点：

(1) 机械设备运动。当图 5-3 所示的圆筒筛在工作过程中高速转动时，会带动周围空气一起运动，造成一次尘化气流。高速气流与罩壁发生碰撞时，把自身的动压转化为静压，使罩内压力升高。

(2) 物料运动。图 5-7 是皮带运输机转落点密闭罩。物料的落差小于或等于 1.0m 时，物料诱导的空气量较小，可按图 5-7 (a) 设置排风口。物料的落差较大时，高速下落的物料诱导周围空气一起从上部罩口进入下部皮带密闭罩，使罩内压力升高。物料下落时的飞溅是造成罩内正压的另一个原因。为了消除下部密闭罩内诱导空气的影响，物料的落差大于 1.0m 时，应按图 5-7 (b) 所示进行抽风，同时设置宽大的缓冲箱以减弱飞溅的影响。图 5-8 是发生飞溅时的情况，由于局部气流飞溅速度较高，采用抽风的方法无法抑制这种局部高速气流 [图 5-8 (a)]。正确的方法是避免在飞溅区域内有孔口或缝隙，或者设置宽大的密闭罩，使尘化气流在到达罩壁上的孔口前速度已大大降低 [图 5-8 (b)]。

(3) 罩内外温差。图 5-9 所示为斗式提升机的密闭排风。当提升机提升高度较小、输送冷物料时，主要在下部的物料受料点形成正压，可按图 5-9 (a) 在下部设排风点。当提升机输送热物料时，提升机机壳类似于一根垂直风管，热气流带着粉尘由下向上运动，在上部形成较高的热压。特别地，当物料温度为 50～150℃时，要在上、下部同时排风；物料温度大于 150℃时只需在上部排风，如图 5-9 (b) 所示。

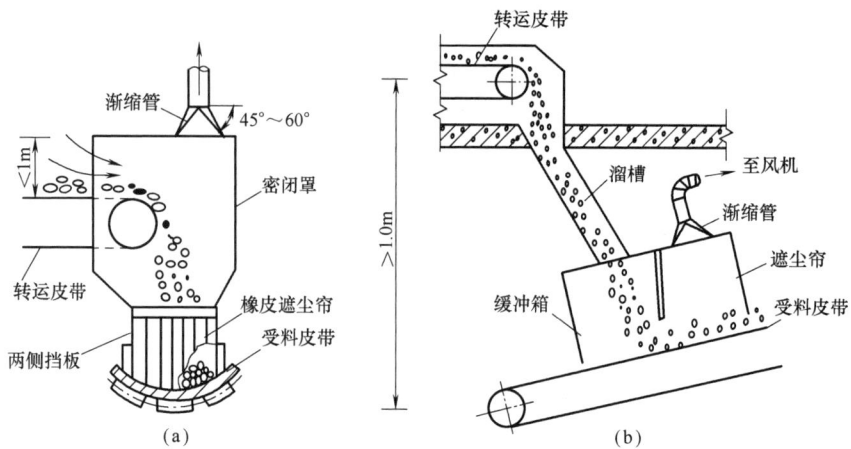

图 5-7　皮带运输机转落点密闭罩

(a) 物料的落差≤1.0m；(b) 物料的落差＞1.0m

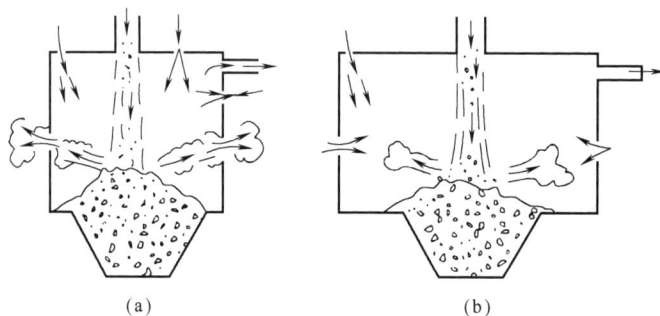

图 5-8　密闭罩内的飞溅

总体来看，排风口位置应根据生产设备的工作特点及含尘气流运动规律来确定。排风口应设在罩内压力最高的部位，以利于消除正压。

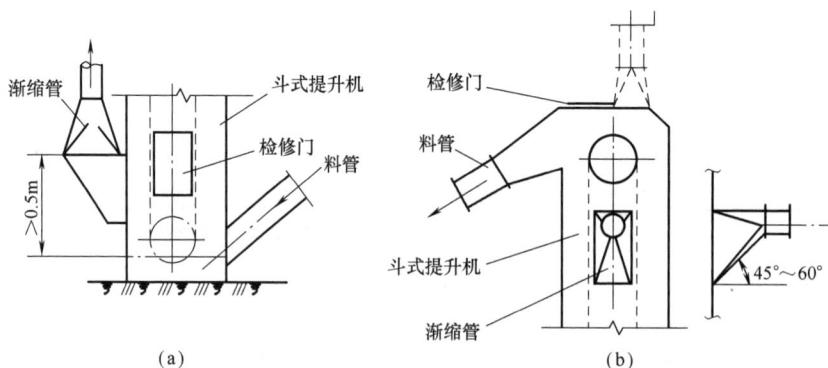

图 5-9　斗式提升机的密闭排风

(a) 下部排风；(b) 上部排风

为了避免把过多的物料式粉尘吸入通风系统，增加除尘器的负担，排风口不应设在含尘浓度高的部位或飞溅区内。为避免抽风口吸入粉尘，其构造设计采用渐缩管（图 5-9）。罩口风速 v 不宜过高，通常采用下列数值：

筛落的极细粉尘：$v=0.40\sim0.60$m/s；

粉碎或磨碎的细粉尘：$v<2.0$m/s；

粗颗粒物料：$v<3.0$m/s。

5.1.3 排风量的确定

从理论上分析，密闭罩的排风量可根据进、排风量平衡确定。

$$L=L_1+L_2+L_3+L_4 \qquad (5-1)$$

式中 L——密闭罩的排风量，m^3/s；

L_1——物料下落时带入罩内的诱导空气量，m^3/s；

L_2——从孔口或不严密缝隙吸入的空气量，m^3/s；

L_3——因工艺需要送入罩内的空气量，m^3/s；

L_4——在生产过程中因受热使空气膨胀或水分蒸发而增加的空气量，m^3/s。

在上式中，L_3 取决于工艺设备的配置，只有少量设备（如自带鼓风机的混砂机等）才需要考虑。L_4 在工艺过程发热量大、物料含水率高时才需要考虑，如水泥厂的转筒烘干机等。在一般情况下，式（5-1）可简化为：

$$L=L_1+L_2 \qquad (5-2)$$

对不同的设备，其工作特点、密闭罩的结构形式及尘化气流的运动规律各不相同，难以用统一的公式对上述两部分风量进行计算。目前大部分按经验数据或经验公式确定，设计时可参考有关的手册。但从式（5-2）可以看出，要减少除尘密闭罩的局部排风量，应尽可能减小孔口或缝隙面积，并设法限制诱导空气随物料一起进入罩内。

5.2 柜式排风罩

柜式排风罩又称排风柜，其结构与密闭罩相似，根据工艺操作需要，罩的一面可全部敞开。图 5-10（a）是小型柜式排风罩，适用于化学实验室、小零件喷漆等。图 5-10（b）是大型柜式排风罩，操作人员在柜内工作，主要用于大件喷漆、粉料装袋等。按照气流运动特点，柜式排风罩分为吸气式和吹吸式两类。吸气式单纯依靠排风的作用，在工作孔上造成一定的吸入速度，防止污染物外逸。图 5-11 是送风式排风柜，排风量的 70% 左右由上部风口供给（采用室外空气），其余 30% 从室内流入柜内。在需要供热（冷）的房间内，设置送风式排风柜可节能 60% 左右。

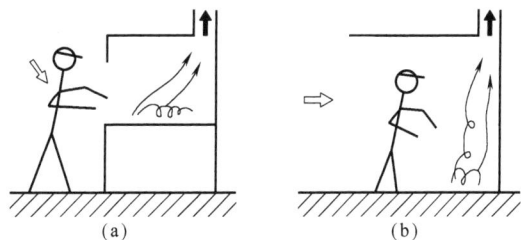

图 5-10 柜式排风罩
（a）小型柜式排风罩；（b）大型柜式排风罩

图 5-12 是吹吸联合工作的排风柜，它可以隔断室内干扰气流，防止柜内形成局部涡流，使污染物得到较好控制。

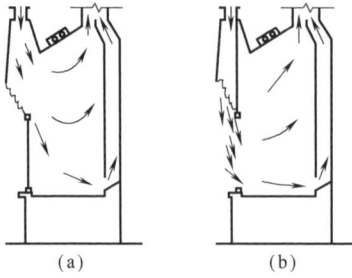

图 5-11 送风式排风柜

(a) 柜门关闭；(b) 柜门开启

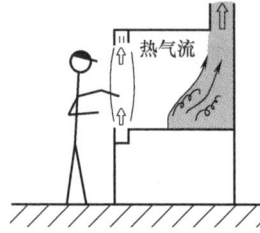

图 5-12 吹吸联合工作的排风柜

排风柜的排风量按下式计算：

$$L = L_1 + v \cdot F \cdot \beta \tag{5-3}$$

式中 L_1——柜内的污染气体发生量，m^3/s；

v——工作孔上的气流速度，m/s；

F——工作孔或缝隙的面积，m^2；

β——安全系数，取 1.1～1.2。

对化学实验用排风柜，工作孔上的控制风速可按表 5-1 确定。对某些特定的工艺过程，其控制风速可参照表 5-2 确定。

化学实验用排风柜工作孔上的控制风速

表 5-1

污染物类型	控制风速（m/s）
无毒污染物	0.25～0.375
有毒或有危险的污染物	0.40～0.50
剧毒或少量放射性污染物	0.50～0.60

柜内发热量大，采用自然排风时，其最小排风量是按中和面高度不低于排风柜工作孔上缘确定的。排风柜的中和面是指排风柜某侧壁高度上壁内外压差为零的位置。

排风柜上工作孔的速度分布对其控制效果有较大影响，如果速度分布不均匀，污染气流会从吸入速度低的部位逸入室内。图 5-13 是冷过程排风柜采用上部排风时，气流运动情况。工作孔上部的吸入速度为平均流速的 150%，而下部仅为平均流速的 60%，污染气体会从下部逸出。为了改善这种状况，应把排风口设在排风柜的下部，如图 5-14 所示。对于产热量较大的工艺过程，柜内的热气流要向上浮升，如果仍像冷过程一样，在下部吸气，污染气体就会从上部逸出，如图 5-15 所示。因此，热过程的排风柜必须在上部排风。对于发热量不稳定的情况，可以上下均设排风口，如图 5-16 所示，随柜内发热量的变化，调节上、下排风量的比例，使工作孔的速度分布比较均匀。

特定工艺过程排风柜的控制风速　　　　　　　　　　表 5-2

生产工艺		有害物名称	速度（m/s）
金属热处理	油槽淬火、回火	油蒸气、油分解产物（植物油为丙烯醛）、热	0.3
	硝石槽内淬火 $t=400～700℃$	硝石、悬浮尘、热	0.3
	盐槽淬火 $t=800～900℃$	盐、悬浮尘、热	0.5
	熔铅 $t=400℃$	铅	1.5
	氰化 $t=700℃$	氰化合物	1.5

生产工艺		有害物名称	速度(m/s)
金属电镀	镀镉	氢氰酸蒸气	1.0~1.5
	氰铜化合物	氢氰酸蒸气	1.0~1.5
	脱脂:汽油	汽油、氯代碳氢化合物蒸气	0.3~0.5
	氯化烃		0.5~0.7
	电解		0.3~0.6
	镀铅	铅	1.5
	酸洗:硝酸	酸蒸气和硝酸	0.7~1.0
	盐酸	酸蒸气(氯化氢)	0.5~0.7
	镀铬	铬酸雾气和蒸气	1.0~1.5
	氰化镀锌	氢氰酸蒸气	1.0~1.5
涂刷和溶解油漆	苯、二甲苯、甲苯	溶解蒸气	0.5~0.7
	煤油、白节油、松节油		0.5
	无甲酸戊酯、乙酸戊酯的漆		0.5
	无甲酸戊酯、己酸戊酯和甲烷的漆		0.7~1.0
	喷漆	漆悬浮物和溶解蒸气	1.0~1.5
使用粉散材料的生产过程	装料	粉尘	0.7(容许质量浓度 4~10mg/m³) 0.7~1.0(容许质量浓度 1~4mg/m³) 1.0~1.5(容许质量浓度 1mg/m³ 以下)
	手工筛分和混合筛分		1.0(容许质量浓度 4~10mg/m³) 1.25(容许质量浓度 1~4mg/m³) 1.5(容许质量浓度 1mg/m³ 以下)
	称量和分装		0.7(容许质量浓度 1~10mg/m³) 0.7~1.0(容许质量浓度 1mg/m³ 以下)
	小件喷硅清理	硅酸盐	1.0~1.5
	小件金属喷镀	各种金属粉尘及其氧化物	1.0~1.5
	水溶液蒸发	水蒸气	0.3
	柜内化学实验工作	各种蒸气气体	0.5(容许质量浓度≥0.01mg/L) 0.7~1.0(容许质量浓度<0.01mg/L)
	焊接:用铅或焊锡		0.5~0.7(容许质量浓度<0.01mg/L)
	用锡和其他不含铅的金属合金		0.3~0.6(容许质量浓度<0.01mg/L)
	用汞的工作:不必加热	汞蒸气	0.7~1.0
	加热		1.0~1.25
	有特殊有害物的工序(如放射性物质)	各种蒸气、气体和粉尘	2.0~3.0
	小型制品的电焊:优质焊条	金属氧化物	0.5~0.7
	裸焊条		0.5

图 5-13　上抽风冷过程排风柜气流运动情况

图 5-14　下抽风冷过程排风柜气流运动情况

图 5-15　热过程的下部吸气排风柜气流运动情况

图 5-16　上下同时吸气的排风柜气流运动情况

5.3　外部吸气罩

由于工艺条件限制，生产设备不能密闭时，可把排风罩安装在污染物散发源附近，依靠罩口的抽吸作用，在污染物散发地点造成一定的气流运动，把污染物吸入罩内。这类排风罩统称为外部吸气罩，如图 5-17 所示。

为保证污染物全部被吸入罩内，必须在距吸气口最远的污染物散发点（即控制点）造成适当的空气流动，如图 5-18 所示。控制点的空气运动速度称为控制风速（也称吸入速度）。这样就出现一个问题：外部吸气罩需要多大的排风量 L，才能在距罩口 x 米处造成必要的控制风速 v_x 呢？要解决这个问题，必须掌握 L 和 v_x 之间的变化规律。因此，首先要研究吸气口气流的运动规律。

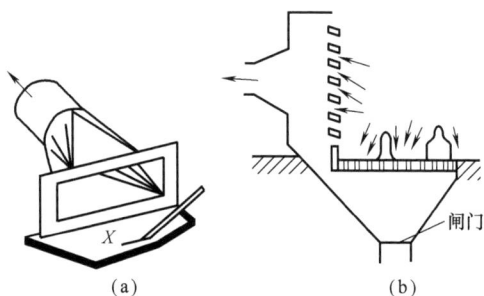

图 5-17　外部吸气罩

（a）焊接作业；（b）振动落砂机

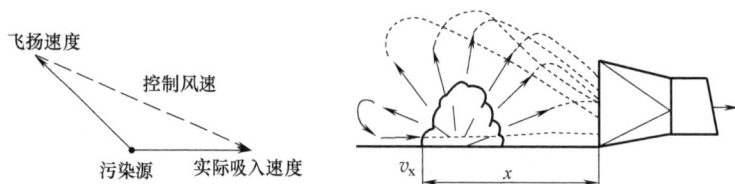

图 5-18　外部吸气罩的控制风速

50

5.3.1 吸气口气流的运动规律

根据流体力学，位于自由空间的点汇吸气口［图 5-19（a）］的排风量为：

$$L=4\pi r_1^2 v_1=4\pi r_2^2 v_2 \tag{5-4}$$

式中　v_1、v_2——点 1、点 2 的空气流速，m/s；

　　　r_1、r_2——点 1、点 2 至吸气口的距离，m。

吸气口设在墙上时，吸气范围受到限制［图 5-19（b）］，它的排风量为：

$$L=2\pi r_1^2 v_1=2\pi r_2^2 v_2 \tag{5-5}$$

从式（5-4）、式（5-5）可以看出，吸气口外某一点的空气流速与该点至吸气口距离的平方成反比，而且它是随吸气口吸气范围的减小而增大的。因此，设计时罩口应尽量靠近污染物散发源，并设法减小其吸气范围。

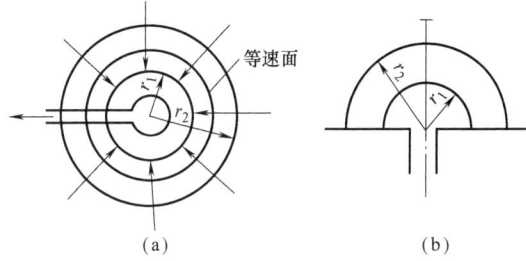

图 5-19　点汇吸气口
（a）自由空间吸气口；（b）受限空间吸气口

5.3.2 前面无障碍的吸气罩排风量计算

实际采用的排风罩都是有一定面积的，不能看作一个点，因此不能把点汇吸气口的流动规律直接用于外部吸气罩的计算。为了解决生产中的实际问题，很多学者曾对各种吸气口的气流规律进行了大量实验研究。图 5-20 和图 5-21 是通过实验求得的四周无法兰边和四周有法兰边的圆形吸气口的速度分布图。这两个图的横坐标是 x/d（x 为某一点距吸气口的距离，m；d 为吸气口的直径，m），等速面的速度是以吸气口流速的百分数表示的。

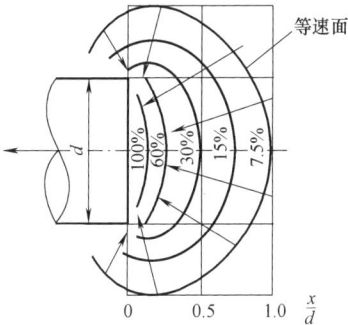

图 5-20　四周无法兰边的圆形吸气口的速度分布图

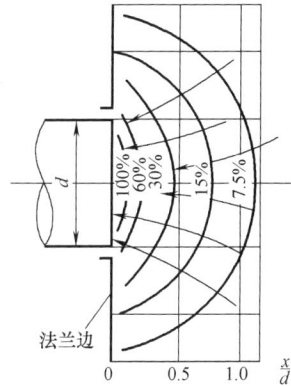

图 5-21　四周有法兰边的圆形吸气口的速度分布图

图 5-20 和图 5-21 的实验结果可用下列公式表示：

对于四周无法兰边的圆形吸气口：

$$\frac{v_0}{v_x}=\frac{10x^2+F}{F} \tag{5-6}$$

对于四周有法兰边的圆形吸气口：

$$\frac{v_0}{v_x} = 0.75 \left[\frac{10x^2 + F}{F} \right] \tag{5-7}$$

式中 v_0——吸气口的平均流速，m/s；

   v_x——控制点的吸入速度，m/s；

   x——控制点至吸气口的距离，m；

   F——吸气口的面积，m^2。

式（5-6）和式（5-7）是根据吸气口的速度分布图得出的，仅适用于 $x \leqslant 1.5d$ 的场合。当 $x > 1.5d$ 时，实际的速度衰减要比计算值大。根据式（5-6）和式（5-7），前面无障碍的四周无法兰边或有法兰边的圆形吸气口的排风量（m^3/s）可按下式计算：

四周无法兰边的圆形吸气口：

$$L = v_0 F = (10x^2 + F)v_x \tag{5-8}$$

四周有法兰边的圆形吸气口：

$$L = v_0 F = 0.75(10x^2 + F)v_x \tag{5-9}$$

图 5-22 是设在工作台上的侧吸罩，可以把它看成是一个假想的大排风罩的一半［图 5-22（a）］，根据式（5-8），假想的大排风罩的排风量为：

$$L' = (10x^2 + 2F)v_x \tag{5-10}$$

实际排风罩的排风量为：

$$L = \frac{1}{2}L' = \frac{1}{2}(10x^2 + 2F)v_x = (5x^2 + F)v_x \tag{5-11}$$

式中 F——实际排风罩的罩口面积，m^2。

式（5-11）适用于 $x < 2.4\sqrt{F}$ 的场合。

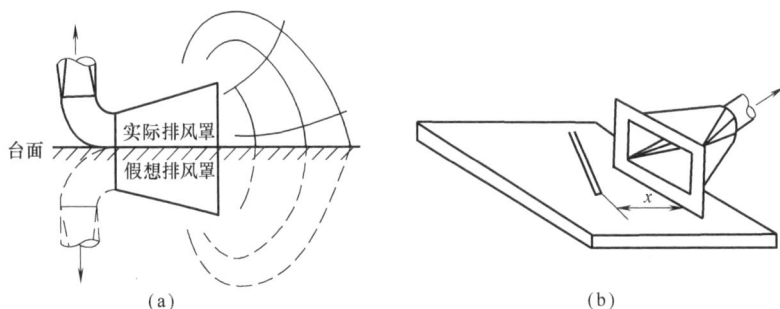

图 5-22 设在工作台上的侧吸罩

根据国内外学者的研究，法兰边总宽度可近似取为罩口宽度，超过上述数据时，对罩口的速度场分布没有明显影响。

对长宽比不同的矩形吸气口的速度分布进行综合性的数据处理，得出图 5-23 所示的矩形吸气口速度分布计算图。

【例 5-1】 有一尺寸为 300mm×600mm 的矩形吸气罩（四周无法兰边），要求在距罩口 $x = 900$mm 处，造成 $v_x = 0.25$m/s 的吸入速度。计算该排风罩的排风量。

【解】

$$b/a = 300/600 = 1 : 2$$

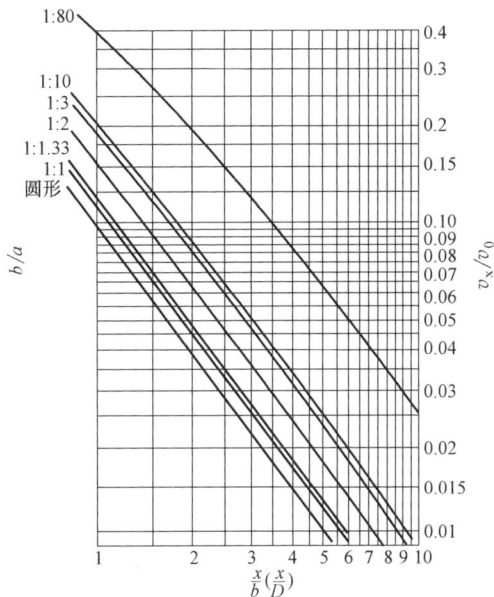

图 5-23 矩形吸气口速度分布计算图

注：a 为矩形吸气罩长边长度，b 为矩形吸气罩短边长度，x 为控制点与罩口的距离，D 为圆形吸气罩的罩口直径。

$$x/b = 900/300 = 3.0$$

由图 5-23 查得：$v_x/v_0 = 0.037$。

罩口上平均风速：$v_0 = v_x/0.037 = 0.25/0.037 = 6.76$（m/s）。

罩口排风量：$L = 3600 v_0 F = 3600 \times 6.76 \times 0.3 \times 0.6 = 4380$（$m^3/h$）。

对于四周有法兰边的矩形吸气口，其排风量修正与式（5-9）相似，即为无法兰边时的 75%。

【例 5-2】 焊接工作台上有一侧吸罩，见图 5-22（b）。已知罩口尺寸为 300mm×600mm，工件至罩口的最大距离为 0.6m，控制点吸入速度 $v_x = 0.5$m/s。计算该排风罩的排风量。

【解】 把该罩看成 600mm×600mm 的假想罩。

$$b/a = 600/600 = 1.0$$
$$x/b = 600/600 = 1.0$$

由图 5-23 查得：

$$v_x/v_0 = 0.13$$

罩口平均风速：$v_0 = v_x/0.13 = 0.5/0.13 = 3.85$（m/s）。

实际排风量：$L = 3600 v_0 F = 3600 \times 3.85 \times 0.3 \times 0.6 = 2495$（$m^3/h$）。

对于 $b/a \leqslant 0.2$ 的条缝形排风口排风量（m^3/s），目前国内外的工业通风手册中都使用下列计算公式：

自由悬挂无法兰边：

$$L = 3.7 l x v_x \tag{5-12}$$

自由悬挂有法兰边或无法兰边设在工作台上：

$$L = 2.8xv_x \qquad (5\text{-}13)$$

经分析对比发现，式（5-12）、式（5-13）的计算结果与实际有一定误差，设计时也可利用图 5-23 计算。

从上述公式可以看出，计算外部吸气罩的排风量时，首先要确定控制点的控制风速 v_x。v_x 与工艺过程和室内气流运动情况有关，一般通过实测求得。如果缺乏现场实测的数据，设计时可参考表 5-3 确定。

控制点的控制风速 v_x 表 5-3

污染物散发情况	v_x(m/s)	举例
以轻微的速度散发到相当平静的空气中	0.25～0.5[①]	槽内液体的蒸发；气体或烟从敞口容器中外逸
以较低的初速度散发到尚属平静的空气中	0.5～1.0[②]	喷漆室内喷漆；断续地倾倒有尘屑的干物料到容器中；焊接
以相当大的速度散发出来，或是放散到空气运动迅速的区域	1.0～2.5[③]	在小喷漆室内用高压力喷漆；快速装袋或装桶；往运输器上给料
以高速散发出来，或是散发到空气运动速度大的区域	2.5～10[④]	磨削；重破碎；滚筒清理

① 范围下限：室内空气运动速度小或有利于捕集；范围上限：室内有扰动气流。
② 范围下限：有害物毒性低；范围上限：有害物毒性高。
③ 范围下限：间歇生产、产量低；范围上限：连续生产、产量高。
④ 范围下限：大罩子、大风量；范围上限：小罩子、局部控制。

5.3.3 前面有障碍时外部吸气罩排风量计算

排风罩如果设在工艺设备上方，由于设备的限制，气流只能从侧面流入罩内，罩口的流线与图 5-20 是不同的。上吸式吸气罩的尺寸及安装位置按图 5-24 确定。为了避免横向气流的影响，要求 H 尽可能小于或等于 $0.3a$（a 为罩口长边尺寸），其排风量（m³/s）按下式计算：

$$L = KPHv_x \qquad (5\text{-}14)$$

式中　P——吸气罩口敞开面的周长，m；

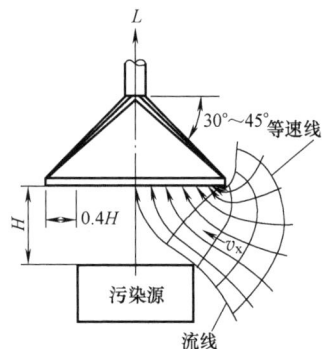

图 5-24　上吸式吸气罩的尺寸及安装位置

　　　　H——罩口至污染源的距离，m；

　　　　v_x——边缘控制点的控制风速，m/s；

　　　　K——考虑沿高度速度分布不均匀的安全系数，通常取 $K=1.4$。

设计外部吸气罩时，在结构上应注意以下问题：

（1）为了减少横向气流的影响和罩口的吸气范围，工艺条件允许时应在罩口四周设固定或活动挡板，如图 5-25 所示。

（2）罩口上的速度分布对吸气罩的性能有较大影响。扩张角 α 变化时，罩口轴心速度 v_c 和罩口平均速度 v_0 的比值见表 5-4。图 5-26 是不同扩张角下吸气罩的局部阻力系数（以管口动压为准）。当 $\alpha=30°\sim60°$ 时，阻力最小。综合结构、速度分布、阻力三方面的因素，扩张角 α 应尽可能小于或等于 60°。当罩口平面尺寸较大时，可采取以下措施：

1）把一个大吸气罩分割成几个小吸气罩，如图 5-27（a）所示。

2）在罩内设挡板，如图 5-27（b）所示。

3）在罩口上设条缝口，要求条缝口风速大于 10m/s，静压箱内的速度不超过条缝口速度的 1/2，如图 5-27（c）所示。

4）在罩口设气流分布板，如图 5-27（d）所示。

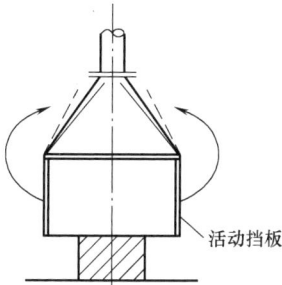

图 5-25　设有活动挡板的吸气罩

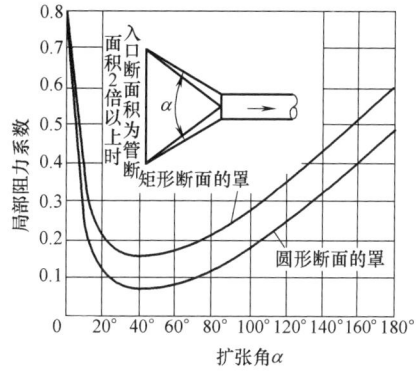

图 5-26　吸气罩的局部阻力系数

不同 **α** 角下的速度比（v_c/v_0）　　　　　　　　　　　　　　表 5-4

α	v_c/v_0	α	v_c/v_0
30°	1.07	60°	1.33
40°	1.13	90°	2.00

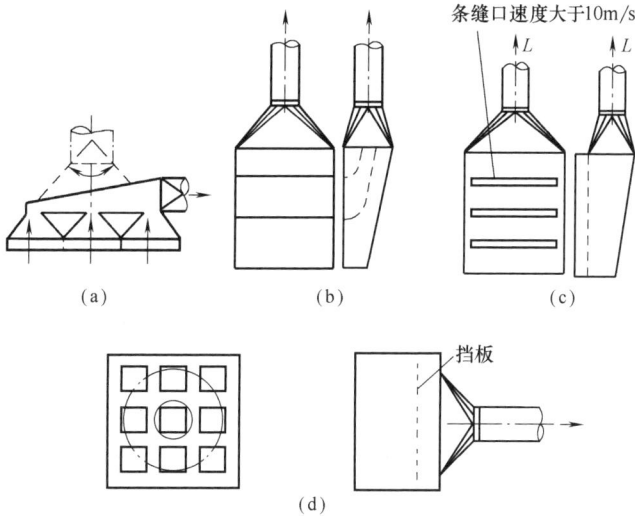

图 5-27　保障罩口气流均匀的措施

【例 5-3】　有一浸漆槽槽面尺寸为 0.6m×1.0m，为排除有机溶剂蒸气，在槽上方设吸气罩，罩口至槽面距离 $H=0.4$m，罩的一个长边设有固定挡板。计算排风罩排风量。

【解】　根据表 5-3，取 $v_x=0.25$m/s，罩的一个长边设有固定挡板，计算吸气罩排风量。

罩口尺寸：　　　　　长边长度 $a=1.0+0.4×0.4×2=1.32$（m）

　　　　　　　　　　短边长度 $b=0.6+0.4×0.4×2=0.92$（m）

因一边设有挡板，罩口周长：

$$P=1.32+0.92\times2=3.16(\text{m})$$

根据式（5-14），排风量为：

$$L=KPHv_{\text{x}}=1.4\times3.16\times0.4\times0.25=0.44(\text{m}^3/\text{s})$$

应当指出，上述计算方法称为控制风速法，其核心是确定控制点上的控制风速。控制风速法计算排风量的依据是实验求得的罩口速度分布曲线，这些曲线是在没有污染气流的情况下求得的。当污染气体发生量 $L_1\neq0$ 时，外部吸气罩的排风量应为：

$$L=L_1+L_2 \tag{5-15}$$

式中 L_1——污染气体发生量，m^3/s；

L_2——从罩口周围吸入的空气量，m^3/s。

对这种情况如果仍用控制风速法计算，边缘控制点上的实际控制风速 v_z 将小于设计的控制风速 v_{x}，污染物可能逸入室内。为了解决这个矛盾，只能近似地加大控制风速。所以控制风速法主要用于 $L_1\approx0$ 的冷过程，如低温敞口槽、手工刷漆、焊接等。日本学者研究了排风罩口同时有污染气流和吸气气流时的气流运动规律，并得出了有关的计算公式，即下面介绍的流量比法。

5.3.4 流量比法

1. 流量比法的理论基础——排风罩口气流的流线合成

上吸式局部排风罩口的气流运动是上升的污染气流和周围吸入气流的合成。如果把它们近似看作势流，可通过势流叠加进行流线合成。

对均匀分布的污染气流，其流函数为：

$$\psi_1=v_1x \tag{5-16}$$

式中 v_1——污染气流上升速度，m/s；

x——计算点至原点的距离，m。

罩口上吸入气流的流函数应满足拉普拉斯方程，即：

$$\frac{\partial^2\psi}{\partial x^2}+\frac{\partial^2\psi}{\partial y^2}=0 \tag{5-17}$$

利用有限差分法求解上列方程，可求出罩口周围各点的流函数值，并画出其流线。

（1）吸入气流的数值解

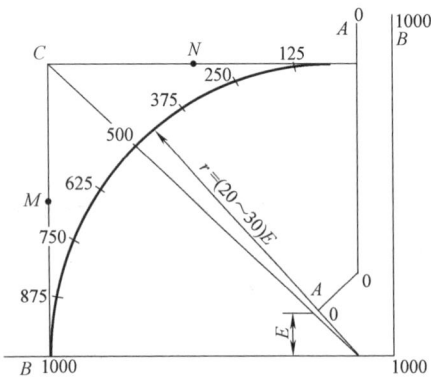

图 5-28 排风罩口边界上的流函数值

对于图 5-28 所示的二维排风罩，其边界条件按下述方法确定：

1）AA、BB 是排风罩口边界上的两条流线，其流函数值差即为流线间流量。如罩口排风量 $L_2=1000$，则流线 AA 的函数值 $\psi_A=0$，流线 BB 的流函数值 $\psi_B=1000$。

2）对于二维吸气口，可近似认为在 $r=(20\sim30)E$ 处，吸气气流的速度分布符合线汇吸气口运动规律，即在半径 $r=(20\sim30)E$ 的圆周上，流函数值是均匀分布的。

3）由图 5-28 可以看出，C 点的流函数值

$\psi_C = 500$，在 AC 线上任意一点 N 的流函数值为：

$$\psi_N = 500\arctan\left(\frac{AN}{AC}\right) \qquad (5\text{-}18)$$

在 CB 线上任意一点 M 的流函数值为：

$$\psi_M = 500 + 500\arctan\left(\frac{CM}{CB}\right) \qquad (5\text{-}19)$$

边界范围和边界条件确定以后，把边界内的流场划分为足够小的正方形网格。同一流场的网格大小可以不一致，以适应不同精度的要求，例如在吸气口断面上网格最密，以反映流动的局部显著变化。流场的分格情况如图 5-29 所示。根据边界条件和流场内部的分格情况，利用有限差分法把拉普拉斯方程变成一组线性代数方程。各格子点的流函数方程如下：

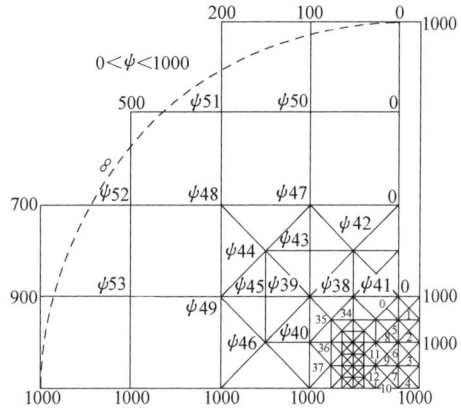

图 5-29　流场的分格情况

$$\left.\begin{aligned}
\psi_1 &= \frac{1}{4}(0 + 1000 + 1000 + \psi_5) \\
\psi_2 &= \frac{1}{4}(1000 + 1000 + \psi_5 + \psi_6) \\
\psi_3 &= \frac{1}{4}(1000 + 1000 + \psi_6 + \psi_7) \\
&\ \vdots \\
\psi_{53} &= \frac{1}{4}(900 + 1000 + \psi_{49} + \psi_{52})
\end{aligned}\right\} \qquad (5\text{-}20)$$

采用超松弛迭代法解出上列线性方程组，即可求得流场内各点的流函数值，画出吸气气流的流线，如图 5-30 所示。

（2）排风罩口气流的流线合成

把污染气流的流线（用虚线表示）与吸入气流流线（用细实线表示）进行合成，合成后的流线用粗实线表示，如图 5-31 所示。图 5-31 是 $L_1 = 10$、$L_2 = 2.0$ 的情况下得出的。污染物散发源边界上的点 a 是污染气流和吸气气流的汇合点，通过该点的流线 $a\text{-}a$ 就是污染气流和罩口吸入气流的分界线。对图 5-31 所示的情况，汇合点的流函数值 $\psi_a = 5 + (-1) = 4$，所以 $\psi = 4.0$ 的流线就是二者的分界线，污染气流在分界线内侧流动，清洁气流在分界线外侧流动。随着 L_2 的增大，分界线会向罩内移动，污染物从罩内逸出的可能性变小，控制效果好。

排风罩的排风量为：

$$L_3 = L_1 + L_2 = L_1(1 + L_2/L_1) = L_1(1 + K) \qquad (5\text{-}21)$$

式中　K——流量比。

改变 L_2 实际上就是改变流量比 K。寻求安全、经济、合理的 K 是流量比法的核心问题。

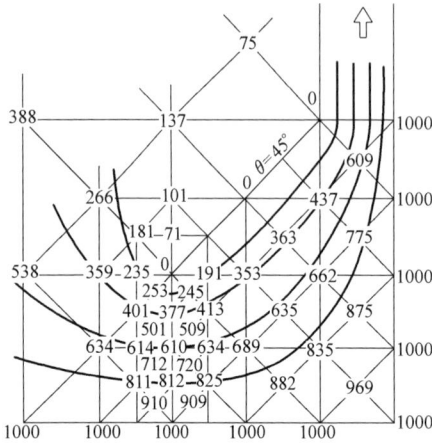

图 5-30　利用数值解析求得的吸气气流流线

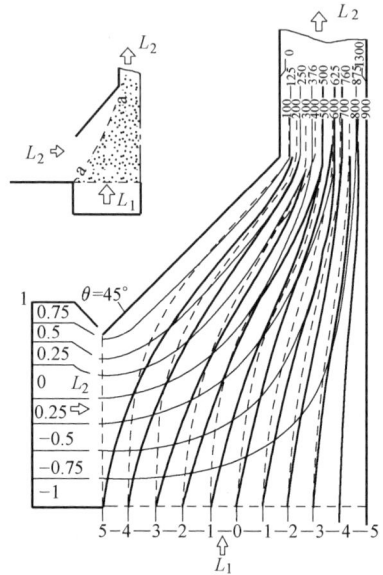

图 5-31　排风罩口气流的流线合成

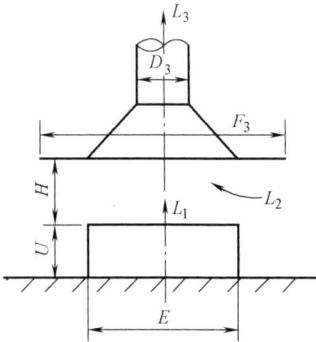

图 5-32　上吸式排风罩

2. 流量比 K

随周围吸入气流量 L_2 的减小，K 也逐渐减小，污染气流和清洁气流的分界线逐渐外移。当 K 减小到某一数值时，污染气流从罩口逸出。即将发生逸出时的流量比称为极限流量比，以 K_L 表示。

$$K_L = (L_2/L_1)_{limit} \qquad (5\text{-}22)$$

由于影响气流运动的因素非常复杂，上述的流线合成只是为 K_L 的研究奠定了理论基础，实际的 K_L 是通过实验研究得出的。

研究表明，K_L 与污染气体发生量无关，只与污染物散发源和罩的相对尺寸有关。对如图 5-32 所示的上吸式排风罩，K_L 按下式计算：

$$K_L = 0.2\left(\frac{H}{E}\right)\left[0.6\left(\frac{F_3}{E}\right)^{-1.3} + 0.4\right] \qquad (5\text{-}23)$$

式（5-23）的适用条件为：$\dfrac{D_3}{E} > 0.2$、$\dfrac{H}{E} \leqslant 0.7$、$1.0 \leqslant \dfrac{F_3}{E} \leqslant 1.5$。

从式（5-23）可以看出，影响 K_L 的主要因素是 H/E 和 F_3/E。H/E 是影响 K_L 的主要因素，设计时要求 $H/E \leqslant 0.7$。增大 F_3 可减小吸气范围，K_L 随 F_3/E 的增大而减小。实验表明，$F_3/E \geqslant (1.5 \sim 2.0)$ 时，对 K_L 不再有明显影响。

污染气体与周围空气有一定温度差时，K_L 按下式修正。

$$K_{L(\Delta t)} = K_{L(\Delta t=0)} + \frac{3}{2500}\Delta t \qquad (5\text{-}24)$$

式中　Δt——污染气体与周围空气的温差，℃。

式（5-24）适用于热源温度小于 750℃ 的场合。

研究者还对二维、三维、上吸、侧吸等不同情况进行了详细研究，并得出了 K_L 的计算式，详见文献 [5] [12]。

3. 排风罩排风量计算

$$L_3 = L_1[1 + mK_{L(\Delta t)}] = L_1(1 + K_D) \tag{5-25}$$

式中　m——考虑干扰气流影响的安全系数，按表 5-5 确定；

　　　K_D——设计流量比。

安全系数 m　　　　　表 5-5

干扰气流速度（m/s）	安全系数 m
$0\sim0.15$	5
$0.15\sim0.30$	8
$0.30\sim0.45$	10
$0.45\sim0.60$	15

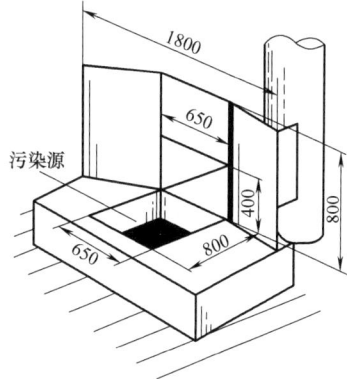

图 5-33　振动筛上的侧吸罩

【例 5-4】　有一振动筛如图 5-33 所示，振动筛的平面尺寸为 $E=800$mm、$l=650$mm，粉状物料用手工投向筛上时粉尘的发散速度 $v_1=0.5$m/s，周围干扰气流速度 $v_0=0.3$m/s，在该处设计侧吸罩。

【解】　如图 5-33 所示，侧吸罩罩口尺寸取为 650mm×400mm，罩口法兰边全宽 $F_3=800$mm，$U=0$，$H=0$。

污染气体发生量：

$$L_1 = 0.65 \times 0.8 \times 0.5 = 0.26(\text{m}^3/\text{s})$$

从文献 [12] 中查得，极限流量比为：

$$\begin{aligned}
K_L &= \left[1.5\left(\frac{F_3}{E}\right)^{-1.4} + 2.5\right](\gamma^{1.7} + 0.2) \\
&\quad \times \left[\left(\frac{H}{E}\right)^{1.5} + 0.2\right]\left[0.3\left(\frac{U}{E}\right)^{2.0} + 1.0\right] \\
&= \left[1.5\left(\frac{0.8}{0.8}\right)^{-1.4} + 2.5\right]\left[\left(\frac{0.8}{0.65}\right)^{1.7} + 0.2\right] \times 0.2 \times 1.0 \\
&= 4.0 \times 1.62 \times 0.2 \times 1.0 \approx 1.30
\end{aligned}$$

根据表 5-5，取安全系数 $m=8$。

排风量 $L_3 = L_1(1 + mK_L) = 0.26 \times (1 + 8 \times 1.3) = 0.26 \times 11.4 = 2.964$（m³/s）。

应用流量比法计算应注意以下几点：

（1）极限流量比 K_L 的计算公式都是在特定条件下通过实验求得的，计算时应注意这些公式的适用范围。由于气流运动的复杂性，流量比法同样有某些不完善之处，如安全系数过大等，有待研究改进。

（2）流量比法是以污染气体发生量 L_1 为基础进行计算的。L_1 应根据实测的散发速度和散发面积计算确定。如果无法确切计算污染气体发生量，建议仍按控制风速法计算。

（3）从例 5-4 中可以看出，周围干扰气流对排风量有很大影响，在可能条件下应设法减弱它的影响。v_0 应尽可能通过实测确定。

5.4 接受式排风罩

有些生产过程或设备本身会产生或诱导一定的气流运动，带动污染物一起运动，如高温热源上部的对流气流及砂轮磨削时抛出的磨屑及大颗粒粉尘所诱导的气流等。对这种情况，应尽可能把排风罩设在污染气流前方，让它直接进入罩内。这类排风罩称为接受式排风罩（也称接受罩），如图 5-34 所示。

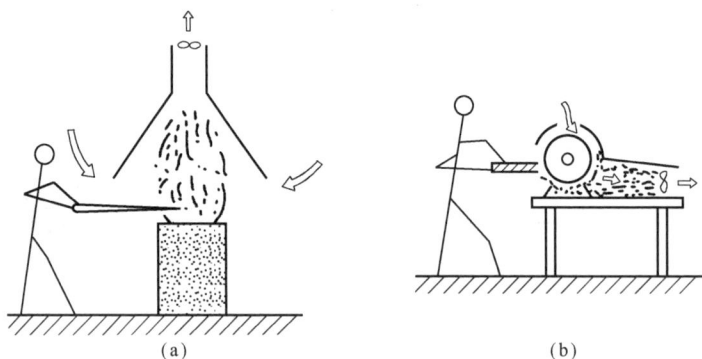

图 5-34　接受罩

(a) 高温热源上部；(b) 砂轮磨削

接受罩在外形上与外部吸气罩完全相同，但作用原理不同。对接受罩而言，罩口外的气流运动是生产过程本身造成的，接受罩只起接受作用。它的排风量取决于接受的污染空气量的大小。接受罩的断面尺寸应不小于罩口处污染气流的尺寸。粒状物料高速运动时所诱导的空气量，由于影响因素较为复杂，通常按经验公式确定。本节主要讨论热源上部热射流的运动规律和热源上部接受罩的计算方法。

5.4.1　热源上部的热射流

热源上部的热射流主要有两种形式，一种是生产设备本身散发的热射流，如炼钢炉炉顶散发的热烟气；另一种是高温设备表面对流散热时形成的热射流。

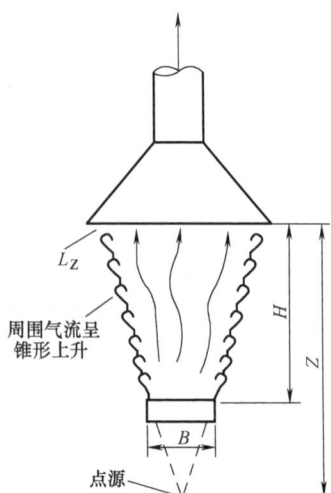

图 5-35　热源上部的热射流

当热物体和周围空间有较大温差时，通过对流散热把热量传给周围空气，周围空气受热上升，形成热射流。对热射流观察发现（图 5-35），在离热源表面（1.0～2.0）B（B 为热源直径，m）处（通常在 1.5B 以下），射流发生收缩，在收缩断面上流速最大，随后上升气流逐渐缓慢扩大。可以把它近似看作是从一个假想点源以一定角度扩散上升的气流。

热源上方的热射流呈不稳定的蘑菇状脉冲式流动，难以对它进行较精确的测量。采用实验研究的公式进行计算的方法如下：

在 $H/B=0.9$～7.4 的范围内，在不同高度（m）上热射流的流量（m³/s）为：

$$L_Z = 0.04 Q^{1/3} Z^{3/2} \quad \text{m}^3/\text{s} \tag{5-26}$$

式中　Q——热源的对流散热量，kJ/s。

$$Z = H + 1.26B \tag{5-27}$$

式中　H——热源至计算断面距离，m；

　　　B——热源水平投影的直径或长边长度，m。

在某一高度上热射流的断面直径 D_Z 为：

$$D_Z = 0.36H + B \tag{5-28}$$

通常近似认为热射流收缩断面至热源的距离 $H_0 \leqslant 1.5\sqrt{A_p}$（$A_p$ 为热源的水平投影面积）。当热源的水平投影面为圆形时，$H_0 = 1.5\left(\dfrac{\pi}{4}B^2\right)^{1/2} = 1.33B$。因此，收缩断面上的流量按下式计算：

$$L_0 = 0.04 Q^{1/3}\left[(1.33 + 1.26)B\right]^{3/2} \tag{5-29}$$
$$= 0.167 Q^{1/3} B^{3/2}$$

热源的对流散热量 Q（J/s）：

$$Q = \alpha F \Delta t \tag{5-30}$$

式中　F——热源的对流放热面积，m²；

　　　Δt——热源表面与周围空气的温差，℃；

　　　α——对流放热系数，J/(m²·s·℃)。

$$\alpha = A \Delta t^{1/3} \tag{5-31}$$

式中　A——系数，水平散热面 $A = 1.7$，垂直散热面 $A = 1.13$。

5.4.2　热源上部接受罩排风量计算

从理论上来说，只要接受罩的排风量等于罩口断面上热射流的流量，接受罩的断面尺寸等于罩口断面上热射流的尺寸，污染气流就能被全部排除。实际上由于横向气流的影响，热射流会发生偏转，可能逸入室内。接受罩的安装高度 H 越大，横向气流的影响越严重。因此，实际生产中采用的接受罩，罩口尺寸和排风量都必须适当加大。

根据安装高度 H 的不同，热源上部的接受罩可分为两类：$H_0 \leqslant 1.5\sqrt{A_p}$ 的称为低悬罩，$H_0 > 1.5\sqrt{A_p}$ 的称为高悬罩。

由于低悬罩位于收缩断面附近，罩口断面上的热射流横断面面积一般小于或等于热源的平面面积。在横向气流影响小的场合，排风罩口尺寸应比热源尺寸大 150～200mm。

在横向气流影响较大的场合，排风罩口尺寸（m）按下列公式确定：

圆形　　　　　　　　　　$D_1 = B + 0.5H \tag{5-32}$

矩形　　　　　　　　　　$A_1 = a + 0.5H \tag{5-33}$

　　　　　　　　　　　　$B_1 = b + 0.5H \tag{5-34}$

式中　D_1——罩口直径，m；

　A_1、B_1——罩口尺寸，m；

　a、b——热源水平投影尺寸，m。

高悬罩的罩口尺寸按下式确定：

$$D = D_Z + 0.8H \tag{5-35}$$

接受罩的排风量按下式计算：

$$L = L_Z + v'F' \tag{5-36}$$

式中　L_Z——罩口断面上热射流流量，m^3/s；

　　　F'——罩口的扩大面积，即罩口面积减去射流面的断面积，m^2；

　　　v'——扩大面积上空气的吸入速度，m/s，$v' = 0.5 \sim 0.75 m/s$。

对于低悬罩，式（5-36）中的 L_Z 即为收缩断面上的热射流流量。

高悬罩排风量大，易受横向气流影响，工作不稳定，设计时应尽可能降低其安装高度。在工艺条件允许时，可在接受罩上设活动卷帘，如图 5-36 所示。罩上的柔性卷帘设在钢管上，通过传动机构转动钢管，带动卷帘上下移动，其升降高度视工艺条件而定。

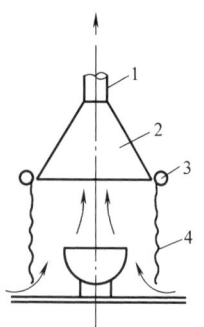

1—风管；2—伞形罩；
3—卷绕装置；4—卷帘。

图 5-36　带活动
卷帘的接受罩

【例 5-5】　某金属熔化炉，炉内金属温度为 500℃，周围空气温度为 20℃，散热面为水平面，其直径 $B = 0.7m$，在热设备上方 0.5m 处设接受罩，计算其排风量。

【解】　$1.5\sqrt{A_p} = 1.5\left[\dfrac{\pi}{4}(0.7)^2\right]^{1/2} = 0.93$（m）。

由于 $1.5\sqrt{A_p} > H$，该接受罩为低悬罩。

热源的对流散热量为：

$$
\begin{aligned}
Q &= \alpha \Delta t F = 1.7 \Delta t^{4/3} F \\
&= 1.7 \times (500-20)^{4/3} \times \dfrac{\pi}{4} \times 0.7^2 \\
&= 2457 \text{（J/s）} \approx 2.46 \text{（kJ/s）}
\end{aligned}
$$

热射流收缩面上的流量为：

$$
\begin{aligned}
L_0 &= 0.167 Q^{1/3} B^{3/2} \\
&= 0.167 \times 2.46^{4/3} \times 0.7^{3/2} \\
&= 0.132 \text{（m}^3/\text{s）}
\end{aligned}
$$

罩口断面直径为：

$$
\begin{aligned}
D_1 &= B + 200 \\
&= 700 + 200 \\
&= 900 \text{（mm）}
\end{aligned}
$$

取 $v' = 0.4 m/s$。

排风罩排风量为：

$$
\begin{aligned}
L &= L_0 + v'F' \\
&= 0.132 + \dfrac{\pi}{4}\left[0.9^2 - 0.7^2\right] \times 0.5 \\
&= 0.258 \text{（m}^3/\text{s）}
\end{aligned}
$$

高悬罩使用在车间通风的典型方式为屋顶排风，它可以用于排出某些高大工业厂房一次排烟方式未能排尽而逸散于车间上空的烟尘，如电炉的二次排烟，这种排风方式也可用于排出各种一次排烟方式无法排出的电炉装料期、还原期、出钢时、补炉时所散发的烟尘，一般不单独设置。在电炉顶部行车上空的建筑屋架加装屋顶排烟，可以捕集电炉所逸散的 90% 以上的烟尘。设计中要注意气流组织，考虑建筑热压、风压所造成的气流或穿堂风，避免它们吹散电炉上升烟气而逸出屋顶排烟罩。如图 5-37、图 5-38 所示，在电炉跨吊车上空屋架上做大罩，罩子可分成一个或多个，用于排出电炉排渣、出钢及炼钢时所产生的烟尘。

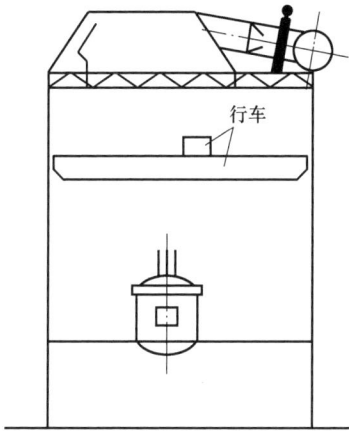

图 5-37　屋顶排烟罩（一）　　　　　　　图 5-38　屋顶排烟罩（二）

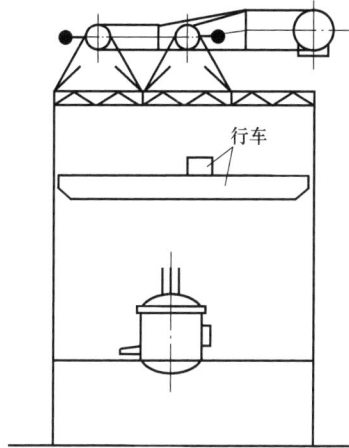

5.5　槽边排风罩

　　槽边排风罩是外部吸气罩的一种特殊形式，专门用于各种工业槽，它是为了不影响工人操作而在槽边上高置的条缝形吸气口。槽边排风罩分为单侧和双侧两种，单侧槽边排风罩适用于槽宽 $B \leqslant 700$mm 的场合，700mm$< B \leqslant 1200$mm 时用双侧槽边排风罩，$B > 1200$mm 时宜采用吹吸式排风罩。

　　目前常用的槽边排风罩有两种形式：平口式（图 5-39）和条缝式（图 5-40）。平口式槽边排风罩因吸气口上不设法兰边，吸气范围大。但是当槽靠墙布置时，如同设置了法兰边一样，吸气范围由 $3\pi/2$ 减小为 $\pi/2$，如图 5-41 所示。减小吸气范围，排风量会相应减小。条缝式槽边排风罩的特点是截面高度 E 较大，$E = 250$mm 的为高截面，$E = 200$mm 的为低截面。增大截面高度如同设置了法兰边一样，可以减小吸气范围，因此它的排风量比平口式小。条缝式槽边排风罩的缺点是占用空间大，对手工操作有一定影响。目前条缝

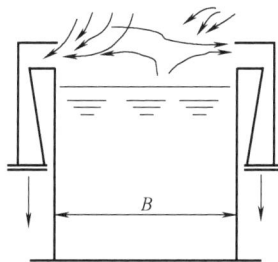

图 5-39　平口式双侧槽边排风罩　　　　　图 5-40　条缝式槽边排风罩

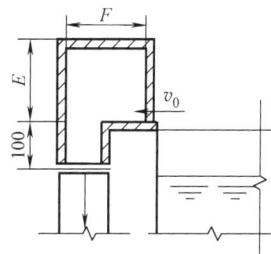

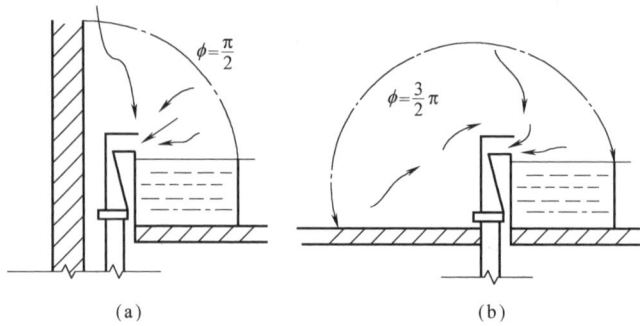

图 5-41 槽的布置形式

(a) 靠墙布置；(b) 自由布置

式槽边排风罩广泛应用于电镀车间的自动生产线上。

条缝式槽边排风罩的布置除单侧和双侧外，还可按图 5-42 所示的形式布置，称为周边式槽边排风罩。

条缝式槽边排风罩上的条缝口高度沿长度方向不变的，称为等高条缝（图 5-43）。条缝口高度（m）按下式确定：

$$h = L/(v_0 l) \tag{5-37}$$

式中　L——排风罩排风量，m^3/s；

　　　l——条缝口长度，m；

　　　v_0——条缝口上的吸入速度，m/s。

v_0 通常取 $7 \sim 10 m/s$，排风量大时还可适当提高。一般取 $h \leqslant 50mm$。

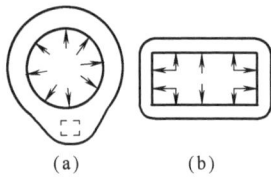

图 5-42　周边式槽边排风罩

(a) 圆形槽；(b) 方形槽

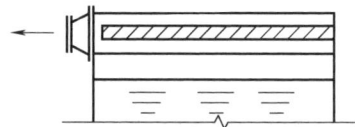

图 5-43　等高条缝

条缝口的速度分布是否均匀，对槽边排风罩的控制效果有重大影响，设计时可采取以下措施：

(1) 减小条缝口面积 f 和罩横断面面积 F_t 之比，即通过增大条缝口阻力，促使速度分布均匀。f/F_t 越小，速度分布越均匀，$f/F_t \leqslant 0.3$ 时可近似认为速度分布是均匀的。

(2) 槽长大于 1.5m 时可沿槽长方向分设两个或三个排风罩，如图 5-44 所示。

(3) 采用如图 5-45 所示的楔形条缝口，其高度可近似按表 5-6 确定。

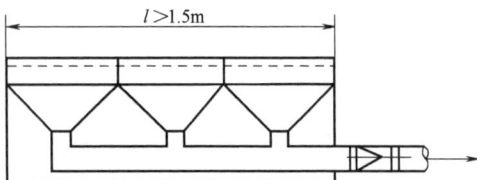

图 5-44　多排风罩布置

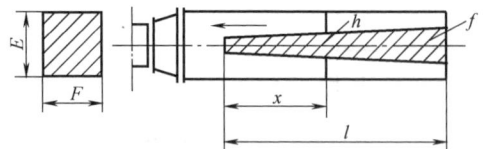

图 5-45　楔形条缝口

f/F_t	$\leqslant 0.50$	$\leqslant 1.0$
条缝末端高度 h_1	$1.30h_0$	$1.40h_0$
条缝末端高度 h_2	$0.70h_0$	$0.60h_0$

注：h_0 为条缝口平均高度。

条缝式槽边排风罩的排风量（$\mathrm{m^3/s}$）按下列公式计算：

（1）高截面单侧排风

$$L = 2v_x AB \left(\frac{B}{A} \right)^{0.2} \tag{5-38}$$

（2）低截面单侧排风

$$L = 3v_x AB \left(\frac{B}{A} \right)^{0.2} \tag{5-39}$$

（3）高截面双侧排风（总量）

$$L = 2v_x AB \left(\frac{B}{2A} \right)^{0.2} \tag{5-40}$$

（4）低截面双侧排风（总风量）

$$L = 3v_x AB \left(\frac{B}{2A} \right)^{0.2} \tag{5-41}$$

（5）高截面周边型排风

$$L = 1.57 v_x D^2 \tag{5-42}$$

（6）低截面周边型排风

$$L = 2.36 v_x D^2 \tag{5-43}$$

式中　A——槽长，m；

　　　B——槽宽，m；

　　　D——圆槽直径，m；

　　　v_x——边缘控制点的控制风速，m/s。v_x 可按本书附录 9 确定。

条缝式槽边排风罩的阻力（Pa）为：

$$\Delta p = \zeta \frac{v_0^2}{2} \rho \tag{5-44}$$

式中　ζ——局部阻力系数，取 2.34；

　　　v_0——条缝口空气流速，m/s；

　　　ρ——周围空气密度，$\mathrm{kg/m^3}$。

【例 5-6】　长 $A=1\mathrm{m}$、宽 $B=0.8\mathrm{m}$ 的酸性镀铜槽，槽内溶液温度等于室温。设计该槽上的槽边排风罩。

【解】　因 $B>700\mathrm{mm}$，采用双侧槽边排风罩。

根据国家标准，条缝式槽边排风罩的断面尺寸（$E \times F$）共有三种，250mm×200mm、250mm×250mm、200mm×200mm。本题选用 $E \times F = 250\mathrm{mm} \times 250\mathrm{mm}$。

控制风速 $v_x = 0.3\mathrm{m/s}$。

总排风量为：

$$L=2v_{\mathrm{x}}AB\left(\frac{B}{2A}\right)^{0.2}=2\times0.3\times1\times0.8\times(0.8/2)^{0.2}=0.4\ (\mathrm{m^3/s})$$

每一侧的排风量为：

$$L'=\frac{1}{2}L=\frac{1}{2}\times0.4=0.2\ (\mathrm{m^3/s})$$

假设条缝口风速 $v_0=8\mathrm{m/s}$。

采用等高条缝，条缝口面积为：

$$f_0=L'/v_0=0.2/8=0.025\ (\mathrm{m^2})$$

条缝口高度为：

$$h_0=f_0/A=0.025\mathrm{m}=25\ (\mathrm{mm})$$
$$f_0/F_1=0.025/(0.25\times0.25)=0.4>0.3$$

为保证条缝口速度分布均匀，在每一侧分设两个罩子，设两根立管。

因此

$$f'/F_1=\frac{f/2}{F_1}=\frac{0.0125}{0.25\times0.25}=0.2<0.3$$

阻力为：

$$\Delta p=\delta\frac{v_0^2}{2}\rho=2.34\times\frac{8^2}{2}\times1.2=90\ (\mathrm{Pa})$$

5.6　大门空气幕

在运输工具或人员进出频繁的生产车间或公共建筑，为减少或隔绝外界气流的侵入，可在大门上设置条缝形送风口，利用高速气流所形成的气幕隔断室外空气。它不影响车辆或人的通行，可使供暖建筑减少冬季热负荷；对需要供冷的建筑可减少夏季冷负荷，这种装置称为大门空气幕（图 5-46）。空气幕不仅用于隔断室外空气，也用于其他场合。例如，在洁净房间防止尘埃进入；在冷库隔断库内外空气流动；在生产车间可利用空气幕进行局部隔断，防止污染物的扩散。

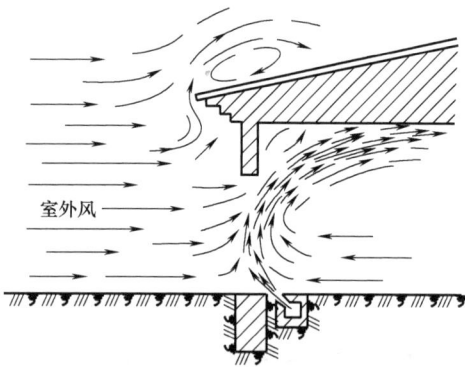

图 5-46　大门空气幕

5.6.1　大门空气幕的形式

1. 侧送式空气幕

侧送式空气幕是把条缝形送风口设在大门的侧面，设在一侧的称为单侧，在大门两侧设送风口的称为双侧。图 5-47 是单侧侧送式空气幕，它适用于门洞不太宽、物体通过时间短的大门。门洞较宽或物体通过时间较长时（如通过火车），可设双侧侧送式空气幕。双侧侧送式空气幕的两股气流相遇时，部分气流会相互抵消，因此效果不如单侧好。

2. 下送式空气幕

图 5-48 是下送式空气幕，气流由下部地下风道吹出，冬季阻挡室外冷风的效果比侧

送式空气幕好。由于它采用下部送风，送风射流会受到运输工具的阻挡，而且会把地面的灰尘吹起。因此，下送式空气幕仅适用于运输工具通过时间短、工作场地较为清洁的场合。

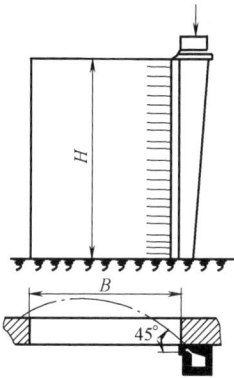

图 5-47　单侧侧送式空气幕

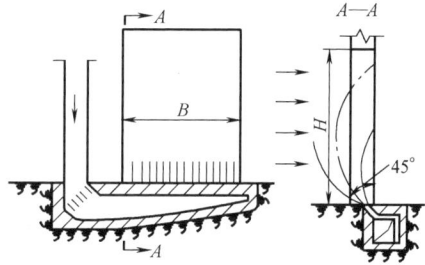

图 5-48　下送式空气幕

3. 上送式空气幕

上送式空气幕把条缝形送风口设在大门上方，气流由上而下。因民用建筑大门空气幕所受的风压、热压相对较小，为简化结构，常把贯流式风机直接装在大门上方，用室内再循环空气由上向下吹风，如图 5-49 所示。这种空气幕出口风速较低，用一层厚的缓慢流动的气流组成空气幕，只要射流出口动量相等，它们抵抗横向气流的能力与高速气幕是相同的。由于它出口流速低，出口动压损失小；气流运动过程中卷入的周围空气少，加热室外冷空气所消耗的热量也少。因此，它的投资费用和运行费用都较低。尽管上送式空气幕的挡风效果不如下送式空气幕，但由于它具有喷出气流卫生条件好、安装简便、占用空间小、不影响建筑美观等优点，是一种有发展前途的形式。

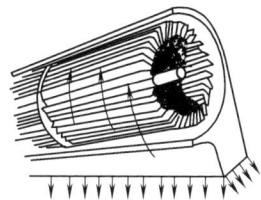

图 5-49　采用贯流式风机的上送式空气幕

用于生产车间的大门空气幕，其目的只是阻挡室外冷空气，通常只设送风口，不设回风口，射流与地面接触后自由地向室内外扩散，这种大门空气幕称为简易空气幕。

在主要通过人的公共建筑大门上，常设置上送式空气幕。为了较好地组织气流，在大门上方设送风口，地面设回风口，空气经过滤、加热等处理后循环使用，为了不使人有吹风感，出口速度不宜超过 6.0m/s。

按照送出气流温度的不同，大门空气幕分为以下形式：

（1）热空气幕：空气幕内设加热器，空气被加热后送出，适用于严寒和寒冷地区。

（2）等温空气幕：空气未经处理直接送出，它构造简单、体积小、适用范围广，是非严寒地区应用最广的一种形式。

（3）冷空气幕：空气幕内设冷却器，空气经冷却处理后送出，主要用于夏热冬冷和夏热冬暖地区。

上述各种空气幕已有工业定型生产，使设计、安装大为简化。

5.6.2 下（侧）送式空气幕计算

大门空气幕计算有多种方法，由于考虑因素不同，结果各不相同，下文介绍一种常用的简单计算方法。

如图 5-50 所示，空气幕工作时的气流运动是室外气流和送风口送出的平面射流的合成。如果把室外气流近似看作均匀流，室外气流的流函数可用下式表示：

$$\psi_1 = \int_0^x v_w \mathrm{d}x \qquad (5-45)$$

式中 v_w——无空气幕工作时，大门门洞上室外空气流速，m/s。

倾斜吹出的平面射流，在基本段的流函数为：

$$\psi_2 = \frac{\sqrt{3}}{2} v_0 \sqrt{\frac{a b_0 x}{\cos\alpha}} \, \mathrm{th} \, \frac{\cos^2\alpha}{a x} (y - x \tan\alpha) \qquad (5-46)$$

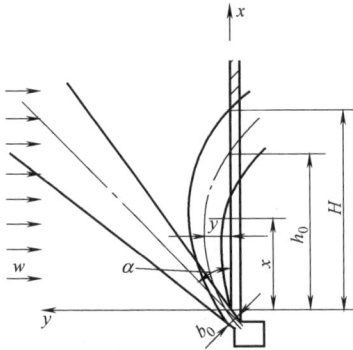

图 5-50 空气幕气流的合成

式中 v_0——射流的出口流速，m/s；

b_0——送风口宽度，m；

a——吹风口的紊流系数；

α——射流出口轴线与 x 轴的夹角，°；

th——双曲线正切函数。

如果把平面射流近似看作势流，上述两股气流叠加后的流函数为：

$$\psi = \psi_1 + \psi_2 = \int_0^x v_w \mathrm{d}x + \frac{\sqrt{3}}{2} v_0 \sqrt{\frac{a b_0 x}{\cos\alpha}} \, \mathrm{th} \, \frac{\cos^2\alpha}{a x} (y - x \tan\alpha) \qquad (5-47)$$

把 $x=0$、$y=0$ 代入上式，得 $\psi_0 = 0$。

把 $x=H$、$y=0$ 代入上式，求得该点的流函数为：

$$\psi_H = \int_0^H v_w \mathrm{d}x - \frac{\sqrt{3}}{2} v_0 \sqrt{\frac{a b_0 H}{\cos\alpha}} \, \mathrm{th} \, \frac{\cos\alpha \sin\alpha}{a} \qquad (5-48)$$

根据流体力学，两条流线的流函数值之差就是这两条流线之间的流量。所以大门空气幕工作时，流入大门的空气量为：

$$L = B(\psi_H - \psi_0) = B \int_0^H v_w \mathrm{d}x - \frac{\sqrt{3}}{2} B v_0 \sqrt{\frac{a b_0 H}{\cos\alpha}} \, \mathrm{th} \, \frac{\cos\alpha \sin\alpha}{a} \qquad (5-49)$$

式中 B——大门宽度，m；

H——大门高度，m。

令

$$\varphi = \frac{\sqrt{3}}{2} \sqrt{\frac{a}{\cos\alpha}} \, \mathrm{th} \, \frac{\cos\alpha \sin\alpha}{a} \qquad (5-50)$$

把式（5-50）代入式（5-49），得：

$$L = B H v_w - B \varphi v_0 \sqrt{b_0 H} \qquad (5-51)$$

空气幕工作时流入大门的空气量就是送风口送出空气量 L_0 和空气幕工作时侵入大门的室外空气量 L_w 之和。

68

$$L = BHv_{\mathrm{w}} - B\varphi v_0 \sqrt{b_0 H} = L_{\mathrm{w}} - B\varphi v_0 \sqrt{b_0 H} = L_0 + L_{\mathrm{w}}'$$

式中 L_{w}——空气幕不工作时侵入大门的室外空气量，m^3/s；

L_{w}'——空气幕工作时流入室内的室外空气量，m^3/s；

L_0——空气幕送风量，m^3/s。

把 $L_0 = Bb_0 v_0$ 代入上式，得：

$$L_{\mathrm{w}} - \varphi L_0 \sqrt{H/b_0} = L_0 + L_{\mathrm{w}}'$$

$$L_0 = \frac{L_{\mathrm{w}} - L_{\mathrm{w}}'}{1 + \varphi \sqrt{\dfrac{H}{b_0}}} \tag{5-52}$$

$a = 0.2$ 时，φ 值与喷射角 α 的关系列于表 5-7 中。

φ 值与喷射角 α 的关系 表 5-7

喷射角 α	φ	喷射角 α	φ
10°	0.26	40°	0.45
20°	0.36	45°	0.46
30°	0.41		

令

$$\eta = \frac{L_{\mathrm{w}} - L_{\mathrm{w}}'}{L_{\mathrm{w}}} \times 100\% \tag{5-53}$$

η 称为空气幕效率，它表示空气幕阻挡室外空气量的能力。$\eta = 100\%$，$L_{\mathrm{w}}' = 0$。

把 $\eta L_{\mathrm{w}} = (L_{\mathrm{w}} - L_{\mathrm{w}}')$ 代入式（5-52），得：

$$L_0 = \frac{\eta L_{\mathrm{w}}}{1 + \varphi \sqrt{\dfrac{H}{b_0}}} \tag{5-54}$$

计算侧送式大门空气幕时，应把式（5-54）中的 H 改为大门宽度 B。

L_{w} 的计算可以采用教材《供热工程》中给出的经验公式。如果已知在热压作用下车间的中和面高度，就可求出室外风压和热压同时作用下大门口气流运动的流函数，从而求得 L_{w}。

大门空气幕设计时应注意以下问题：

（1）公共建筑宜采用上送式；生产厂房宜采用双侧送风，外门宽度小于 3.0m 时可用单侧送风。受条件限制不能采用侧送时，可用上送式。一般不宜采用下送式。

（2）出于经济上的考虑，空气幕效率 η 一般采用下列数值：

下送式空气幕，$\eta = 60\% \sim 80\%$；

侧送式空气幕，$\eta = 80\% \sim 100\%$。

（3）侧送时射流的喷射角 α 一般取 45°，下送时，为了避免射流偏向地面，取 $\alpha = 30° \sim 40°$。

（4）空气幕射流与室外空气混合后的温度不宜过低，否则大门附近的人会有吹冷风感。下送时，混合温度 t_0 应不低于 5℃；侧送时，混合温度 t_{h} 应不低于 10℃。

（5）条缝口的出口流速，对公共建筑外门，不宜大于 6.0m/s；对生产厂房外门，不宜大于 8.0m/s；对高大外门，不宜大于 25.0m/s。

（6）空气幕阻力：

$$\Delta P = \zeta_0 \frac{v_0}{2} \rho \qquad (5-55)$$

式中　　ζ_0——空气幕局部阻力系数，侧送 $\zeta_0 = 2.0$，下送 $\zeta_0 = 2.6$；

　　　　v_0——出口流速，m/s；

　　　　ρ——空气密度，kg/m^3。

【例 5-7】 已知大门尺寸为 3m×3m，室外风速 $v_w = 2m/s$，室外空气温度 $t_w = -20℃$，室内空气温度 $t_n = 15℃$，不考虑热压作用。在大门上采用侧送式空气幕，计算空气幕的送风量。要求空气幕的混合温度为 10℃，计算送风温度 t_0 及空气幕所需的加热量。

【解】 因不考虑热压作用，只有室外风作用，空气幕不工作时流入室内的室外空气量为：

$$L_w = HBv_w = 3 \times 3 \times 2 = 18 \ (m^3/s)$$

设 $\alpha = 40°$，紊流系数 $a = 0.2$，由表 5-7 查得 $\varphi = 0.45$。

设空气幕效率 $\eta = 100\%$，吹风口宽度 $b_0 = 0.2m$。根据式（5-54），空气幕吹风量为：

$$L_0 = \frac{\eta L_w}{1 + \varphi \sqrt{\dfrac{B}{b_0}}} = \frac{18}{1 + 0.45 \sqrt{\dfrac{3}{0.2}}} = 6.56 \ (m^3/s)$$

出口流速

$$v_0 = L_0/(H \cdot b_0) = 6.56/(3 \times 0.2) \approx 10.93 \ (m/s)$$

根据流体力学，对于空气幕的平面射流在射流末端的空气量为：

$$L_1' = L_0 \times 1.2 \left[\frac{aB}{b_0/2} + 0.41 \right]^{1/2}$$

$$= 6.56 \times 1.2 \left[\frac{0.2 \times 3}{\dfrac{0.2}{2}} + 0.41 \right]^{1/2} = 6.56 \times 1.2 \times 2.53 \approx 20 \ (m^3/s)$$

卷入射流中的室外空气量为：

$$L_w' = \frac{1}{2}(L_1' - L_0) = \frac{1}{2} \times (20 - 6.56) = 6.72 \ (m^3/s)$$

假设周围卷入的空气和空气幕送出的空气得到充分混合，在射流末端射流的平均温度（即混合温度）$t_h = 10℃$ 时，空气幕送风温度 t_0 可根据下式求出：

$$6.56t_0 + 6.72 \times 15 + 6.72 \times (-20) = 20 \times 10$$

解上式求得：

$$t_0 = 35.6℃$$

空气幕加热器的加热量为：

$$Q_0 = L_0 \rho c(t_0 - t_n) = 6.56 \times 1.2 \times 1 \times (35.6 - 15) = 162.16 \ (kJ/s)$$

因空气幕直接采用室内空气，把空气幕的空气从 10℃ 加热到 15℃ 所消耗的热量应附加在车间的供暖设备上。

5.7　吹吸式通风

5.7.1　吹吸式通风的原理

如 5.3 节所述，外部吸气罩罩口外的气流速度衰减得很快。图 5-51（b）是二维吸风口（条缝形吸风口）的速度分布图，从图中可以看出，在罩口中心的轴线上 $x=2b_0$（b_0 为条缝口宽度）处，空气的吸入速度 $v=0.1v_0$（v_0 为罩口风速）。因此，当罩口至污染源距离较大时，需要较大的排风量才能在控制点形成所需的控制风速。由于射流的能量密集程度高，速度衰减慢，在 $x=40b_0$ 处，中心轴线上的速度 $v=0.4v_0$（v_0 为吹风口出口平均风速）。因此，人们设想可以利用射流作为动力，把污染物输送到排风罩口再由其排出，或者利用射流阻挡、控制污染物的扩散。这种把吹和吸结合起来的通风方法称为吹吸式通风。

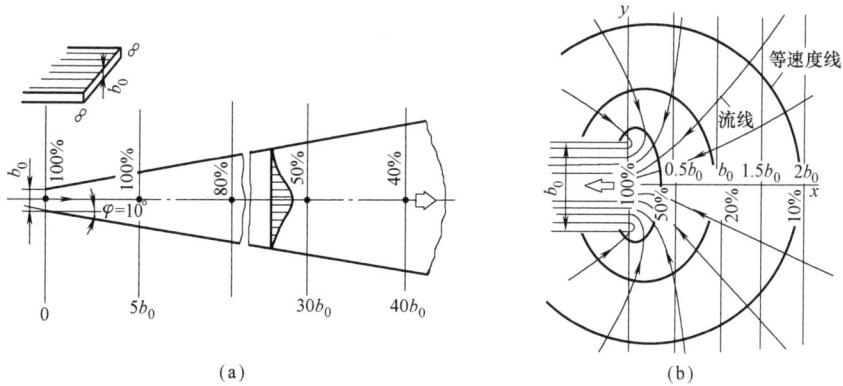

图 5-51 吹和吸的速度分布比较

(a) 二维吹风口的速度分布；(b) 二维吸风口的速度分布

图 5-52 是吹吸式通风示意图。由于吹吸式通风依靠吹、吸气流的联合工作进行污染物的控制和输送，它具有风量小、污染控制效果好、抗干扰能力强、不影响工艺操作等特点，近年来在国内外得到日益广泛的应用。下面是应用吹吸气流进行污染物控制的示例。

(1) 图 5-53 是吹吸气流在金属熔化炉的应用。如 5.4 节所述，热源上部接受罩的安装高度较大时，排风量较大，而且容易受横向气流影响，为了解决这个矛盾，可以在热源前方设置吹风口，在操作人员和热源之间形成一道气幕，同时利用吹出的射流诱导污染气流进入上部接受罩。

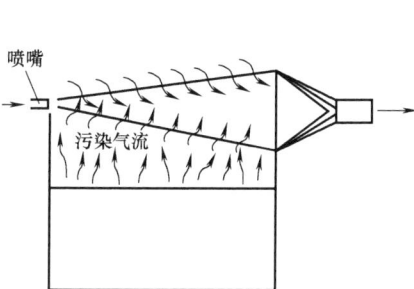

图 5-52 吹吸式通风示意图

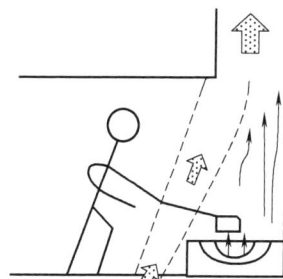

图 5-53 吹吸气流在金属熔化炉的应用

(2) 图 5-54 是用气幕控制初碎机坑的粉尘。当卡车向地坑卸大块物料时，地坑上部无法设置局部排风罩，会扬起大量粉尘。可在地坑一侧设吹风口，利用吹吸气流抑制粉尘

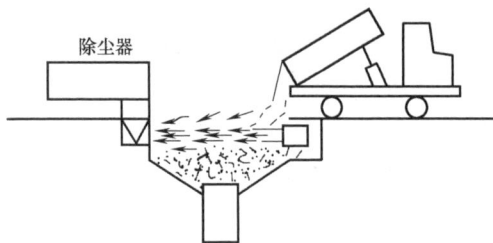
图 5-54 用气幕控制初碎机坑的粉尘

的飞扬,含尘气流由对面的吸风口吸入,经除尘器后排放。

(3) 吹吸气流不仅可以控制单个设备散发的污染物,还可以对整个车间的污染物进行有效控制。按照传统的设计方法,采用车间全面通风时,要用大量室外空气对污染物进行稀释,以保证整个车间的污染物浓度不超过卫生标准的规定。但由于车间污染物浓度和气流分布的不均匀,较难使整个车间都达到要求。图 3-1 是在大型电解精炼车间采用吹吸气流控制污染物的示例。在基本射流作用下,污染物被抑制在人员呼吸区以下,最后经屋顶排风机排出。设在屋顶上的送风小室供给操作人员新鲜空气,在车间中部有局部加压射流,使整个车间的气流按预定路线流动。这种通风方式也称单向流通风。采用这种通风方式,污染控制效果好,送、排风量少。

图 5-55 是用单向流通风控制铸造车间污染物。该车间采用就地浇铸,污染源分布面广,难以设置局部排风装置。若采用全面稀释通风,通风量大、效果差。采用单向流通风时,用下部的射流控制烟气和粉尘,由对面的排风口排出,利用上部射流向室内补充空气。我国曾在江西某有色铸造车间进行利用单向气流控制污染物的实验,未设单向流通风时,工人呼吸区 HF 的质量浓度为 24.6mg/m³,SO_2 的质量浓度为 14.4mg/m³,设置单向流通风后,HF 的质量浓度为 0.20mg/m³,SO_2 的质量浓度为零。

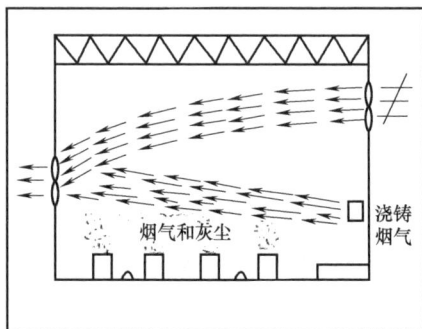
图 5-55 用单向流通风控制铸造车间污染物

5.7.2 吹吸式排风罩的计算

要使吹吸式通风系统在经济的前提下获得最佳的使用效果,必须依据吹吸气流的运动规律,使二者协调一致地进行工作。国内外研究吹吸式通风的学者很多,他们提出了各种计算方法。由于吹吸气流的运动情况较为复杂,虽然对某些基本观点有了一致的认识,但还缺乏统一的计算方法,下面介绍两种具有代表性的计算方法。

1. 速度控制法

苏联学者巴杜林(В. В. Батурин)提出的计算方法是这类方法的典型代表,他认为吹吸气流对污染物的控制能力取决于吹出气流的速度与作用在吹吸气流上的污染气流(或横向气流)的速度之比。只要吸风口前射流末端的平均速度保持一定数值(通常要求 0.75~1.00m/s),就能保证对污染物的有效控制。这种方法只考虑吹出气流的控制和输送作用,不考虑吸风口的作用,把吸风口看作一种安全因素。

对工业槽,其设计要点如下:

(1) 对于有一定温度的工业槽,吸风口前的射流平均速度 v_1' 按下列经验数值确定:

槽温 $t = 70 \sim 95℃$ $v_1' = H$(H 为吹风口与吸风口的距离,m);

         $t = 60℃$ $v_1' = 0.85H$;

         $t = 40℃$ $v_1' = 0.75H$;

$$t = 20℃ \qquad v_1' = 0.5H。$$

（2）为了避免吹出气流逸出吸风口，吸风口的排风量应大于其前射流的流量，一般为射流末端流量的 1.10～1.25 倍。

（3）吹风口高度 b_0 一般为 $(0.010～0.015)H$，为了防止吹风口发生堵塞，b_0 应超过 5.0～7.0mm。吹风口出口流速不宜超过 10～12m/s，以免液面波动。

（4）要求吸风口上的气流速度 $v_1 \leqslant (2.0～3.0)v_1'$，$v_1$ 过大，吸风口高度 b_1 过小，污染气流容易逸入室内。但是 b_1 也不能过大，以免影响操作。

【例 5-8】 某工业槽宽 $H = 2.0$m、长 $l = 2$m，槽内溶液温度 $t = 40℃$，采用吹吸式排风罩。计算吹、吸风量及吹、吸风口高度。

【解】 吸风口前射流末端平均风速 v_1' 为：
$$v_1' = 0.75H = 0.75 \times 2 = 1.5 \text{（m/s）}$$

吹风口高度 b_0 为：
$$b_0 = 0.015H = 0.015 \times 2 = 0.03\text{m} = 30 \text{（mm）}$$

根据流体力学平面射流的公式计算吹风口出口流速 v_0：因 $v_1' = 1.5$m/s 是指射流末端有效部分的平均风速，可以近似认为射流末端的轴心风速 $v_w = 2v_1'$。
$$v_w = 2v_1' = 2 \times 1.5 = 3 \text{（m/s）}$$

按照平面射流计算公式 $\dfrac{v_m}{v_0} = \dfrac{1.2}{\sqrt{\dfrac{aH}{b_0} + 0.41}}$，吹风口出口流速 v_0 为：

$$v_0 = v_m \times \frac{\sqrt{\dfrac{aH}{b_0} + 0.41}}{1.2}$$

$$= 3 \times \frac{\sqrt{\dfrac{0.2 \times 2}{0.03} + 0.41}}{1.2} = 9.28 \text{（m/s）}$$

吹风口的吹风量 L_0 为：
$$L_0 = b_0 l v_0 = 0.03 \times 2 \times 9.28 = 0.56 \text{（m}^3\text{/s）}$$

计算吸风口的前射流流量 L_1'：

根据流体力学，$\dfrac{L_1'}{L_0} = 1.2\sqrt{\dfrac{aH}{b_0} + 0.41}$，则：

$$L_1' = 0.56 \times 1.2\sqrt{\frac{0.2 \times 2}{0.03} + 0.41} = 2.49 \text{（m}^3\text{/s）}$$

吸风口的排风量 L_1 为：
$$L_1 = 1.1L_1' = 1.1 \times 2.49 \approx 2.74 \text{（m}^3\text{/s）}$$

吸风口气流速度 v_1 为：
$$v_1 = 3v_1' = 3 \times 1.5 = 4.5 \text{（m/s）}$$

吸风口高度 b_1 为：
$$b_1 = L_1/l v_1 = 2.74/(2 \times 4.5) = 0.304 \text{（m）}$$

取 $b_1 = 300$mm。

美国工业卫生师协会（ACGIH）也采用类似的计算方法。这类计算方法有以下不足之处：

（1）在侧流或侧压作用下射流会发生偏转，为了对污染物进行有效控制，射流必须要有一定的抵抗侧流、侧压的能力。射流抵抗侧流、侧压的能力并不单纯与速度有关，还与射流的流量有关，即取决于射流的出口动量。

根据流体力学的射流理论，射流在运动过程中各断面的动量保持守恒：

$$M = L_0 \rho v_0 \tau = L_x \rho v_{xp} \tau = L_1' \rho v_1' \tau = F\tau \tag{5-56}$$

式中　M——射流的动量，N·s；

　　　L_0——射流出口流量，m/s；

　　　L_x——某一断面上射流流量，m³/s；

　　　L_1'——对流末端流量，m³/s；

　　　ρ——空气密度，kg/m³；

　　　v_0——射流出口流速，m/s；

　　　v_{xp}——某一断面上射流平均流速，m/s；

　　　v_1'——射流末端的平均流速，m/s；

　　　τ——时间，s；

　　　F——射流力，N。

故有：

$$F = L_0 \rho v_0 = L_1' \rho v_1' \tag{5-57}$$

从式（5-57）可以看出，射流抵抗侧流、侧压的能力可用射流力 F 表示。所需的射流力大小取决于侧流、侧压的大小。F 确定以后，L_0 与 v_0 可以有无数种组合。在上述计算中只考虑了 v_0 的作用，没有考虑 L_0 的作用。

（2）吹吸式通风依靠吹吸气流的联合作用进行工作，但是上述计算方法没有考虑吸风口的作用。因此，设计中没有提出吹吸气流的最佳组合问题，即设计中如何使吹风量和排风量之和（$L_0 + L_1$）保持最小。

（3）采用狭长的高速平面射流，出口流速 v_0 一般在 10m/s 左右。流体与物体相撞时易破裂，导致污染物散入室内。如果采用低速气流，两者相遇时气流围绕物体流动，对污染物的控制效果好。

2. 流量比法

日本学者林太郎把在外部吸气罩的研究中所应用的流量比概念扩展到吹吸式排风罩，如图 5-56 所示，吸风口的风量为：

$$L_1 = L_0 + (L_G + L_S) = L_0 + L_2 = L_0(1+K) \tag{5-58}$$

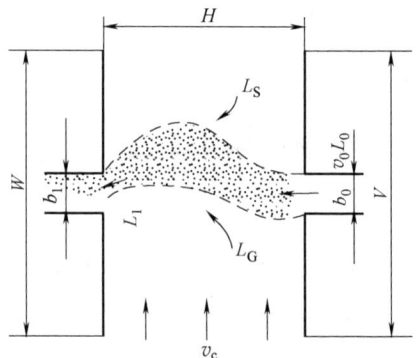

式中　L_0——吹风口吹风量，m³/s；

　　　L_G——污染气体量，m³/s；

　　　L_S——从周围吸入的空气量，m³/s；

　　　K——流量比，$K = \dfrac{L_2}{L_0} = \dfrac{L_s + L_G}{L_0}$。

图 5-56　吹吸式排风罩示意图

在污染气流与吹出气流的接触过程中，污染气体分子要通过扩散和边界层的局部涡流渗入射流内部。因此，要使污染物不进入室内工作区，必须把吹出气流全部排出。在吹吸式通风系统的运行过程中，随着 L_1 的逐渐减小，被污染的吹出气流将由全部排出逐渐过渡到从罩口泄漏。即将发生泄漏时的 L_2/L_0 称为极限流量比，以 K_L 表示。实验研究表明，K_L 与罩的形状及污染（干扰）气流有关，可用下式表示：

$$K_L = f\left(\frac{H}{b_0}, \frac{b_1}{b_0}, \frac{W}{b_0}, \frac{v_G}{v_0}, \frac{V}{b_0}\right) \tag{5-59}$$

式中　b_0——吹风口高度，m；

$\quad\quad b_1$——吸风口高度，m；

$\quad\quad H$——吹、吸风口间距，m；

$\quad\quad W$——吸风口法兰边全高，m；

$\quad\quad V$——吹风口法兰边全高，m；

$\quad\quad v_G$——污染（干扰）气流的速度，m/s；

$\quad\quad v_0$——吹风口出口流速，m/s。

在上述因素中，对 K_L 影响较大的为 H/b_0、W/b_0、v_G/v_0。

（1）吸风口法兰边全高 W

实验表明，$W/b_0 < 5.0$ 时，K_L 随 W/b_0 的减小而急剧增大。$W/b_0 \geqslant 5.0$ 后，K_L 趋于稳定。设计时，希望 $W/b_0 \geqslant 5.0$ 或 $W/b_1 \geqslant 2.0$。在吹风口不应设法兰边，即希望 $V/b_0 = 1.0$［图 5-57（a）］。吹风口设置法兰边后，会在吹出气流与周围卷入气流之间形成局部涡流［图 5-57（b）］。

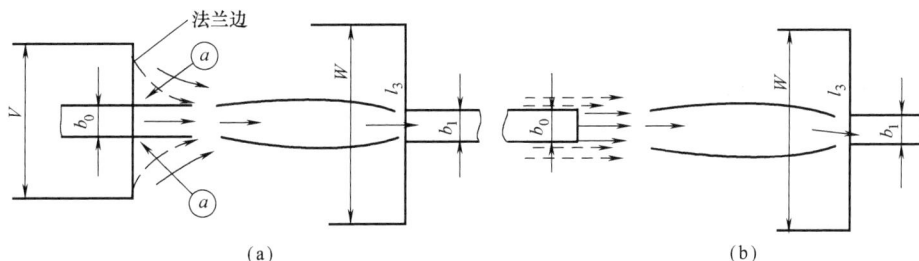

图 5-57　吹风口法兰边的影响

（2）吹风口高度 b_0

在 H 一定的情况下，K_L 随 b_0 的增大而减小。H/b_0 应不超过 20～30。工艺条件允许时，应适当加大 b_0，即希望采用低速射流。

（3）吹风口出口流速 v_0

v_G/v_0 的大小对 K_L 有极大影响，希望 v_G/v_0 在 0.30～2.0 之间，设计时应保证 $0 < v_G/v_0 \leqslant 3.0$。

对实验结果整理后，得出二维吹吸式排风罩的 K_L 计算公式：

$$K_L = \left(\frac{H}{b_0}\right)^{1.1}\left[0.46\left(\frac{W}{b_0}\right)^{-1.1} + 0.13\right]\left[0.04\left(\frac{V}{b_0}\right)^{0.2} + 0.51\right] \times$$

$$\left[5.8\left(\frac{v_G}{v_0}\right)^{1.4}\left(\frac{H}{b_0}\right)^{0.25}+1\right] \tag{5-60}$$

上式适用于 $0.5\leqslant\frac{b_1}{b_0}\leqslant10$、$2\leqslant\frac{W}{b_0}\leqslant50$、$1\leqslant\frac{V}{b_0}\leqslant80$、$0\leqslant\frac{H}{b_0}\leqslant30$ 的场合。

对不同形式的工艺设备,吹吸式排风罩的 K_L 计算公式详见文献 [12]。

设计流量比

$$K_D=mK_L \tag{5-61}$$

式中 m——安全系数。

$$m=\frac{l+b_0}{l}\times1.1 \tag{5-62}$$

式中 l——吹、吸风口长度,m。

吹风量

$$L_0=lb_0v_0 \tag{5-63}$$

吹风口排风量

$$L_1=L_0(1+mK_L)=L_0(1+K_D) \tag{5-64}$$

从式 (5-63)、式 (5-64) 可以看出,要保证不发生泄漏,不论采用多大的 L_0,总会求得一个相应的 L_1。这样就有一个问题,究竟哪一个 L_0 和 L_1 的组合是最经济合理的呢? 这就是吹吸式排风罩设计中的最优化问题。

(4) 经济设计式

定性分析:L_0 过小,说明没有充分发挥射流的覆盖和输送作用,这样就会加重吸风口的负担,使 L_1 增大。如果 L_0 过大,整个射流的流量大大增加,它已超出了污染控制的需要,由于射流流量的增大,也会使 L_1 增大。因此,最佳的运行工况应是在不发生污染物泄漏的前提下,使 L_0+L_1 保持最小。研究者得出了为保证 L_0+L_1 保持最小应满足的基本条件,详见文献 [12]。

从上文分析可以看出,流量比法与控制风速法相比有以下进步:

1) 考虑了吹吸气流的联合作用,并且提出经济设计公式。

2) 阐明了空气幕的隔断能力不单纯取决于出口流速,而是取决于射流的动量。主张用低速气流替代高速气流。

3) 研究分析了罩几何尺寸的影响。

应当指出的是,流量比法的设计计算公式都是依据模型实验结果得出的,有些方面尚不能完全满足生产实际的需要。v_G 在可能的条件下应实测得出。

5.7.3 旋风气幕排风罩

旋风气幕排风罩是一种新型排风罩,它利用人工产生的气旋捕集和控制污染物,其结构如图 5-58 所示,在排风罩四角安装四根送风立柱,以 20°的角度按同一旋转方向向内侧吹出连续的气幕,形成气幕空间。在气幕中心上方设有排风口。由于吸气在旋转气流中心产生负压(称为负压核心),这一负压核心使旋转气流受到向心力的作用。同时,气流在旋转过程中又受到离心力的作用。在向心力和离心力平衡的范围内,旋转气流形成涡流,涡流收束于负压核心四周并朝向排风口,这就形成了所谓的"人工龙卷风"(图 5-59)。由于利用了龙卷风原理,涡流核心具有较大的上升速度。实验研究表明,上升速度沿高度的变化不大,有利于捕集远离排风口的污染物。

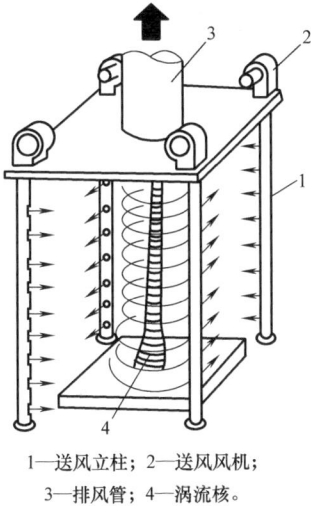

1—送风立柱;2—送风风机;
3—排风管;4—涡流核。

图 5-58 旋风气幕排风罩结构示意图

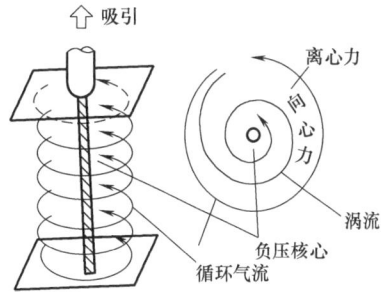

图 5-59 "人工龙卷风"的发生原理

这种排风罩的主要优点是:

(1)可以远距离捕集粉尘和污染气体。

(2)由于有一个封闭的气幕空间,污染气流与外界隔开,用较小的排风量即可有效排除污染空气,其排风量为一般排风罩的 1/10~1/2。

(3)有较强的抗横向气流能力。

5.7.4 有射流作用的槽边排风罩

外部吸气罩罩口外的风速是随距离的增大而急剧下降的,它不能有效控制远距离的污染物。采用吹吸式排风罩虽然可克服上述缺点,但是当吹、吸风口之间有较大的物体存在(如人或工件)时,会使气流破裂,使控制效果恶化。因此,人们在寻求一种既有吸气气流特点,又能在较小风量下有效控制污染物的方法。

有射流作用的槽边排风罩结构如图 5-60 所示,在槽边的同一侧设置条缝形喷口和吸风口。喷口设在吸风口上方,喷口的轴线与槽面的夹角称为射流角。喷口吹出的清洁空气不与流向吸风口的污染气流接触,也不被吸风口吸入。喷口吹出的平面射流在吸风口的影响下会向内发生偏移,从而使吸风口的吸气范围从无射流作用时的

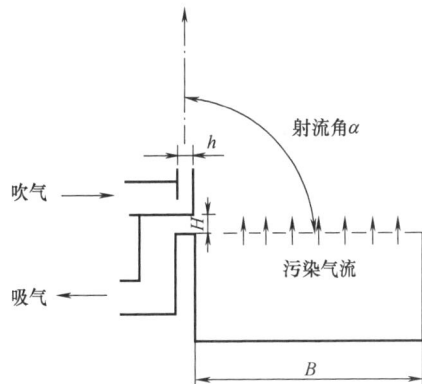

图 5-60 有射流作用的槽边排风罩

$3\pi/2$ 减小到小于射流角 α,使吸风口吸入的气流量显著减小。另外,射流从喷口吹出后,

流量在沿程不断增大，即不断卷吸两侧的空气，这将增大射流与槽面之间吸气流场的吸入速度。因此，在同样的控制效果下，吸风口的排风量会有所下降。

实验研究表明，有射流作用的槽边排风罩的吹、吸总风量比单侧单吸槽边排风罩少17％以上（槽宽 0.90m 以上），排风量少 28％以上。排风量的减少可使包括净化处理在内的通风能耗和设备投资明显减少。在供暖地区，还可以减少排风热损失。

习　题

1. 分析下列局部排风罩的工作原理和特点：

（1）防尘密闭罩；

（2）外部吸气罩；

（3）接受罩。

2. 为获得良好的防尘效果，设计防尘密闭罩时应注意哪些问题？是否从罩内排出的粉尘越多越好？

3. 流量比法的设计原理和控制风速法有何不同？它们的适用条件是什么？

4. 根据吹吸式排风罩的工作原理，分析吹吸式排风罩最优化设计的必要性。

5. 为什么在大门空气幕（或吹吸式排风罩）上采用低速宽厚的平面射流有利于节能？

6. 影响吹吸式排风罩工作的主要因素是什么？

7. 对于槽边排风罩，为什么 f/F_t 越小，条缝口速度分布越均匀？

8. 有一侧吸罩罩口尺寸为 300mm×300mm。已知其新风量 $L=0.54\mathrm{m}^3/\mathrm{s}$，按下列情况计算距罩口 0.3m 处的控制风速：

（1）自由悬挂，无法兰边；

（2）自由悬挂，有法兰边；

（3）放在工作台上，无法兰边。

9. 有一镀银槽槽面尺寸为 800mm×600mm，槽内溶液温度为室温，采用低截面条缝式槽边排风罩。分别计算槽靠墙布置和不靠墙布置时，其排风量、条缝口尺寸及阻力。

10. 有一金属熔化炉（坩埚炉），平面尺寸为 600mm×600mm，炉内温度 $t=600℃$。在炉口上部 400mm 处设接受罩，周围横向风速为 0.3m/s。确定排风罩罩口尺寸及排风量。

11. 有一浸漆槽槽面尺寸为 600mm×600mm，槽内污染物发散速度按 $v_1=0.25\mathrm{m/s}$ 考虑，室内横向风速为 0.3m/s。在槽上部 350mm 处设外部吸气罩。分别用控制风速法和流量比法确定外部吸气罩尺寸，并对计算结果进行比较。

（提示：用流量比法计算时，罩口尺寸应与前者相同）

12. 某产尘设备设有防尘密闭罩，已知罩上缝隙及工作孔面积 $F=0.8\mathrm{m}^2$，流量系数 $\mu=0.4$，物料带入罩内的诱导空气量为 $0.2\mathrm{m}^2/\mathrm{s}$。要求在罩内形成 25Pa 的负压，计算该排风罩排风量。如果罩上又出现面积为 $0.08\mathrm{m}^2$ 的孔洞没有及时修补，会出现什么现象？

13. 某车间大门尺寸为 3m×3m，当地室外计算温度 $t_\mathrm{w}=-12℃$、室内空气温度 $t_0=15℃$、室外风速 $v_\mathrm{w}=2.5\mathrm{m/s}$。因大门经常开启，设置侧送式大门空气幕，其效率 $\eta=100\%$，要求混合温度等于 10℃，计算该空气幕送风量及送风温度。

（提示：喷射角 $\alpha=45°$，不考虑热压作用，风压的空气动力系数 $K=1.0$）

14. 与 13 题同一车间，围护结构耗热量 $Q_\mathrm{I}=400\mathrm{kW}$，车间用散热器进行值班供暖，不足部分，50％由暖风机供热，50％由空气幕供热，在这种情况下，大门空气幕送风温度及加热器的负荷是多少？

（空气幕送风量采用 13 题的结果）

15. 有一工业槽，长×宽为 2000mm×1500mm，槽内溶液温度为常温，在槽上分别设置槽边排风罩及吹吸式排风罩，按控制风速法分别计算其排风量。

（提示：控制点的控制风速 $v_1 = 0.4\text{m/s}$，吹吸式排风罩的 $H/b_0 = 20$）

16. 有两股气流如图 5-61 所示，求污染气流的边界（$L_1 = L_2$）。

（提示：确定流线的流函数值时，要注意流函数的增值方向）

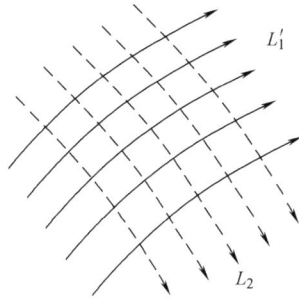

图 5-61　习题 16 图

第6章　通风系统中工业有害物的净化

人类在生产和生活的过程中，需要有一个清洁的空气环境（包括大气环境和室内空气环境）。但是，许多生产过程都会散发大量粉尘，如果任意向大气排放，将污染大气，危害人们身体健康，影响工农业生产。因此，含尘空气必须经过净化处理，达到排放标准才允许排入大气。有些生产过程（如原材料加工、食品生产、水泥制造等）排出的粉尘都是生产的原料或成品，回收这些有用物料，具有很大的经济意义。在这些工业部门，除尘设备既是环保设备又是生产设备。

为了保证室内空气的清洁度，通风空调系统的进风需要净化处理。对于以温度控制为主的空调系统，进风空气的含尘浓度一般要满足环境空气质量的要求。有些生产过程（如电子、精密仪表等）对空气的清洁度有更高的要求。

净化工业生产过程中排出含尘气体的过程称为工业除尘，净化进风的过程称为空气过滤。这两类净化的基本原理是相同的，但采用的设备不同。本章主要阐述除尘技术的基本原理和各类除尘器、空气过滤器的典型结构。

6.1　通风排气中粉尘的净化

6.1.1　粉尘的特性

块状物料破碎成细小的粉状微粒后，除了继续保持原有的主要物理、化学性质外，还出现了许多新的特性，如爆炸性、带电性等。在这些特性中，与除尘技术关系密切的，有以下几个方面：

1. 密度

根据实验方法和应用场合的不同，粉尘的密度分为真密度和容积密度两种。

自然状态下堆积起来的粉尘在尘粒之间及尘粒内部充满空隙，把松散状态下单位体积粉尘的质量称为粉尘的容积密度。如果设法排除尘粒之间及尘粒内部的空隙，所测出的在密实状态下单位体积粉尘的质量，称为真密度（或尘粒密度）。这两种密度的应用场合不同，例如研究单个尘粒在空气中的运动时应用真密度，计算灰斗体积时则应用容积密度。

2. 黏附性

粉尘相互间的凝聚与粉尘在器壁上的附着都与粉尘的黏附性有关。粉尘的黏附性是粉尘与粉尘之间或粉尘与器壁之间的力的表现，这种力包括分子力、毛细黏附力及静电力等。

粉尘的黏附性与其形状、大小以及吸湿性等有关。粒径细、吸湿性大的粉尘，其黏附性也强。

尘粒间的黏附使尘粒增大，有利于提高除尘效率，而粉尘与器壁间的黏附则会使除尘器和管道堵塞及发生故障。

3. 爆炸性

固体物料被破碎后，总表面积大大增加，例如边长为 1.0cm 的立方体粉碎成边长为 1.0μm 的小粒子后，总表面积由 6.0cm^2 增加到 6.0m^2，由于表面积增加，粉尘的化学活性大大增强。某些在堆积状态下不易燃烧的可燃物（如糖、面粉、煤粉等），当它以粉末状悬浮于空气中时，与空气中的氧有了充分的接触机会，在一定的温度和浓度下，可能发生爆炸。设计除尘系统时，必须高度注意。

4. 荷电性与比电阻

悬浮于空气中的粉尘由于天然辐射、外界离子或电子的附着、粉尘间的摩擦等，都能使粉尘荷电。此外，在粉尘形成过程中也可能使其荷电。在这种状况下粉尘荷电的极性不稳定，荷电量也很小。

在电除尘器中，要采用人工方法使粉尘充分荷电。

粉尘的比电阻反映粉尘的导电性能，它是粉尘的重要特性之一，对电除尘器的设计与运行有重要影响，相关内容将在后文中详述。

5. 粉尘的润湿性

粉尘的尘粒能否与液体相互附着或附着难易的性质称为粉尘的润湿性。当尘粒与液体接触时，接触面能扩大而相互附着，就是能润湿；反之，接触面趋于缩小而不能附着，则是不能润湿。一般根据粉尘被液体润湿的程度将粉尘大致分为两类：容易被水润湿的亲水性粉尘和难以被水润湿的疏水性粉尘。当然，这种分类是相对的。粉尘的润湿性还与液体的表面张力、粉尘与液体间的黏附力以及相对运动速度有关。例如 1.0μm 以下的粉尘很难被水润湿，这是因为细粉尘和水滴表面均附有一层气膜，只有在二者具有较高的相对速度的情况下，水滴冲破气膜才能相互附着凝并。各种湿式除尘装置主要依靠粉尘的润湿性捕集粉尘。

有些粉尘（如水泥、石灰等）与水接触后，会发生粘结和变硬现象，这种粉尘称为水硬性粉尘。水硬性粉尘不宜采用湿法除尘。

6. 粉尘的粒径及粒径分布

对于球形粉尘来说，粉尘的粒径是指它的直径。实际的粉尘大小、形状均是不规则的。为了表征粉尘的大小，需要按一定方法，确定一个表示粉尘大小的代表性尺寸，作为粉尘的直径，简称粒径。例如，用显微镜法测定粒径时有定向粒径、长轴粒径、短轴粒径等；用筛分法测出的粒径称为筛分直径；用液体沉降法测出的粒径称为斯托克斯粒径。粒径的测定方法不同，其定义的方法也不同，得出的粒径差别也很大，很难进行比较。

在通风除尘技术中，常用斯托克斯粒径作为粉尘的粒径，其定义为：在同一种流体中，与粉尘密度相同并且具有相同沉降速度的球体直径称为该粉尘的斯托克斯粒径。

粉尘的粒径分布是指某种粉尘中，各种粒径的粉尘所占的比例，也称粉尘的分散度。若以粉尘的粒数表示所占的比例称为粒数分布；若以粉尘的质量表示所占的比例称为质量分布。在某一粒径间隔 Δd_c 内粉尘所占的质量分数也称为粒径的频率分布。

粒径区间 $\Delta d_c(d_{c,i}, d_{c,i+1})$ 对应粉尘质量分数为 $\Delta \Phi(d_{c,i}, d_{c,i+1})$；当粒径区间 Δd_c 趋近于零时，得到粉尘粒径的分布密度函数：

$$f(d_c) = \lim_{\Delta d_c \to 0} \frac{\Delta \Phi}{\Delta d_c} = \frac{\mathrm{d}\Phi}{\mathrm{d}d_c} \tag{6-1}$$

粉尘累积质量分数可表示为：

$$\Phi(0,d_{c,i}) = \sum_{k=1}^{i} \Delta\Phi_k = \int_0^{d_{c,i}} f(d_c)\mathrm{d}d_c \tag{6-2}$$

在整个分布范围内，粉尘累积质量分数为100％，故有：

$$\Phi = \sum_{k=1}^{n} \Delta\Phi_k = \int_0^{+\infty} f(d_c)\mathrm{d}d_c = 1.0 \tag{6-3}$$

现以某厂的生产粉尘为例，将其粒径的频率分布列于表6-1。

表6-1中的粒径区间质量分数 $\Delta\Phi_i$ 及累计质量分数都能反映粒径的分布情况。为了更直观地表示粉尘的粒径分布，表6-1的数据可以用图6-1表示，统计学上把这种图称为直方图，图6-2中的曲线则是直方图光滑化后的粒径分布曲线。为了消除因粒径间隔 Δd_c 的取法不同所造成的曲线形状的差异，图6-1中对应的纵坐标为 $y=\dfrac{\Delta\Phi}{\Delta d_c}$，图6-2中对应的纵坐标为 $y=f(d_c)=\dfrac{\mathrm{d}\Phi}{\mathrm{d}d_c}$，这条曲线称为粒径的相对频率分布曲线，粉尘累计质量分数由该曲线根据式（6-2）求出。

某厂的生产粉尘粒径的频率分布表

表 6-1

粒径范围 $(d_{c,i}, d_{c,i+1})$ （μm）	粒径区间 Δd_c （μm）	该粒径区间的 算术平均粒径 $d_{cp,i}=\dfrac{d_{c,i}+d_{c,i+1}}{2}$ （μm）	粒径区间质量分数 $\Delta\Phi$ （％）	筛下累计质量分数 $\Phi(0,d_{c,i+1})$ $=\int_0^{d_{c,i+1}} f(d_p)\mathrm{d}(d_p)$ （％）
0～5	5	2.5	19.5	19.5
5～10	5	7.5	20.5	40.0
10～15	5	12.5	15.0	55.0
15～20	5	17.5	10.0	65.0
20～30	10	25.0	12.0	77.0
30～40	10	35.0	7.5	84.5
40～50	10	45.0	4.5	89.0
50～60	10	55.0	2.5	91.5
＞60	—	—	8.5	100.0

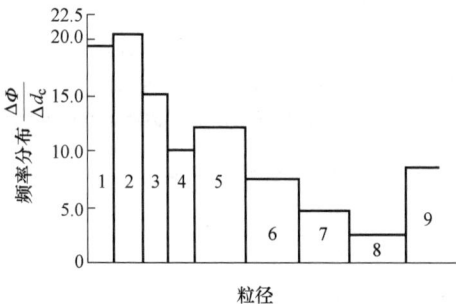

图 6-1　粒径的频率分布直方图

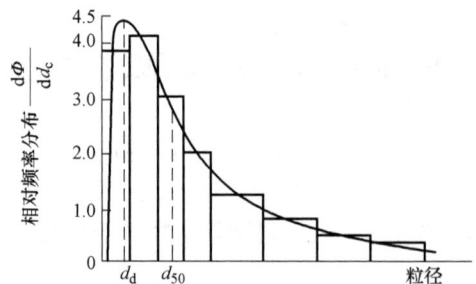

图 6-2　粒径的相对频率分布曲线

曲线 $f(d_c)$ （图 6-2 中曲线）下面所包含的面积等于该粒径范围内粉尘所占的百分数。

对于粉尘粒径的分布函数，除上述的图形表示外，也可以用数学函数表示，这种数学函数可以通过粒径测量对离散数据进行拟合得到，若粒径呈正态分布其分布函数可用正态分布函数表示：

$$f(d_c)=\frac{\mathrm{d}\Phi}{\mathrm{d}d_c}=\frac{1}{\sqrt{2\pi}\sigma}\mathrm{e}^{-\frac{(d_c-d_{cp})^2}{2\sigma^2}} \tag{6-4}$$

式中　d_c——粉尘的粒径；

　　　d_{cp}——粉尘的算术平均粒径；

　　　σ——粒径的标准偏差。

粉尘的算术平均粒径为：

$$d_{cp}=\frac{\sum\mathrm{d}\Phi_i d_{c,i}}{\sum\mathrm{d}\Phi_i}=\sum\mathrm{d}\Phi_i d_{c,i} \tag{6-5}$$

式中　$\mathrm{d}\Phi_i$——在某一粒径区间内，尘粒的质量分数；

　　　$d_{c,i}$——在该粒径区间内，尘粒的平均粒径。

符合正态分布的函数具有左右对称的特征，在这种情况下算术平均粒径即为累计质量分数为 50% 时的粒径，我们把这个粒径称为中位径，以 d_{50} 表示。

标准偏差是正态分布的另一个特征值，按下式计算：

$$\sigma=\sqrt{\frac{\sum\mathrm{d}\Phi(d_c-d_{cp})^2}{\sum\mathrm{d}\Phi}} \tag{6-6}$$

根据概率计算，在多次测定后，粒径在 $d_{cp}\pm\sigma$ 范围的粉尘所出现的概率是 68.3%（即质量分数是 68.3%），在 $d_{cp}\pm2\sigma$ 范围内的粉尘则占 95.4%。σ 的大小反映颗粒集中的程度，σ 值大，曲线平缓，粒径分布分散；σ 值小，曲线陡直，粒径分布集中，如图 6-3 所示。

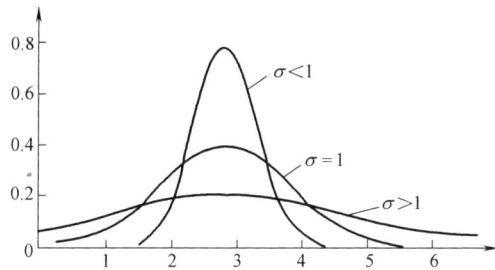

图 6-3　σ 值的直观意义

$$\sigma=d_{84.1}-d_{cp}=d_{cp}-d_{15.9} \tag{6-7}$$

式中　$d_{84.1}$——累计质量分数 $\Phi=84.1\%$ 时的粒径；

　　　$d_{15.9}$——累计质量分数 $\Phi=15.9\%$ 时的粒径。

实际上符合正态分布的粉尘是很少的，大多数粉尘的粒径分布是偏态的。研究表明，如果用对数粒径代替原先的粒径，粒径的相对频率分布用对数增量而不是用算术增量分组，就可把它转化成近似正态分布的对称曲线，这条曲线称为对数正态分布曲线，如图 6-4 所示。机械破碎、筛分的粉尘大多符合对数正态分布，特别是舍弃两端的粗大和细小尘粒之后。

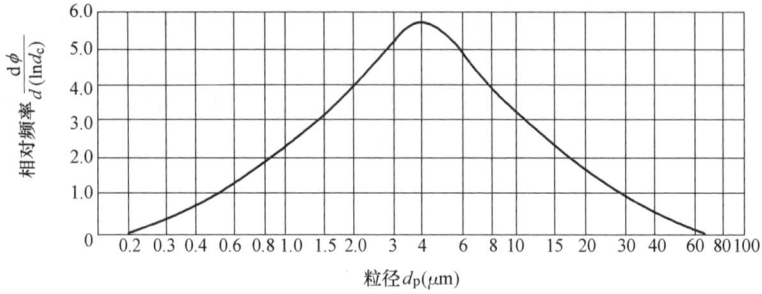

图 6-4 对数正态分布曲线

粒径对数正态分布的数学表达式为：

$$F(\ln d_c) = \frac{d\Phi}{d(\ln d_c)} = \frac{1}{\sqrt{2\pi}\ln\sigma_j} \times e^{-\frac{(\ln d_c - \ln d_{c,j})^2}{2(\ln\sigma_j)^2}} \tag{6-8}$$

式中 $d_{c,j}$——粉尘的几何平均粒径；

σ_j——粉尘的几何标准偏差。

粉尘的几何平均粒径就是粉尘的对数平均粒径，可用下式表示：

$$\ln d_{c,j} = \frac{\sum d\Phi_i \ln d_{c,i}}{\sum d\Phi_i} \tag{6-9}$$

$$d_{c,j} = d_{c1}^{d\Phi_1} \cdot d_{c2}^{d\Phi_1} \cdot d_{c3}^{d\Phi_1} \cdots \tag{6-10}$$

$$\ln\sigma_j = \sqrt{\frac{\sum d\Phi(\ln d_{ci} - \ln d_{c,j})^2}{\sum d\Phi}} \tag{6-11}$$

对 d_c 取对数后，式（4-7）相应变成下式：

$$\ln\sigma_j = \ln d_{84.1} - \ln d_{c,j} = \ln d_{c,j} - \ln d_{15.9}$$

所以

$$\sigma_j = \frac{d_{84.1}}{d_{c,j}} = \frac{d_{c,j}}{d_{15.9}} \tag{6-12}$$

粉尘的累计质量分数为：

$$\Phi_{0-ci} = \int_0^{d_{c,i}} d\Phi = \int_{-\infty}^{\ln d_{c,i}} F(\ln d_c) d(\ln d_c)$$

$$= \int_{-\infty}^{\lg d_{c,i}} \frac{1}{\sqrt{2\pi}\ln\sigma_j} e^{-\frac{(\ln d_c - \ln d_{c,j})^2}{2(\ln\sigma_{c,j})^2}} d(\ln d_c) \tag{6-13}$$

为了便于计算，可以采用对数概率坐标纸表示，如图 6-5 所示。它的横坐标按对数粒径 $\ln d_c$ 划分，纵坐标按概率积分值划分。对数概率纸在除尘技术上具有以下用途：

（1）从该图可直接求得 $d_{c,i}$ 和 σ_i。

（2）如已知粉尘的 $d_{c,i}$ 和 σ_i，可利用该图得到整个粒径分布。

（3）机械破碎、筛分的粉尘测出的粒径分布在对数概率纸上应接近一条直线。如果偏

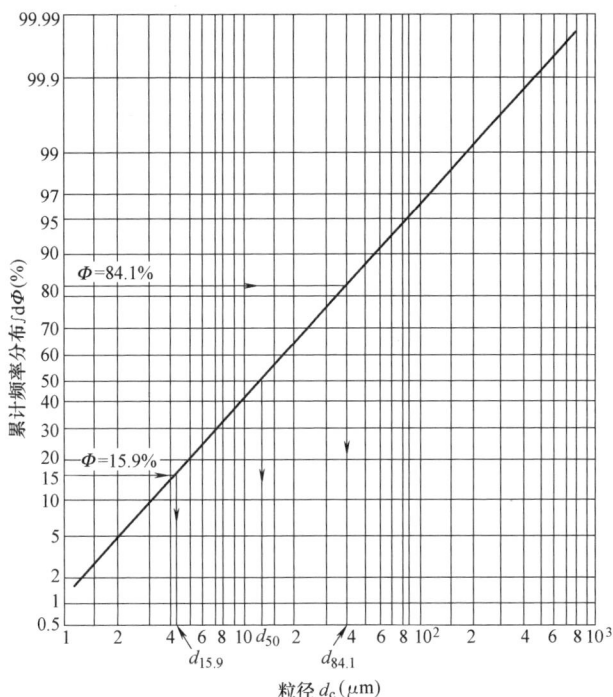

图 6-5　粉尘的累计频率分布曲线在对数概率纸上的表示

离直线分布太远，则应重新进行测定，并检查其原因。

6.1.2　除尘器效率和除尘机理

1. 除尘器效率

除尘器效率是评价除尘器性能的重要指标之一，它是指除尘器从气流中捕集粉尘的能力，常用除尘器全效率、分级效率和穿透率表示。

（1）全效率

含尘气体通过除尘器时所捕集的粉尘量占进入除尘器的粉尘总量的百分数称为除尘器全效率，以 η 表示。

$$\eta = \frac{G_3}{G_1} \times 100\% = \frac{G_1 - G_2}{G_1} \times 100\% \tag{6-14}$$

式中　G_1——进入除尘器的粉尘量，g/s；

　　　G_2——穿过除尘器的粉尘量，g/s；

　　　G_3——除尘器所捕集的粉尘量，g/s。

如果除尘器结构严密，没有漏风，式（6-14）可改写为：

$$\eta = \frac{Ly_1 - Ly_2}{Ly_1} \times 100\% \tag{6-15}$$

式中　L——除尘器处理的空气量，m^3/s；

　　　y_1——除尘器进口空气中粉尘的质量浓度，g/m^3；

　　　y_2——除尘器出口空气中粉尘的质量浓度，g/m^3。

式（6-14）要通过进尘、收尘或排尘质量比求得全效率，称为质量法，用这种方法得出的结果比较准确，主要用于实验室。在现场测定除尘器效率时，通常先同时测出除尘器进、出口空气中粉尘的质量浓度，再按式（6-15）求得全效率，这种方法称为浓度法。含尘空气管道内粉尘的质量浓度分布既不均匀又不稳定，要得到准确结果比较困难。

为提高除尘效率，在除尘系统中常把两个除尘器串联使用（图6-6），两个除尘器串联时的总除尘效率为：

$$\eta_0 = \eta_1 + \eta_2(1-\eta_1) = 1-(1-\eta_1)(1-\eta_2) \tag{6-16}$$

式中　η_1——第一级除尘器的除尘效率，%；

η_2——第二级除尘器的除尘效率，%。

应当注意，两个型号相同的除尘器串联运行时，由于它们处理的粉尘粒径不同，η_1和η_2是不相同的。

n个除尘器串联时的总效率为：

$$\eta_0 = 1-(1-\eta_1)(1-\eta_2)\cdots(1-\eta_n) \tag{6-17}$$

（2）穿透率

有时两台除尘器的全效率分别为99.0%或99.5%，二者非常接近，似乎二者的除尘效果差别不大。但是从大气污染的角度分析，二者的差别是很大的，前者排入大气的粉尘量要比后者高一倍。因此，有些文献中除了用除尘器效率外，还用穿透率P表示除尘器的性能。

穿透率为：

$$P = (1-\eta) \times 100\% \tag{6-18}$$

除尘器全效率的大小与所处理粉尘的粒径有很大关系，例如有的旋风除尘器处理$40\mu m$以上的粉尘时，全效率接近100%，处理$5\mu m$以下的粉尘时，全效率会下降到40%左右。因此，只给出除尘器的全效率对工程设计是没有意义的，必须同时说明试验粉尘的真密度和粒径分布或该除尘器的应用场合。要正确评价除尘器的除尘效果，必须按粒径标定除尘器效率，这种效率称为分级效率。图6-7是某种除尘器的分级效率曲线。

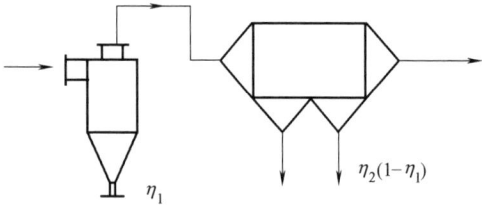

图6-6　两个除尘器串联

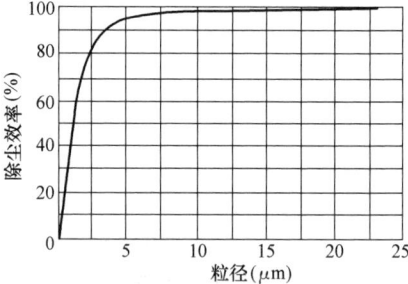

图6-7　某除尘器的分级效率曲线

（3）除尘器的分级效率

在工程应用中，为便于实际操作，常根据区间分级效率来选择除尘器。

进入除尘器的粉尘量$G_1 = L_1 \cdot y_1$，其中气体量为L_1，含尘浓度为y_1。把$f_i(d_c)$记作除尘器某位置的粉尘粒径分布密度，那么进入除尘器的粒径在$d_c \pm \frac{1}{2}\Delta d_c$区间的粉尘量为：

$$\Delta G_1(d_c) = G_1 f_1(d_c) \Delta d_c$$

同理，在除尘器出口处，排出的粉尘量为：

$$\Delta G_2(d_c) = G_2 f_2(d_c) \Delta d_c$$

除尘器在粒径 $d_c \pm \frac{1}{2} \Delta d_c$ 区间的分级效率为：

$$\eta(d_c) = 1 - \frac{\Delta G_2(d_c)}{\Delta G_1(d_c)} = 1 - \frac{G_2 f_2(d_c) \Delta d_c}{G_1 f_1(d_c) \Delta d_c} \tag{6-19}$$

除尘器捕集的粒径在 $d_c \pm \frac{1}{2} \Delta d_c$ 区间的粉尘量为：

$$\Delta G_3(d_c) = (G_1 - G_2) f_3(d_c) \Delta d_c$$

除尘器在 $d_c \pm \frac{1}{2} \Delta d_c$ 区间的分级效率还可以表述为：

$$\eta(d_c) = \frac{(G_1 - G_2) f_3(d_c) \Delta d_c}{G_1 f_1(d_c) \Delta d_c} = \frac{(G_1 - G_2) \mathrm{d}\Phi_3(d_c)}{G_1 \mathrm{d}\Phi_1(d_c)}$$

除尘器的分级效率是指除尘器捕集的粒径为 d_c 的粉尘占进入除尘器的该粒径粉尘总量的百分数，可表示为：

$$\eta(d_c) = \frac{G_3(d_c)}{G_1(d_c)} \times 100\% \tag{6-20}$$

研究表明，大多数除尘器的分级效率可用下列经验公式表示：

$$\eta(d_c) = 1 - \mathrm{e}^{-\alpha d_c^m} \tag{6-21}$$

式中 α、m——待定常数。

当 $\eta(d_c) = 50\%$ 时，$d_c = d_{c50}$。我们把除尘器分级效率为 50% 时的粒径 d_{c50} 称为分割粒径（Cut diameter）或临界粒径。根据式（6-21），有：

$$0.5 = 1 - \mathrm{e}^{-\alpha d_{c50}^m}$$

$$\alpha = \ln 2 / d_{c50}^m = 0.693 / d_{c50}^m$$

把上式代入式（6-21），得：

$$\eta(d_c) = 1 - \mathrm{e}^{-0.693 \left(\frac{d_c}{d_{c50}}\right)^m} \tag{6-22}$$

只要已知 d_{c50} 及除尘器特性系数 m，就可以求得不同粒径下的分级效率。

根据粉尘的粒径分布函数即可得到分级效率与全效率的关系。举例如下：

【例 6-1】 已知某除尘器的分级效率及其进口处粉尘粒径分布如下：

粒径(μm)	0～5	5～10	10～20	20～40	>40
$f_i(d_c)\Delta d_c$(%)	10	25	32	24	9
$\eta(d_c)$(%)	64	86.4	92.8	97.4	99

计算该除尘器的全效率。

【解】 全效率为：

$$\eta = \sum_{i=1}^{n} \eta(d_c) f_i(d_c) \Delta d_c = 0.1 \times 0.64 + 0.25 \times 0.864 + 0.32 \times 0.928 + 0.24 \times 0.974$$

$$+ 0.09 \times 0.99 = 0.89982 \approx 90\%$$

由于 $G(d_c) = G \cdot f(d_c)$，当已知除尘器总效率和进、出口的粒径分布密度函数时，即可求出除尘器的分级效率：

$$\eta(d_c) = \frac{G_3}{G_1} \cdot \frac{f_3(d_c)}{f_1(d_c)} \times 100\% = \eta \cdot \frac{f_3(d_c)}{f_1(d_c)} \tag{6-23}$$

2. 除尘机理

目前常用除尘器的防尘机理主要有以下几种：

（1）重力

气流中的粉尘可以依靠重力自然沉降，从气流中分离。由于粉尘的沉降速度一般较小，这个机理只适用于粗大粉尘。

（2）离心力

含尘气流作圆周运动时，由于惯性离心力的作用，粉尘和气流会产生相对运动，使粉尘从气流中分离。它是旋风除尘器工作的主要机理。

（3）惯性碰撞

含尘气流在运动过程中遇到物体阻挡（如挡板、纤维、液珠等）时，气流会改变方向进行绕流，细小的粉尘会随气流一起流动。粗大的粉尘具有较大的惯性，它会脱离流线，保持自身的惯性运动，这样粉尘就与物体发生碰撞，如图 6-8 所示。这种现象称为惯性碰撞，惯性碰撞是过滤式除尘器、湿式除尘器和惯性除尘器的主要除尘机理。

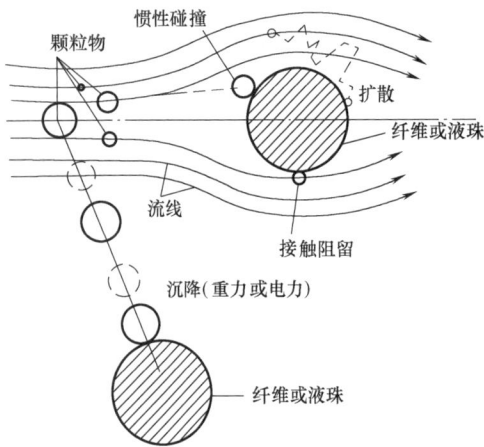

图 6-8　惯性碰撞除尘机理示意图

（4）接触阻留

细小的粉尘随气流一起绕流时，如果流线紧靠物体（纤维或液滴）表面，有些粉尘因与物体发生接触而被阻留，这种现象称为接触阻留。另外，当粉尘尺寸大于纤维网眼而被阻留时，这种现象称为筛滤作用。粗孔或中孔的泡沫塑料过滤器主要依靠筛滤作用进行除尘。

（5）扩散

小于 $1\mu m$ 的微小粉尘在气体分子的撞击下，像气体分子一样作布朗运动。如果粉尘在运动过程中与物体表面接触，就会从气流中分离，这个机理称为扩散。对于 $d_c \leqslant 0.3\mu m$ 的粉尘，这是一个很重要的机理。

从湿式除尘器和袋式防尘器的分级效率曲线可以发现，当 d_c 为 $0.30\mu m$ 左右时，除尘器效率最低。这是因为当 $d_c > 0.30\mu m$ 时，扩散的作用还不明显，而惯性的作用是随 d_c 的减小而降低的。当 $d_c \leqslant 0.30\mu m$ 时，惯性已不起作用，主要依靠扩散，布朗运动是随粒径的减小而加强的。

（6）静电力

悬浮在气流中的粉尘，如带有一定的电荷，可以通过静电力使它从气流中分离。由于自然状态下粉尘的荷电量很小，要得到较好的除尘效果，必须设置专门的高压电场，使所有的粉尘都充分荷电。

（7）凝聚

凝聚作用不是一种直接的除尘机理。通过超声波、蒸汽凝结、加湿等凝聚作用，可以使微小粒子凝聚增大，然后再用一般的除尘方法去除。

工程上常用的除尘器往往不是简单地依靠某一种除尘机理，而是几种除尘机理的综合运用。

3. 除尘器分类

根据主要除尘机理，目前常用的除尘器可分为以下几类：

（1）重力除尘，如重力沉降室；

（2）惯性除尘，如惯性除尘器；

（3）离心力除尘，如旋风除尘器；

（4）过滤除尘，如袋式除尘器、颗粒层除尘器、纤维过滤器、纸过滤器；

（5）洗涤除尘，如自激式除尘器、卧式旋风水膜除尘器；

（6）静电除尘，如电除尘器。

根据气体净化程度的不同，除尘器可分为以下几类：

（1）粗净化：主要除掉粗大的尘粒，一般用作多级除尘的第一级；

（2）中净化：主要用于通风除尘系统，一般要求净化后的空气中粉尘的质量浓度不超过 $100mg/m^3$；

（3）细净化：主要用于通风空调系统的进风系统和再循环系统，要求净化后的空气中粉尘的质量浓度不超过 $1.0mg/m^3$；

（4）超净化：主要除掉 $1.0\mu m$ 以下的细小尘粒，用于清洁度要求较高的洁净房间，净化后的空气中粉尘的质量浓度视工艺要求而定。

6.1.3　重力沉降室和惯性除尘器

1. 重力沉降室

重力沉降室是通过重力使粉尘从气流中分离的，其结构如图 6-9 所示。含尘气流进入重力沉降室后，流速迅速下降，在层流或接近层流的状态下运动，其中的粉尘在重力作用下缓慢向灰斗沉降。

（1）沉降速度

根据流体力学，粉尘在静止空气中自由沉降时，其末端沉降速度 v_s（m/s）按下式计算：

$$v_s = \sqrt{\frac{3(\rho_c - \rho)gd_c}{3C_R\rho}} \qquad (6\text{-}24)$$

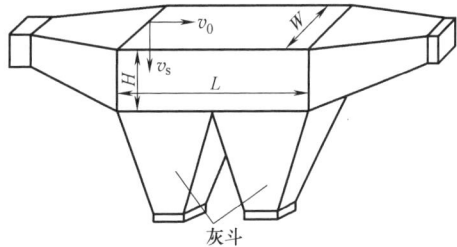

图 6-9　重力沉降室结构示意图

式中　ρ_c——粉尘密度，kg/m^3；

ρ——空气密度，kg/m^3；

g——重力加速度，m/s^2；

d_c——粉尘直径，m；

C_R——空气阻力系数。

C_R 与尘粒和气流相对运动的雷诺数 Re_c 有关。

$Re_c \leqslant 1$ 时　　　　　$C_R = 24/Re_c$

$Re_c = 1 \sim 10^3$ 时　　　$C_R = 18.5/Re_c^{0.6}$

$Re_c > 1 \times 10^3$ 时 $\qquad C_R \approx 0.44$

应当指出，不同的研究者把实验曲线整理成经验方程式时，得出的空气阻力系数会稍有不同。

在通风除尘中通常都近似认为 $Re_c \leqslant 1$，把 $C_R = 24/Re_c$ 代入式（6-24），得：

$$v_s = \frac{g(\rho_c - \rho)d_c^2}{18\mu} \qquad (6-25)$$

式中 μ——空气的动力黏度，Pa·s；

由于 $\rho_c \gg \rho$，式（6-25）可简化为：

$$v_s = \frac{g\rho_c d_c^2}{18\mu} \qquad (6-26)$$

如果已知尘粒的沉降速度，可用下式求得对应的尘粒直径：

$$d_c = \sqrt{\frac{18\mu v_s}{g(\rho_c - \rho)}} \qquad (6-27)$$

如果尘粒不是处于静止空气中，而是处于流速为 v_s 的上升气流中，尘粒将会处于悬浮状态，这时的气流速度称为悬浮速度。悬浮速度和沉降速度的数值相等，但意义不同。沉降速度是指尘粒下落时所能达到的最大速度，悬浮速度是指要使尘粒处于悬浮状态，上升气流的最小上升速度。悬浮速度用于气力输送系统管道的设计。

当尘粒粒径较小，特别是小于 $1.0\mu m$ 时，其大小已接近空气小气体分子的平均自由行程（约 $0.10\mu m$），这时尘粒与周围空气层发生"滑动"现象，气流对尘粒的实际阻力变小，尘粒实际的沉降速度要比计算值大。因此，对 $d_c \leqslant 5.0\mu m$ 的尘粒计算沉降速度时要进行修正。

$$v_s = k_c \frac{\rho_c g d_c^2}{18\mu} \qquad (6-28)$$

式中 k_c——库宁汉（Cunninghum）滑动修正系数。

当空气温度 $t = 20℃$、压力 $P = 1atm$（$0.1013MPa$）时，有：

$$k_c = 1 + \frac{0.172}{d_c} \qquad (6-29)$$

式中 d_c——尘粒直径，μm。

（2）重力沉降室的计算

气流在重力沉降室内的停留时间为：

$$t_1 = \frac{l}{v} \qquad (6-30)$$

式中 l——重力沉降室沿气流方向的长度，m；

v——重力沉降室内气流运动速度，m/s。

沉降速度为 v_s 的尘粒从除尘器顶部降落到底部所需时间 t_2 为：

$$t_2 = \frac{H}{v_s} \qquad (6-31)$$

式中 H——重力沉降室的高度，m。

要把沉降速度为 v_s 的尘粒在重力沉降室内全部去除，必须满足 $t_1 \geqslant t_2$，即

$$\frac{l}{v} \geqslant \frac{H}{v_s} \qquad (6-32)$$

把式（6-27）代入上式，即可求得重力沉降室能 100% 捕集的最小粒径：

$$d_{\min} = \sqrt{\frac{18\mu Hv}{g\rho_c l}} \tag{6-33}$$

式中　$d_{\min}$——重力沉降室能 100% 捕集的最小粒径，m。

重力沉降室内的气流速度 v 要根据尘粒的密度和粒径确定，一般为 0.3～2m/s。

设计新的重力降尘室时，根据式（6-27）算出捕集尘粒的沉降速度 v_s，先假设重力沉降室内的气流速度和沉降室高度（或宽度），再求得其长度和宽度（或高度）。

重力沉降室长度为：

$$l \geqslant \frac{H}{v_s} v \tag{6-34}$$

重力沉降室宽度为：

$$W = \frac{L}{Hv} \tag{6-35}$$

式中　L——重力沉降室处理的空气量，$\mathrm{m^3/s}$。

重力沉降室仅适用于 50μm 以上的粉尘。由于它的除尘效率低、占地面积大，通风工程中应用较少。

2. 惯性除尘器

为了改善重力沉降室的除尘效果，可在其中设置各种形式的挡板，使气流方向发生急剧改变，利用尘粒的惯性或使其与挡板发生碰撞而被捕集。这种除尘器称为惯性除尘器。惯性除尘器分为碰撞式、弯管式和回转式，如图 6-10 所示。气流在撞击或方向改变前速度越大，方向改变的曲率半径越小，则除尘效率越高。

图 6-11 所示的百叶窗式分离器也是一种惯性除尘器。含尘气流进入锥形的百叶窗式分离器后，大部分气体从栅条之间的缝隙流出。气流绕过栅条时突然改变方向，尘粒由于

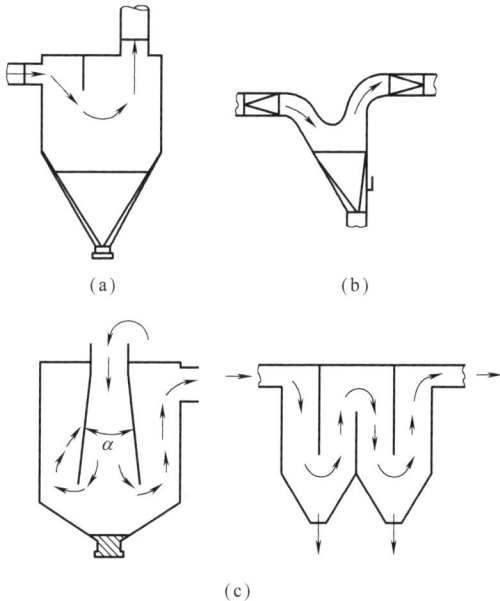

(a)　　　　　　　　(b)

(c)

图 6-10　惯性除尘器

（a）碰撞式；（b）弯管式；（c）回转式

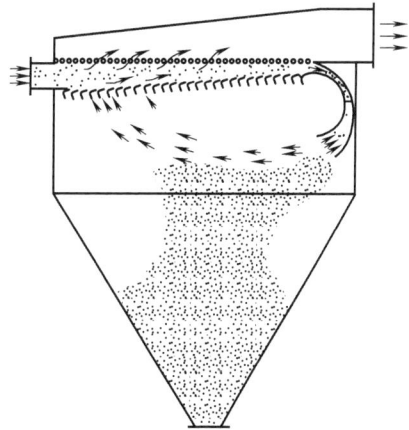

图 6-11　百叶窗式分离器

自身的惯性继续保持直线运动，随部分气流（5.0%～20%）一起进入下部灰斗，在重力和惯性力作用下，尘粒在灰斗中被分离。百叶窗式分离器的主要优点是外形尺寸小、阻力比旋风除尘器小。

惯性除尘器主要用于捕集粒径为 $20～30\mu m$ 的粗大尘粒，常用作多级除尘中的第一级。

6.1.4　旋风除尘器

旋风除尘器是利用气流旋转过程中作用在尘粒上的惯性离心力，使尘粒从气流中分离的设备。它结构简单、体积小、维护方便，主要用于含尘气体中粗大尘粒的去除，也可用于气力输送中的物料分离。

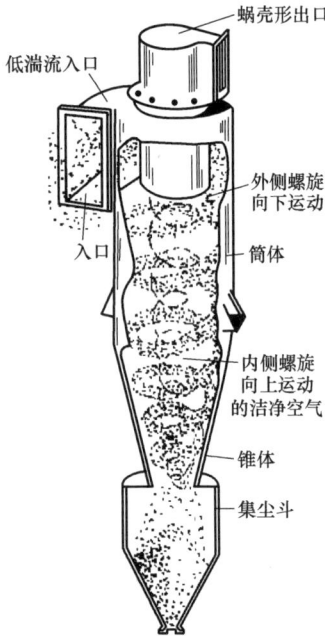

图 6-12　旋风除尘器示意图

1. 旋风除尘器的工作原理

（1）旋风除尘器内气流与尘粒的运动

普通的旋风除尘器由筒体、锥体、排出管三部分组成，有的在排出管上设有蜗壳形出口，如图 6-12 所示。含尘气流由切线进口进入除尘器，沿外壁自上而下作螺旋形旋转运动，这股向下旋转的气流称为外涡旋。外涡旋到达锥体底部后，转而向上，沿轴心向上旋转，最后经排出管排出。这股向上旋转的气流称为内涡旋。向下的外涡旋和向上的内涡旋的旋转方向是相同的。气流作旋转运动时，尘粒在惯性离心力的推动下，向外壁移动。到达外壁的尘粒在气流和重力的共同作用下，沿壁面落入集尘斗。

气流从除尘器顶部向下高速旋转时，顶部的压力下降，一部分气流会带着细小的尘粒沿外壁旋转向上，到达顶部后，再沿排出管外壁旋转向下，从排出管排出。这股旋转气流称为上涡旋。

对旋风除尘器内气流运动的测定发现，实际的气流运动是很复杂的。除切向和轴向运动外，还有径向运动。特·林顿（T. Linden）在测定中发现，外涡旋的径向速度是向心的，内涡旋的径向速度是向外的，速度分布呈对称型。

（2）切向速度

图 6-13 是实测的旋风除尘器某一断面上的速度分布和压力分布。从图中可以看出，外涡旋的切向速度 v_t 随距轴心的距离 r 的减小而增加，在内、外涡旋交界面上，v_t 达到最大。可以近似认为内外涡旋交界面的半径 $r_0 \approx (0.6～0.65)r_P$（$r_P$ 为排出管半径）。内涡旋的切向速度是随 r 的减小而减小的，类似于刚体的旋转运动。旋风除尘器某一断面上的切向速度分布

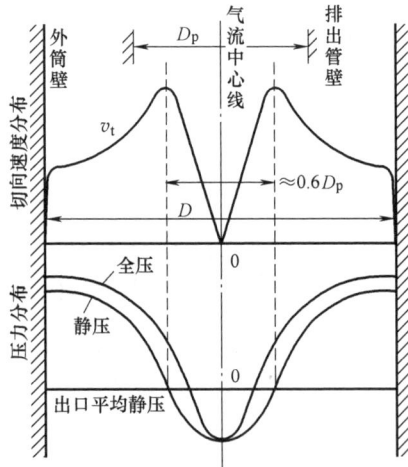

图 6-13　旋风除尘器某一断面上的切向速度和压力分布

规律可用下式表示：

外涡旋

$$v_t^{\frac{1}{n}} r = c \qquad (6\text{-}36)$$

内涡旋

$$\frac{v_t}{r} = c' \qquad (6\text{-}37)$$

式中　v_t——切向速度，m/s；

　　　r——距轴心的距离，m；

c'、c、n——均为常数，通过实测确定。

一般 $n = 0.5 \sim 0.8$，如果取 $n = 0.5$，式（6-36）可以改写为：

$$v_t^2 r = c \qquad (6\text{-}38)$$

（3）径向速度

实测表明，旋风除尘器内的气流除了作切向运动外，还要作径向运动，外涡旋的径向速度是向心的，而内涡旋的径向速度是向外的。气流的切向分速度 v_t 和径向分速度 w 对尘粒的分离起着相反的作用，前者产生惯性离心力，使尘粒有向外的径向运动，后者则造成尘粒作向心的径向运动，把它推入内涡旋。

如果近似认为外涡旋气流均匀地经过内、外涡旋交界面进入内涡旋（图 6-14），那么在交界面上气流的平均径向速度为：

$$w_0 = \frac{L}{2\pi r_0 H} \qquad (6\text{-}39)$$

式中　L——旋风除尘器处理风量，m^3/s；

　　　H——假想圆柱面（交界面）高度，m；

　　　r_0——交界面半径，m。

（4）轴向速度

外涡旋的轴向速度向下，内涡旋的轴向速度向上。在内涡旋，随着气流的逐渐上升，轴向速度不断增大，在排气管底部达到最大值。

（5）压力分布

旋风除尘器内各轴向断面上的速度分布差别较小，因此轴向压力的变化较小。由图 6-13 可以看出，切向速度在径向有很大变化，因此径向的压力变化很大（主要是静压），外侧高、中心低。这是因为气流在旋风除尘器内作圆周运动时，要有一个向心力与离心力相平衡，所以外侧的压力要比内侧高，在外壁附近静压最高，轴心处静压最低。实验研究表明，即使在正压下运行，旋风除尘器轴心处也保持负压，这种负压能一直延伸到集尘斗。据测定，有的旋风除尘器当进口处静压为 $+900\mathrm{Pa}$ 时，除尘器下部静压为 $-300\mathrm{Pa}$。因此，除尘器下部若不严密，会有空气渗入，把已分离的粉尘重新卷

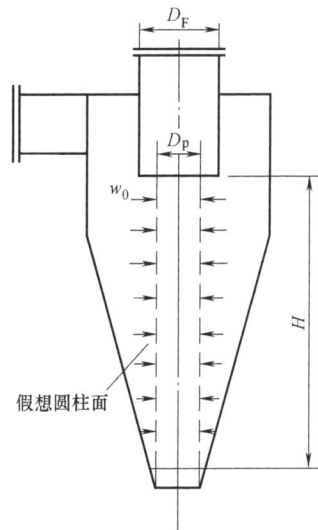

图 6-14　交界面上气流的径向速度

入内涡旋。

2. 旋风除尘器的计算

（1）旋风除尘器分割粒径

旋风除尘器分割粒径的计算大多采用以平衡轨道理论为基础的方法。它从离心力径向气流对尘粒的推进力分析设备的除尘机理。

处于外涡旋的尘粒在径向会受到两个力的作用：

1）惯性离心力

$$F_1 = \frac{\frac{\pi}{6} d_c^3 \rho_c v_t^2}{r} \tag{6-40}$$

式中　v_t——尘粒的切线速度，可以近似认为等于该点气流的切线速度，m/s；

　　　　r——旋转半径，m。

2）向心运动的气流给予尘粒的作用力

$$P = 3\pi\mu w d_c \tag{6-41}$$

式中　w——气流与尘粒在径向的相对运动速度，m/s。

这两个力方向相反，因此作用在尘粒上的合力为：

$$F = F_1 - P = \frac{\frac{\pi}{6} d_c^3 \rho_c v_t^2}{r} - 3\pi\mu w d_c \tag{6-42}$$

由于粒径分布是连续的，必定存在某个临界粒径 d_k，作用在该尘粒上的合力之和恰好为零，即 $F = F_1 - P = 0$。这就是说，惯性离心力的向外推移作用与径向气流造成的向内飘移作用恰好相等。对于 $d_c > d_k$ 的尘粒，因 $F_1 > P$，尘粒会在惯性离心力的推动下移向外壁；对于 $d_c < d_k$ 的尘粒，因 $F_1 < P$，尘粒会在向心气流的推动下进入内涡旋。有人假想在旋风除尘器内似乎有一张孔径为 d_k 的筛网在起筛分作用，$d_c > d_k$ 的尘粒被截留在筛网一面，$d_c < d_k$ 的尘粒则通过筛网排出。那么筛网置于什么位置呢？在内、外涡旋交界面上切向速度最大，尘粒在该处所受到的惯性离心力也最大，因此可以设想筛网的位置应位于内、外涡旋交界面上。对于粒径为 d_k 的尘粒，因 $F_1 = P$，它将在交界面不停地旋转。实际上由于气流紊流等因素的影响，从概率统计的观点看，处于这种状态的尘粒有50%的可能被捕集，有50%的可能进入内涡旋，这种尘粒的分离效率为50%。因此 $d_k = d_{c50}$。根据式（6-42），在内外涡旋交界面上，当 $F_1 = P$ 时，有：

$$\frac{\pi}{6} d_{c50}^3 \rho_c v_{0t}^2 / r_0 = 3\pi\mu w_0 d_{c50}$$

旋风除尘器的分割粒径为：

$$d_{c50} = \left[\frac{18\mu w_0 r_0}{\rho_c v_{0t}^2} \right]^{\frac{1}{2}} \tag{6-43}$$

式中　r_0——交界面的半径，m；

　　　　w_0——交界面上的气流径向速度，m/s；

v_{0t}——交界面上的气流切向速度，m/s。

应当指出的是，粉尘在旋风除尘器内的分离过程是很复杂的，上述计算方法具有某些不足之处。例如它只是分析单个尘粒在除尘器内的运动，没有考虑尘粒相互碰撞及局部涡流对尘粒分离的影响。由于尘粒之间的碰撞，粗大尘粒向外壁移动时，会带着细小的尘粒一起运动，结果有些理论上不能被捕集的细小尘粒也会被捕集。相反，由于局部涡流和轴向气流的影响，有些理论上应被捕集的粗大尘粒却被卷入内涡旋，排出除尘器。另外，有些已分离的尘粒，在下落过程中也会重新被气流带走。外涡旋气流从锥体底部旋转向上时，会带走部分已被分离的尘粒，这种现象称为返混。因此，理论计算的结果与实际情况仍有一定差别。

对于高效旋风除尘器，考虑轴向气流对粉尘作用后，分割粒径可采用下式计算：

$$d_{c50} = 2.62 \left(\frac{\mu D_1}{\rho_p V_0} \right)^{0.5} \left[\frac{K_{A_0} K_{D_2}^{2n+1}}{\cos\theta K_H (1 + K_{D_3})} \right]^{0.5}$$

对于切向进气旋风除尘器，$n = 1.0 - (1.0 - 0.67 D_0^{0.14}) \left(\frac{T}{293} \right)^{0.3}$。

对于涡向进气旋风器，

$$\begin{cases} n = 0.82 (10^{-4} \times Re_p)^{0.18} & \text{当 } 6 \times 10^3 < Re_p \leqslant 3 \times 10^4 \text{ 时} \\ n = 1.60 (10^{-4} \times Re_p)^{1.5} & \text{当 } Re_p \leqslant 6 \times 10^3 \text{ 时} \end{cases}$$

其中

$$Re_p = (D_0/H)(D_0 v_0 \rho / \mu)$$

$$D_0 = 4/(ab/\pi)^{0.5}$$

（2）旋风除尘器的阻力

由于气流运动的复杂性，旋风除尘器阻力目前还难以用公式计算，一般要通过实验或现场实测确定。

$$\Delta P = \zeta \frac{u^2}{2} \rho \tag{6-44}$$

式中　ζ——局部阻力系数，通过实测求得；

　　　u——进口速度，m/s；

　　　ρ——气体密度，kg/m^3；

3. 影响旋风除尘器性能的因素

（1）进口速度 u

进口速度 u 对除尘效率和除尘器阻力具有重大影响。除尘效率和除尘器阻力是随 u 的增大而升高的。除尘器阻力与进口速度的平方成正比，因此 u 值不宜过大，一般控制在 12～25m/s。

（2）筒体直径 D_0 和排出管直径 d_P

筒体直径越小，尘粒段受到的惯性离心力越大，除尘效率越高。目前常用的旋风除尘器筒体直径一般不超过 800mm，风量较大时可用几台除尘器并联运行。

一般认为，内、外涡旋交界面的直径 $D \approx 0.6 d_P$，内涡旋的范围是随 d_P 的减小而减小的，减小内涡旋有利于提高除尘效率。但是 d_p 不能过小，以免阻力过大。一般取 $d_p = (0.5 \sim 0.6)D$。

（3）旋风除尘器的筒体和锥体高度

由于在外旋涡内有气流的向心运动，外旋气流在下降时不断有气流从外旋涡进入内旋涡，所以外旋气流不一定能到达除尘器底部，因此，当筒体高度达到一定值时，再增加筒体高度大，对除尘效率影响不大，反而使阻力增加。实践证明，适当增加锥体高度有利于提高除尘效率，但筒体和锥体的总高度以不大于筒体直径的 5 倍为宜。

（4）除尘器下部的严密性

从图 6-13 可以看出，由外壁向中心，静压是逐渐下降的，即使旋风除尘器在正压下运行，锥体底部也可能会处于负压状态。如果除尘器下部不严密，渗入外部空气，会把正在落入集尘斗的粉尘重新带走，使除尘效率显著下降。

4. 旋风除尘器的其他结构形式

（1）多管除尘器

如前所述，旋风除尘器的除尘效率是随筒体直径的减小而增加的，为了提高除尘效率，可以把许多小直径（100～250mm）旋风管（称为旋风子）并联使用，这种除尘器称为多管除尘器。图 6-15 是多管除尘器的示意图，含尘气流沿轴向通过螺旋形导流片进入旋风子，在其中做旋转运动。多管除尘器内通常要并联几十个旋风子。实验研究表明，多个旋风子组合后的除尘效果要比单个旋风子差。保证各旋风子气流分布均匀是多管除尘器设计运行的关键。

旋风子尺寸不宜过小，不宜处理黏性大的粉尘，以免堵塞。多管除尘器主要用于高温烟气净化。

（2）旁路式旋风除尘器

旁路式旋风除尘器如图 6-16 所示，它有以下几个特点：

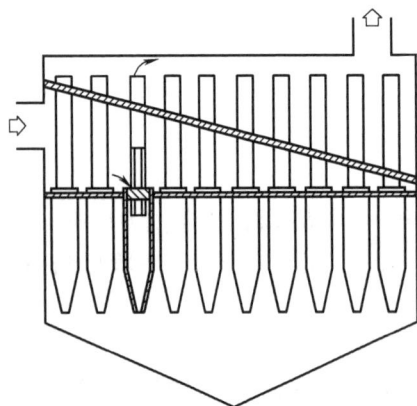

图 6-15　多管除尘器示意图　　　　　图 6-16　旁路式旋风除尘器示意图

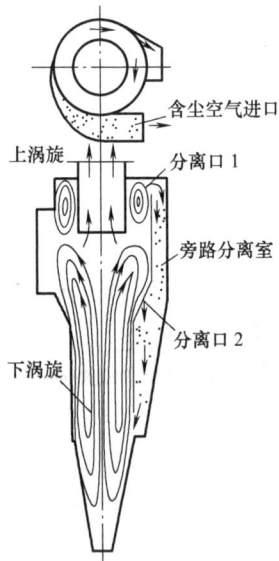

1）设有切向分离室（旁路分离室）；

2）顶盖和进口之间保持一定距离；

3）排出管插入深度较小。

一般的旋风除尘器，气流直接沿顶盖流入，在进口气流的干扰下，上涡旋表现不明显。如果按图 6-16 所示设置进口，由于上涡旋不受进口气流干扰，细小的粉尘会在顶部积聚，形成灰环。因此，在旁路式旋风除尘器上专门设有旁路分离室，让积聚在上部的细小粉尘经旁路进入除尘器下部。实验表明，关闭除尘器的旁路时，其除尘效率会显著下降。使用时要特别注意旁路积灰，以免堵塞。

用 $\rho_c = 2700 \text{kg/m}^3$、中位粒径 $d_{c,j} = 14\mu\text{m}$ 的滑石粉作试验，当进口风速 $u = 17.5\text{m/s}$ 时，旁路式旋风除尘器的除尘效率约为 85%，在正常情况下，其阻力为 800～1100Pa。

5. 旋风除尘器的进口形式

目前旋风除尘器常用的进口形式有直入式、蜗壳式和轴流式三种，如图 6-17 所示。直入式又分为平顶盖和螺旋形顶盖。平顶盖直入式进口结构简单，应用最为广泛。螺旋形顶盖直入式进口避免了进口气流与旋转气流之间的干扰，可减小阻力，但除尘效率会下降。如果处理风量大，需要大的进口，采用蜗壳式进口可以避免进口气流与排出管发生直接碰撞（图 6-18），有利于除尘效率和阻力的改善。轴流式进口主要用于多管除尘器的旋风子。

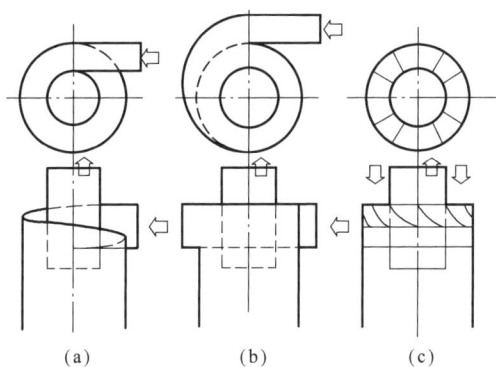

图 6-17　旋风除尘器常用的进口形式

（a）直入式；（b）蜗壳式；（c）轴流式

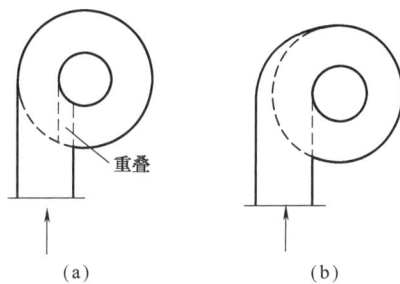

图 6-18　蜗壳式进口

（a）进口与排口重叠；（b）蜗壳式进口不产生重叠

6. 旋风除尘器的排灰装置

旋风除尘器下部出现漏风时，除尘效率会显著下降。如何在不漏风的情况下进行正常排灰是旋风除尘器运行中必须重视的一个问题。

收尘量不大的旋风除尘器，可在下部设固定集尘斗，定期排除。收尘量较大，要求连续排灰时，可设双翻板式和回转式锁气器，如图 6-19 所示。

双翻板式锁气器是利用翻板上的平衡锤和积灰质量的平衡发生变化时，进行自动卸灰的。它设有两块翻板轮流启闭，可以避免漏风。回转式锁气器采用外来动力使刮板缓慢旋转，转速一般为 15～20r/min，它适用于排灰量较大的除尘器。回转式锁气器能否确保旋风除尘器的严密性，关键在于刮板和外壳之间贴合的紧密程度。

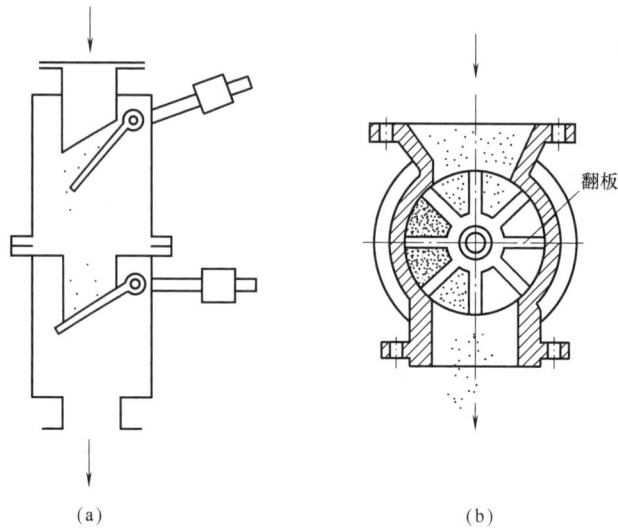

(a)   (b)

图 6-19　锁气器

（a）双翻板式；（b）回转式

6.1.5　袋式除尘器

袋式除尘器是含尘气流通过滤料时将粉尘分离捕集的装置。通风除尘系统中应用最多的是以纤维织物为滤料的袋式除尘器，也有以砂、砾、焦炭等粉尘为滤料的颗粒层除尘器，主要用于高温烟气除尘。

袋式除尘器是一种干法高效除尘器，它利用纤维织物的过滤作用进行除尘。滤袋通常做成圆筒形（直径为 110~500mm），有时也做成扁方形，滤袋长度一般为 2m 左右，最长可以做到 8m。近年来，由于高温滤料和清灰技术的发展，袋式除尘器在冶金、建材、电力、机械等不同工业部门得到广泛应用。

1. 袋式除尘器的除尘机理

袋式除尘器主要利用纤维加工的滤料进行过滤除尘。图 6-20 是简易袋式除尘器结构示意图。含尘气体进入滤袋，在滤袋内表面将粉尘分离捕集，净化后的空气透过滤袋从排气筒排出。一般滤料在滤袋清洁时的除尘效率不是很高，待含尘气体经过滤料时，随着粉尘被阻留在滤料表面形成粉尘层（称为初层），如图 6-21（a）所示，滤层的过滤效率得到提高。图 6-21（b）给出了传统滤料在袋式除尘器中使用的测试数据。袋式除尘器的过滤作用主要是依靠初层及以后逐渐堆积起来的粉尘层进行的。清洁滤料只是起着形成初层和支持它的骨架作用。因此即使网孔较大的滤布，只要设计合理，对 1.0μm 左右的粉尘也具有较好的除尘效果。随着粉尘在滤袋上的积聚，滤袋两侧的压差增大，粉尘内部的空隙变小，空气通过滤料孔眼时的流速增高。这样会把黏附在缝隙间的粉尘带走，使除尘效率下降。另外，阻力过大会使滤袋的透气性下降，造成通风系统风量下降。因此，袋式除尘器运行一段时间后，要及时

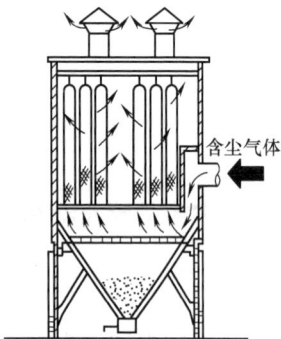

图 6-20　简易袋式除尘器
结构示意图

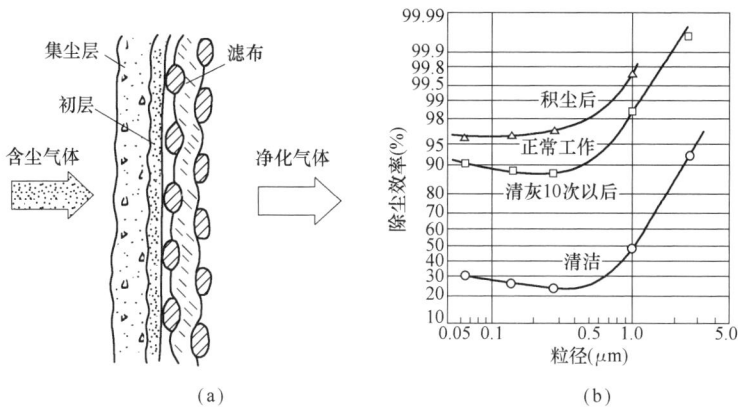

图 6-21 某袋式除尘器分级效率曲线图

进行清灰，清灰时不能破坏初层，以免除尘效率下降。

由于粉尘渗透到滤料层内易造成滤料阻力上升，可将滤料改进为采用表层覆膜形成人造粉尘初层的覆膜滤料，实现滤料的表面过滤，保证滤料的长期使用性能稳定。

过滤风速是影响袋式除尘器性能的另一个重要因素。过滤风速 v_F 是指含尘气体通过滤料截面的速度，单位为 m/min（注意时间取分钟），即

$$v_F = \frac{L}{60F} \tag{6-45a}$$

式中　L——袋式除尘器处理风量，m^3/s；

　　　F——过滤面积，m^2。

选用较高的过滤风速可以减小过滤面积，但会使阻力上升快、清灰频繁，影响滤袋的使用寿命。每一个过滤系统根据它的清灰方式、滤料、粉尘性质、处理气体温度等因素都有一个最佳的过滤风速，一般处理高浓度粉尘的过滤风速要比处理低浓度粉尘的低，大除尘器的过滤风速要比小除尘器的低（因大除尘器气流分布不均匀）。设计的过滤风速还与粉尘性状、清灰方式、清灰周期、允许的运行阻力有关。

过滤风速有时用气布比 K_{LF} 表示，即单位时间通过的气体量与滤料面积之比。

$$K_{LF} = \frac{L}{60F} \tag{6-45b}$$

为了避免高速气流对滤料表面的直接冲击，滤料设有折叠形滤筒，用较大的气布比来降低滤料表面的气流速度。采用这种设计时，把气布比当作过滤风速，此时除尘空间的含尘气流速度过大，易造成收尘二次返混。当过滤表面为接近平板形时，过滤风速与气布比是比较接近的。

2. 袋式除尘器的阻力

袋式除尘器的阻力与除尘器结构、滤袋布置、粉尘层特性、清灰方法、过滤风速、粉尘浓度等因素有关。

$$\Delta P = \Delta P_g + \Delta P_0 + \Delta P_c \tag{6-46}$$

式中　ΔP——袋式除尘器阻力，Pa；

　　　ΔP_g——袋式除尘器结构阻力，Pa；

　　　ΔP_0——袋式除尘器滤料阻力，Pa；

　　　ΔP_c——袋式除尘器滤料粉尘层阻力，Pa。

袋式除尘器结构阻力是指过滤器进、出口及流道内挡板等造成的流动阻力，通常为 200～500Pa。

（1）袋式除尘器滤料阻力

$$\Delta P_0 = \frac{\zeta \mu v_F}{60} \tag{6-47}$$

式中　μ——气体黏性系数，Pa·s。

　　　ζ——滤料的阻力系数，m^{-1}，可以根据滤料性能实验测试得出。

（2）袋式除尘器滤料粉尘层阻力

$$\Delta P_c = \frac{\alpha_m \delta_c \rho_c \mu v_F}{60} = \frac{\alpha_m \left(\dfrac{G_C}{F} \right) \mu v_F}{60} \tag{6-48}$$

式中　δ_c——滤料表面粉尘层厚度，m；

　　　G_C——滤料表面堆积的粉尘量，kg；

　　　α_m——粉尘层的平均比阻力，m/kg，可以根据滤料性能实验测试得出，随粉尘粒径、粉尘层空隙率的减小而增加。

（3）滤料表面堆积的粉尘量

$$G_C = v_F F \cdot \frac{\tau y_F}{60} \tag{6-49}$$

式中　τ——滤料连续工作时间，s；

　　　y_F——袋式除尘器进口处空气中粉尘的质量浓度，kg/m^3。

把式（6-49）代入式（6-48）得：

$$\Delta P_c = \mu \alpha_m y_F \tau \left(\frac{v_F}{60} \right)^2 \tag{6-50}$$

从式（6-50）可以看出，μ 与 α_m 取决于处理的气体和粉尘的工况参数。因此，粉尘层的阻力主要取决于过滤风速、空气中粉尘的质量浓度和连续运行时间。除尘器允许的 ΔP_c 确定以后，α_m、y_F、τ 这三个参数是相互制约的。处理粉尘质量浓度低的气体时，清灰间隔（即滤袋连续的过滤时间）可以适当延长；进口粉尘质量浓度低、清灰间隔长、清灰效果好的除尘器，可以选用较高的过滤风速；相反，则应选用较低的过滤风速。不同的清灰方式可以选用不同的过滤风速（表 6-2）。

袋式除尘器推荐的过滤风速（单位：m/min） 表 6-2

等级	粉尘种类	清灰方式		
		振打与逆气流联合	脉冲喷吹	反吸风
1	炭黑、氧化硅(白炭黑)、铅锌的升华物以及其他气体中由于冷凝和化学反应形成的气溶胶、化妆粉、去污粉、奶粉、活性炭、由水泥窑排出的水泥	0.45～0.60	0.6～1.0	0.33～0.45
2	铁及铁合金的升华物、铸造尘、氧化铝、由水泥磨排出的水泥碳化炉升华物、石灰、刚玉、安福粉及其他肥料、塑料、淀粉	0.60～0.75	0.6～1.0	0.45～0.55
3	滑石粉、煤、喷砂清理尘、飞灰陶瓷产生的粉尘、炭黑(二次加工)颜料、高岭土、石灰石、矿尘、铝土矿、水泥(来自冷却器)、搪瓷	0.7～0.8	0.8～1.2	0.6～0.9
4	石棉、纤维尘、石膏、珠光石、橡胶生产中的粉尘、盐、面粉、研磨工艺中的粉尘	0.8～1.5	0.8～1.2	—
5	烟草、皮革粉、混合饲料、木材加工的粉尘、粗植物纤维(黄麻等)	0.9～2.0	0.8～1.2	—

袋式除尘器中滤袋阻力（压力损失）呈周期性变化，如图 6-22 所示。袋式除尘器运行时，可以在滤料表面保留一定的粉尘初层，这时的阻力称为残留阻力。清灰后，随过滤时间增加，粉尘积聚，阻力也相应增大，当阻力达到允许值时再次清灰。因此，袋式除尘器中滤袋积尘、清灰工作是循环进行的。

袋式除尘器的阻力包括结构阻力、滤料及粉尘层阻力，一般为 1000～2000Pa，超过 2000Pa 通常就需要换滤袋。袋式除尘器的阻力与运行时间的关系如图 6-23 所示。按控制阻力进行工作，超过控制（压差自动控制）阻力即清灰。正常运行时，表面形成粉尘初层，其所形成的初阻力比较稳定。随着使用时间的增加，由于粉尘进入滤料深层，清灰不能达到效果，残留阻力会逐步加大，造成初阻力显著上升，使袋式除尘器工作周期缩短，因阻力的增大影响到工作风量时，就需要更换滤袋。

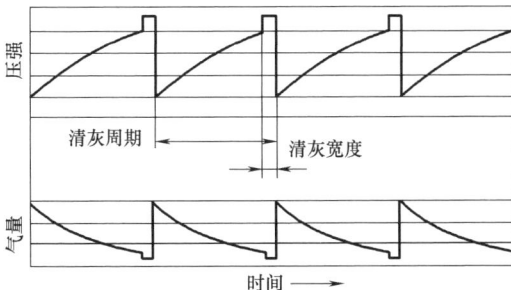

图 6-22　袋式除尘器中滤袋的阻力变化

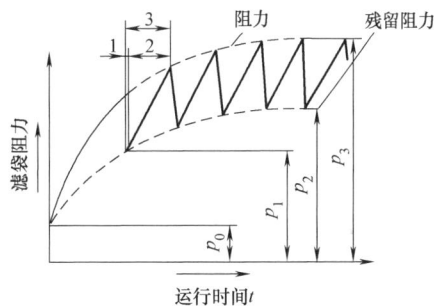

1—清灰时间；2—过滤时间；3—清灰周期；

p_0—清洁滤袋阻力；p_1——一次粉尘层阻力(初始)；

p_2——一次粉尘层阻力(基本稳定)；p_3—滤袋阻力。

图 6-23　袋式除尘器的阻力与运行时间的关系

当袋式除尘器处理气体量大时，使用的滤袋要达到数千条。采用集中清灰会造成袋式除尘器处理气体量波动过大，一般可在工作周期内对滤袋进行分室、分区、分时段清灰，解决风量波动问题。

3. 滤料

(1) 纤维性能

纤维是构成织物的最小单元。织物是纤维制品，或者说是纤维集合体的一种形式。按照材质，将纤维分成有机纤维和无机纤维两大类，如表6-3所示。

纤维的分类　　　　　　　　　　　　　　　　　表6-3

有机纤维					无机纤维			
天然纤维		化学纤维			玻璃纤维	碳纤维	金属纤维	陶瓷纤维
植物纤维（棉、亚麻等韧皮植物）	动物纤维（羊毛、蚕丝）	再生纤维（再生纤维素聚合纤维，如轮胎帘子线）	半合成纤维（醋酸纤维素）	合成纤维（聚酯、聚丙烯、聚酰胺、聚烯烃等）				

采用棉、毛等天然纤维织成的滤料具有透气率高、阻力小、容尘量大、易于清灰等优点，但是其使用温度在100℃以下，一般为75～85℃。冶金、能源、化工等行业的滤料，为满足温度的要求，多采用无机纤维滤料和合成纤维滤料。目前无机纤维滤料多为玻璃纤维滤料，它的特点是耐高温，使用温度可以达到200～250℃，还具有延伸率小、抗拉强度大、价格低的特点，但也存在纤维较脆、耐折性较差、不能处理含HF的烟气等问题。

合成纤维滤料在强度、耐腐蚀性、耐温性及耐磨性等方面有其各自的特点，用于制作中低温纤维滤料的合成纤维主要有：

聚酯（Polyester），或称涤纶，缩写为PET；

脂肪族聚酰胺（Polyamide），或称Nylon、尼龙、锦纶；

聚乙烯醇（Polyvinyl Alcohol），或称Vinilon，维尼纶，缩写为PVA；

聚氯乙烯（Polyvinyl Chloride），缩写为PVC；

聚丙烯腈（Polyacrylonitrile），缩写为PAN；

聚乙烯（Polyethylene），缩写为PE；

聚丙烯（Polypropylene），或称丙纶，缩写为PP；

聚氨酯（Polyurethane），或称氨纶。

用于制作高温纤维滤料的主要合成纤维有：

聚苯硫醚（Polyphenylene Sulfide），缩写为PPS；

芳香族聚酰胺，或称芳纶（Aramid），缩写为PA；

芳砜纶（Polysulfonamide），缩写为PSA。

聚酰亚胺（Polyimide），缩写为PI，又称P84；

聚四氟乙烯（Polytetrafluoroethylene），或称特氟龙，缩写为PTFE。

滤料常用纤维的特性如表6-4所示。

滤料常用纤维的特性　　　　　　　　　　　　表 6-4

纤维名称		使用温度(℃)			力学性能			化学稳定性					水介稳定性	阻燃性
学名	商品名	连续		瞬间限值(℃)	抗拉	抗磨	抗折	无机酸	有机酸	碱	氧化剂	有机溶剂		
		干球	湿球											
棉	棉	75	—	90	3	2	2	4	1③	1~2	3	1	2	4
毛	毛	80	—	95	4	2	2	2①	2	—	4	2	2	2
碳纤维	—	300			2	2	2	2	2	2	2	1	1	1
聚丙烯纤维	丙纶,PP	85	—	100	1	1	1	2	1~2	1	1~2	2	2	2
聚酯纤维	涤纶,PET	130	90	150	2	2	2	2	2	1~2	2~3①	2	2	4
聚酰胺-亚酰胺纤维	可迈尔,Kermel	200	180	240	1	1	1	3	2	2~3	3	3	3	2
芳香族聚酰胺纤维	芳纶,PA	204	190	240	1	1	1	3	1~2	2~3	2~3	2	3	2
聚苯硫醚纤维	PPS	190	—	220	2	2	2	1	1	1~2	4	1	1	1
聚酰亚胺纤维	P84	260	—	280	2	2	2	2	2	1~2	2	1	1	1
聚四氟乙烯纤维	PTFE	260	—	280	3	3	3	1	1	1	1	1	1	1
无碱玻璃纤维	玻纤	200~260②		290	1	2	4	3	3	4	1③	2	1	1
中碱玻璃纤维	玻纤	200~260		270	1	2	4	1④	2⑤	2	2	2	1	1
不锈钢纤维	Bekinox	450	400	510	1	1	1	1	1	1	1	1	1	1

①除 CrO_3；②经硅油、石墨、聚四氟乙烯等处理；③除水杨梅；④除 HF；⑤除苯酚、草酸。

注：表中 1、2、3、4 表示纤维理化特性的优劣排序，依次表示优、良、一般、劣。

应当指出的是，此处所述的纤维性能仅代表该纤维本身的性能，不能代表由该纤维制成的滤料的性能，因为纤维制成滤料时需经过热定型、浸渍等后整理过程，使制成滤料比原纤维具有更适应工况应用条件的技术性能。如目前常采用 PTFE 乳液浸渍处理玻纤滤料、涤纶滤料、PPS 滤料，改进原纤维所制滤料存在的主要技术性能问题。

（2）滤料分类及功能

袋式除尘器目前常用的滤料种类较多，按滤料材质分为无机纤维滤料、合成纤维滤料、复合纤维滤料、覆膜滤料四大类。

1）无机纤维滤料主要有玻璃纤维滤料（一般使用温度在 200℃以下，经硅化处理后温度可以达到 250℃），目前正在开发玄武岩纤维用于制作滤料，以提高使用温度（达到 250℃以上）。无机纤维滤料的特点是耐温、强度好、价格便宜，其主要问题是不耐折，频繁清灰易造成滤料折损，表现为滤袋在纬向上出现断裂、在袋长方向出现裂缝等。

2）合成纤维滤料主要包括：聚酯纤维滤料，主要用于常温和温度低于 130℃的场合；聚苯硫醚纤维滤料（PPS 滤料），主要用于燃用低硫煤场合的 120～160℃工业炉窑除尘；聚四氟乙烯纤维滤料（PTFE 滤料），主要用于高湿、高腐蚀、高温场合（如工业炉窑、垃圾焚烧炉），使用温度可以达到 250℃；芳纶、芳砜纶纤维与玻璃纤维混合制作的复合滤料，主要用于冶金系统高温炉窑 200℃ 左右的烟气除尘。

3）复合纤维滤料主要是利用无机纤维的价格优势、合成纤维的性能优势，进行纤维混合制成的滤料，主要用于水泥、冶金行业等工业炉窑除尘。

4）覆膜滤料由滤料基层和基层表面所敷贴的滤膜组成。滤料基层有两种：织造布和非织造布。滤膜主要采用由 PTFE 制成的具有致密微孔的膜，如图 6-24（a）所示。它适用于对微细粉尘的净化，如对烟的净化。

近年来，根据覆膜滤料表面过滤机理，研发出了具有表层过滤功能的梯度纤维滤料。这种滤料所采用的滤料结构为：前面表层采用超细纤维，逐层采用更粗的纤维，形成前小后大的过滤通道，如图 6-24（b）所示。避免粉尘在滤层中沉积，从而影响滤料的透气性。

传统针刺滤料指利用传统技术生产的针刺滤料，是采用一种尺度纤维加工而成的非织造滤料，过滤通道容易造成粉尘沉积，需要采用速度较大的气流喷吹才可以保证沉积的粉尘被清除，如图 6-24（c）所示。

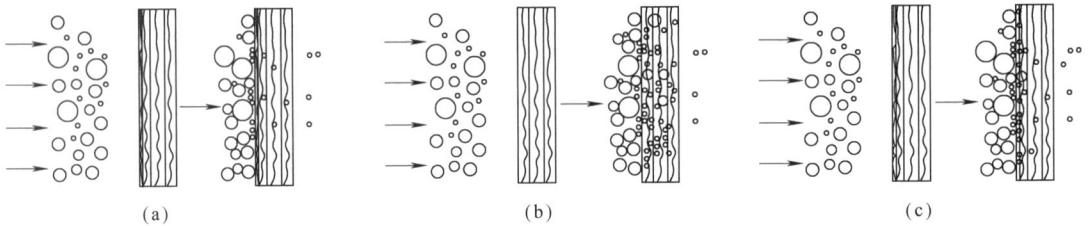

图 6-24　滤料的织物构造示意图
（a）PTFE 薄膜表面过滤；（b）超细纤维表层过滤；（c）传统滤料深层过滤

滤料是袋式除尘器的关键配件，也是易损件，它的质量好坏对袋式除尘器性能影响较大。选择滤料时，需要明确以下几点：

1）纤维特性与制作纤维的材料特性不完全一致，这也造成了同类纤维但纤维质量不同的主要原因，原因在于材料在制作纤维时的处理工艺不同，如所采用的浸润剂不同。但在介绍纤维或纤维滤料时多用制作纤维的原材料特性来表示其性能。

2）针刺滤料采用的是非织造布生产工艺，但并不是纤维制成的非织造布（或称无纺布）都可以称为滤料。非织造布要成为滤料还需满足两个条件：一是要满足过滤对象的要求，如不同行业含尘气体特性、粉尘特性不同；二是要满足过滤技术指标的要求，如过滤效率、透气性、使用寿命、使用可靠性等。例如，聚酯纤维的耐温性不超过 130℃，因此聚酯纤维生产的非织造布不能作为高温烟气除尘的滤料。

3）滤料特性不完全是滤袋特性。滤料要成为滤袋，必须与净化设备的结构设计、工作特性、运行模式匹配。如袋式除尘器滤袋的使用，必须考虑含尘气体的进风气流组织、滤袋布置方式、内衬袋笼、清灰系统与清灰机制等。

4. 滤袋及滤筒

纤维制成滤料后，不能直接应用于空气过滤，需要将其制成一定的形状固定在除尘器内部。目前，常用的形状有滤袋和滤筒两大类。

（1）滤袋

滤袋是指将滤料缝制成袋状，用金属袋笼固定在除尘器内部，由迎风面的滤料捕集烟气中的粉尘，干净空气经滤袋中腔体排出，其结构如图 6-25 所示。一般常用的滤袋形式为筒形，用于脉冲袋式除尘器的滤袋直径一般为 110～160mm，长度一般为 2000～6000mm，例如冶金系统滤袋的常用尺寸为 $\phi130\times6000mm$。

（2）滤筒

滤筒的构造分为改性橡胶头、内部金属网、折叠无纺布滤料和底盖等。非织造布滤筒是除尘器的核心。滤筒的性能直接关系除尘效果。非织造布滤筒技术的发展很快，并且还在不断发展中，品种繁多，性能各异。滤筒用的滤料分为纸质、聚酯纤维、覆膜滤料等。图 6-26 为滤筒的构造示意图。

图 6-25　滤袋示意图

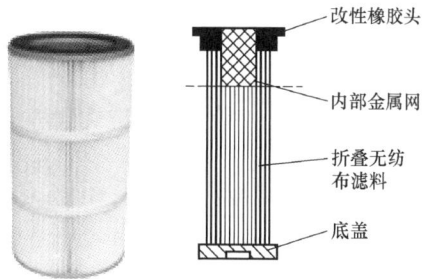

改性橡胶头

内部金属网

折叠无纺布滤料

底盖

图 6-26　滤筒的构造示意图

5. 袋式除尘器结构

在袋式除尘器的部件中，除滤袋外，最重要的是清灰机构，它对袋式除尘器的性能有重要影响。袋式除尘器的结构形状与清灰方法直接相关。下面根据清灰方法的不同，简要介绍各类袋式除尘器的结构。

（1）机械振动（打）清灰的袋式除尘器

机械振动清灰袋式除尘器的结构如图 6-27 所示。它利用机械装置振打或摇动悬吊滤袋的框架，使滤袋产生振动而清除积灰。这种除尘器过滤风速低，一般为 0.50～0.80m/min，阻力为 600～800Pa，除尘器进口含尘浓度不宜超过 $3.0～5.0g/m^3$。这种除尘器结构简单、投资少，可用于处理风量不大的场合。

（2）回转式逆气流反吹袋式除尘器

图 6-28 是回转式逆气流反吹袋式除尘器的示意图。反吹空气由风机供给，经中心管送到设在滤袋上部的旋臂内，电动机带动旋臂旋转，使所有滤袋都得到均匀反吹。每只滤袋的反吹时间约为 0.5s，反吹的时间间隔约为 15min，反吹风机的风压约为 5kPa。在高温工况下（80～120℃），推荐的过滤风速为 0.80～1.2m/min；在低温工况下（<80℃），推荐的过滤风速可以略高些，为 1.0～1.5m/min，阻力为 1000～1400Pa。

（3）脉冲喷吹清灰袋式除尘器

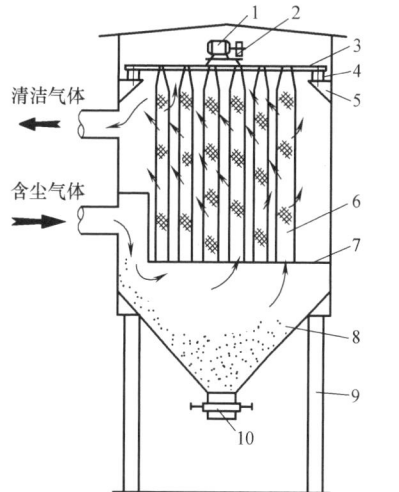

清洁气体

含尘气体

1—电机；2—偏心块；3—振动架；4—橡胶垫；
5—支座；6—滤袋；7—花板；8—灰斗；
9—支柱；10—密封插板。

图 6-27　机械振动清灰袋式除尘器

105

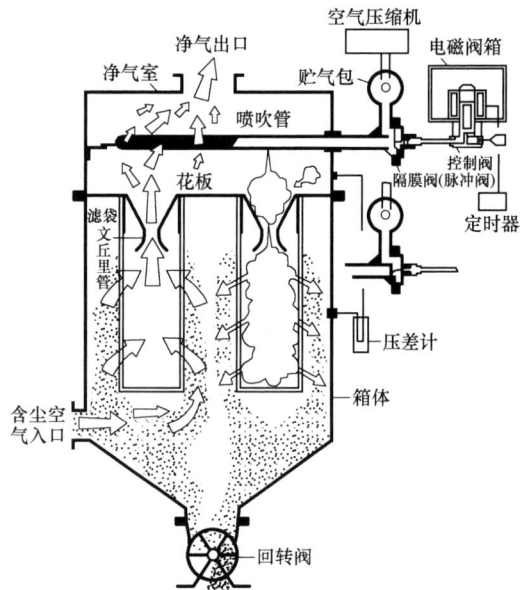

图 6-29 是脉冲喷吹清灰袋式除尘器的示意图。含尘空气通过滤袋时，粉尘被阻留在滤袋外表面，净化后的气体经文丘里管从上部排出。每排滤袋上方设一根喷吹管，喷吹管上设有与每个滤袋相对应的喷嘴，喷吹管前端装设脉冲阀，通过程序控制机构控制脉冲阀的启闭。脉冲阀开启时，压缩空气从喷嘴高速喷出，带着比自身体积大 5～7 倍的诱导空气一起经文丘里管进入滤袋。滤袋急剧膨胀引起冲击振动，使附在滤袋外的粉尘脱落。

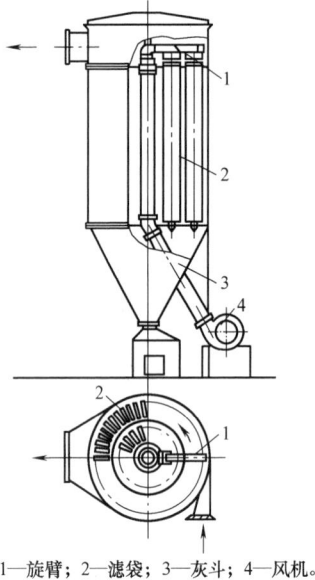

1—旋臂；2—滤袋；3—灰斗；4—风机。

图 6-28　回转式逆气流反吹袋式除尘器示意图　　图 6-29　脉冲喷吹清灰袋式除尘器示意图

这种除尘器必须配有压缩空气源，压缩空气的喷吹压力为 0.20～0.60MPa。脉冲清灰控制可以采用脉冲控制仪进行定压差控制或定时控制，常用的脉冲控制仪有无触点脉冲控制仪（由晶体管逻辑电路和可控硅无触点开关组成）、气动脉冲控制仪和机械脉冲控制仪三种。脉冲宽度（喷吹一次的时间）一般设置为 80～150ms，采用定压差清灰的清灰间隔不得低于 5.0s，主要用于气包补气。

脉冲清灰方式清灰强度高，清灰效果好。由于清灰时间短，与大多数离线清灰相比，它可以采用在线清灰，清灰时除尘器还可以连续工作。

压缩空气的喷吹压力是一个重要的运行参数。一般与下列因素有关：

滤袋材质与结构：玻璃纤维滤袋可能需要较低的压力（0.3～0.5MPa），而聚酯或PTFE 覆膜滤袋可承受更高的压力（0.5～0.7MPa）；长滤袋（如 6m 以上）可能需要更高的压力，以确保底部清灰效果。

粉尘特性：黏性粉尘（如含油或湿度高的粉尘），需更高压力（0.5～0.7MPa）；松散粉尘（如煤粉、水泥），0.3～0.5MPa 即可有效清除。

喷吹系统设计：淹没式脉冲阀，通常压力较低（0.15～0.3MPa），但通过大流量实现高效清灰；直角脉冲阀，需 0.4～0.6MPa，适合高阻力工况；喷嘴采用文丘里管结构可增强气流引导，降低所需压力。

能耗与设备寿命：压力每提升 0.1MPa，能耗增加 7%～10%。长期高压运行可能缩短滤袋寿命（如超过 0.7MPa 易导致纤维疲劳断裂）。

清灰方式控制可以采用定压差控制时，建议从 0.4MPa 开始测试，逐步调整至清灰后滤袋压差稳定在 800～1500Pa。

6. 滤料的预附层过滤技术

在传统的袋式除尘器上使其预先附一层粉尘层（称为预附层），通过预附层材料的吸附、吸收、催化等效应将工业废气中的污染物预先净化。然后再把烟气中的固相污染物同时去除，这种技术称为预附层过滤技术。

例如，燃煤电厂锅炉袋式除尘器进行预附飞灰，防止燃油点炉时油烟糊袋。

在铅电解过程所产生的烟气中，除含有粉尘外，还有一定量的氟化氢和沥青烟等。可以采用氧化铝粉末作为预附层材料，利用氧化铝粉末对氟化氢烟气的吸附效应和粉状物对沥青烟的隔离作用，高效、稳定地处理铝电解烟气。

某钢铁厂采用白云石粉末作预附层材料进行沥青烟气干式过滤净化，也取得了良好效果。目前国内外都在积极研究开发此项技术，如处理含 SO_2 的烟气等。

对于高黏性粉尘（如氧化锌），采用预附层过滤技术处理，可降低除尘器阻力，提高除尘效率。

7. 袋式除尘器的应用

袋式除尘器作为一种干式高效除尘器广泛应用于各工业部门。与静电除尘器相比，它可回收高比电阻粉尘；与文丘里除尘器相比，它能耗小，能回收干的粉尘，不存在泥浆处理问题。

使用袋式除尘器时应注意以下问题：

（1）滤料必须在适用温度范围内使用。在高温烟气除尘系统中，烟气温度是烟尘的最低温度，原因在于通常监测的是烟气温度，而烟尘温度又往往高于烟气温度，尤其是采用局部排风罩进行尘源控制的除尘系统或具有热回收装置的除尘系统。当使用温度超过滤料耐温范围时，通常采用的含尘烟气冷却方式有：表面换热器冷却（用水或空气间接冷却）、掺入系统外部的冷空气。

（2）处理高温含尘气体时，为防止气体中腐蚀性气体成分或水蒸气结露，应对管道及袋式除尘器保温。必要时加热袋式除尘器局部区域，如集尘斗处。

（3）对于带有火花的烟气或烟尘温度远大于气体温度的含尘烟气，必须加装火花捕集器或烟尘预分离器。

（4）处理含有油雾、黏性粉尘的含尘气体时，须加装袋式除尘器预附层过滤装置，如燃煤锅炉在点炉前对滤袋预附尘。

（5）处理含尘浓度高的气体时，为避免袋式除尘器频繁清灰造成滤袋损坏，宜采用预除尘器进行前级净化。

8. 滤筒式除尘器

滤筒式除尘器的结构与袋式除尘器类似，内部装配滤筒（图 6-30），有横装和竖装两种方式。

滤筒式除尘器的运行方式如图 6-31 所示。清灰过程采用压缩空气脉冲清灰，该除尘器设有压差控制开关，当阻力达到设定值时，控制器控制相应的电磁阀，打开脉冲阀，压缩空气直接喷入滤筒中心，对滤筒进行顺序脉冲清灰。因粉尘积聚在滤筒表面，清灰易于进行。滤筒式除尘器的过滤风速为 0.50~2.0m/min，标准过滤风速为 1.1m/min，用户可根据工况特点选定；其初阻力为 300~500Pa，运行阻力为 1000~1500Pa，用户可根据除尘系统特点自行设定。压缩空气的喷吹压力为 0.60MPa，每次脉冲喷吹消耗的压缩空气量在 0.03m³/筒左右。

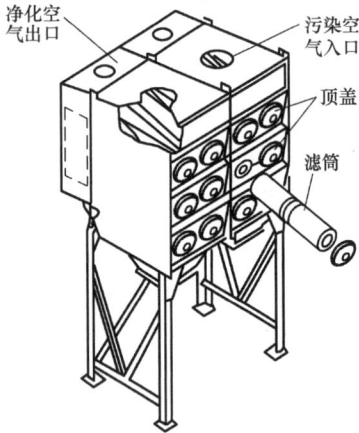

图 6-30　滤筒式除尘器结构示意图

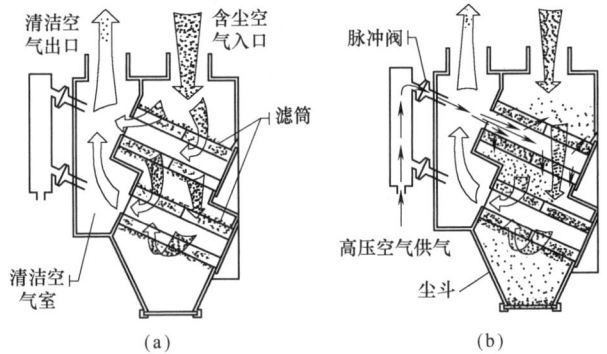

图 6-31　滤筒式除尘器的运行方式
(a) 正常运行；(b) 喷吹清灰

滤筒式除尘器的特点：①滤筒的过滤面积较大，每个滤筒的折叠面积为 22m² 左右，除尘器体积小；②除尘效率高，一般均在 99% 以上；③滤筒易于更换；④适宜处理粉尘粒径小、低浓度的含尘气体；⑤在某些回风浓度较高的工业空调系统（如卷烟厂），采用滤筒作为新、回风的过滤器。

对于滤筒式除尘器，过滤面积与滤筒的折叠面积不宜等同看待，要注意与设备气流组织的匹配。由于滤筒式除尘器内部滤料折叠层较多，当含尘气体中粉尘质量浓度较高时，容易造成滤料折叠区堵塞，使有效过滤面积减少。在净化粘结性粉尘时，要谨慎使用滤筒式除尘器。

6.1.6　湿式除尘器

湿式除尘器是通过含尘气体与液滴或液膜的接触使粉尘从气流中分离的。它的优点是结构简单，投资低，占地面积小，除尘效率高，能同时进行污染气体的净化。它适宜处理有爆炸危险或同时含有多种污染物的气体。湿式除尘器的缺点是有用物料不能干法回收，泥浆处理比较困难，为了避免水系污染，有时要设置专门的废水处理设备；高温烟气洗涤后，温度下降，会影响烟气在大气中的扩散。

本节所述的湿式除尘器与 6.2 节所述的吸收设备的工作原理是相同的，它们都能同时除尘和气体吸收，6.2 节所述的某些吸收设备也常用作除尘器，有的文献把它们统称为洗涤器（Scrubber）。

1. 湿式除尘器的除尘机理

(1) 通过惯性碰撞、接触阻留，尘粒与液滴、液膜发生接触，使尘粒加湿、增重、凝聚。

(2) 细小尘粒通过扩散与液滴、液膜接触。

（3）由于烟气增湿，尘粒的凝聚性增加。

（4）高温烟气中的水蒸气冷却凝结时，要以尘粒为凝结核，形成一层液膜包围在尘粒表面，增强了粉尘的凝聚性。对疏水性粉尘能改善其可湿性。

粒径为 $1.0 \sim 5.0 \mu m$ 的粉尘主要利用第一个机理，粒径在 $1.0 \mu m$ 以下的粉尘主要利用后三个机理。目前常用的湿式除尘器主要利用尘粒与液滴、液膜的惯性碰撞进行除尘。下面对惯性碰撞及扩散的机理作简要分析。

（1）惯性碰撞

当含尘气流在运动过程中与液滴相遇时，在液滴前 x_d 处，气流开始改变方向，绕过液滴流动。而惯性较大的尘粒则要继续保持其原来直线运动的趋势。尘粒在作惯性运动时，主要受两个力，即本身的惯性力及周围气体的阻力。把尘粒从脱离流线到惯性运动结束所移动的直线距离称为尘粒的停止距离，以 x_s 表示。若 $x_s > x_d$，尘粒和滴液就会发生碰撞。在除尘技术中，把 x_s 与液滴直径 d_y 的比值称为惯性碰撞数 Ni：

$$Ni = \frac{x_s}{d_s} = \frac{v_y d_c^2 \rho c}{18 \mu d_y} \tag{6-51}$$

式中　　v_y——尘粒与液滴的相对运动速度，m/s；

d_y——液滴的直径，m；

d_c——尘粒直径，m。

惯性碰撞数 Ni 是一个准则数，它反映惯性碰撞的特征。Ni 越大，说明尘粒与物体（如液滴、挡板、纤维）的碰撞机会越多，碰撞越强烈，惯性碰撞所造成的除尘效率越高。

从式（6-51）可以看出，尘粒直径和密度确定以后，Ni 的大小取决于尘粒与液滴间的相对速度和液滴直径。因此，对于一个已定的湿式除尘系统，要提高 Ni，必须提高气液相对运动速度和减小液滴直径，目前工程上常用的湿式除尘器基本是围绕这两个因素发展起来的。

必须指出的是，并不是 d_y 越小越好，d_y 过小，液滴容易随气流一起运动。实验表明，液滴直径约为捕集粒径的 150 倍时效果最好。液滴直径过大或过小都会使除尘效率下降。气流的速度也不宜过高，以免增加阻力。

（2）扩散

从式（6-51）可以看出，当粒径小于 $1 \mu m$ 时，$Ni \approx 0$。但是实际的除尘效率并不一定为零，这是因为尘粒向液体表面的扩散在起作用。粒径在 $0.1 \mu m$ 左右时，扩散是尘粒运动的主要因素。扩散引起的尘粒转移与气体分子的扩散是相同的。扩散转移量与尘液接触面积、扩散系数、粉尘浓度成正比，与液体表面的液膜厚度成反比。扩散系数 D 可按下式计算：

$$D = \frac{kT k_c}{3 \pi \mu d_c} \tag{6-52}$$

式中　　k——玻尔兹曼常数，$k = 1.38054 \times 10^{-23} J/K$；

k_c——库宁汉滑动修正系数。

从式（6-52）可以看出，粒径越大，扩散系数 D 越小。例如在 25℃ 的空气中，

$0.1\mu m$ 的尘粒的扩散系数为 $6.5\times10^{-6}cm^2/s$，$0.010\mu m$ 的尘粒的扩散系数为 $4.4\times10^{-2}cm^2/s$。由此可见，粒径对除尘效率的影响，扩散和惯性碰撞是相反的。另外，扩散除尘效率是随液滴直径、气体黏度、气液相对运动速度的减小而增加的。在工业上，单纯利用扩散机理的除尘装置是没有的，某些难以捕集的细小尘粒能在湿式除尘器或过滤式除尘器中被捕集是与扩散、凝聚等机理有关的。若粉尘的粒径比较小，在设计和选用湿式除尘器或过滤式除尘器时，应有意识地利用扩散机理。

2. 湿式除尘器的结构形式

湿式除尘器的种类很多，但是按照气液接触方式，分为两大类：①尘粒随气流一起冲入液体内部，尘粒加湿后被液体捕集，它的作用是液体洗涤含尘气体。属于这类的湿式除尘器有自激式除尘器、卧式旋风水膜除尘器、立式旋风水膜除尘器、泡沫塔等。②用各种方式向气流中喷入水雾，使尘粒与液滴、液膜发生碰撞。属于这类的湿式除尘器有文丘里除尘器、喷淋塔等。

（1）自激式除尘器

自激式除尘器内先要储存一定量的水，它利用气流与液面的高速接触，激起大量水滴，使尘粒从气流中分离，水浴除尘器、冲激式除尘器等都是属于这一类。

1）水浴除尘器

图 6-32 是水浴除尘器的示意图，含尘气体以 $8.0\sim12.0m/s$ 的速度从喷头高速喷出，

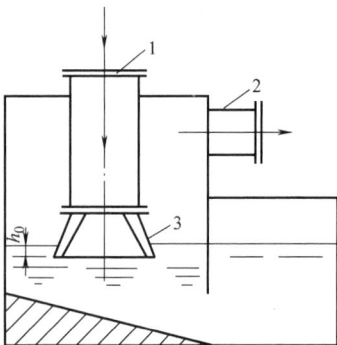

1—含尘气体进口；2—净化气体出口；3—喷头。

图 6-32　水浴除尘器示意图

冲入液体中，激起大量泡沫和水滴。粗大的尘粒直接在水池内沉降，细小的尘粒在上部空间与水滴碰撞后，由于凝聚、增重而被捕集。水浴除尘器的除尘效率一般为 $80\%\sim95\%$。

喷头的埋水深度 $h_0=20\sim30mm$，阻力为 $400\sim700Pa$。

水浴除尘器可在现场用砖或钢筋混凝土构筑，适合中小型工厂采用。它的缺点是泥浆治理比较困难。

2）冲激式除尘器

图 6-33 是冲激式除尘器的示意图，含尘气体进入除尘器后转弯向下，冲激在液面上，部分粗大的尘粒直接沉降在泥浆斗内。随后含尘气体高速通过 S 形通道，激起大量水滴，使尘粒与水滴充分接触。图 6-33 所示冲激式除尘器下部装有刮板运输机自动刮泥，也可以人工定期排放。

冲激式除尘机组把除尘器和风机组合在一起，具有结构紧凑、占地面积小、维护管理简单等优点。

湿式除尘器的洗涤废水中，除固体微粒外，还有各种可溶性物质，洗涤废水直接排放会造成水系污染，目前湿式除尘器采用循环水，自激式除尘器用的水是在除尘器内部自动循环的，称为水内循环的湿式除尘器。它与水外循环的湿式除尘器相比，节省了循环水泵的投资和运行费用，减少了废水处理量。

（2）卧式旋风水膜除尘器

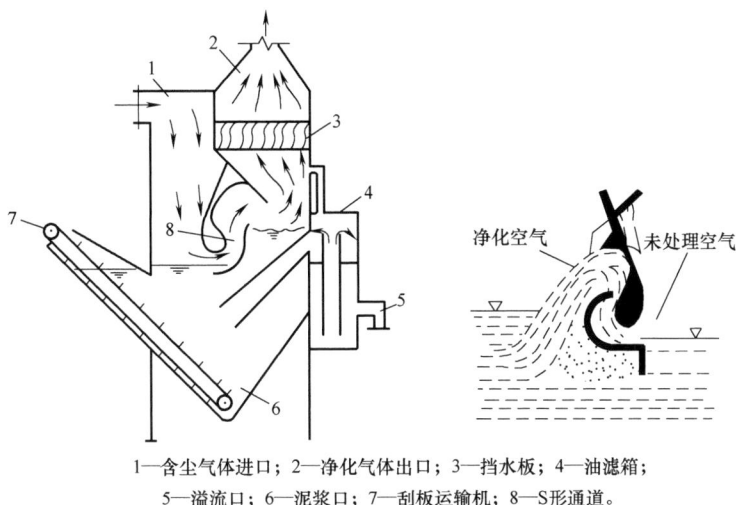

1—含尘气体进口；2—净化气体出口；3—挡水板；4—油滤箱；
5—溢流口；6—泥浆口；7—刮板运输机；8—S形通道。

图 6-33　冲激式除尘器示意图

图 6-34 是卧式旋风水膜除尘器示意图，它由横卧的外筒和内筒构成，内、外筒之间设有螺旋导流片。含尘气体由一端沿切线方向进入，沿螺旋导流片作旋转运动。在气流带动下液体在外壁形成一层水膜，同时还产生大量水滴。部分尘粒在惯性离心力作用下向外壁移动，到达壁面后被水膜捕集；部分尘粒与液滴发生碰撞而被捕集。气体连续流经几个螺旋形通道，便得到多次净化，使绝大部分尘粒被分离。

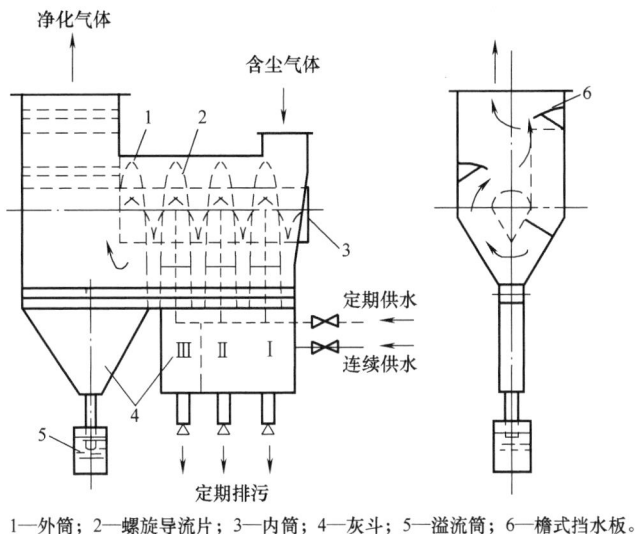

1—外筒；2—螺旋导流片；3—内筒；4—灰斗；5—溢流筒；6—檐式挡水板。

图 6-34　卧式旋风水膜除尘器示意图

如果除尘器供水比较稳定，风量在一定范围内变化时，卧式旋风水膜除尘器有一定的自动调节作用，水位能自动保持平衡。

用 $\rho_c = 2610 \text{kg/m}^3$、中位径 $d_{50} = 6.0 \mu\text{m}$ 的耐火黏土粉进行试验，卧式旋风水膜除尘器的除尘效率在 98% 左右，阻力为 800～1200Pa，耗水量为 0.06～0.15L/m³。为了在出

口处进行气液分离，小型除尘器采用重力脱水，大型除尘器用挡板或旋风脱水。

（3）立式旋风水膜除尘器

图6-35是立式旋风水膜除尘器示意图。含尘气体沿切线方向在下部进入除尘器，水在上部由喷嘴沿切线方向喷出。由于进口气流的旋转作用，在除尘器内表面形成一层液膜。尘粒在离心力作用下被甩到筒壁，与液膜接触而被捕集。这种除尘器可以有效防止尘粒在器壁上的反弹、冲刷等引起的二次扬尘，除尘效率通常可达90%～95%。

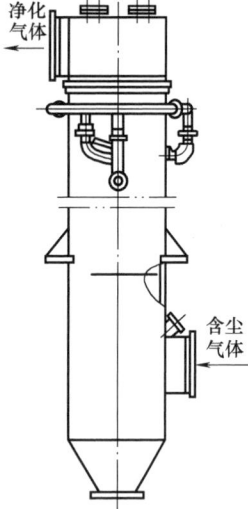

图6-35 立式旋风水膜
除尘器示意图

筒体内壁形成稳定、均匀的水膜是保证除尘器正常工作的必要条件，因此必须要满足以下要求：①均匀布置喷嘴，间距不宜过大，通常为300～400mm；②入口气流速度不能太大，通常为15～22m/s；③保持供水压力稳定，一般要求为30～50kPa，最好能设置恒压水箱；④筒体内表面要平整、光滑，不允许有凸凹不平及突出的焊缝等。

为防止腐蚀，水膜除尘器常用厚200～250mm的花岗石制作（称为麻石水膜除尘器）。这种除尘器的入口流速为15～22m/s（筒体流速为3.5～5.0m/s），耗水量为0.10～0.30L/m^3，阻力为400～700Pa，其除尘效率低于通常的立式水膜除尘器。

（4）文丘里管除尘器

典型的文丘里管除尘器如图6-36所示。它主要由三部分组成：引水装置（喷雾器）、文丘里管体及脱水器，分别在其中实现雾化、凝并和除尘三个过程。

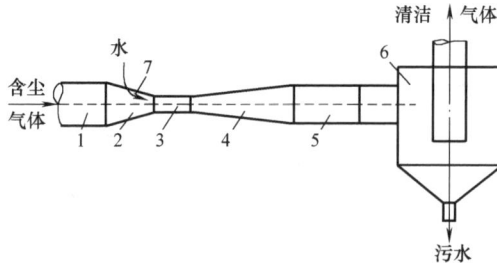

1—入口风管；2—渐缩管；3—喉管；4—渐扩管；5—风管；6—脱水器；7—喷嘴。

图6-36 文丘里管除尘器

含尘气体由入口风管进入渐缩管，气流速度逐渐增加，静压降低。在喉管中，气流速度达到最高。由于高速气流的冲击，使喷嘴喷出的水滴进一步雾化。在喉管中气液两相充分混合，尘粒与水滴不断碰撞凝并，成为更大的尘粒。在渐扩管中气流速度逐渐降低，静压增高。最后含尘气体经风管进入脱水器。由于细尘粒凝并增大，在一般脱水器中就可以将尘粒和水滴一起去除。

文丘里管除尘器的除尘效率主要取决于以下因素：

1）喉管中的气流速度：高效文丘里管除尘器的喉管流速高达60～120m/s，对小于1.0μm的粉尘，除尘效率可达99%～99.9%，但阻力也高达5000～10000Pa。当喉管流速为 40~60m/s 时，除尘效率为 90%~95%，阻力为 600~5000Pa。对于烟气量变化的除尘系统（如炼钢转炉），则要求随烟气量的变化而改变喉管大小（称为变径文丘里管），以保持设计流速。

2）雾化情况：在文丘里管除尘器中，水雾的形成主要依靠喉管中的高速气流将水滴粉碎成细小的水雾。喷雾的方式有中心轴向喷水、周边径向内喷等。

喷水量或水气比（单位通常为 L/m^3）也是决定文丘里管除尘器性能的重要参数。一般来说，水气比增加，除尘效率增加，阻力也增加。水气比通常为 $0.30~1.5L/m^3$。

文丘里管除尘器是一种高效除尘器，即使对于小于 $1\mu m$ 的粉尘仍有很高的除尘效率。它适用于高温、高湿和有爆炸危险的气体。它的最大缺点是阻力很高。目前主要用于冶金、化工等行业高温烟气净化，如吹氧炼钢转炉烟气，烟气温度最高可达 1600~1700℃，粉尘质量浓度为 25~60g/m³，粒径大部分在 $1.0\mu m$ 以下。

3. 湿式除尘器的脱水装置

防止气流把液滴带出湿式除尘器，对保证除尘系统运行具有重要意义。常用的脱水装置有重力脱水器、惯性脱水器、旋风脱水器、弯头脱水器、丝网脱水器等。在选择脱水器时，除了考虑脱水效率外，还应考虑阻力的大小。不同脱水器的性能如表 6-5 所示。

不同脱水器的性能　　　　　　　　　　　　　　表 6-5

形式	液滴大小(μm)	脱水效率(%)	阻力(Pa)
惯性脱水器	150	96	9~17
重力脱水器	100	99	150
丝网脱水器	10	99	200
	5	50	
旋风脱水器	20	99	800~1500

脱水器可以设于除尘器内部（在气流出口处），也可与除尘器分开，成为单独的设备。

图 6-37 是设在除尘器内的旋风脱水器。它设于气流的出口处，气流经过脱水器的固定螺旋叶片旋转流动，水滴在离心力作用下被甩至器壁，从气流中分离。

目前国内定型设计的湿式除尘器都设有气液分离装置。试验表明，只要除尘器的实际处理风量在规定的设计范围以内，一般是不会发生"带水"现象的，"带水"现象大多是由于选用风机过大引起的。

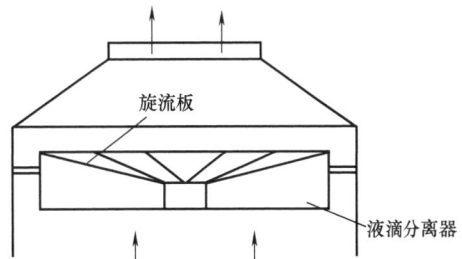

图 6-37　旋风脱水器

6.1.7　电除尘器

电除尘器是利用静电场产生的电力使尘粒从气流中分离的设备。电除尘器是一种干式高效除尘器，它的优点是：

（1）适用于微粒控制，除尘效率可达 99% 以上；

（2）与其他高效除尘器相比，电除尘器的阻力较低，一般的电除尘阻力仅有 100~300Pa；

（3）可以处理高温（在 400℃以下）气体。

电除尘器的主要缺点是对粉尘的比电阻有一定要求。

目前电除尘器已广泛应用于火力发电、冶金、建材等工业部门的烟气除尘和物料回收。

1. 电除尘器的工作原理

（1）气体电离和电晕放电

由于辐射、摩擦等原因，空气中含有少量的自由离子，单靠这些自由离子是不可能使含尘空气中的尘粒充分荷电的。因此，电除尘器内必须设置如图 6-38 所示高压电场，放电极接高压直流电源的负极，集尘极接地为正极，集尘极可以采用平板，也可以采用圆管。在电场作用下，空气中自由离子向两极移动，电压越高，离子的运动速度越快。由于离子的运动，极间形成了电流。开始时，空气中的自由离子少，电流较小。电压升高到一定数值后，放电极附近的离子获得了较高的能量和速度，它们撞击空气中的中性原子时，中性原子会分解成正、负离子，这种现象称为空气电离。空气电离后，由于连锁反应，在极间运动的离子数大大增加，表现为极间电流（这个电流称为电晕电流）急剧增加，空气成了导体。放电极周围的空气全部被电离后，放电极周围可以看见一圈淡蓝色的光环，这个光环称为光晕。因此，这个放电导线被称为电晕极。

在离电晕极较远的地方，电场强度小，离子的运动速度也较小，那里的空气还没有被电离。如果进一步提高电压，空气被电离（电晕）的范围逐渐扩大，最后极间空气全部被电离，这种现象称为电场击穿。电场击穿时，发生火花放电，电路短路，电除尘器停止工作。电除尘器的电晕电流与电压的关系如图 6-39 所示。为了保证电除尘器正常运行，电晕的范围不宜过大，一般局限于电晕极附近。

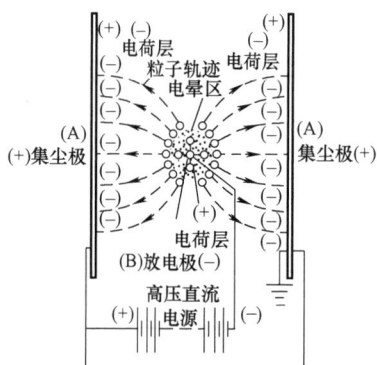

图 6-38 电除尘器的工作原理   图 6-39 电除尘器的电晕电流与电压的关系

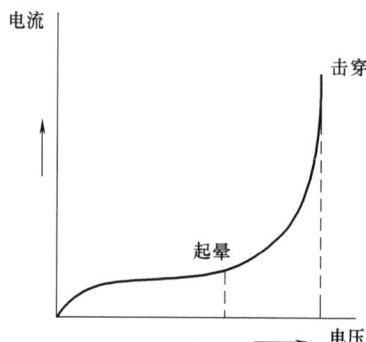

如果电场内各点的电场强度是不相等的，这个电场称为不均匀电场。电场内各点的电场强度都相等的电场称为均匀电场。例如，用两块平板组成的电场就是均匀电场，在均匀电场内，只要某一点的空气被电离，极间空气便全部被电离，电除尘器发生击穿现象。因此，电除尘器内必须设置非均匀电场。

开始产生电晕放电的电压称为起晕电压。对于集尘极为圆管的管式电除尘器，在放电极表面的起晕电压（V）按下式计算：

$$V_c = 3 \times 10^8 mR_1 \left(\delta + 0.03\sqrt{\frac{\delta}{R_1}}\right) \ln(R_2/R_1) \qquad (6\text{-}53)$$

式中　m——放电表面粗糙度系数，对于光滑表面，$m=1$；对于实际的放电线，表面较
　　　　　粗糙，$m=0.5 \sim 0.9$；

　　　　R_1——放电导线半径，m；

　　　　R_2——集尘圆管的半径，m；

　　　　δ——空气相对密度。

$$\delta = \frac{T_0}{T} \cdot \frac{P}{P_0} \qquad (6\text{-}54)$$

式中　T_0、P_0——标准状态下气体的绝对温度和压力，K、Pa；

　　　　T、P——实际状态下气体的绝对温度和压力，K、Pa。

从式（6-53）可以看出，起晕电压可以通过调整放电极的几何尺寸来实现。电晕线越
细，起晕电压越低。

电除尘器达到电场击穿的电压称为击穿电压。击穿电压除与放电极的形式有关外，还
取决于正负极的距离和放电极的极性。

图 6-40 是在电晕极上分别施加正电压和负电压
时的电晕电流—电压曲线。由图 6-40 可知，由于负
离子的运动速度比正离子大，在同样的电压下，负电
晕极能产生较高的电晕电流，而且它的击穿电压也高
得多。因此，在净化工业气体用的电除尘器中，通常
采用稳定性强、可以得到较高操作电压和电流的负电
晕极。用于净化通风空调进气的电除尘器，一般采用
正电晕极，其优点是产生的臭氧和氮氧化物较少。

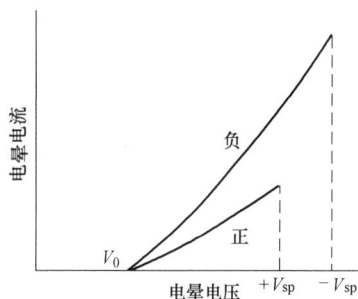

图 6-40　正、负电晕极上的
电晕电流—电压曲线

注：$+V_{sp}$、$-V_{sp}$ 分别代表正、
负电晕极的击穿电压。

（2）尘粒的荷电

电除尘器的电晕范围（也称电晕区）通常局限于
电晕线周围几毫米处，电晕区以外的空间称为电晕外
区。电晕区内的空气被电离后，正离子很快向负（电
晕）极移动，只有负离子才会进入电晕外区，向阳极
移动。含尘空气通过电除尘器时，由于电晕区的范围很小，只有少量的尘粒在电晕区通
过，获得正电荷，沉积在电晕极上。大多数尘粒在电晕外区通过，获得负电荷，最后沉积
在阳极板上，这就是阳极板称为集尘极的原因。

尘粒荷电是电除尘的第一步。在电除尘器内存在两种不同的荷电机理：一种是离子在
静电力作用下作定向运动，与尘粒碰撞，使其荷电，称为电场荷电；另一种是离子的扩散
现象导致尘粒荷电，称为扩散荷电。对 $d_c > 0.50\mu m$ 的尘粒，以电场荷电为主；对 $d_c <
0.20\mu m$ 的尘粒，则以扩散荷电为主；d_c 为 $0.20 \sim 0.50\mu m$ 的尘粒则两者兼而有之。在工
业电除尘器中，通常以电场荷电为主。

在电场荷电时，通过离子与尘粒的碰撞使其荷电，随尘粒上电荷的增加，在尘粒周围
形成一个与外加电场相反的电场，其场强越来越强，最后导致离子无法到达尘粒表面。此

时，尘粒上的电荷已达到饱和。

在饱和状态下，尘粒的荷电量（C）按下式计算：

$$q = 4\pi\varepsilon_0 \left(\frac{3\varepsilon_p}{\varepsilon_p + 2} \right) \frac{d_c^2}{4} E_f \tag{6-55}$$

式中　ε_0——真空介电常数，F/m，$\varepsilon_0 = 8.85 \times 10^{-12}$ F/m；

　　　d_c——粒径，m；

　　　E_f——放电极周围的电场强度，V/m；

　　　ε_p——尘粒的相对介电常数。

ε_p 与粉尘的导电性能有关。导电材料，$\varepsilon_p \to \infty$；绝缘材料，$\varepsilon_p = 1$；金属氧化物，$\varepsilon_p = 12 \sim 18$；石英，$\varepsilon_p = 4$；锌粉，$\varepsilon_p = 12$；硅粉，$\varepsilon_p = 4$；水泥，$\varepsilon_p = 5 \sim 10$；氧化铝粉，$\varepsilon_p = 6 \sim 9$；滑石粉，$\varepsilon_p = 5 \sim 10$；飘尘，$\varepsilon_p = 3 \sim 8$；淀粉，$\varepsilon_p = 5 \sim 7$；硫黄粉末，$\varepsilon_p = 3 \sim 5$；合成树脂粉，$\varepsilon_p = 2 \sim 8$。

从式（6-55）可以看出，影响尘粒荷电的主要因素是尘粒直径 d_c、相对介电常数 ε_p 和电场强度。

（3）收尘

对电除尘器内尘粒的运动和捕集进行理论分析，依赖于气体流动的模型。最简单的情况是假设含尘气体在电除尘器内作层流运动。在这种情况下，尘粒的移动速度可以根据经典力学和电学定律求得。

1）驱进速度

荷电尘粒在电场内受到的静电力（N）为：

$$F = qE_j \tag{6-56}$$

式中　E_j——集尘极周围电场强度，V/m。

尘粒在电场内作横向运动时，要受到空气阻力，当 $Re_c \leqslant 1$ 时，空气阻力（N）为：

$$P = 3\pi\mu d_c w \tag{6-57}$$

式中　w——尘粒与气流在横向的相对运动速度，m/s。

当静电力等于空气阻力时，作用在尘粒上的外力之和等于零，尘粒在横向作等速运动，这时尘粒的运动速度为驱进速度（m/s）：

$$w = \frac{qE_j}{3\pi\mu d_c} \tag{6-58}$$

把式（6-55）代入上式，得：

$$w = \frac{\varepsilon_0 \varepsilon_p d_c E_j E_f}{(\varepsilon_p + 2)\mu} \tag{6-59}$$

对 $d_c \leqslant 5\mu$m 的尘粒，上式应进行修正：

$$w = k_c \frac{\varepsilon_0 \varepsilon_p d_c E_j E_f}{(\varepsilon_p + 2)\mu} \tag{6-60}$$

式中　k_c——库宁汉滑动修正系数。

为简化计算，可近似认为：

$$E_f = E_j = U/B = E_p \quad\quad\quad (6\text{-}61a)$$

式中 U——电除尘器工作电压，V；

B——电晕极至集尘极的间距，m；

E_p——电除尘器的平均电场强度，V/m。

因此，有：

$$w = k_c \frac{\varepsilon_0 \varepsilon_p d_c E_p^2}{(\varepsilon_p + 2)\mu} \quad\quad\quad (6\text{-}61b)$$

从式（6-61a）、式（6-61b）可以看出，电除尘器的工作电压 U 越高，电晕极至集尘极的距离 B 越小，电场强度 E 越大，尘粒的驱进速度 w 也越大。因此，在不发生击穿的前提下，应尽量采用较高的工作电压。由式（6-61b）可知，影响电除尘器工作的另一个因素是气体的动力黏度 μ，μ 是随温度的增加而增加的，因此烟气温度增加时，尘粒的驱进速度和除尘效率都会下降。

式（6-58）是在 $Re_c \leqslant 1$、尘粒的运动只受静电力和空气阻力的影响的假设下得出的。实际的电除尘器内都有不同程度的紊流存在，它们的影响有时要比静电力大得多。另外，还有许多其他的因素没有包括在式（6-61a）和式（6-61b）中，因此，式（6-61a）和式（6-61b）仅用作定性分析。

2）除尘效率方程式（多依奇方程式）

电除尘器的除尘效率与粉尘性质、电场强度、气流速度、气体性质及除尘器结构等因素有关。严格地从理论上推导除尘效率的计算公式是困难的，因此推导过程中作以下假设：

① 电除尘器断面上有两个区域：集尘极附近的层流边界层和几乎占有整个断面的紊流区。

② 尘粒运动受紊流的控制，整个断面上的浓度分布是均匀的。

③ 在边界层尘粒具有垂直于壁面的分速度 w。

④ 忽略电风、气流分布不均匀、二次扬尘等因素的影响。

如图 6-41 所示，设气体和尘粒在水平方向的流速为 v（m/s）；除尘器内某一断面上气体含尘质量浓度为 y（g/m³）；气流运动方向上单位长度集尘极的集尘面积为 a（m²/m）；气流运动方向上除尘器的横断面面积为 F（m²）；电场长度为 l（m）；某粒径尘粒的驱进速度为 w（m/s）。

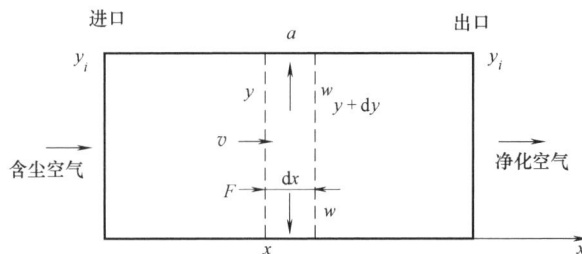

图 6-41 除尘效率公式推导示意图

在 dτ 时间内，在 dx 空间捕集的粉尘量为：

$$dm = aywdxd\tau = -Fdxdy \qquad (6\text{-}62)$$

把 d$x = vd\tau$ 代入上式，则有：

$$aywdxd\tau = -Fvd\tau dy$$

$$\frac{aw}{Fv}dx = -\frac{dy}{y}$$

对上式两边进行积分，得：

$$\frac{aw}{Fv}\int_0^l dx = -\int_{y_1}^{y_2}\frac{dy}{y}$$

$$\frac{aw}{Fv}l = -\ln\frac{y_2}{y_1}$$

$$e^{-\frac{awl}{Fv}} = \frac{y_2}{y_1} \qquad (6\text{-}63)$$

式中　y_1——除尘器进口处某粒径尘粒的质量浓度，g/m^3；

　　　y_2——除尘器出口处某粒径尘粒的质量浓度，g/m^3。

将 $Fv = L$、$al = A$ 代入上式，则得：

$$e^{-\frac{A}{L}w} = y_2/y_1$$

式中　L——除尘器处理风量，m^3/s；

　　　A——集尘极总的集尘面积，m^2。

对某粒径粉尘的除尘效率，即分级效率为（表 6-6）：

$$\eta_i = 1 - \frac{y_2}{y_1} = 1 - e^{-\frac{A}{L}w} \qquad (6\text{-}64)$$

不同 $\dfrac{A}{L}w$ 值下的除尘效率 　　　　　　表 6-6

$\dfrac{A}{L}w$	0	1.0	2.0	2.3	3.0	3.91	4.61	6.91
η_i（%）	0	63.2	86.5	90	95	98	99	99.9

驱进速度 w 是粒径 d_c 的函数。如果考虑进口处尘粒的粒径分布，则式（6-64）可改写为：

$$\eta = 1 - \int_0^\infty e^{-\frac{A}{L}w(d_c)} f(d_c)dd_c \qquad (6\text{-}65)$$

式中　$w(d_c)$——不同粒径尘粒的驱进速度；

　　　$f(d_c)$——除尘器进口处粉尘的粒径分布函数。

式（6-64）是在一系列假设的前提下得出的，与实际情况并不完全相符。但是它给我们提供了分析、估计和比较电除尘器除尘效率的基础。从该式可以看出，在除尘效率一定的情况下，电除尘器尺寸与尘粒驱进速度成反比，与处理风量成正比；在电除尘器尺寸一定的情况下，除尘效率和气流速度成反比。

3）有效驱进速度

式（6-64）在推导过程中忽略了气流分布不均匀、粉尘性质、振打清灰时的二次扬尘等因素的影响，因此理论除尘效率要比实际高。为了解决这一问题，提出有效驱进速度的概念。

所谓有效驱进速度就是根据某一电除尘器实际测定的除尘效率和它的集尘极总面积 A、气体流量 L，利用式（6-64）反算出的驱进速度。在有效驱进速度中包含了粒径、气流速度、气体温度、粉尘比电阻、粉尘层厚度、电极形式、振打清灰时的二次扬尘等因素。因此，有效驱进速度要通过大量的经验积累，它的数值与理论驱进速度相差较大。表 6-7 是部分粉尘的有效驱进速度实测值。

部分粉尘的有效驱进速度   表 6-7

粉尘种类	w_e(m/s)	粉尘种类	w_e(m/s)
电站锅炉飞灰	0.040～0.200	焦油	0.080～0.230
煤粉炉飞灰	0.100～0.140	硫酸雾	0.061～0.071
纸浆及造纸锅炉尘	0.065～0.100	石灰砖窑尘	0.050～0.080
铁矿烧结机头烟尘	0.050～0.090	石灰尘	0.030～0.055
铁矿烧结机尾烟尘	0.050～0.100	镁砂回转窑尘	0.045～0.060
铁矿烧结烟尘	0.060～0.200	氧化铝	0.064
碱性氧气顶吹转炉尘	0.070～0.090	氧化锌	0.040
焦炉尘	0.067～0.161	氧化铝熟料	0.130
高炉尘	0.060～0.140	氧化亚铁(FeO)	0.070～0.220
闪烁炉尘	0.076	铜焙烧炉尘	0.036～0.042
冲天炉尘	0.030～0.040	有色金属转炉尘	0.073
热火焰清理机尘	0.060	镁砂	0.047
湿法水泥窑尘	0.080～0.115	硫酸	0.060～0.085
立波尔水泥窑尘	0.065～0.086	热硫酸	0.010～0.050
干法水泥窑尘	0.040～0.060	石膏	0.160～0.200
煤磨尘	0.080～0.100	城市垃圾焚烧炉尘	0.040～0.120

2. 电除尘器的结构

在工业除尘器中，最广泛采用的是板式电除尘器，如图 6-42 所示。它由本体和供电源两部分组成。本体包括除尘器壳体、灰斗、放电极（电晕极）、集尘极、气流分布装置、振打清灰装置、绝缘子及保温箱等。

（1）集尘极

对集尘极板的基本要求是：

1）板面电场强度分布和板面电流分布要尽可能均匀。

2）防止二次扬尘的性能好。在气流速度较高或振打清灰时产生的二次扬尘少。

3）振打性能好。在较小的振打力作用下，板面各点均能获得足够的振打加速度，且分布较均匀。

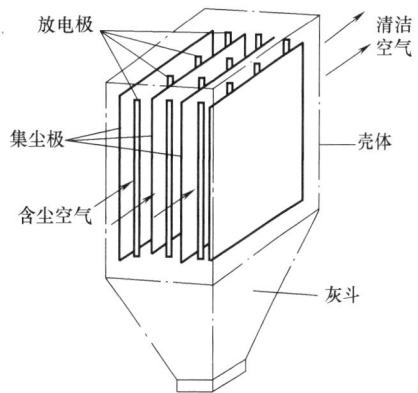

图 6-42 板式电除尘器

4）机械强度好（主要是刚度）、耐高温和耐腐蚀。具有足够的刚度才能保证极板间距及极板与极线间距的准确性。

5）消耗钢材少，加工及安装精度高。极板用厚度为 1.2～2.0mm 的钢板在专用轧机上轧制而成，它可以有不同的断面形状（图 6-43）。

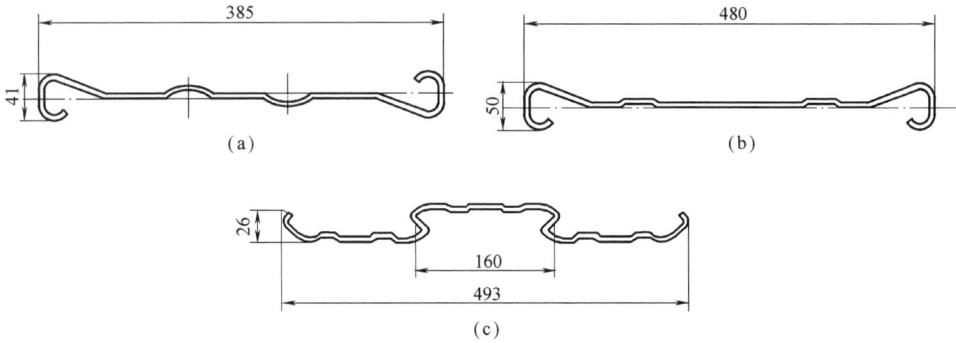

图 6-43 极板形式

(a) Z 型；(b) C 型；(c) CS 型

极板高度一般为 2.0～15.0m。每个电场的有效电场长度一般为 3.0～4.5m，由多块极板拼装而成。

在常规电除尘器中，集尘极板的间距通常采用 300mm。宽间距电除尘器的极板间距一般为 400～600mm。对宽间距电除尘器的研究结果表明，加大极板间距，增大了绝缘距离，可以抑制电场火花放电；同时可以提高电除尘器的工作电压，增大粉尘的驱进速度；另外还可使电极的安装维修较为方便。在处理相同烟气量，达到相同除尘效率的条件下，它所需的集尘极板面积也会相应减小。根据目前的研究，极板间距采用 400mm 为好，其工作电压为 120～80kV。这种电除尘器目前已在电站、水泥等行业应用。

（2）放电极（电晕极）

对放电极的基本要求为：

1）放电性能好（起晕电压低、击穿电压高、电晕电流强）。

2）机械强度高、耐腐蚀、耐高温、不易断线。

3）清灰性能好。振打时，粉尘易于脱落，不产生结瘤和肥大现象。

放电极的形式很多，主要有以下几种：

1）圆形。采用直径为 1.5～3.8mm 的高强镍铬合金制作，上部悬挂在框架上，下部用重锤保持其垂直位置。圆线也可做成螺旋弹簧形，上、下部都固定在框架上，由于导线保持一定的张力，放电线处于绷紧状态。

2）星形。用 4.0～6.0mm 的圆钢冷拉成星形断面的导线。它利用极线全长的四个尖角放电，放电效果比光线式好。星形线容易粘灰，适用于含尘浓度低的烟气。

3）锯齿形。用薄钢条（厚约 1.5mm）制作，在其两侧冲出锯齿，形成锯齿形电极 [图 6-44（a）]。锯齿形放电极的放电强度高，是应用较多的一种放电极。

4）芒刺式。依靠芒刺的尖端进行放电。形成芒刺的方式很多，R-S 线是目前采用较多的一种 [图 6-44（b）]，它以直径为 20mm 的圆管作支撑，两侧伸出交叉的芒刺。这种线的机械强度高，放电强。芒刺式放电极采用点放电代替极线全长的放电。试验表明，在同样的工作电压下，芒刺式放电极的电晕电流要比星形放电极大，有利于捕集高浓度的微小尘粒。芒刺式放电极的刺尖会产生强烈的离子流，增大了电除尘器内的电风（由于离子流对气体分子的作用，气体向集尘极的运动称为电风），这对减小电晕闭塞是有利的（电晕闭塞将在后文介绍）。

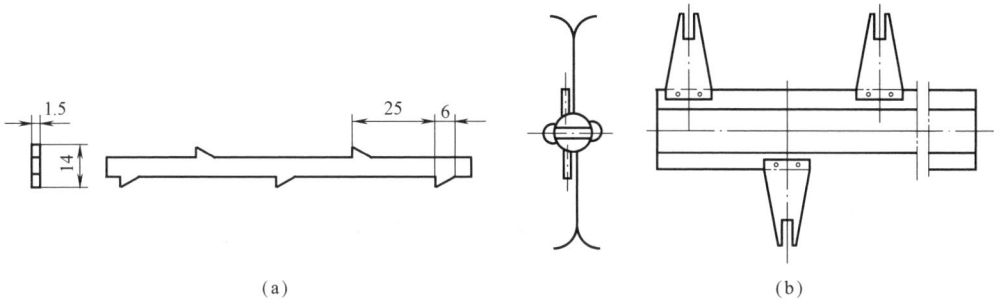

图 6-44　放电极的形式
(a) 锯齿形；(b) R-S 线

芒刺式放电极适用于含尘浓度高的烟气，因此有的电除尘器在第一、二电场采用芒刺式放电极，在第三电场采用光线或星形放电极。芒刺式放电极尖端应避免积尘，以免影响放电。

极线间距通常取通道宽度的 0.50～0.65 倍，对常规电除尘器可取 160～200mm。芒刺式放电极的极线间距一般为 50～100mm。

集尘极和放电极的制作、安装质量对电除尘器的性能有很大影响，安装前极板、极线必须调直，安装时要严格控制极距，偏差不得大于 5.0mm。如果个别地点极距偏小，会首先发生击穿。

（3）振打清灰装置

沉积在电晕极和集尘极上的粉尘必须通过振打及时清除，电晕极上积灰过多，会影响放电。集尘极上积灰过多，会影响粉尘的驱进速度，对于高比电阻粉尘还会引起反电晕。及时清灰是防止反电晕的措施之一。振打的方式有锤击振打、电磁振打等多种形式，目前常用的是锤击振打。

振打频率和振打强度必须在运行过程中调整。振打频率高、强度大，积聚在极板上的粉尘层薄，振打后粉尘会以粉末状下落，容易产生二次扬尘。振打频率低、强度小，极板上积聚的粉尘层较厚，大块粉尘会因自重高速下落，也会造成二次扬尘。振打强度还与粉尘的比电阻有关，高比电阻粉尘应采用较高的振打强度。图 6-45 是振打强度与除尘效率的关系曲线。

（4）气流分布装置

电除尘器中气流分布的均匀性对除尘效率有较大影响。除尘效率与气流速度成反比，当

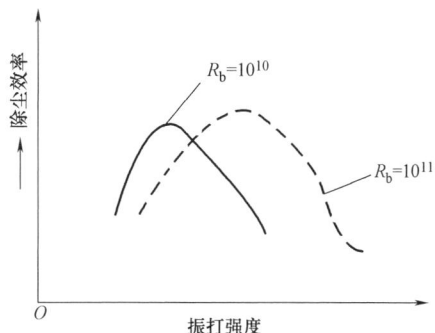

图 6-45　振打强度与除尘效率的关系

气流速度分布不均匀时，流速低处增加的除尘效率远不能弥补流速高处除尘效率的下降，因而总的除尘效率是下降的。

评定气流分布均匀程度的方法很多，常采用均方根差法。

电除尘器内各测点的算术平均速度（m/s）为：

$$v_p = \frac{1}{m \cdot n} \sum_i^n \sum_y^m v_{ij} \tag{6-66}$$

式中　v_{ij}——各测点的气流速度，m/s；

m、n——在水平和垂直方向上气流速度的测点数。

气流速度的均方根差为：

$$\sigma = \left[\frac{1}{m \cdot n} \sum_i^n \sum_j^m \left(\frac{v_{ij} - v_p}{v_p} \right)^2 \right]^{\frac{1}{2}} \times 100\% \tag{6-67}$$

实际的 σ 值在 10%～50% 之间，$\sigma < 10\%$ 的最佳，$\sigma < 15\%$ 是好的，$\sigma = 25\%$ 是边界值，$\sigma > 25\%$ 是不允许的。

气流分布的均匀程度与电除尘器进出口的管道形式及气流分布装置的结构有密切关系。当电除尘器的安装位置不受限制时，气流经渐扩管进入除尘器，然后经 1～2 块平行的气流分布板进入除尘器电场。在这种情况下，气流分布的均匀程度取决于扩散角和分布板结构。当电除尘器安装位置受到限制，需要采用直角入口时，可在气流转弯处加设导流叶片，然后经分布板进入除尘器（图 6-46）。

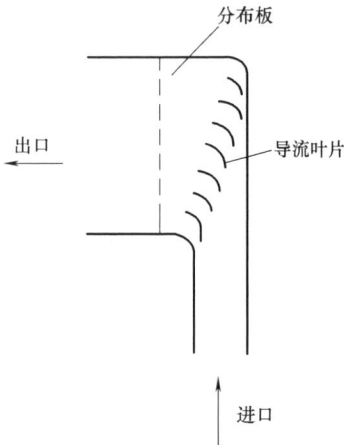

图 6-46　设导流叶片的分布板

气流分布板有多种形式，常用的是圆孔形气流分布板，采用 3.0～5.0mm 的钢板制作，孔径为 40～60mm，开孔率为 50%～65%。

3. 电除尘器的供电装置

电除尘器的供电装置包括三部分：

（1）升压变压器。它将工频 380V 或 220V 交流电压提升到电除尘器所需的高电压，电除尘器的工作电压通常为 50～60kV。增大极板间距，需要的电压也相应升高。

（2）整流器。它将高压交流电变为直流电，目前多采用半导体硅整流器。

（3）控制装置。电除尘器中烟气的温度、湿度、烟气量、烟气成分及含尘浓度等是经常变化的，这些变化直接影响电压、电流的稳定性。因而要求供电装置随着烟气工况的改变而自动调整电压的高、低（称为自动调压），使工作电压始终在接近于击穿电压下工作，从而保证电除尘器的高效稳定运行。

目前采用的自动调压方式有：火花频率控制、火花积分值控制、平均电压控制、定电流控制等。

4. 粉尘的比电阻

粉尘的比电阻是评定粉尘导电性能的一个指标。某一物质在某一温度下的电阻（Ω）为：

122

$$R = R_b \frac{l}{A} \tag{6-68}$$

式中 R_b——比电阻（或称电阻率），$\Omega \cdot cm$；

l——长度，cm；

A——横断面面积，cm^2。

从上式可以看出，某一物质的比电阻就是长度和横断面积都为1时的电阻。

沉积在集尘极上的粉尘的比电阻对电除尘器的有效运行具有显著影响，比电阻过大（$10^{11} \sim 10^{12} \Omega \cdot cm$）或过小（$< 10^4 \Omega \cdot cm$）都会降低除尘效率。粉尘比电阻与除尘效率的关系如图6-47所示。

比电阻低于 $10^4 \Omega \cdot cm$ 的粉尘称为低阻型粉尘。这类粉尘有较好的导电能力，荷电尘粒到达集尘极后，会很快放出所带的负电荷，同时由于静电感应获得与集尘极同性的正电荷。如果正电荷形成的斥力大于粉尘的黏附力，沉积的尘粒将离开集尘极重返气流。尘粒在空间受到负离子碰撞后又重新获得负电荷，再向集尘极移动。这样很多粉尘沿极板表面跳动前进，最后被气流带出电除尘器。用电除尘器处理金属粉尘、炭黑粉尘、石墨粉尘都可以看到这一现象。

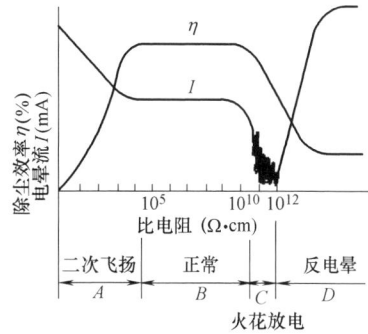

图 6-47　粉尘比电阻与除尘效率的关系

比电阻位于 $10^4 \sim 10^{11} \Omega \cdot cm$ 的粉尘称为正常型粉尘。这类粉尘到达集尘极后，会以正常速度放出电荷。对这类粉尘，电除尘器一般都能获得较好的除尘效果。

比电阻超过 $10^{11} \sim 10^{12} \Omega \cdot cm$ 的粉尘称为高阻型粉尘。高阻型粉尘到达集尘极后，电荷释放很慢，这样集尘极表面逐渐积聚了一层荷负电的粉尘层。由于同性相斥，使随后尘粒的驱进速度减慢。另外，随着粉尘层厚度的增加，在粉尘层和极板之间形成了很大的电压降 ΔU（V）。

$$\Delta U = j R_b \delta \tag{6-69}$$

式中 j——通过粉尘层的电晕电流密度，A/cm^2；

δ——粉尘层厚度，cm。

在粉尘层内部有许多松散的空隙，形成了许多微电场。随着 ΔU 的增大，局部地点微电场击穿，空隙中的空气被电离，产生正、负离子。ΔU 继续增高，这种现象会从粉尘层内部空隙发展到粉尘层表面，大量正离子被排斥，穿透粉尘层流向电晕极。在电场内它们与负离子或荷负电的尘粒接触，产生电性中和。大量中性尘粒由气流带出电除尘器，使除尘效果急剧恶化，这种现象称为反电晕。

克服高比电阻影响的方法有：加强振打，使极板表面尽可能保持清洁；改进供电系统，包括采用脉冲供电和有效的自控系统；增加烟气湿度，或向烟气中加入 SO_3、NH_3 及 Na_2CO_3 等化合物，使尘粒导电性增加，这种方法称为烟气调质。图6-48中给出了烟气中 SO_3 质量浓度与电除尘器除尘效率的关系。表6-8给出了喷入 SO_3 对燃煤电站电除尘器除尘效率的影响。

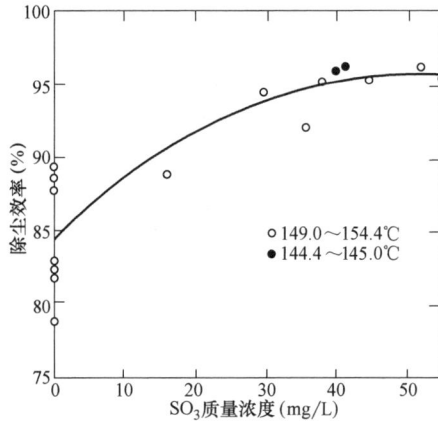

图 6-48　烟气中 SO_3 质量浓度与电除尘器除尘效率的关系

喷入 SO_3 对燃煤电站电除尘器除尘效率的影响 表 6-8

煤中含硫量 （%）	喷入 SO_3 质量浓度 （mg/L）	除尘效率（%）	
		原有	喷入 SO_3
0.47	10	85.0'	99.63
0.50	10	65.0	98.00
0.50	20	79.3	99.37
1.00	10	94.1	98.25
1.00	15	94.1	99.20
1.00	20	94.1	99.55

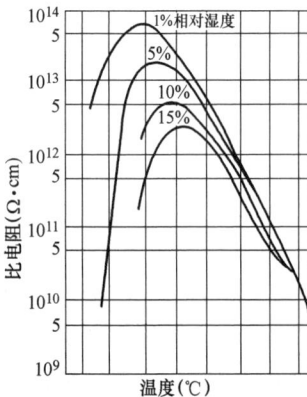

图 6-49　不同温度和相对湿度
下烧结机铅烟的比电阻

烟气的温度和湿度是影响粉尘比电阻的两个重要因素。图 6-49 是不同温度和相对湿度下，烧结机铅烟的比电阻。从该图可以看出，温度较低时，比电阻是随温度的升高而增加的，比电阻达到某一最大值后，又随温度的升高而下降。这是因为在低温下，粉尘的导电是在表面进行的，电子沿粉尘表面的吸附层（如水蒸气或其他吸附层）传送。温度低、粉尘表面吸附的水蒸气多、表面导电性好、比电阻低。随温度升高，粉尘表面吸附的水蒸气因受热蒸发，比电阻逐渐增加。在低温下，如果在烟气中加入 SO_3、NH_3 等，它们也会吸附在粉尘表面，使比电阻下降，这些物质称为比电阻调节剂。温度较高时，粉尘的导电是在内部进行的，随着温度升高，粉尘内部会发生电子的热激发作用，使比电阻下降。

如图 6-49 所示，在低温下，比电阻是随烟气相对湿度的增加而下降的，温度较高时，相对湿度对比电阻基本上没有影响。

从以上分析可以看出，可以通过以下途径降低粉尘比电阻：

（1）选择适当的操作温度；

（2）增加烟气的相对湿度；

（3）在烟气中加入调节剂（SO_3、NH_3 等）。

5. 电除尘器设计中的有关问题

（1）集尘极面积的确定

电除尘器所需的集尘面积可按式（6-64）计算确定。

【例 6-2】 某电除尘器的处理风量 $L=80m^3/s$，烟气的起始含尘质量浓度 $y_1=15g/m^3$，要求排空质量浓度 y_2 小于 $150mg/m^3$。计算必需的集尘面积。

【解】 要求的除尘效率

$$\eta=\frac{y_1-y_2}{y_1}\times100\%=\frac{15\times10^3-150}{15\times10^3}\times100\%=99\%$$

参考同类型电除尘器的测定结果，尘粒的有效驱进速度 $w_e=0.1m/s$。

$$\eta=1-e^{-\frac{Aw_e}{L}}$$

$$\frac{Aw_e}{L}=\ln\frac{1}{1-\eta}$$

集尘极的集尘面积为：

$$A=\frac{L}{w_e}\ln\frac{1}{1-\eta}=\frac{80}{0.1}\ln\frac{1}{0.01}=3684(m^2)$$

（2）电场风速

电除尘器内气体的运动速度称为电场风速（m/s），按下式计算：

$$v=\frac{L}{F} \tag{6-70}$$

式中 F——电除尘器横断面面积，m^2。

电场风速的大小对除尘效率有较大影响，电场风速过大，容易产生二次扬尘，除尘效率下降。但是电场风速过低，电除尘器体积大，投资增加。根据经验，电场风速不宜超过 $1.5\sim2.0m/s$，除尘效率要求高的电除尘器不宜超过 $1.0\sim1.5m/s$。

（3）长高比的确定

电除尘器的长高比是指集尘极板的有效长度与高度之比。它直接影响振打清灰时的二次扬尘量。与集尘极的高度相比，如果集尘极板的长度不够长，部分下落粉尘在到达灰斗前可能被气流带出电除尘器，从而降低了除尘效率。因此，当要求除尘效率大于 99% 时，电除尘器的长高比应不小于 $1.0\sim1.5$。

（4）气体含尘质量浓度

电除尘器内同时存在着两种电荷：一种是离子的电荷，一种是带电尘粒的电荷。离子的运动速度较高，为 $60\sim100m/s$，而带电尘粒的运动速度较低，一般在 $60cm/s$ 以下。因此含尘气体通过电除尘器时，单位时间转移的电荷量要比通过清洁空气时少，即这时的电晕电流小。如果气体的含尘质量浓度很高，电场内悬浮大量的微小尘粒，会使电除尘器的电晕电流急剧下降，严重时可能会趋近于零，这种情况称为电晕闭塞。为了防止电晕闭塞的产生，处理含尘质量浓度较高的气体时，必须采取措施，如提高工作电压、采用放电强烈的电晕极、增设预净化设备等。

6. 静电强化的除尘器

静电除尘机理的应用逐渐受到重视，已研制出多种新型的复合机理除尘器，如静电强化袋式除尘器、静电强化湿式除尘器、静电强化旋风除尘器、静电强化颗粒层除尘器等，其中有的已经在生产中应用。

（1）静电强化袋式除尘器

利用静电强化袋式除尘器可降低除尘器阻力、增大处理风量、提高除尘效率。

目前采用的形式有以下几种：

1）预荷电袋式除尘器。在粉尘进入袋式除尘器之前用预荷电器使粉尘荷电。预荷电器可以采用不同的形式，例如在入口管道中心设高压放电极。

2）预荷电脉冲除尘器（Apitron除尘器）。在脉冲袋式除尘器每条滤袋的下部串接一短管荷电器，其中心为放电极，气流通过短管时尘粒荷电，再进入到滤袋内。滤袋清灰时，压缩空气喷入袋内，以清除滤袋上的积灰，并吹扫短管荷电器的放电极和收尘表面。

3）表面电场的袋式除尘器。它是利用每条滤袋中的骨架竖条间隔作正、负极，这样沿滤袋表面形成电场。气流通过滤袋时，在电场力和过滤双重作用下，使细小粉尘被捕集。

（2）静电强化湿式除尘器

静电强化湿式除尘器主要有三种应用方式：

1）尘粒与水滴均荷电，但极性不同。在二者之间产生静电力，加强水滴与尘粒的接触，使尘粒加湿，凝聚成更大的尘粒，便于捕集。

2）尘粒荷电，水滴为中性。当荷电尘粒接近水滴时，使后者产生镜像感应电荷。在二者之间产生吸引力（镜像力），使尘粒与水滴接触。

3）水滴荷电，尘粒为中性。当二者接近时同样会产生镜像感应电荷，在镜像力作用下，使尘粒加湿、凝聚。

静电强化湿式除尘器的结构形式有很多，主要是在传统的除尘器中加以应用，例如传统的喷淋塔中，可以在入口加电晕荷电器，使尘粒荷电，有的则在喷嘴上通过感应效应，使水滴荷电。

（3）静电强化旋风除尘器

静电强化旋风除尘器通常在旋风除尘器中心设置放电极，利用筒体的外壁和排出管的管壁作为集尘极。在静电力的作用下，可以使尘粒获得较大的向外的径向速度，有利于尘粒的捕集。研究表明，静电强化旋风除尘器的除尘效率与不设静电的旋风除尘器相比有较大提高。在静电旋风除尘器中，有一个最佳的进口速度，使静电力和离心力的作用得到最佳组合。

7. 电袋复合式除尘器

电袋复合式除尘器是一种将电除尘机理与袋式除尘过滤机理相结合的除尘设备。当烟气通过电场时，烟气中80%～90%的粉尘被电场收集，剩下10%～20%的粉尘随烟气进入滤袋。这样，袋式除尘器的清灰周期显著加长，可以降低滤袋的机械损伤。尘粒在电场中荷电后除去粗尘，剩下的细尘可在电场中被极化后进入滤袋。电袋复合式除尘器充分利用了电除尘器电场捕集粉尘绝对量大和荷电尘粒的过滤除尘机制优势，使得袋式除尘区的滤袋负荷大大降低、阻力减少、清灰频次显著下降，从而使袋式除尘效率高、尘粒特性适应性强的特点得到进一步发挥，最终使系统性能得到优化。

目前常采用的形式有以下几种：

（1）电袋分离串联式

该类方式的电袋复合式除尘器，采用静电除尘除去烟气中的粗尘粒，起到预除尘作用，减少袋式除尘的清灰频率。袋式除尘除去剩余粉尘，起到除尘达标作用。它主要用于现有未达标排放的静电除尘器改造。

图 6-50 为电袋分离串联一体式除尘器结构示意图，它的前区设置电场，后区设置滤袋。由于静电除尘常采用负电高压电晕空气，产生 O_3，后区设置的袋式除尘滤料要注意 O_3 及其衍生物的作用。

若 O_3 对后置袋式除尘器的滤料具有氧化腐蚀作用，则不宜采用多电场预除尘。或者根据 O_3 易快速还原为 O_2 的特点，采用电袋除尘器组合的方式，避免 O_3 直接作用。图 6-51 为电袋分离串联除尘器结构示意图，它采用前设单电场静电除尘器，后面串联袋式除尘器，二者用管道连接。

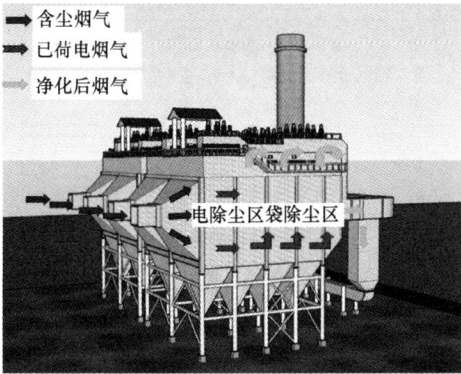

图 6-50 电袋分离串联一体式除尘器结构示意图

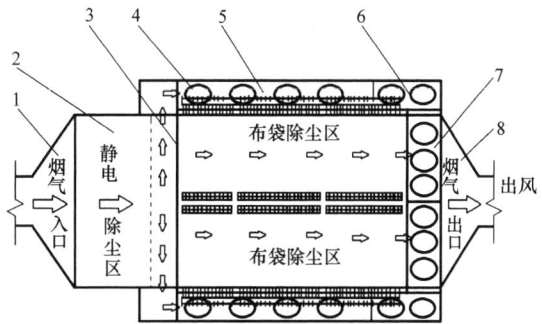

1—喇叭进气口；2—第一静电场；3—电—袋隔板；
4—提升阀阀孔；5—进气通道；6—旁通通道；7—净气烟道；
8—喇叭出气口。

图 6-51 电袋分离串联除尘器结构示意图

（2）电袋一体式

这种形式又称嵌入式电袋复合除尘器，即对每个除尘单元，在电除尘中嵌入滤袋结构，电除尘电极与滤袋交错排列，其结构示意如图 6-52 所示。

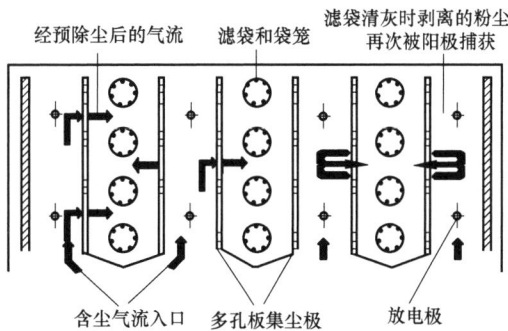

图 6-52 电袋一体式除尘器结构示意图

6.1.8 进气净化用空气过滤器

1. 空气过滤器的用途及分类

空气过滤器（简称过滤器）主要用于进气净化，除去其中的尘粒。此外，某些生产过程的排气中含有细小的污染物质（如放射性物质、油雾等），这类净化虽然属于排气净化，由于它净化要求高，也需采用空气过滤器。

进气净化的特点是被处理的空气中含尘浓度低、尘粒小，要求的净化效率高。根据净化效率的不同，空气过滤器的分类及性能如表 6-9 所示。

空气过滤器的分类及性能 表 6-9

过滤器形式		过滤效率[①]		阻力 (Pa)	容尘量 (g/m²)	备注
		粒径(μm)	(%)			
一般通风用过滤器	粗效过滤器	≥5.0	20～80	≤50	500～2000	过滤速度以 m/s 计，通常小于 2m/s
	中效过滤器	≥1.0	20～70	≤80	300～800	滤料实际面积与迎风面积之比超过 10～20，滤速以 dm/s 计
	高中效过滤器	≥1.0	70～98	≤100		
	亚高效过滤器	≥0.5	95～99.9	≤120	70～250	滤料实际面积与迎风面积之比超过 20～40，滤速以 cm/s 计
高效过滤器		0.3	＞99.97	200～250	50～70	滤料实际面积与迎风面积之比超过 50～60，滤速以 cm/s 计，通常小于 2cm/s

① 一般通风用过滤器采用大气尘计数法，高效过滤器采用 DOP 法。

2. 典型空气过滤器的结构

（1）泡沫塑料过滤器

泡沫塑料过滤器采用聚乙烯或聚酯泡沫塑料作过滤层。泡沫塑料要预先进行化学处理，把内部气孔薄膜穿透，使其具有一系列连通的孔隙。含尘气体通过时，由于惯性、扩散等作用，粉尘粘附于孔壁上，使空气得到净化。泡沫塑料的内部结构类似于丝瓜筋，孔径为 $200～300\mu m$。

泡沫塑料不能与丙酮、丁酮、醋酸乙酯、四氯化碳、乙醚等有机溶剂接触，否则容易膨胀损坏；可以耐弱酸、弱碱；汽油、机器油、润滑油等对其没有影响。

根据结构，泡沫塑料过滤器可以分为箱式和卷绕式。图 6-53 为箱式泡沫塑料过滤器，它由金属框架和泡沫塑料滤料等组成。泡沫塑料滤料在箱体内做成折叠式（用铁丝作支架），以扩大过滤面积，增大每一单体的过滤风量。每一单体的过滤风量为 $200～400m^3/h$。泡沫塑料层的厚度为 $10～15mm$。含尘气体通过滤料后，粉尘积聚于滤料层内，虽然过滤效率有所提高，但阻力也升高。当阻力达到额定值时（一般为 200Pa），将泡沫塑料滤料取下，用水清洗，晾干后再用。清洗后滤料性能有所降低。

（2）纤维填充式过滤器

纤维填充式过滤器由框架和滤料等组成。根据对净化效率和阻力的要求不同，可采用粗细不同的纤维作为填料，如玻璃纤维（直径约 $10\mu m$）、合成纤维（聚苯乙烯）等。填充密度对其过滤效率和阻力有很大影响。过滤厚度及填充密度需根据具体要求确定。

图 6-54 是玻璃纤维过滤器。纤维填料层两侧用铁丝网夹持，每个单元由两块过滤块

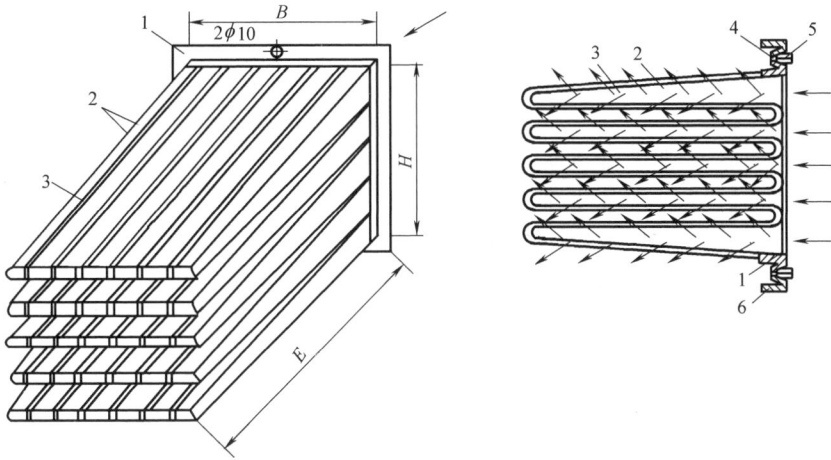

1—边框；2—铁丝支撑；3—泡沫塑料过滤层；4—螺栓；5—螺母；6—现场安装框架。

图 6-53　箱式泡沫塑料过滤器

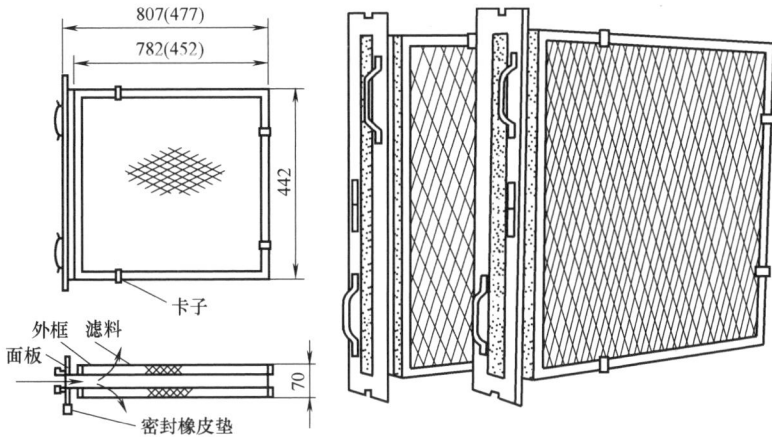

图 6-54　玻璃纤维过滤器

组成，含尘气体由中间进入单元内，穿过两侧的过滤层使气流得到净化。

（3）纤维毡过滤器

这种过滤器是用各种纤维（如涤纶、维纶等）做成的无纺布（毡）作滤料，通常做成袋式或卷绕式两种。

1）袋式纤维毡过滤器。它用无纺布滤料做成折叠式或 V 形滤袋，以扩大过滤面积，降低过滤风速。它的过滤效率较高，常用作中效过滤器。这种过滤器的形式很多，每个单体的过滤风量为 $200m^3/h$ 左右，过滤风速约 20cm/s，人工尘的计重效率为 80%。

2）自动卷绕式纤维毡过滤器。它可以用泡沫塑料或无纺布作为滤料，每卷滤料长约 20m。过滤器由上箱、下箱、立框、挡料栏及滤料等组成，见图 6-55。滤料积尘后，可自动卷动更新，直到整卷滤料全部积尘后，取下来更换。每卷滤料通常可使用 8 个月至 1 年。

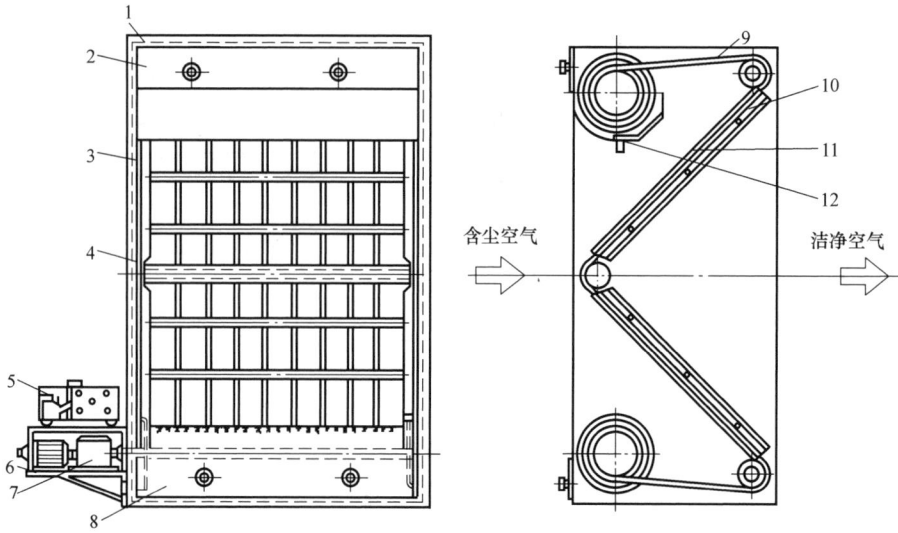

1—连接法兰；2—上箱；3—滤料滑槽；4—改向棍；5—自动控制箱；6—支架；7—双级涡轮减速器；
8—下箱；9—滤料；10—挡料栏；11—压料栏；12—限位器。

图 6-55　自动卷绕式纤维毡过滤器

纤维毡过滤器的过滤风速通常取 0.8～2.5m/s，终阻力为 90～100Pa。常用作粗效过滤器。

卷绕滤料的控制方法有定压控制和定时控制两种。

（4）纸过滤器

纸过滤器是一种亚高效和高效过滤器，用作滤料的滤纸有：①植物纤维素滤纸（用于亚高效过滤器）；②蓝石棉纤维滤纸（用于高效过滤器）；③超细玻璃纤维滤纸（用于亚高效和高效过滤器）。

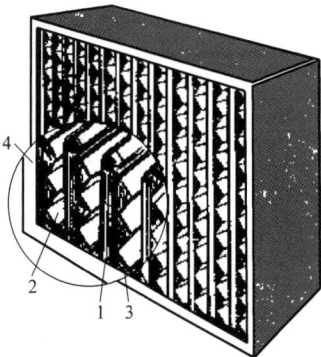

1—滤纸；2—分隔片；3—密封胶；4—外框。

图 6-56　折叠式滤纸

由于滤纸的阻力较大，其过滤风速较低，为增大过滤面积，可将滤纸做成折叠式（图 6-56），在其中间用波纹状的分隔片隔开。分隔片可用优质牛皮纸经热滚压制成，也可采用塑料或铝板。外框可用木板、塑料板、铝板、钢板等材料制作。

在过滤器端部外框与滤料之间要用密封胶密封，这对于保证过滤器的高效率是非常重要的。

国产纸过滤器每一单元的过滤面积为 $12m^2$，额定风量为 $1000m^3/h$，初阻力为 200～250Pa。由于在其之前有粗、中效过滤器的保护，纸过滤器的寿命可达 2 年左右。

（5）静电过滤器

进气净化用的静电过滤器和工业除尘用的电除尘器的主要不同点为：①采取双区结构，尘粒的荷电和收尘在不同区段进行。考虑到荷电过程需要不均匀电场，而收尘则在均匀电场中最为有效，所以把荷电和收尘分两段进行。②为避免过多的臭氧进入室内，采用正电晕。由于正电晕容易从电晕放电向火花放电转移，所以电压较低，电极间距较小。

图 6-57 是静电过滤器结构示意图。荷电区是一系列等距离平行安装的流线型管柱状接地电极（也有平板状的），管柱之间安装电晕线，电晕线接正极。放电极上施加的电压为 10～20kV。尘粒在荷电区获得正离子，随后进入收尘区。收尘区的集尘极板用铝板制作，极板间距约 10mm，极间电压为 5.0～7.0kV，在极板之间形成均匀电场。荷正电或负电的尘粒分别沉降在与其极性相反的极板上，定期用水或油清洗。

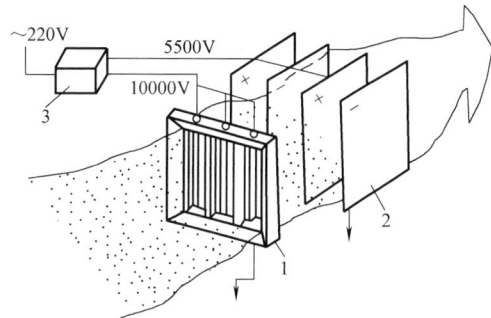

1—荷电区；2—收尘区；3—高压整流区。

图 6-57　静电过滤器结构示意图

6.1.9　除尘器的选择

选择除尘器时必须全面考虑不同因素的影响，如处理风量、除尘效率、阻力、一次投资、维护管理等。常用除尘器的性能如表 6-10 所示，可作为选择时参考。

常用除尘器的性能　　　　　　　　　　　　　　　　表 6-10

除尘器名称	适用的粒径范围（μm）	效率（%）	阻力（Pa）	设备费用	运行费用
重力沉降室	>50.0	<50	50～130	少	少
惯性除尘器	20.0～50.0	50～70	300～800	少	少
旋风除尘器	5.0～15.0	60～90	800～1500	少	中
水浴除尘器	1.0～10.0	80～95	600～1200	少	中下
卧式旋风水膜除尘器	≥5.0	95～98	800～1200	中	中
冲激式除尘器	≥5.0	95	1000～1600	中	中上
电除尘器	0.5～1.0	90～98	50～130	大	中上
袋式除尘器	0.5～1.0	95～99	1000～1500	中上	大
文丘里除尘器	0.5～1.0	90～98	4000～10000	少	大

选择除尘器时，应特别考虑以下因素：

（1）选用的除尘器必须满足排放标准的规定。对于运行工况不太稳定的系统，要注意风量变化对除尘器除尘效率和阻力的影响，例如，旋风除尘器的除尘效率和阻力是随风量的增加而增加的，电除尘器的除尘效率却是随风量的增加而下降的。

（2）粉尘的性质和粒径分布

粉尘的性质对除尘器的性能具有较大影响，例如黏性大的粉尘容易粘结在除尘器表面，不宜采用干法除尘；比电阻过大或过小的粉尘，不宜采用静电除尘；水硬性或疏水性粉尘不宜采用湿法除尘。处理磨琢性粉尘时，旋风除尘器内壁应衬垫耐磨材料，袋式除尘器应选用耐磨的滤料。

不同的除尘器对不同粒径粉尘的除尘效率是完全不同的，选择除尘器时必须首先了解被处理粉尘的粒径分布和各种除尘器的分级效率。表 6-11 列出了国外用标准粉尘对不同除尘器进行试验后得出的分级效率，可供参考。标准粉尘为二氧化硅尘，密度 $\rho_c =$ 2700kg/m^3，粉尘的粒径分布如下：0～5.0μm，20%；5.0～10μm，10%；10～20μm，15%；20～44μm，20%；>44μm，35%。

国外除尘器的分级效率（单位:%）   表 6-11

除尘器名称	全效率	粒径（μm）				
		0～5	5～10	10～20	20～40	>44
带挡板的沉降室	58.6	7.6	22.0	43.0	80.0	99.0
简单的旋风除尘器	65.3	12.0	33.0	57.0	82.0	91.0
长锥体旋风除尘器	84.2	40.0	79.0	92.0	99.5	100
电除尘器	97.0	90.0	94.5	97.0	99.5	100.0
喷淋塔	94.5	72.0	96.0	98.0	100.0	100.0
文丘里除尘器（$\Delta P = 7.5$kPa）	99.5	99.0	99.5	100.0	100.0	100.0
袋式除尘器	99.7	99.5	100.0	100.0	100.0	100.0

（3）气体的含尘浓度

气体的含尘浓度较高时，在电除尘器或袋式除尘器前应设置低阻力的初净化设备，去除粗大尘粒，有利于它们更好地发挥作用。例如，降低除尘器入口的含尘浓度，可以提高袋式除尘器的过滤风速，防止电除尘器产生电晕闭塞；对湿式除尘器则可以减少泥浆处理量，节省投资及减轻工人的体力劳动。

（4）气体的温度和性质

对于高温、高湿的气体不宜采用袋式除尘器，如果粉尘的粒径小、比电阻大，又要求干法除尘时，可以考虑采用颗粒层除尘器。如果气体中同时含有污染气体，可以考虑采用湿式除尘器，但是必须注意腐蚀问题。

（5）选择除尘器时，必须同时考虑除尘器除下的粉尘的处理问题。对于可以回收利用的粉粒状粉尘（如耐火黏土、面粉等），一般采用干法除尘，回收的粉尘可以纳入工艺系统。

有的工厂工艺本身设有泥浆废水处理系统（如选矿厂等），在这种情况下可以考虑采用湿法除尘，把除尘系统的泥浆和废水纳入工艺系统。

不能纳入工艺系统的粉尘和泥浆也必须有一定的处理措施，如果不作任何处理，在厂内任意倾倒或堆放，会造成粉尘二次飞扬或泥浆废水到处泛滥，影响整个厂区的环境卫生。

除了上述因素外，选择除尘器时还必须考虑能量消耗、一次投资和维护管理等因素，对中小型工厂要更加注意。

6.2　通风排气中工业有害气体的净化

6.2.1　概述

排入大气的废气必须进行净化处理，达到国家大气污染物排放标准要求后才允许排放。在可能条件下，还应考虑回收利用，变害为宝。由于排放的有害气体未能达标或排放物总量较大，需要采用高烟囱排放，使污染物在高空中利用大气扩散，在更大范围内稀释。对排入大气中的污染物进行大气扩散稀释的方法适合扩散条件好的区域，对扩散条件不好的区域会造成环境空气中污染物浓度上升，以至于超过环境空气质量标准的要求。达到大气排放标准并不意味着满足环境空气质量标准的要求，还受国家规定的区域环境污染物控制总量的限制。

有害气体的净化方法主要有四种：燃烧法、冷凝法、吸收法和吸附法。

1. 燃烧法

燃烧过程是一种热氧化过程，通过氧化反应把废气中的烃类有效地转化为二氧化碳和水，其他成分如卤素或含硫的有机物也可转化为允许向大气排放或容易回收的物质。

燃烧法广泛应用于有机溶剂蒸气和碳氢化合物的净化处理，也可用于除臭。用于通风排气的有两种：热力燃烧和催化燃烧。前者是在明火下的火焰燃烧；后者是在催化作用下，使碳氢化合物在稍低的温度下氧化分解。二者的区别见表 6-12。

热力燃烧和催化燃烧的区别   表 6-12

燃烧种类	热力燃烧	催化燃烧
燃烧原理	预热至 600～800℃ 进行氧化反应	预热至 200～400℃ 进行催化氧化反应
燃烧状态	在高温下滞留一定时间生成火焰	与催化剂接触，无明火
特点	预热能耗较高； 燃烧不完全时能产生恶臭； 可用于净化各种可燃气体	预热能耗较低； 催化剂较贵； 不适用于能使催化剂中毒的气体

（1）热力燃烧

通风排气中的可燃气体浓度一般较低，燃烧氧化后放出的热量不足以维持燃烧，需要依靠辅助燃料。热力燃烧的反应温度为 600～800℃，工程设计时通常取 760℃，滞留时间为 0.50s。目前在国内主要利用锅炉燃烧室或生产用的加热炉实现。例如某烘漆厂将含苯气体直接送入锅炉作一次风。

利用锅炉进行热力燃烧应注意以下问题：

1）处理的废气量应小于燃烧炉所需的鼓风量；

2）废气中的含氧量应与空气相近，如果低于 18% 应另外补给空气；

3）废气中不宜含有腐蚀性气体或粉尘。

（2）催化燃烧

利用催化剂加快或减慢反应速度的化学反应称为催化反应；凡能加速化学反应速度，而本身的化学性质在化学反应前后保持不变的物质称为催化剂；利用催化剂加快燃烧速度的燃烧过程称为催化燃烧。催化燃烧在通风工程中的应用主要是利用催化剂在低温下实现对有机物的完全氧化；臭味物质多属有机物，因而催化燃烧还可以用于除臭。

图 6-58（a）是催化燃烧流程示意图。含有有机物的废气经预处理除去粉尘或其他催化剂毒物（能使催化剂活性迅速下降的物质）后，由风机送入热交换器，回收排出废气中的余热。随后送入预热器预热到起燃温度（250～300℃），再进入催化床反应器进行氧化反应，即所谓完全燃烧。净化后的废气（温度为 400～550℃）再经热回收器放出部分余热后排空。催化燃烧装置如图 6-58（b）所示。

(a)

(b)

1—烧嘴；2—燃烧室；3—催化剂层；4—热交换器。

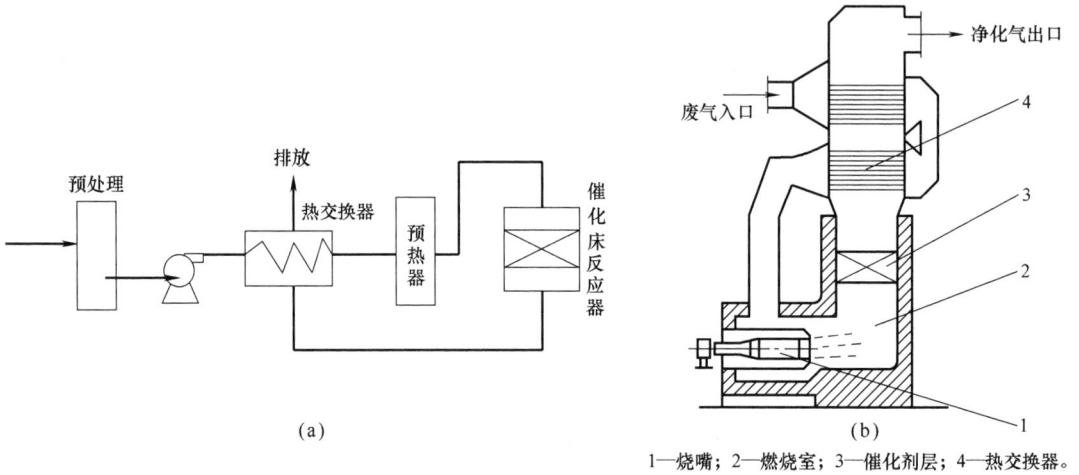

图 6-58　催化燃烧

（a）催化燃烧流程示意图；（b）催化燃烧装置

固体催化剂一般只在表面 $20\sim30\mu m$ 的薄层上起催化作用。为节约催化剂，提高催化剂的活性、稳定性和机械强度，常把催化剂附载在有一定比表面积的惰性物质上，这种惰性物质称为载体。催化燃烧所用的催化剂可分为两种，分别是以贵金属为主要成分和以过渡金属为主要成分。贵金属催化剂主要有铂、钯，其载体以氧化铝和陶瓷为多。催化剂产生催化作用的机理是，铂和钯都有吸附气体的特性，它们都能把大量的反应气体分子吸附在表面上，并能使反应的活化能降低，这就在一定范围内增加了有机溶剂蒸气分子和氧分子的有效碰撞机会，加快了氧化反应速度。目前我国已在绝缘材料生产、油漆、印刷等行业应用催化燃烧去除有机气体和恶臭。国内已有多家工厂定型生产催化燃烧装置。

采用燃烧法处理有机废气，特别是热力燃烧，必须采取各种安全措施，如控制废气中可燃物浓度、防止火焰蔓延、在可能爆炸处设泄压薄膜等。同时，严格操作规程，设计各种自动报警、检测和控制调节装置也是十分必要的。

2. 冷凝法

液体受热蒸发产生的有害蒸气（如电镀车间的铬酸蒸气）可以通过冷凝使其从废气中分离。这种方法净化效率低，仅适用于浓度高、冷凝温度高的有害蒸气。

低浓度气体的净化通常采用吸收法和吸附法，它们是通风排气中有害气体的主要净化方法。

本章主要介绍吸收、吸附的机理及有关设备。

6.2.2　吸收过程的理论基础

用适当的液体与混合气体接触，利用气体在液体中溶解能力的不同，除去其中一种或几种组分的过程称为吸收。吸收法广泛应用于有害气体的净化，特别是无机气体，如硫氧化物、氮氢化物、硫化氢、氯化氢等。它能同时进行除尘，适用于处理气体量大的场合。与其他净化方法相比，其费用较低。吸收法的缺点是：要对排水进行处理、净化效率难以达到 100%。

1. 物理吸收和化学吸收

物理吸收一般没有明显的化学反应，可以看作是单纯的物理溶解过程，例如用水吸收氨。物理吸收是可逆的，解吸时不改变被吸收气体的性质。化学吸收则伴有明显的化学反

134

应，例如用碱吸收二氧化硫：

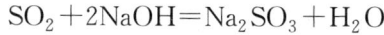

$$SO_2 + 2NaOH = Na_2SO_3 + H_2O$$

化学吸收的效率比物理吸收高，特别是处理低浓度气体时。要使有害气体浓度达到排放标准，一般情况下，简单的物理吸收是难以满足要求的，常采用化学吸收。由于化学吸收的机理较为复杂，限于篇幅，本章主要介绍物理吸收的某些机理。

2. 浓度的表示方法

下面介绍在化工计算中常用的浓度表示方法。

（1）摩尔分数

摩尔分数是指气相或液相中某一组分的摩尔数与该混合气体或溶液的总摩尔数之比。

液相

$$x_A = \frac{n_A}{n_A + n_B} = \frac{组分的摩尔数}{总摩尔数}$$

$$x_B = \frac{n_B}{n_A + n_B} \tag{6-71}$$

气相

$$y_A = \frac{n_A}{n_A + n_B}$$

$$y_B = \frac{n_B}{n_A + n_B} \tag{6-72}$$

$$n_A = \frac{G_A}{M_A}$$

$$n_B = \frac{G_B}{M_B} \tag{6-73}$$

式中　x_A、x_B——液相中组分 A、B 的摩尔分数；

　　　y_A、y_B——气相中组分 A、B 的摩尔分数；

　　　G_A、G_B——组分 A、B 的质量，kg；

　　　M_A、M_B——组分 A、B 的分子量；

　　　n_A、n_B——组分 A、B 的摩尔数。

（2）比摩尔分数

在吸收操作中，被吸收气体称为吸收质，气相中不参与吸收的气体称为惰气，吸收用的液体称为吸收剂。由于惰气量和吸收剂量在吸收过程中基本上是不变的，以它们为基准表示浓度，计算比较方便。

液相

$$X_A = \frac{n_A}{n_B} = \frac{液相中某一组分的摩尔数}{吸收剂的摩尔数} \tag{6-74}$$

$$X_A = \frac{x_A}{1 - x_A} \tag{6-75}$$

气相

$$Y_A = \frac{n_A}{n_B} = \frac{气相中某一组分的摩尔数}{惰气的摩尔数} \tag{6-76}$$

$$Y_A = \frac{y_A}{1 - y_A} \tag{6-77}$$

式中　X_A——液相中组分 A 的比摩尔数；

Y_A——气相中组分 A 的比摩尔数。

【例 6-3】 已知氨水中氨的质量分数为 25%，求氨的摩尔分数和比摩尔分数。

【解】 氨的分子量为 17，水的分子量为 18。

摩尔分数

$$x_{NH_3}=\frac{n_A}{n_A+n_B}=\frac{\dfrac{0.25}{17}}{\dfrac{0.25}{17}+\dfrac{0.75}{18}}=0.26$$

比摩尔分数

$$X_{NH_3}=\frac{n_A}{n_B}=\frac{\dfrac{0.25}{17}}{\dfrac{0.75}{18}}=0.353$$

3. 吸收的气液平衡关系

在一定的温度、压力下，吸收剂和混合气体接触时，由于分子扩散，气相中的吸收质向液体吸收剂转移，被吸收剂吸收。同时，溶液中已被吸收的吸收质也会通过分子扩散向气相转移，进行解吸。开始时吸收是主要的，随着吸收剂中吸收质浓度的增高，吸收质从气相向液相的吸收速度逐渐减慢，而液相向气相的解吸速度却逐渐加快。经过足够长时间的接触，吸收速度与解吸速度达到相等，气相和液相中的组分不再变化，此时气液两相达到相际动平衡，简称相平衡或平衡。在平衡状态下，吸收剂中的吸收质浓度达到最大，称为平衡浓度或吸收质在溶液中的溶解度。某一种气体的溶解度除了与吸收质和吸收剂的性质有关外，还与吸收剂温度、气相中吸收质分压力有关。

溶液中吸收了某种气体后，由于分子扩散会在溶液表面形成一定的分压力，该分压力的大小与溶液中吸收质浓度（简称液相浓度）有关，它表示吸收质返回气相的能力，也可以说是反抗吸收的能力。当气相中吸收质分压力等于液面上的吸收质分压力时，气液达到平衡，把此时气相中吸收质的分压力称为该液相平衡浓度（即溶解度）下的平衡分压力。试验结果表明，在一定的温度、压力下，气液两相处于平衡状态时，液相吸收质浓度与气相平衡分压力之间存在着一定的函数关系，即每一个液相浓度都有一个气相平衡分压力与之对应。

图 6-59 是用水吸收氨时的气液平衡关系。从图中可以看出，当 $t=20℃$、气相中氨的分压力为 10kPa 时，每 100g 水中最大可以吸收 10.4g 氨。或者说，$t=20℃$、水中氨的溶解度为 $10.4gNH_3/100gH_2O$ 时，其对应的气相平衡分压力为 10kPa。从图中还可以看出，在气相吸收质分压力相同的情况下，吸收剂温度越高，液相平衡浓度（即溶解度）越低。

综上所述，气体能否被液体吸收，关键在于气相中吸收质分压力和与液体中吸收质浓度相对应的平衡分压力之间的相对大小。气相中吸收质分压力高于

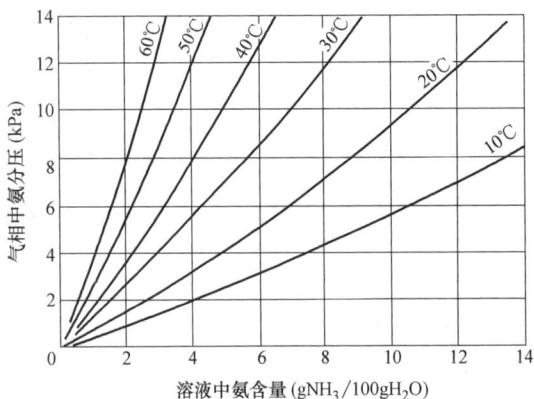

图 6-59 氨—水气液平衡关系

该液体对应的平衡分压力，吸收就能进行。例如 $t=20℃$ 时用水吸收氨，水中氨的溶解度为 $10.4gNH_3/100gH_2O$ 时，其对应的平衡分压力为 10kPa。因此，只有当气体中氨的分压力大于 10kPa 时，吸收才能继续进行。

对于稀溶液，气体总压力不高（低于 5 个大气压）的情况下，气液之间的平衡关系可用下式表示：

$$P^*=Ex \tag{6-78}$$

式中　P^*——气相吸收质平衡分压力，atm 或 kPa；

　　　x——液相中吸收质浓度（用摩尔分数表示）；

　　　E——亨利常数，atm 或 kPa。

上式称为亨利定律。因通风排气中有害气体浓度较低，亨利定律完全适用。

某些工业中常见气体被水吸收时的亨利常数 E 列于表 6-13 中。E 值的大小反映了该气体被吸收的难易程度。E 值大，对应的气相平衡分压力 P^* 高（如 CO、O_2 等），难以吸收；反之，如 SO_2、H_2S 等，则易于吸收。

某些气体在不同温度下被水吸收时的亨利常数 E（单位：atm）　表 6-13

气体种类	温度（℃）					
	0	10	20	30	40	50
空气	43200	54900	66400	77100	87000	94600
CO	35200	44200	53600	62000	69600	76100
O_2	25500	32700	40100	47500	53500	58800
NO	16900	21800	26400	31000	35200	39000
CO_2	728	1040	1420	1860	2330	2830
Cl_2	268	394	530	660	790	890
H_2S	268	376	483	609	745	884
SO_2	16.5	24.2	35	47.9	65.2	86

在实际应用时，亨利定律还有其他表达形式。

（1）液相中吸收质浓度用 C（$kmol/m^3$）表示

$$P^*=C/H \quad 或 \quad C=HP^* \tag{6-79}$$

式中　C——平衡状态下液相中吸收质浓度（即气体溶解度），$kmol/m^3$；

　　　H——溶解度系数，$kmol/(m^3 \cdot atm)$ 或 $kmol/(m^3 \cdot kPa)$。

H 值是随温度的上升而下降的。

（2）气液两相吸收质浓度用摩尔分数和比摩尔分数表示

平衡分压力 P^* 就是平衡状态下气相中吸收质分压力，根据道尔顿气体分压定律，有：

$$P=P_z y \tag{6-80}$$

式中　P——混合气体中吸收质分压力，atm 或 kPa；

　　　P_z——混合气体总压力，atm 或 kPa；

　　　y——混合气体中吸收质摩尔分数。

把式（6-80）代入式（6-78），得：

$$P_z y^* = Ex$$
$$y^* = E/P_z x$$
(6-81)

令
$$m = E/P_z$$

所以
$$y^* = mx \tag{6-82}$$

式中　y^*——平衡状态下气相中吸收质的摩尔分数；

　　　m——相平衡系数。

在通风工程中 P_z 近似等于当地大气压力。对于稀溶液，m 近似为常数。

根据式（6-75）、式（6-77），得：
$$x = \frac{X}{1+X}$$

$$y = \frac{Y}{1+Y}$$

将上述公式代入式（6-82），得：
$$\frac{Y^*}{1+Y^*} = m\left(\frac{X}{1+X}\right)$$

$$Y^* = \frac{mX}{1+(1-m)X} \tag{6-83}$$

式中　Y^*——与液相浓度相对应的气相中吸收质平衡浓度，kmol 吸收质/kmol 惰气；

　　　X——液相中吸收质浓度，kmol 吸收质/kmol 吸收剂。

对于稀溶液，液相中吸收质浓度很低（即 X 值非常小），式（6-83）可以简化为
$$Y^* = mX \tag{6-84}$$

如果式（6-84）用图表示，图 6-60 所示直（曲）线称为平衡线。已知气相中吸收质浓度 Y_A，可以利用该图查得对应的液相中吸收质平衡浓度 X_A^*；已知液相中吸收质浓度 X_A，可以由该图查得对应的气相吸收质平衡浓度 Y_A^*。m 值越小，说明该组分的溶解度大，易于吸收，吸收平衡线较为平坦。

m 值是随温度的升高而增大的。掌握了气液平衡关系，可以帮助解决以下两方面的问题：

（1）在设计过程中判断吸收的难易程度。选定吸收剂以后，液相中吸收质起始浓度 X 是已知的，从平衡线可以查得与 X 相对应的气相平衡浓度 Y^*，如果气相中吸收质浓度（即被吸收气体的起始浓度）$Y > Y^*$，说明吸收可以进行，$\Delta Y = (Y-Y^*)$ 越大，吸收越容易进行。把 ΔY 称为吸收推动力。若吸收推动力小，吸收难以进行，必须重新选择吸收剂。

（2）在运行过程中判断吸收已进行到什么程度。在吸收过程中，随着液相中吸收质浓度的增加，气相平衡浓度 Y^* 也会不断增加，如果发现 Y^* 已接近气相中吸收质浓度 Y，说明吸收推动力 ΔY 已很小，吸收难以继续进行，必须更换吸收剂，降低 Y^*，吸收才会

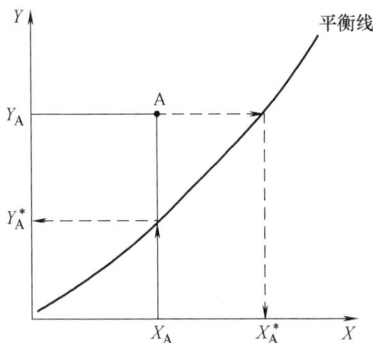

图 6-60　气液平衡关系

继续进行。

【例 6-4】 求 $P_z = 1\text{atm}$、$t = 20℃$时的二氧化硫和水的气液平衡关系。

【解】 由表 6-13 查得，$t = 20℃$时，$E = 35\text{atm}$。

相平衡系数为：

$$m = E/P_z = 35$$

气液平衡关系为：

$$P^* = 35x \quad 或 \quad Y = 35X$$

【例 6-5】 某排气系统中 SO_2 的浓度 $Y_{SO_2} = 50\text{g/m}^3$，用水吸收 SO_2，吸收塔在 $t = 20℃$、$P_z = 1\text{atm}$ 的工况下工作，求水中可能达到的 SO_2 最大浓度。

【解】 SO_2 的分子量 $M_{SO_2} = 64$。

1m^3 混合气体中 SO_2 所占体积为：

$$V_{SO_2} = 50 \times 10^{-3} \times \frac{22.4}{64} = 0.0175 \text{（m}^3\text{）}$$

SO_2 的比摩尔分数为：

$$Y_{SO_2} = \frac{0.0175}{1 - 0.0175} = 0.0178 \text{（kmolSO}_2/\text{kmol 空气）}$$

平衡状态下的液相浓度即为最大浓度。

$$m = 35$$

液相中 SO_2 的最大浓度为：

$$X_{SO_2}^* = \frac{Y_{SO_2}}{m} = \frac{0.0178}{35}$$

$$= 5.1 \times 10^{-4} \text{（kmolSO}_2/\text{kmolH}_2\text{O）}$$

6.2.3 吸收过程的机理

吸收过程是吸收质从气相转移到液相的质量传递过程。由于吸收质从气相转移到液相是通过扩散进行的，因此传质过程也称为扩散过程。传质的基本方式有两种：分子扩散和对流传质。分子扩散是由于分子热运动，使物质由浓度高处向浓度低处转移。分子扩散与传热中的导热相似。物质通过紊流流体的转移称为对流传质，对流传质和对流传热相似。

研究吸收过程的机理是为了掌握吸收过程的规律，并运用这些规律去强化和改进吸收操作。但是，由于问题的复杂性，目前尚缺乏统一的理论以完善地反映包括相间传质的内在规律。下面介绍一种应用较为广泛的传质机理模型——双膜理论。如流体力学所述，流体流过固体壁面时，存在一层作层流运动的边界层。双膜理论就是以此为基础提出的，适用于一般的吸收操作和具有固定界面的吸收设备（如填料塔等）。

1. 双膜理论的基本点

（1）气液两相接触时，它们的分界面称为相界面。在相界面两侧分别存在一层很薄的气膜和液膜（图 6-61），膜层中的流体均处于滞流（层流）状态，膜层的厚度是随气液两相流速的增加而减小的。吸收质以分子扩散的方式通过这两个膜层，从气相扩散到液相。

（2）两膜以外的气液两相称为气相主体和液相主体。主体中的流体都处于紊流状态，由于对流传质，吸收质浓度是均匀分布的，因此传质阻力很小，可以略而不计。吸收过程的阻力主要是吸收质通过气膜和液膜时的分子扩散阻力，对不同的吸收过程，气膜和液膜的阻力是不同的。

（3）不论气液两相主体中吸收质浓度是否达到平衡，在相界面上气液两相总是处于平衡状态，吸收质通过相界面时的传质阻力可以略而不计，这种现象称为界面平衡。界面平衡并不意味着气液两相主体已达到平衡。

图 6-62 是双膜理论的吸收过程示意图，Y_A、X_A 分别表示气相和液相主体的浓度，Y_i^*、X_i^* 分别表示相界面上气相和液相的浓度。因为在相界面上气液两相处于平衡状态，Y_i^*、X_i^* 都是平衡浓度，即 $Y_i^* = mX_i^*$。当气相主体浓度 $Y_A > Y_i^*$ 时，以 $Y_A - Y_i^*$ 为吸收推动力克服气膜阻力，从 a 到 b，在相界面上气液两相达到平衡，然后以 $X_i^* - X_A$ 为吸收推动力克服液膜阻力，从 b' 到 c，最后扩散到液相主体，完成了整个吸收过程。

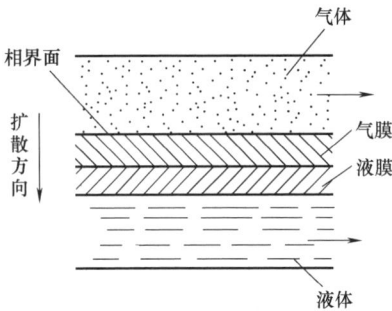

图 6-61　气膜和液膜示意图

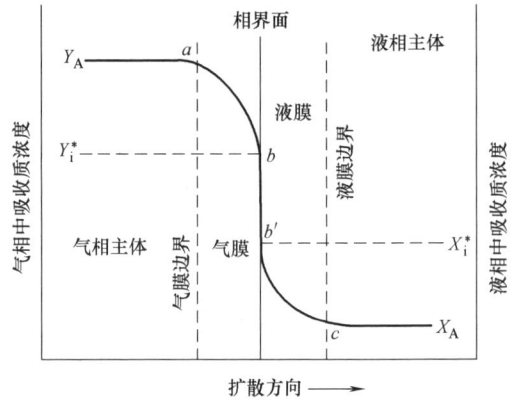

图 6-62　双膜理论的吸收过程示意图

根据以上假设，复杂的吸收过程被简化为吸收质以分子扩散方式通过气液两膜层的过程。通过两膜层时的分子扩散阻力就是吸收过程的基本阻力，吸收质必须要有一定的浓度差才能克服这个阻力进行传质。

根据流体力学原理，流速越大，膜层厚度越薄，因此增大流速可减小扩散阻力、增大吸收速率。实践证明，在流速不太高时，上述论点是符合实际的。当流体的流速较高时，气、液两相的相界面处在不断更新的过程中，即已形成的界面不断破灭，新的界面不断产生。界面更新对改善吸收过程有着重要意义，双膜理论却未予考虑。因此，双膜理论在实际应用时有一定的局限性。

2. 吸收速率方程式

图 6-63 为吸收剂和待处理有害组分的搭配关系。前文所述的气液平衡关系，是指气液两相长时间接触后，吸收剂所能吸收的最大气体量。在实际的吸收设备中，气液的接触时间是有限的，因此，必须确定单位时间内吸收剂所吸收的气体量，把这个量称为吸收速率。吸收速率方程式是计算吸收设备的基本方程式。

与对流传热类似，单位时间从气相主体转移到界面的吸收质的量用下式表示：

$$G_A = k_g' F(P_A - P_i^*) \tag{6-85}$$

式中　G_A——单位时间通过气膜转移到界面的吸收质的量，kmol/s；

F——气液两相的接触面积，m^2；

P_A——气相主体中吸收质分压力，kPa；

P_i^*——相界面上吸收质的分压力，kPa；

k_g'——以 $P_A-P_i^*$ 为吸收推动力的气膜吸收系数，kmol/(m²·kPa·s)。

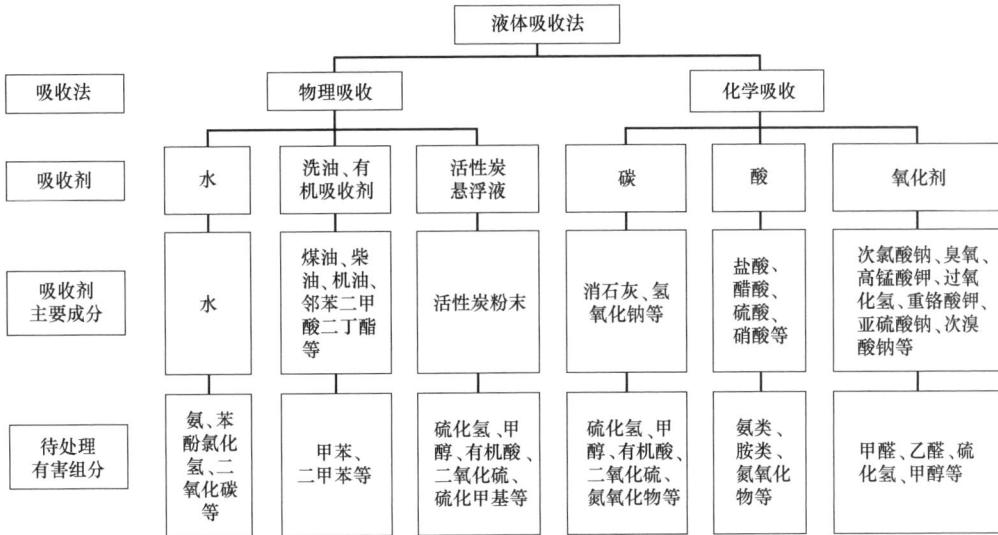

图 6-63　吸收剂和待处理有害组分的搭配关系

为便于计算，式（6-85）中的吸收推动力以比摩尔分数表示时，可表示为：

$$G_A=k_g F(Y_A-Y_i^*) \tag{6-86}$$

式中　Y_A——气相主体中吸收质浓度，kmol 吸收质/kmol 惰气；

Y_i^*——相界面上的气相平衡浓度，kmol 吸收质/kmol 惰气；

k_g——以 ΔY 为吸收推动力的气膜吸收系数，kmol/(m²·s)。

同理，单位时间通过液膜的吸收质量为：

$$G_A'=k_1 F(X_i^*-X_A) \tag{6-87}$$

式中　k_1——以 ΔX 为吸收推动力的液膜吸收系数，kmol/(m²·s)；

X_A——液相主体中吸收质浓度，kmol 吸收质/kmol 吸收剂；

X_i^*——相界面上液相的平衡浓度，kmol 吸收质/kmol 吸收剂。

在稳定的吸收过程中，通过气膜和液膜的吸收质的量应相等，即 $G_A=G_A'$。要利用式（6-86）或式（6-87）进行计算，必须预先确定 k_g 或 k_1 以及相界面上的 X_i^* 或 Y_i^*。实际上相界面上的 X_i^* 和 Y_i^* 是难以确定的，为了便于计算，提出总吸收系数的概念。

$$G_A=k_g F(Y_A-Y_i^*)=k_1 F(X_i^*-X_A) \tag{6-88}$$

根据双膜理论，$Y_i^*=m X_i^*$，因此有：

$$X_i^*=\frac{Y_i^*}{m} \tag{6-89}$$

由于 $Y_A^*=m X_A^*$，所以得：

$$X_A=\frac{Y_A^*}{m} \tag{6-90}$$

式中 Y_A^*——与液相主体浓度 X_A 相对应的气相平衡浓度,kmol 吸收质/kmol 惰气。

将式(6-89)和式(6-90)代入式(6-88),得:

$$G_A = k_g F(Y_A - Y_i^*) = k_1 F\left(\frac{Y_i^*}{m} - \frac{Y_A^*}{m}\right)$$

所以

$$Y_A - Y_i^* = \frac{G_A}{F k_g} \tag{6-91}$$

$$Y_i^* - Y_A^* = \frac{G_A}{F \dfrac{k_1}{m}} \tag{6-92}$$

当式(6-91)与式(6-92)相加,得:

$$Y_A - Y_A^* = \frac{G_A}{F}\left(\frac{1}{k_g} + \frac{m}{k_1}\right)$$

令

$$\frac{G_A}{F} = \frac{1}{\dfrac{1}{k_B} + \dfrac{m}{k_1}}(Y_A - Y_A^*)$$

$$\frac{1}{\dfrac{1}{k_g} + \dfrac{m}{k_1}} = K_g \tag{6-93}$$

$$G_A = K_g(Y_A - Y_A^*)F \tag{6-94}$$

式中 K_g——以 $Y_A - Y_A^*$ 为吸收推动力的气相总吸收系数,kmol/(m² · s)。

同理,可以推导出以下公式:

$$K_1 = \frac{1}{\dfrac{1}{mk_g} + \dfrac{1}{k_1}} \tag{6-95}$$

$$G_A = K_1(X_A^* - X_A)F \tag{6-96}$$

式中 X_A^*——与气相主体浓度 Y_A 相对应的液相平衡浓度,kmol 吸收质/kmol 吸收剂;

K_1——以 $X_A^* - X_A$ 为吸收推动力的液相总吸收系数,kmol/(m² · s)。

式(6-94)和式(6-96)就是吸收速率方程式,这两个公式算出的结果是一样的。类似于传热过程的热阻,把吸收系数的倒数称为吸收阻力。

$$\frac{1}{K_g} = \frac{1}{k_g} + \frac{m}{k_1} \tag{6-97}$$

$$\frac{1}{K_1} = \frac{1}{mk_g} + \frac{1}{k_1} \tag{6-98}$$

式中的 $\dfrac{1}{K_g}\left(\text{或} \dfrac{1}{K_1}\right)$ 称为总吸收阻力,$\dfrac{1}{k_g}$ 称为气膜吸收阻力,$\dfrac{1}{k_1}$ 称为液膜吸收阻力。

由上文可以看出,气体的相平衡系数 m 较小时,$\dfrac{m}{k_1}$ 可以略而不计,此时 $K_g \approx k_g$,这说明吸收过程的阻力主要是气膜阻力,计算时用式(6-94)较为方便。m 较大时,$\dfrac{1}{mk_g}$ 可以略而不计，此时 $K_1 \approx k_1$，说明吸收过程的阻力主要是液膜阻力，计算时用式（6-96）较为方便。

在设计和运行过程中，如果能判别吸收过程的阻力主要在哪一方面，会给设备的选型、设计和改进带来很多方便。例如对于气膜控制的过程，气膜阻力是传质的主要影响因素，应采取减少气膜阻力的措施，如增大气流速度或液气比，以增加气流扰动，减小气膜厚度。k_g 与气流速度的 0.8 次方成正比。对液膜控制过程则应增大液体流量和增大液相的湍动程度，k_1 与喷淋密度的 0.7 次方成正比。

对吸收过程的某些经验判别，可参考表 6-14。

部分吸收过程中膜控制情况　　　　　　　　　　　　　表 6-14

气膜控制	液膜控制	气、液膜控制
水或氨水吸收氨； 浓硫酸吸收三氧化硫； 水或稀盐酸吸收氯化氢； 碱或氨水吸收二氧化硫； 氢氧化钠溶液吸收硫化氢； 液体的蒸发或冷凝	水或弱碱吸收二氧化碳； 水吸收氧气； 水吸收氯气	水吸收二氧化硫； 水吸收丙酮； 浓硫酸吸收二氧化氮； 水吸收氨[①]； 碱吸收硫化氢

[①] 用水吸收氨，过去认为是气膜控制，经实验测知液膜阻力占总阻力的 20%。

从上文分析可以看出，要强化吸收过程可以通过以下途径实现：

（1）增加气液的接触面积。

（2）增加气液的运动速度，减小气膜和液膜的厚度，降低吸收阻力。

（3）采用相平衡系数小的吸收剂。

（4）增大供液量，降低液相主体浓度 X_A，增大吸收推动力。

6.2.4　吸收设备

为了强化吸收过程，降低设备的投资和运行费用，吸收设备必须满足以下基本要求：

（1）气液之间有较大的接触面积和一定的接触时间。

（2）气液之间扰动强烈，吸收阻力低，吸收速率高。

（3）采用气液逆流操作，增大吸收推动力。

（4）气体通过时阻力小。

（5）耐磨、耐腐蚀，运行安全可靠。

（6）构造简单，便于制作和检修。

从吸收机理可以看出，气液两相的界面状态对吸收过程有着决定性影响，吸收设备的主要功能就在于建立最大的相接触面积，并使其迅速更新。由于用吸收法净化处理的通风排气大多是低浓度、大风量工况，因而大多选用气相为连续相、紊流程度高、相界面大的吸收设备。

用于气体净化的吸收设备种类很多，下面介绍几种常用的设备。

1. 喷淋塔

喷淋塔的结构如图 6-64 所示，废气从下部进入，吸收剂从上向下分几层喷淋。喷淋塔上部设有液滴分离器。喷淋的液滴应大小适中，液滴直径过小，容易被气流带走；液滴直径过大，气液的接触面积小、接触时间短，影响吸收速率。

气体在吸收塔横断面上的平均流速称为空塔速度，喷淋塔的空塔速度一般为 $0.6\sim$ $1.2m/s$，阻力为 $20\sim200Pa$，液气比为 $0.7\sim2.7L/m^3$。喷淋塔的优点是阻力小，结构简单，塔内无运动部件。但是它的吸收效率不高，仅适用于有害气体浓度低、处理气体量不大和同时需要除尘的情况。近年来发展出了大流量高速喷淋塔，以提高其吸收效率。

2. 填料塔

填料塔如图 6-65 所示，在喷淋塔内填充适当的填料就成了填料塔，放置填料后，可以增大气液接触面积。吸收剂自塔顶向下喷淋，沿填料表面下降，润湿填料，气体沿填料的间隙上升，在填料表面气液接触，进行吸收。

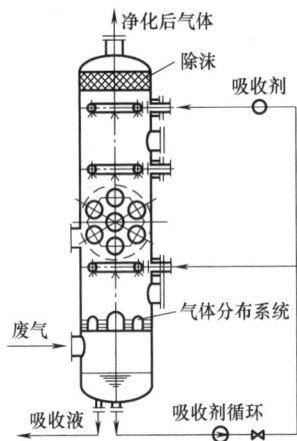

图 6-64 喷淋塔

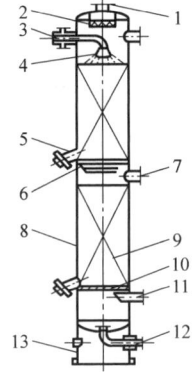

1—气体出口；2—除沫装置；3—液体进口；4—液体分布装置；5—卸料口；6—液体再分布装置；7—填料入孔；8—筒体；9—填料；10—栅板；11—气体进口；12—液体出口；13—裙座。

图 6-65 填料塔

填料有多种形式，一般分为两大类：一类是个体填料，如拉西环、鲍尔环、鞍形环等；另一类是规整填料，如栅板、网环、波纹填料等。与个体填料相比，目前工业中规整填料应用较多，其中以波纹填料应用最为广泛。波纹填料由许多与水平方向呈 $45°$（或 $60°$）倾角的波纹板组成，上下两层波纹板相互垂直放置，相邻两波纹板倾斜方向相反，由此组成蜂窝状通道。波纹板表面又有不同的花纹、细缝或小孔，以利于表面润湿和液体均匀分布。波纹填料可用金属丝网、金属薄板、塑料或玻璃钢等制造。由于波纹填料气流通道规则、气液分布均匀，故允许气流速度高、压降低、效率高。

图 6-66 给出了几种常见填料。近年来还研制出了阶梯斜壁形、套筒式、脉冲式及直通式等新型填料，它们不仅价格低廉，而且性能良好。填料的一般要求是比表面积大（单位填料层提供的填料的表面积，以 a 表示）、孔隙率大、气体流动阻力小、耐腐蚀、机械强度高。

填料层高度较大时，液体在流过 $3\sim4$ 倍塔直径的填料层后，有逐渐向塔壁流动的趋势，这种现象称为弥散现象。弥散现象使塔中部不能湿润，恶化传质。因此填料层较高时，每隔塔径 $2\sim3$ 倍的高度要另外安装液体再分布装置，将液体引入塔中心或作再分布。为避免操作时出现干填料状况，一般要求液体的喷淋密度在 $10m^3/(m^2 \cdot h)$ 以上，并力求喷淋均匀。填料塔的空塔速度一般为 $0.5\sim1.5m/s$，速度过高会使气体大量带液，影响整个塔的正常操作。每米填料层的阻力为 $150\sim600Pa$。

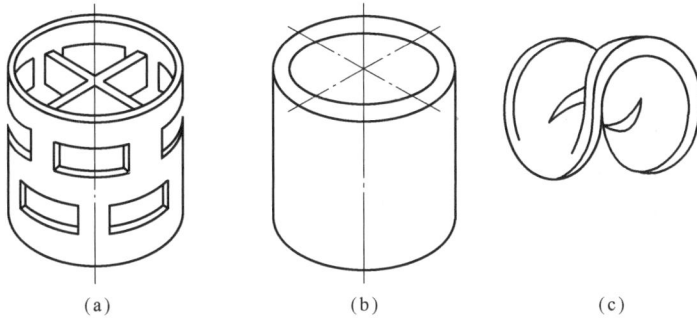

图 6-66　几种常用的填料

(a) 鲍尔环；(b) 拉西环；(c) 弧鞍形

填料塔结构简单、阻力中等，是目前应用较广的一种吸收设备。它不适用于有害气体与粉尘共存的场合，以免堵塞。填料塔直径不宜超过 800～1000mm，直径过大，液体在径向分布不均匀，影响吸收效率。

3. 湍球塔

湍球塔是一种高效吸收设备，它是填料塔的特殊情况，让塔内的填料处于运动状态，以强化吸收过程。如图 6-67 所示，塔内设有开孔率较大的筛板，筛板上放置一定数量的轻质小球。气流通过筛板时，小球在其中旋转、相互碰撞，吸收剂自上向下喷淋，加湿小球表面，进行吸收。由于气、液、固三相接触，小球表面的液膜能不断更新，增大吸收推动力，提高吸收效率。

小球应耐磨、耐腐、耐温，通常用聚乙烯和聚丙烯制作，塔的直径大于 200mm 时，可以采用 Φ25、Φ30、Φ38 的小球，填料层高度为 0.20～0.30m。

湍球塔的空塔速度一般为 2.0～6.0m/s，对于可能发生结晶的过程，由于小球之间不断碰撞，球面上的结晶不断被清除，不会造成堵塞。在一般情况下，每段塔的阻力为 400～1200Pa，在同样的气流速度下，湍球塔的阻力要比填料塔小。

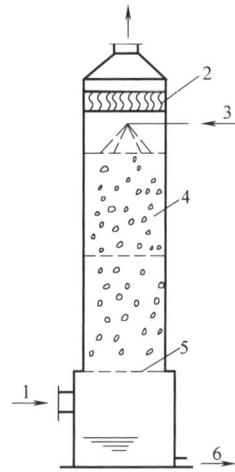

1—有害气体入口；2—液滴分离器；3—吸收剂入口；4—轻质小球；5—筛板；6—吸收剂出口。

图 6-67　湍球塔

湍球塔的特点是风速高、处理能力大、体积小、吸收效率高。它的缺点是：随小球的运动，有一定程度的返混，段数多时阻力较高；另外，塑料小球不能承受高温，使用寿命短，需经常更换。

4. 筛板塔

筛板塔如图 6-68 所示，塔内设有几层筛板，气体从下而上经筛孔进入筛板上的液层，通过气体的鼓泡进行吸收。气液在筛板上交叉流动，为了使筛板上的液层厚度保持均匀，提高吸收效率，筛板上设有溢流管，筛板上液层厚度一般为 30mm 左右。

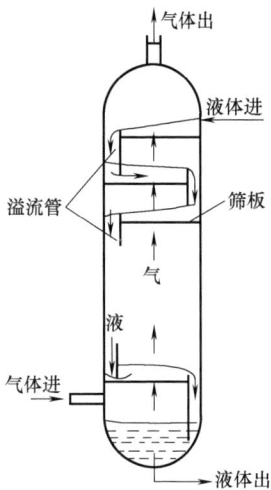

图 6-68 筛板塔

从图 6-68 可以看出，在泡沫层中气流和气泡激烈地搅动液体，使气液充分接触，此层是传质的主要区域。随气流速度的提高，泡沫层和雾沫层逐渐变厚，鼓泡层逐渐消失，而且由气流带到上层筛板的雾滴增多。把雾滴带到上层筛板的现象称为雾沫夹带。气流速度增大到一定程度后，雾沫夹带相当严重，使液体从下层筛板倒流到上层筛板，这种现象称为液泛。因此，筛板塔的气流速度不能过高，但是流速也不能过小，以免大量液体从筛孔泄漏，影响吸收效率。筛板塔的空塔速度一般为 1.0～3.5m/s，筛板开孔率为 10%～18%，每层筛板阻力为 200～1000Pa。筛孔直径一般为 3.0～8.0mm，筛孔直径过小不便加工。近年来发展出了大孔径筛板，筛孔直径为 10～25mm。

筛板塔的优点是构造简单，吸收效率高，处理风量大，可使设备小型化。在筛板塔中液相是连续相、气相是分散相，适用于以液膜阻力为主的吸收过程。筛板塔不适用于负荷变动大的场合（操作时难以掌握）。

气流通过筛板塔的筛孔垂直向上时，会把液滴喷得很高，容易产生雾沫夹带。而且筛板上有液面落差，引起气体分布不均匀，对提高效率不利。为进行改进，可以在筛孔上方设置舌形板，舌叶与板面呈一定角度，向筛板的溢流口侧张开，这种改进的板式塔称为舌形板塔，如图 6-69 所示。舌形板塔开孔率较大，可采用较大的空塔速度，处理能力比筛板塔大。气体由舌形板斜向喷出时，与板上液流方向一致，使液流受到推动，避免了液体的逆向混合及液面落差问题。板上滞留液量也较小，故操作灵敏，阻力小。

目前在某些工厂应用的斜孔板塔就是舌形板塔的变形。

5. 文丘里吸收器

第 6.1 节所述的文丘里过滤器也可应用于气体吸收，如图 6-70 所示。它能使气液两相在高速紊流中充分接触，大大强化吸收过程。文丘里吸收器具有体积小、处理风量大、阻力大等特点。

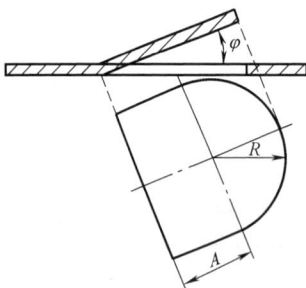

图 6-69 舌形板塔示意图

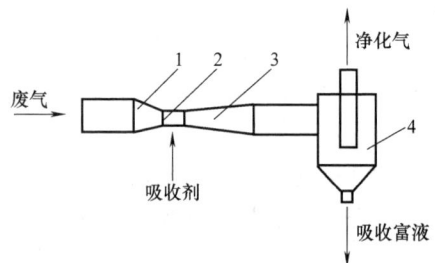

1—渐缩管；2—喉管；3—渐扩管；4—旋风分离器。

图 6-70 文丘里吸收器

6. 喷射吸收器

喷射吸收器如图 6-71 所示。吸收剂从顶部压力喷嘴高速喷出，形成射流，产生的吸力将气体吸入后流经吸收管。液体被喷成细小雾滴和气体充分混合，完成吸收过程，然后进行气液分离，净化气体经除沫后排出。喷射吸收器的优点是气体不需要风机输送，气体压降小，适于对腐蚀性气体的处理。其缺点是动力消耗大，需要大量液体吸收剂，液气比为 $10\sim100L/m^3$；不适于大气量处理。

常用吸收设备的特性比较如表 6-15 所示。

6.2.5 吸收过程的物料平衡及操作线方程式

如图 6-72 所示，吸收塔气液之间稳定连续地逆流接触。在整个吸收过程中吸收剂量和惰气量基本上都是保持不变的。

根据物料平衡，气相中减少的吸收质的量应等于液相中增加的吸收质的量。在 dZ 这段高度内，吸收质的传递量为：

$$dG = VdY = LdX \quad kmol/s \quad (6-99)$$

式中　V——单位时间通过吸收塔的惰气量，kmol/s；

　　　L——单位时间通过吸收塔的吸收剂量，kmol/s；

dY、dX——在 dZ 高度内气相、液相中吸收质浓度的变化量，kmol 吸收质/kmol 惰气、kmol 吸收质/kmol 吸收剂。

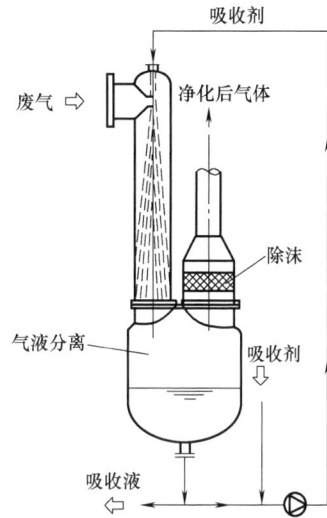

图 6-71　喷射吸收器

常用吸收设备的特性比较　　　　　　　　　　　　　　　　表 6-15

吸收设备	特性	优点	缺点
填料塔	空塔速度为 0.5～1.5m/s，液气比为 0.5～2.0L/m³，阻力约 500Pa/m	结构简单，气液接触效果好，阻力较小，便于用耐腐蚀材料制造	气流速度过大时，出现液泛，不能再运转；当烟气中含有粉尘和吸收液中有沉淀物时，易堵塞
喷淋塔	空塔速度为 0.6～1.2m/s，液气比为 0.7～2.7L/m³，阻力小于 250Pa	结构简单、造价低、阻力小，适宜于含尘气体的吸收净化，操作方便	喷嘴易堵塞，气流分布不易均匀，设备庞大，效率低，耗水量及占地面积均较大
文丘里吸收器	喉部气流速度为 40～80m/s，液气比为 0.3～2.0L/m³，阻力为 2000～9000Pa	设备小，可以处理大体积量气体，吸收效率高	阻力大
筛板塔	空塔速度为 1.0～3.5m/s，液气比为 0.5～1.2L/m³，阻力为 980～1960Pa/板	处理能力大、压降小、效率高，制作安装简单，金属耗量少，造价低	负荷范围比较窄，必须维持恒定的操作条件，小孔径的筛孔容易堵塞

因为操作是稳定连续的，L、V 都是定值。塔内任意断面与塔底的物料平衡方程式为：

$$V(Y_1 - Y) = L(X_1 - X) \quad (6-100)$$

式中　Y_1、X_1——塔底的气相和液相浓度；

　　　Y、X——塔内任一断面上的气相和液相浓度。

上式可改写为

$$Y = Y_1 + (L/V)(X - X_1) \quad (6-101)$$

式（6-101）是通过（X_1、Y_1）点的直线方程，其斜率为 L/V。

若对全塔进行平衡计算，则得：

$$V(Y_1 - Y_2) = L(X_1 - X_2) \tag{6-102}$$

式中 Y_2、X_2——塔顶部的气相和液相浓度。

　　这个方程式是通过（X_1、Y_1）点和（X_2、Y_2）点的一条直线，如图 6-73 所示。这条直线称为操作线，式（6-102）称为操作线方程式。操作线上任意一点反映了吸收塔内任一断面上气、液两相吸收质浓度的变化关系。操作线的斜率 L/V 称为液气比，它表示每处理 1kmol 惰气所用的吸收剂量（kmol）。

$$\frac{L}{V} = \frac{Y_1 - Y_2}{X_1 - X_2} \tag{6-103}$$

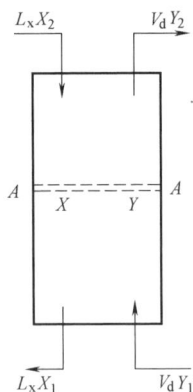

图 6-72　逆流操作的吸收塔

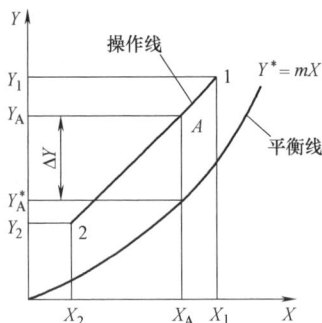

图 6-73　操作线和平衡线

　　为便于分析问题，总是把平衡线和操作线在同一图上画出。通过平衡线可以找出与 A—A 断面上液相浓度相对应的气相平衡浓度 Y_A^*。A—A 断面上的气相浓度 Y_A 与气相平衡浓度 Y_A^* 之差（$\Delta Y = Y_A - Y_A^*$）就是 A—A 断面的吸收推动力。从图 6-73 可以看出，操作线和平衡线之间的垂直距离就是塔内各断面的吸收推动力。不同断面上的吸收推动力 ΔY 是不同的，它不是一个常数。

6.2.6　吸收设备的计算

1. 吸收剂用量计算

　　进行吸收设备计算时，式（6-103）中的惰气量 V、气相进口浓度 Y_1 是由工艺过程确定的。处理低浓度有害气体时，可近似认为惰气量等于吸收塔的处理风量。气相出口浓度 Y_2 是由排放标准规定的。液相进口浓度 X_2 取决于吸收剂，选定吸收剂后，X_2 也是已知的。只有吸收剂量 L 及液相出口浓度 X_1 是未知的。增大 L、减小 X_1，吸收推动力 $\Delta Y_1 = Y_1 - Y_1^*$ 也相应增大，可以提高吸收效率。

　　如图 6-74 所示，随吸收剂用量 L 的减少，操作线斜率也相应减小，逐渐向平衡线靠近。当 L 减小到某一值时，操作线与平衡线在塔的底部 B^* 点相交。这说明在该处气液两相已达到平衡，这时的液相出口浓度等于气相进口浓度 Y_1 所对应的液相平衡浓

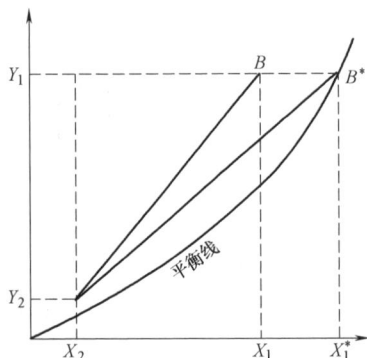

图 6-74　吸收塔的最小液气比

度 X_1^* （即 $Y_1=mX_1^*$ 或 $Y_1^*=mX_1$），该处的吸收推动力 $\Delta Y_1=Y_1-Y_1^*=0$。这是一种极限状态，在这种情况下塔的底部已不再进行传质。把操作线与平衡线相交时的供液量称为最小供液量，这时的液气比称为最小液气比，以 $(L/V)_{min}$ 表示。根据图 6-73，此时吸收塔的液相出口浓度 $X_1=X_1^*=Y_1/m$。

所以
$$\left(\frac{L}{V}\right)_{min}=\frac{Y_1-Y_2}{X_1^*-X_2}=\frac{Y_1-Y_2}{\dfrac{Y_1}{m}-X_2} \tag{6-104}$$

式中 X_1^*——与 Y_1 相对应的液相平衡浓度，kmol 吸收质/kmol 吸收剂。

吸收塔的最小供液量可由上式求得。为了提高吸收效率，实际供液量应大于最小供液量。但是也不能过大，供液量过大会增加循环水泵的动力消耗和废水处理量。设计时必须全面分析，确定最佳的液气比。通常取 $\dfrac{L}{V}=(1.2\sim2.0)\left(\dfrac{L}{V}\right)_{min}$。

【例 6-6】 有一吸收塔处理 92% 空气（指体积）和 8% 氨气的混合气体。已知 $t=20℃$，混合气体总压力 $P_z=1atm$，混合气体的总流量 $L_z=0.5m^3/s$。用水吸收氨气，氨与水的气液平衡关系式为 $Y^*=0.76X$。要求的净化效率为 95%，求实际的供液量和液相出口浓度。氨的分子量 $M=17$。

因 $t=20℃$ 与标准状态差别较小，按标准状态计算，不做修正。

【解】 混合气体中惰气的流量为：
$$V=\frac{0.5\times0.92}{22.4}=2.05\times10^{-2}（kmol/s）$$

混合气体中 NH_3 的流量为：
$$V_{NH_3}=\frac{0.5\times0.08}{22.4}=0.00179（kmol/s）$$

进口处气相中 NH_3 的浓度为：
$$Y_1=\frac{V_{NH_3}}{V}=\frac{0.00179}{0.0205}=0.087（kmol\ NH_3/kmol\ 空气）$$

出口处气相中 NH_3 的浓度为：
$$Y_2=0.087(1-0.95)=0.00435（kmol\ NH_3/kmol\ 空气）$$
$$Y_2=0.00435\times17\times10^3/22.4=3.3（mg/m^3）$$

进口处液相中 NH_3 的浓度 $X_2=0$。

最小液气比为：
$$\left(\frac{L}{V}\right)_{min}=\frac{Y_1-Y_2}{\dfrac{Y_1}{m}-X_2}=\frac{0.087-0.00435}{\dfrac{0.087}{0.76}-0}=0.722$$

取实际液气比为最小液气比的 1.3 倍：
$$\frac{L}{V}=1.3\left(\frac{L}{V}\right)_{min}=1.3\times0.722=0.94$$

实际供液量为：
$$L=0.94V=0.94\times2.05\times10^{-2}$$
$$=1.93\times10^{-2}（kmol/s）=1251（kg/h）$$

出口处液相浓度为：

$$X_1 = \frac{Y_1 - Y_2}{L/V} = \frac{0.087 - 0.00435}{0.94} = 0.088 \ (\text{kmol NH}_3/\text{kmol H}_2\text{O})$$

2. 吸收塔平均吸收推动力计算

根据式（6-94）确定吸收塔的传质量时，必须确定吸收推动力 $\Delta Y = Y_A - Y_A^*$。

由图 6-73 可以看出，在吸收塔的不同断面上，ΔY 不是一个常数。因此，计算时必须按传热学中求换热设备平均温差的方法，求出吸收塔的平均吸收推动力 ΔY_p。

当 $\dfrac{\Delta Y_1}{\Delta Y_2} \leqslant 2$ 时，　　　　　　　$\Delta Y_p = \dfrac{\Delta Y_1 + \Delta Y_2}{2}$　　　　　（6-105）

当 $\dfrac{\Delta Y_1}{\Delta Y_2} > 2$ 时，　　　　　　　$\Delta Y_p = \dfrac{\Delta Y_1 - \Delta Y_2}{\ln \dfrac{\Delta Y_1}{\Delta Y_2}}$　　　　　（6-106）

式中　ΔY_1——塔底部的吸收推动力，kmol 吸收质/kmol 惰气；

　　　ΔY_2——塔顶部的吸收推动力，kmol 吸收质/kmol 惰气。

单位时间内吸收塔的传质量为：

$$G_A = F K_g \Delta Y_p \quad \text{kmol/s} \tag{6-107}$$

3. 吸收系数的确定

进行吸收设备计算，必须确定吸收系数 K_g（或 K_l）。与传热学中的传热系数 K 一样，影响吸收系数的因素十分复杂，如吸收质和吸收剂的性质、设备的结构、气液两相的运动状况等。因此 K_g（或 K_l）很难用理论方法求得。目前一般通过中间试验或生产设备实例求得，或者根据由实验数据整理出的准则方程式进行计算。进行工程设计时，可参阅文献 [26]～[28]。

4. 填料塔阻力计算

填料塔阻力可根据图 6-75 及表 6-16 计算，其计算步骤见例 6-7。

填料系数 F_T（乱堆）　　　　　　　　　　　　表 6-16

填料种类	材料	尺寸(mm)			
		26	38	51	76 或 89
矩鞍形	陶瓷	92	52	40	22
弧鞍形	陶瓷	110	65	45	—
拉西环	陶瓷	155	95	65	37
鲍尔环	金属	48	33	20	16
	塑料	52	40	24	10

【例 6-7】　某工艺设备的通风排气中含有氯气（Cl_2），已知处理空气量 $L_z = 1\text{m}^3/\text{s}$，排气中 Cl_2 的质量浓度为 450mg/m^3。常温、常压下在填料塔内用 8% 的 NaOH 溶液进行吸收，要求净化效率不小于 95%。计算填料塔直径、填料层高度、填料层阻力及供液量。

【解】　Cl_2 的分子量 $M = 70.9$。

惰气的流量 $V = 1/22.4 = 0.045$（kmol/s）。

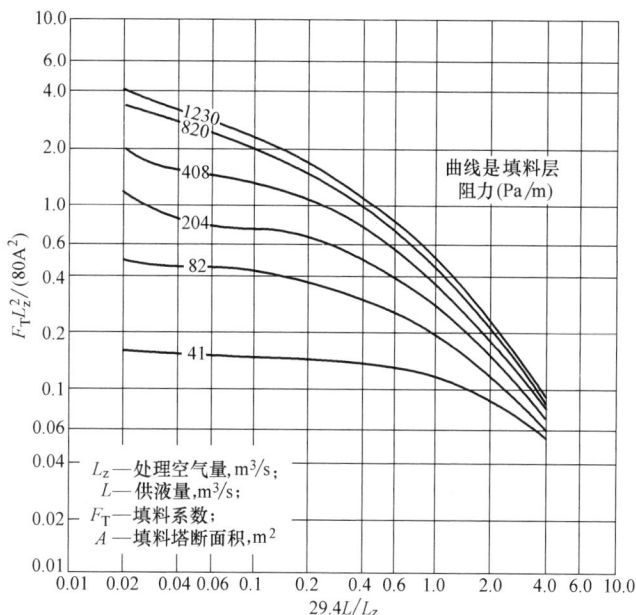

图 6-75　填料层阻力通用关联图

出口处气相中 Cl_2 的浓度为：

$$Y_1 = \frac{450 \times 10^{-6}/70.9}{0.045} = 1.41 \times 10^{-4}(\text{kmol } Cl_2/\text{kmol 空气})$$

进口处气相中 Cl_2 的浓度为：

$$Y_2 = (1-\eta)Y_1 = (1-0.95) \times 1.41 \times 10^{-4} = 7 \times 10^{-6}(\text{kmol } Cl_2/\text{kmol 空气})$$

填料塔吸收的 Cl_2 量为：

$$G_A = V(Y_1 - Y_2) = 0.045 \times (1.41-0.07) \times 10^{-4} = 6 \times 10^{-6}(\text{kmol/s})$$

设填料塔空塔速度 $v=1.0\text{m/s}$。

填料塔横断面积为：

$$A = L_z/v = 1/1 = 1 \ (\text{m}^2)$$

填料塔直径为：

$$D = \sqrt{\frac{4A}{\pi}} = \sqrt{\frac{4 \times 1}{3.14}} = 1.13 \ (\text{m})$$

取 $D=1.1\text{m}$。

设填料塔喷淋密度为 $20\text{m}^3/(\text{m}^2 \cdot \text{h})$。

供液量为：

$$L = 20 \times 1.0 = 20(\text{m}^3/\text{h}) = 0.309 \ (\text{kmol/s})$$

根据式（6-102），出口处液相浓度为：

$$X_1 = \frac{V}{L}(Y_1-Y_2) + X_2 = \frac{0.045}{0.309}(1.41-0.07) \times 10^{-4} + 0$$

$$= 1.95 \times 10^{-5}(\text{kmol } Cl_2/\text{kmol } H_2O)$$

根据式（6-106），填料塔平均吸收推动力为：

$$\Delta Y_p = \frac{(Y_1 - Y_1^*) - (Y_2 - Y_2^*)}{\ln \dfrac{Y_1 - Y_1^*}{Y_2 - Y_2^*}}$$

对于通风排气的净化装置，因 X_1 及 X_2 均较小，其对应的气相平衡浓度 Y_1^* 及 Y_2^* 也较小。计算时可近似认为 $Y_1 - Y_1^* \approx Y_1$，$Y_2 - Y_2^* \approx Y_2$，因此上式可简化为：

$$\Delta Y_p = \frac{Y_1 - Y_2}{\ln \dfrac{Y_1}{Y_2}} = \frac{(1.41 - 0.07) \times 10^{-4}}{\ln \dfrac{1.41 \times 10^{-4}}{0.07 \times 10^{-4}}}$$

$$= 4.47 \times 10^{-5} (\text{kmol } Cl_2 / \text{kmol 空气})$$

本设计采用 50mm 瓷质拉西环。

根据文献 [27]，用 NaOH 溶液吸收氯气，其气相总吸收系数 $K_g = 5.77 \times 10^{-3} \text{kmol/(s} \cdot \text{m}^2)$。50mm 瓷质拉西环乱堆时的比表面积 $a = 93 \text{ m}^2/\text{m}^3$。

根据式 (6-107)，所需的气液接触面积为：

$$F = \frac{\pi}{4} D^2 \cdot H \cdot a = \frac{G_A}{K_g \cdot \Delta Y_p} (\text{m}^2)$$

式中　H——填料层高度，m。

$$H = \frac{G_A}{\dfrac{\pi}{4} D^2 \cdot (K_g a) \cdot \Delta Y_p} = \frac{6 \times 10^{-8}}{\dfrac{\pi}{4}(1.1)^2 \times 5.77 \times 10^{-8} \times 93 \times 4.47 \times 10^{-5}}$$

$$= 2.63 (\text{m})$$

取 $H = 2.7\text{m}$。

由表 6-16 查得填料系数 $F_T = 65$。

$$\frac{F_T L_z^2}{80 A^2} = \frac{65 \times 1}{80 \times 1} = 0.81$$

$$29.4 L/L_z = 29.4 \times 20/1 \times 3600 = 0.163$$

由图 6-75 查得填料层阻力约为 250Pa/m。

填料层总阻力为：

$$\Delta P_z = 2.7 \times 250 = 675 (\text{Pa})$$

6.2.7　吸收装置设计

与生产工艺的排气相比，通风排气中所含有害气体的浓度一般都比较低，没有很大的回收利用价值。因此，用于通风排气系统的吸收设备与工艺流程应尽量简单，维护管理方便。在可能的条件下，应尽量采用工厂的废液（如废酸、废碱液）作为吸收剂。

1. 吸收剂的选择

吸收剂的选择对吸收操作的效果和成本有很大影响，要选用对吸收质溶解度大、非挥发性、价廉、来源广的液体作吸收剂。一般情况下碱性气体用酸性吸收剂，酸性气体用碱性吸收剂。

（1）水吸收法

对于水溶性气体（如 HCl、NH_3 等），用水作吸收剂是最经济的，但是气相中吸收质

152

浓度较低时，吸收效率较低。当废液中含酸浓度超过排放标准时，应对废液进行中和处理后再排放。

吸收效率无法满足要求时，可采用化学吸收法。有害气体在液相中发生化学反应时，降低了液相中的吸收质浓度，使其对应的平衡分压力也大大下降，增大了吸收推动力，提高了吸收效率。

（2）碱液吸收法

对于酸性气体，为提高吸收效率，常用低浓度碱液进行吸收（中和）。

1）用石灰或石灰石吸收二氧化硫

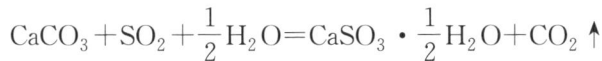

$$CaCO_3+SO_2+\frac{1}{2}H_2O=CaSO_3\cdot\frac{1}{2}H_2O+CO_2\uparrow$$

$$SO_2+Ca(OH)_2=CaSO_3\cdot\frac{1}{2}H_2O+\frac{1}{2}H_2O$$

以石灰石为脱硫剂时，净化效率为 85％左右，石灰的反应性比石灰石好，净化效率可达 90％。用石灰作吸收剂时液相传质阻力很小，而采用石灰石时，气、液相传质阻力较大。因此，采用气、液接触时间较短的吸收塔时，用石灰比石灰石好。结垢和堵塞是影响吸收塔操作的最大问题。吸收塔应具有较大的供液量和较高的气液相对速度。

2）用碳酸钠溶液吸收硫酸雾

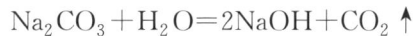

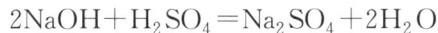

$$Na_2CO_3+H_2O=2NaOH+CO_2\uparrow$$
$$2NaOH+H_2SO_4=Na_2SO_4+2H_2O$$

碳酸钠溶液的质量分数一般为 10％，可循环使用。pH 达到 8～9 时，需更新碱液。

3）用氢氧化钠溶液吸收氯

$$2NaOH+Cl_2=NaCl+NaOCl+H_2O$$

当碱液质量浓度为 80～100g/L 时，吸收效率可达 99％。

（3）采用其他吸收剂的吸收方法

1）用高锰酸钾溶液吸收汞蒸气

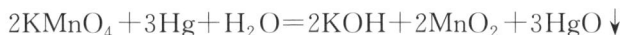

$$2KMnO_4+3Hg+H_2O=2KOH+2MnO_2+3HgO\downarrow$$

用填料塔进行吸收，高锰酸钾溶液的质量分数为 0.25％～0.5％，液气比为 3.1～4.1L/m³ 时，净化效率可达 97％。

2）用柴油吸收有机溶剂蒸气

涂装行业的有机废气是涂料中的有机溶剂挥发造成的。对人体危害较大的有甲苯、二甲苯等，它们能溶解于柴油和煤油。目前我国涂装行业常用 0 号柴油作为吸收剂，净化效率可达 95％以上。柴油是快速吸收型吸收剂，必须考虑从柴油中分离有机溶剂，使柴油再生后循环使用。

2. 吸收法净化有害气体示例

（1）氯化氢的净化

氯化氢易溶于水，当 $t=20℃$ 时，溶解度为 442m³ HCl/m³ H₂O，是氨的 8 倍、二氧化硫的 10 倍。低浓度 HCl 废气处理工艺流程如图 6-76 所示。该系统以水为吸收剂，净化效率可达 90％以上。如果工艺条件允许，可以废碱液作为吸收剂。

（2）NO_x 的净化

在电镀生产中，铝制品的化学抛光，铜、镍的退镀等都要在硝酸溶液内进行，会产生大量的氮氧化物（NO_2、NO），排出的废气带有深黄色。下面介绍氨—碱溶液两相吸收法。

第一级　氨在气相中与 NO_x、水蒸气反应：
$$2NH_3 + NO + NO_2 + H_2O = 2NH_4NO_2$$
$$2NH_3 + 2NO_2 + H_2O = NH_4NO_3 + NH_4NO_2$$
$$NH_4NO_2 = N_2 + 2H_2O$$

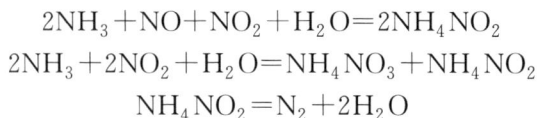

第二级　用碱液吸收：
$$2NaOH + 2NO_2 = NaNO_3 + NaNO_2 + H_2O$$
$$2NaOH + NO + NO_2 = 2NaNO_2 + H_2O$$

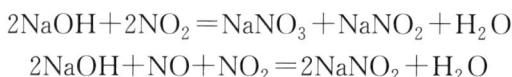

图 6-77 是 NO_x 净化系统示意图。含 NO_x 的废气在管道中与氨气混合，进入第一级反应。然后经缓冲器和风机进入吸收塔，用碱液吸收。经测定，净化效率可达 95% 以上。若单独采用碱液吸收，净化效率只有 70% 左右。

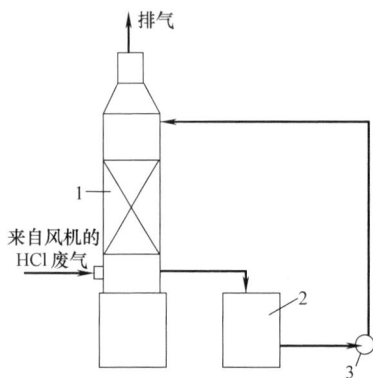

1—波纹填料塔；2—循环槽；3—塑料泵。

图 6-76　低浓度 HCl 废气处理工艺流程

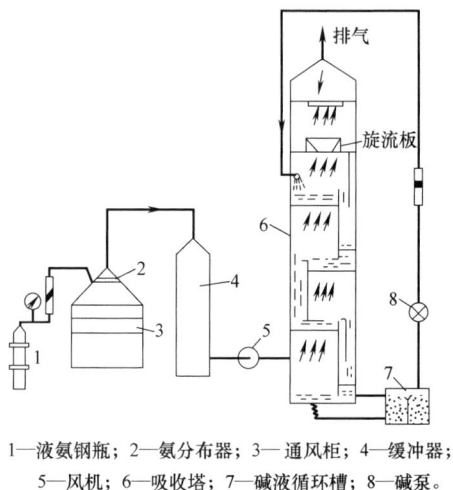

1—液氨钢瓶；2—氨分布器；3—通风柜；4—缓冲器；
5—风机；6—吸收塔；7—碱液循环槽；8—碱泵。

图 6-77　NO_x 净化系统示意图

该装置的吸收效率与下列因素有关：

1）进口处 NO_x 浓度高，吸收效率高。

2）增大喷淋密度有利于吸收，喷淋密度通常取 $8.0 \sim 10 m^3/(m^2 \cdot h)$。

3）氧化度为 50% 时吸收效率最高。

4）氨气加入量以 $50 \sim 200$ L/h 为宜。

从上文分析可以看出，一种有害气体常有多种吸收剂可供选择，设计时必须进行全面分析。需要考虑的主要因素有净化设备价格、运行费用、净化效果、吸收剂价格及来源、副产品出路等。另外，还要考虑废水处理问题，必须避免污染转移，不能把大气污染变成水质污染。

（3）SO_2 的净化

江苏某热电厂采用的袋式除尘器后设置石灰湿法脱硫装置，其工艺流程见图 6-78。

烟气由原有设备烟道进入吸收塔。在吸收塔内，用循环泵将脱硫剂熟石灰浆通过喷嘴连续向上喷出。这时，喷出的熟石灰浆与烟气中的 SO_2 发生气液接触反应，去除 SO_2，然后被吸入吸收塔槽内的空气氧化，成为石膏浆。主要反应为：

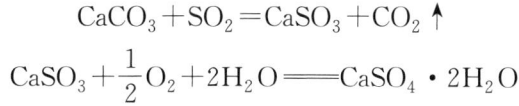

$$CaCO_3 + SO_2 = CaSO_3 + CO_2 \uparrow$$

$$CaSO_3 + \frac{1}{2}O_2 + 2H_2O \Longrightarrow CaSO_4 \cdot 2H_2O$$

石膏浆在吸收塔槽内被高度浓缩，作为副产品被送入存储槽，进行固液分离。脱尘脱硫的排气通过除雾器除去雾滴后排入大气。

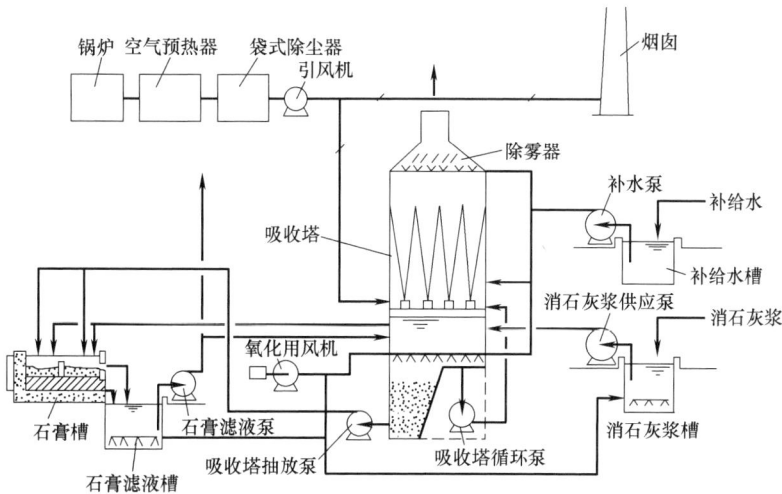

图 6-78　简易湿式石灰石膏法工艺流程图

6.2.8　吸附法

让通风排气与某种固体物质相接触，利用该固体物质对气体的吸附能力除去其中某些有害成分的过程称为吸附。用于吸附的固体物质称为吸附剂，被吸附的气体称为吸附质。吸附法广泛应用于低浓度有害气体的净化，特别是各种有机溶剂蒸气。吸附法的净化效率能达到 100%。一定量的吸附剂所吸附的气体量是有一定限度的，经过一定时间吸附达到饱和时，要更换吸附剂。饱和的吸附剂经再生（解吸）后可重复使用。

1. 吸附的原理

吸附过程是由于气相分子和吸附剂表面分子之间的吸引力使气相分子吸附在吸附剂表面的。吸附和吸收的区别是：吸收时吸收质均匀分散在液相中，吸附时吸附质只吸附在吸附剂表面。因此，用作吸附剂的物质都是松散的多孔状结构，具有巨大的表面积。单位质量吸附剂所具有的表面积称为比表面积（m^2/kg 或 m^2/g），比表面积越大，吸附的气体量越多。例如，工业上应用较多的活性炭，其比表面积为 $700 \sim 1500 m^2/g$。

吸附过程分为物理吸附和化学吸附两种。物理吸附单纯依靠分子间的吸引力（范德华力）把吸附质吸附在吸附剂表面。物理吸附是可逆的，降低气相中吸附质分压力，提高被吸附气体温度，吸附质会迅速解吸，而不改变其化学成分。吸附过程是一个放热过程，吸附热是同类气体凝结热的 $2 \sim 3$ 倍。吸附热是反映吸附过程的一个特性值，吸附热越大，吸附剂和吸附质之间的亲和力越强。处理低浓度气体时可不考虑吸附热的影响，处理高浓度气体时要注意吸附热造成的吸附剂温度上升，使吸附的气体量减少。

化学吸附的作用力是吸附剂与吸附质之间的化学反应力，它远远超过物理吸附的范德华力。化学吸附具有很高的选择性，一种吸附剂只对特定的物质有吸附作用。化学吸附比较稳定，必须在高温下才能解吸。化学吸附是不可逆的。如果现有的吸附剂不能满足要求，可用适当的物质对吸附剂进行浸渍处理（即吸附剂预先吸附某种物质），使浸渍物与吸附质在吸附剂表面发生化学反应。例如，用氯浸渍过的活性炭净化汞蒸气。活性炭常用的吸附浸渍如表 6-17 所示。

<table>
<tr><td colspan="2" style="text-align:left">活性炭常用的吸附浸渍   表 6-17</td></tr>
<tr><td>预吸附物质</td><td>吸附质</td></tr>
<tr><td>碱</td><td>二氧化硫、盐酸、硫化氢</td></tr>
<tr><td>酸</td><td>氨</td></tr>
<tr><td>溴</td><td>乙烯</td></tr>
<tr><td>氯碘</td><td>汞</td></tr>
<tr><td>铜盐或锌盐</td><td>氰化物、光气</td></tr>
<tr><td>硅酸钠</td><td>氟化氢</td></tr>
<tr><td>醋酸铅</td><td>硫化氢</td></tr>
</table>

2. 静活性与动活性

吸附剂吸附一定量气体后会达到饱和（即吸附速度与解吸速度相等处于平衡状态），在一定温度和压力下处于饱和状态的单位质量吸附剂所吸附的气体量称为吸附剂的静活性（或平衡吸附量）。平衡吸附量的大小取决于吸附质分压力（或浓度）和温度。图 6-79 是活性炭吸附苯蒸气时的平衡吸附曲线。从图中可以看出，平衡吸附量是随温度下降、浓度增高而增大的。气流通过一定厚度的吸附层时，出口处的吸附质浓度比随时间的变化曲线如图 6-80 所示，开始时浓度比基本为零，经过一定时间后，在出口处出现吸附质，这种现象称为穿透，经历的这段时间称为穿透时间。出现穿透后浓度比急剧增加，直到浓度比等于 1.0 为止。从开始工作到吸附层被穿透，该吸附层内单位质量吸附剂所吸附的气体量称为吸附剂的动活性。在处理通风排气时，吸附层穿透后一般应立即更换吸附剂。

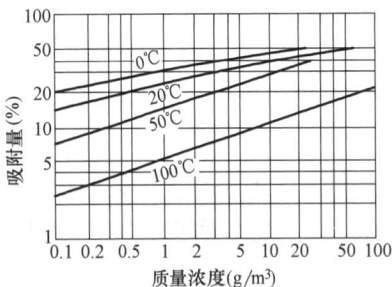

图 6-79　活性炭吸附苯蒸气时的平衡吸附曲线

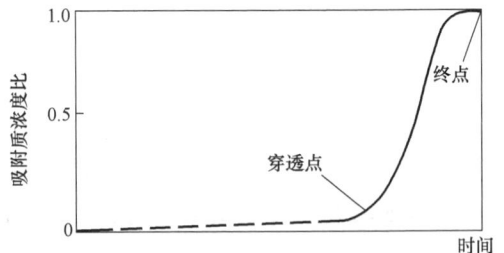

图 6-80　吸附层的穿透曲线

图 6-81 是吸附层内部的浓度变化曲线，称为吸附波。开始时浓度按曲线 A 变化，在 b 点吸附质浓度已降到零。经过一段时间 oa 段的吸附剂已全部饱和，这时浓度按曲线 B 变化，当浓度曲线由 B 移到 C 时，出口处出现吸附质，吸附层被穿透。这时 oc 段内的吸

156

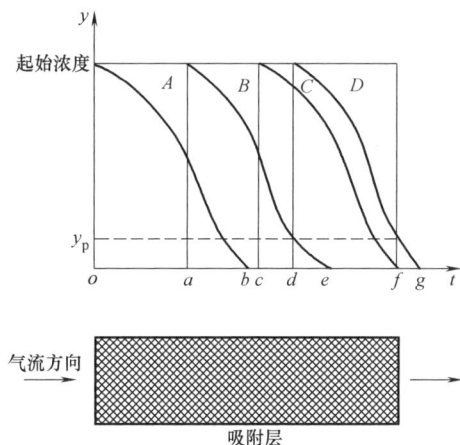

图 6-81 吸附层内部的浓度变化曲线

附剂已全部饱和，而 cf 段内的吸附剂尚未饱和，因此吸附层的动活性总比静活性小。

吸附层内的气流速度以及吸附层断面上的速度分布对浓度曲线的变化有很大影响。流速低，气流在吸附层内停留的时间长，吸附剂可以充分进行吸附，因此浓度曲线比较陡直。流速高，气流在吸附层内停留的时间短，吸附剂没有充分发挥作用，因此浓度曲线比较平缓。如果吸附层断面上的流速分布不均匀，流速高的局部地点会很快出现穿透现象，影响整个吸附层的继续使用。浓度曲线平缓说明吸附层被穿透时，还有较多的吸附剂没有达到饱和。设计时希望浓度曲线尽量陡直，其动活性应不小于静活性的 $75\% \sim 80\%$。

3. 吸附剂的选择

工业上常用的吸附剂有活性炭、硅胶、活性氧化铝、分子筛等。

硅胶等吸附剂称为亲水性吸附剂，用于吸附水蒸气和气体干燥。活性炭是应用较广的一种吸附剂，特别是经浸渍处理后，应用更加广泛。不同吸附剂可去除的有害气体见表 6-18。

不同吸附剂可去除的有害气体　　　　　　　　　　　　　　　　表 6-18

吸附剂	可去除的有害气体
活性炭	苯、甲苯、二甲苯、丙酮、乙醇、乙醚、乙酯、甲醛、苯乙烯、氯乙烯、恶臭物质、硫化氢、氯气、硫氧化物、氮氧化物、氯仿、一氧化碳、汽油、煤油、光气
浸渍活性炭	烯烃、胺、酸雾、碱雾、硫醇、二氧化硫、氟化氢、氯化氢、氨气、汞、甲醛、二氧化碳、一氧化碳、硫化氢
活性氧化铝	硫化氢、二氧化硫、氟化氢、烃类、水蒸气
浸渍活性氧化铝	甲醛、氯化氢、酸雾、汞
硅胶	氮氧化物、二氧化硫、乙炔、水蒸气
分子筛	氮氧化物、二氧化硫、硫化氢、氯仿、烃类
泥煤、褐煤、风化煤	恶臭物质、氨气、氮氧化物
浸渍泥煤、褐煤、风化煤	二氧化硫、硫氧化物、氮氧化物
焦炭粉粒	沥青烟
白云石粉	沥青烟
蚯蚓类	恶臭物质

4. 吸附装置

(1) 固定床吸附装置

处理通风排气用的吸附装置大多采用固定的吸附层（固定床），如图 6-82 所示。吸附层穿透后要更换吸附剂。如果有害气体浓度较低，而且挥发性不大，可不考虑吸附剂再生，在保证安全的情况下把吸附剂和吸附质一起丢弃。图 6-83 是通风排气系统用的吸附装置示例。

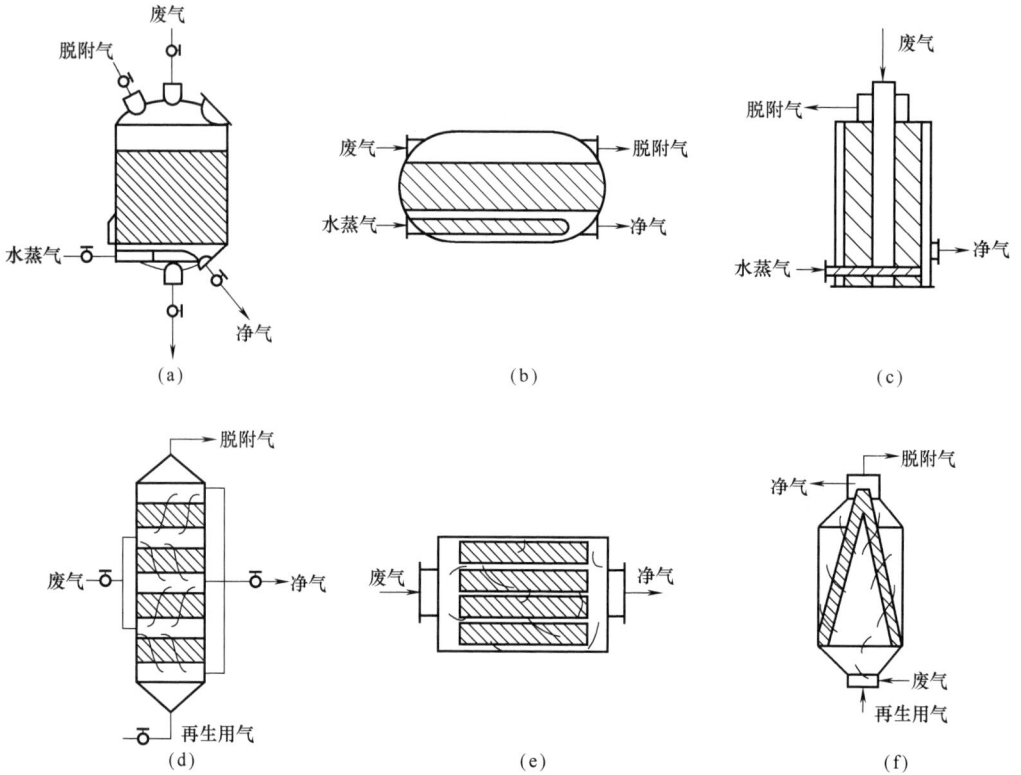

图 6-82　固定床

（a）立式；（b）卧式；（c）圆环形；（d）立式多层；（e）卧式薄床；（f）圆锥形薄床

对工艺要求连续工作的，应设两台吸附器，一台工作，一台再生。图 6-84 是某厂的喷漆废气吸附工艺流程。喷漆间废气经洗涤器和过滤器去除漆雾，烘干间废气则经过滤器去除油烟，再经冷却器预冷却。然后两部分废气合并送入吸附器。第一台吸附器的吸附剂饱和后，另一台继续工作，第一台吸附器则通入蒸汽进行解吸。解吸的有机溶剂蒸气和水蒸气进入冷凝器冷凝，再在油水分离器中回收有机溶剂。设计的工艺参数为：

1）废气中漆雾质量浓度不大于 $0.5mg/m^3$；

2）废气温度不大于 50℃；

3）吸附层空塔速度为 0.20～0.50m/s；

4）在吸附层内的滞留时间为 0.20～2.0s；

5）吸附周期不低于 2～3h；

6）解吸温度为 110℃左右；

7）解吸时间为 0.50～1.5h；

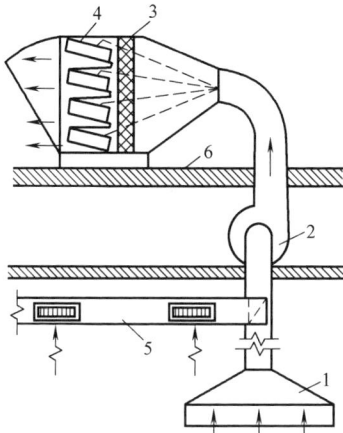

1—排风罩；2—风机；3—过滤器；
4—吸附装置；5—排风管；6—建筑围护结构。

图 6-83 用于通风排气的吸附装置

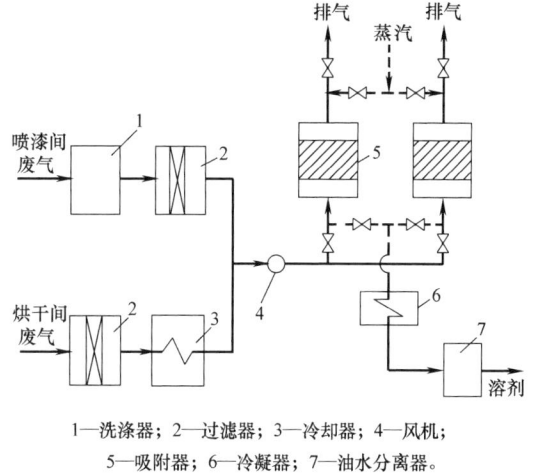

1—洗涤器；2—过滤器；3—冷却器；4—风机；
5—吸附器；6—冷凝器；7—油水分离器。

图 6-84 某厂的喷漆废气吸附工艺流程

8）蒸汽用量为 3.0～5.0kg/kg 溶剂。

（2）蜂轮式吸附装置

蜂轮式吸附装置是一种新型的有害气体净化装置（图 6-85），适用于低浓度、大风量的场合，具有体积小、质量轻、操作简便等优点。蜂轮由用活性炭素纤维加工成的 0.20mm 厚的纸，再压制成蜂窝状卷绕而成。蜂窝状吸附纸的成分及性能列于表 6-19。蜂轮的端面分隔为吸附区和解吸区。使用时，废气通过吸附区，有害气体被吸附。100～130℃的热空气通过解吸区，使有害气体解吸，活性炭素纤维再生。随着蜂轮缓慢转动，吸附区和解吸区不断更新，可连续工作。排出的废气量仅为处理气体量的 1/10 左右。浓缩的有害气体再用燃烧、吸收等方法进一步处理。图 6-86 是实际应用的工艺流程图。该装置的工艺参数为：

1）废气中 HCl 质量浓度不大于 1000mg/m³；

2）废气中油烟、粉尘质量浓度不大于 0.50mg/m³；

3）吸附温度不大于 50℃；

4）蜂轮空塔风速为 2.0m/s 左右；

5）蜂轮转速为 1～6r/h；

6）再生热风温度为 100～140℃；

7）浓缩倍数为 10～30 倍。

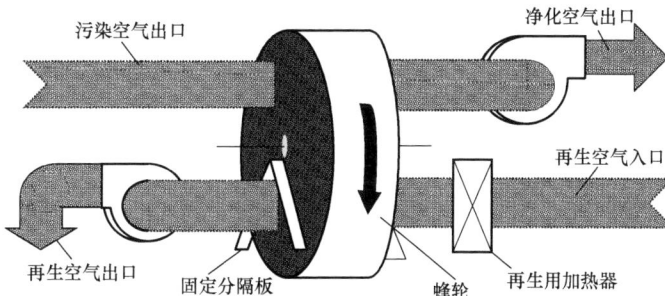

图 6-85 蜂轮式吸附装置

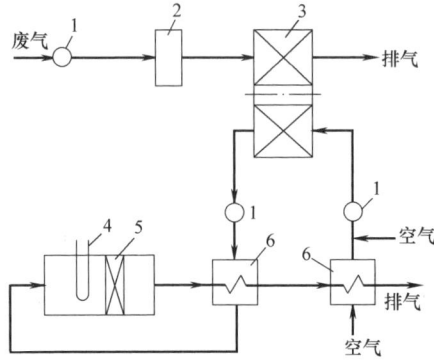

1—风机；2—过滤器；3—蜂轮式吸附装置；
4—预热器；5—催化层；6—换热器。

图 6-86　蜂轮式吸附装置实际应用的工艺流程

蜂窝状吸附纸的成分及性能　　　　　　　　　　　　　　　表 6-19

吸附纸成分	50%～65%的纤维状或粉状活性炭,其余为纸浆或无机纤维
吸附纸规格	厚度为 0.2～0.35mm,定量为 45～150g/m³
蜂窝纸规格	宽 3～5mm,高 1.5～3mm,开孔率为 60%～75%,堆密度为 63～180kg/m³,几何表面积为 2500m²/m³ 左右
吸附量	20℃下甲醛质量浓度为 500mg/m² 时,平衡吸附量为 15%～25%
吸附速度	20℃下甲醛质量浓度为 500mg/m² 时,10min 内平衡吸附量为 3%～5%
脱附速度	在 2min 内用 120℃热风可使甲苯完全脱附

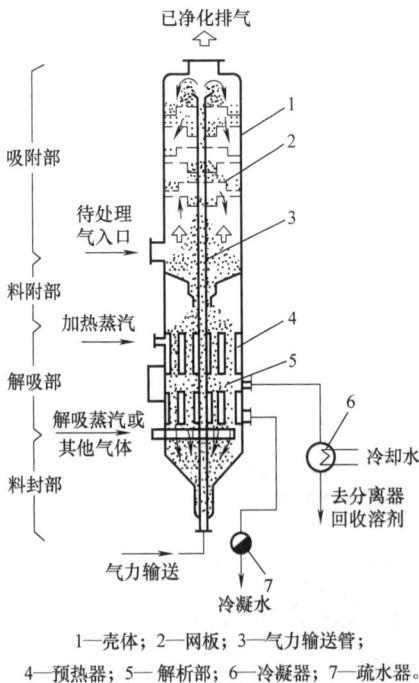

1—壳体；2—网板；3—气力输送管；
4—预热器；5—解析部；6—冷凝器；7—疏水器。

图 6-87　流化床吸附器基本流程图

（3）流化床吸附器

流化床吸附器基本流程如图 6-87 所示。吸附剂在多层流化床吸附器中，借助于被净化气体较大的气流速度，使其悬浮，呈流态化状态。流化床吸附器的优点是吸附剂与气体接触好，适合于治理连续排放且气量较大的污染源。但由于气流速度大，会使吸附剂和容器磨损严重，而且排出的气体中常含有吸附剂粉末，须在其后加除尘设备将其分离。

（4）设计吸附装置应注意的问题

1）吸附剂的吸附能力通常用平衡吸附量和平衡保持量表示。平衡吸附量是指在一定的温度、压力（25℃、101.3kPa）下污染气体通过一定量的吸附剂时，吸附剂所能吸附的最大气体量，通常以吸附剂的质量分数表示。平衡保持量是指已吸附饱和的吸附剂让同温度的清洁干空气连续 6h 通过该吸附层后，在吸附层内仍保留的污染气体量。

160

计算吸附层的穿透时间时，对进口浓度高、活性炭再生利用的场合，如有机溶剂回收装置，吸附能力以平衡吸附量和平衡保持量的差计算。对进口浓度低、活性炭不再生利用的场合，如大多数通风排气或进气系统，要求即使是清洁空气时，其吸附的有害气体也不会析出，因此要按平衡保持量计算。

对吸附剂不进行再生的吸附器，吸附剂的连续工作时间按下式计算：

$$t=\frac{10^3 \times S \times W \times E}{\eta \times L \times y_1} \quad h \qquad (6-108)$$

式中　W——吸附层内吸附剂的质量，kg；

　　　S——平衡保持量，%，见表 6-20；

　　　η——吸附效率，通常取 $\eta=1.0$；

　　　L——通风量，m^3/h；

　　　y_1——吸附器进口处有害气体浓度，mg/m^3；

　　　E——动活性与静活性之比，近似取 $E=0.8 \sim 0.9$。

活性炭对某些气体的平衡保持量 S

表 6-20

污染气体	分子式	分子量	20℃、101.3kPa 时的 S 值（%）	污染气体	分子式	分子量	20℃、101.3kPa 时的 S 值（%）
乙醛	C_2H_4O	44.10	7.0	三氯乙烯	C_2HCl_3	131.39	5.0
丙烯醛	C_3H_4O	56.00	15.00	己烷	C_6H_{14}	86.18	16.0
醋酸戊酯	$C_7H_{14}O_2$	130.20	34.0	甲苯	C_7H_8	92.00	29.0
丁酸（香蕉水）	$C_4H_8O_2$	88.10	35.0	二氧化硫	SO_2	64.00	10.00
四氯化碳	CCl_4	153.80	45.0	氨	NH_3	17.00	1.3
乙基乙酸	$C_4H_8O_2$	88.10	19.0	氯	Cl_2	71.00	2.2
乙硫醇	C_2H_6S	62.13	28.0	硫化氢	H_2S	34.00	1.4
桉树脑	$C_{10}H_{18}O$	154.20	20.0	苯	C_6H_6	78.11	23.0

2）为避免频繁更换吸附剂，吸附剂不再生的吸附器连续工作时间应不少于 3 个月。

3）排气温度过高会影响吸附剂的吸附能力，须作预处理。

4）吸附器断面上应保持气流分布均匀，为保证吸附层有较高的动活性和减小流动阻力，通过吸附层的空塔速度不宜过高，通常为 0.30～0.50m/s。但是吸附层厚度与断面面积之比不宜过小，以免气流分布不均匀。

5）通风排气中同时含有粉尘或雾滴时，应预先经空气过滤器去除。

6）活性炭吸附装置也常用于进气净化，以除去其中的有害气体或有臭味的气体。

6.2.9　有害气体的高空排放

有害气体难以做到 100% 净化，现在要求以达到国家排放标准为条件，将含有污染物的废气高空排放，通过在大气中的扩散进行稀释，使地面的有害气体浓度（包括累积量）不超过环境空气质量标准。

影响有害气体在大气中扩散的因素很多，主要有排气立管高度、烟气抬升高度、大气温度分布、大气风速、烟气温度、周围建筑物高度及布置等。产生烟气抬升有两方面的原因：一是排气立管出口烟气具有一定的初始动量；二是由于烟气温度高于周围空气温度而产生一定的浮力，详细的计算方法可参见现行国家标准《制定地方大气污染物排放标准的技术方法》GB/T 3840。下面介绍一种在工业通风中常用的计算方法。

把污染物在大气中的扩散过程假设为两个阶段，在第一阶段只作纵向扩散，在第二阶段再作横向扩散。如图 6-88 所示，烟气离开排气立管后，在浮力和惯性力的作用下，先上升一定的高度 Δh，然后再从 A 点向下风向侧扩散。

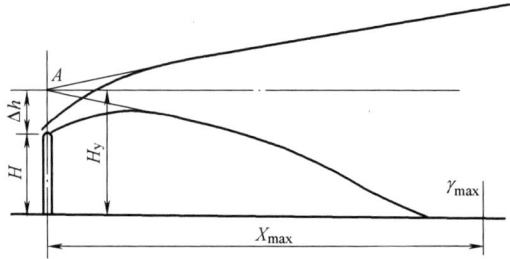

图 6-88　烟气在大气中的扩散示意图

对于地形平坦，大气处于中性状态，散热量 $Q<2020\text{kJ/s}$ 或 $\Delta T<35\text{K}$ 的排放源，烟气抬升高度可按下式计算：

$$\Delta h = 1.5\frac{v_{ch}D}{\bar{u}} + 9.56\times10^{-3}\frac{Q_H}{\bar{u}} = \frac{v_{ch}D}{\bar{u}}\left(1.5 + 2.7\frac{T_p-T_a}{\bar{u}}D\right) \quad \text{m} \quad (6\text{-}109)$$

式中　v_{ch}——排气立管的出口流速，m/s；

D——排气立管出口直径，m；

$\bar{u}$——排气立管出口处大气平均风速，m/s；

Q_H——烟气的排热量，kJ/s；

T_p——出口处的排气温度，K；

T_a——出口处大气平均温度，K。

由于通风排气立管高度较低，可近似认为 T_a 等于地面附近的大气温度。

不同高度处大气平均风速按下式计算：

$$\bar{u} = u_{10}\left(\frac{H}{10}\right)^{n/(2-n)} \quad \text{m/s} \quad (6\text{-}110)$$

式中　u_{10}——距地面 10m 高度处的大气平均风速（由各地气象部门取得），m/s；

H——排气立管出口距地面距离，m；

n——大气状态参数，见表 6-21。

大气状态参数表　　　　　　　　　　　　　表 6-21

污染源距地面高度（m）	强烈不稳定 $n=0.2$		弱不稳定或中性状态 $n=0.25$		中等逆温 $n=0.33$		强烈逆温 $n=0.5$	
	C_y	C_z	C_y	C_z	C_y	C_z	C_y	C_z
0	0.370	0.210	0.210	0.120	0.210	0.074	0.080	0.047
10	0.370	0.210	0.210	0.120	0.210	0.074	0.080	0.047

污染源距地面高度(m)	强烈不稳定 $n=0.2$		弱不稳定或中性状态 $n=0.25$		中等逆温 $n=0.33$		强烈逆温 $n=0.5$	
	C_y	C_z	C_y	C_z	C_y	C_z	C_y	C_z
25	0.210		0.120		0.074		0.074	
30	0.200		0.110		0.070		0.044	
45	0.180		0.100		0.062		0.040	
60	0.170		0.095		0.057		0.037	
75	0.160		0.086		0.053		0.034	
90	0.140		0.077		0.045		0.030	
105	0.120		0.060		0.037		0.024	

式 (6-109) 的第一项是考虑气体惯性造成的上升高度,第二项是考虑气体浮力造成的上升高度。该式按中性状态求得。对于逆温,Δh 应减小 $10\% \sim 20\%$;对于不稳定大气,Δh 可增大 $10\% \sim 20\%$。国内外学者认为,上述计算公式(霍兰德公式)比较保守,特别是对高排气立管、强热源,偏差较大;对低矮的排气立管、弱热源,稍偏保守。但由于上述公式简单实用,被广泛应用于中小型工厂。

在排气立管出口处不应设伞形风帽,它会妨碍气体上升扩散。当 $T_p - T_a$ 较小时,为提高 Δh,应适当提高出口流速,一般以 20m/s 左右为宜。

对于平原地区、中性状态和连续排放的单一点源,有害气体排放量与其降落到地面时的最大浓度的关系,可用简化的萨顿扩散式表示:

$$y_{\max} = \frac{235M}{\bar{u}H_y^2} \cdot \frac{C_z}{C_y} \quad \text{mg/m}^3 \tag{6-111}$$

式中 $y_{\max}$——有害气体降落到地面时的最大浓度,mg/m^3;

M——有害气体排放量,g/s;

H_y——烟气上升的有效高度,m;

C_y、C_z——大气状态参数,详见表 6-21。

地面最大浓度点距排气立管的距离为:

$$x_{\max} = (H_y/C_z)^{2/(2-n)} \quad \text{m} \tag{6-112}$$

使用上述公式时应注意以下问题:

(1) 在排气立管附近有高大建筑物时,为避免有害气体卷入周围建筑物造成的涡流区内,排气立管至少应高出周围最高建筑物 $0.5 \sim 2.0\text{m}$。

(2) 有多个同类污染排放源时,因烟气扩散方程式叠加也是成立的,所以只要把各个污染排放源产生的浓度分布简单叠加即可。当设计的几个排气立管较近时,可采用集合(多管)排气立管,以便增大抬升高度。

(3) 为了利于排气抬升,排气立管出口流速不得低于该高度处平均风速的 1.5 倍,或者取排气立管出口流速设计值的上限,可取 $20 \sim 30\text{m/s}$。

应当指出,上述排气立管高度计算方法具有一定的适用范围,在一般情况下,应优先采用国家标准中推荐的公式计算或按国家标准的要求确定高度,对于特殊的气象条件及特殊的地形应根据实际情况确定。

【例 6-8】 某通风排气系统的排风量 $L=1.39\mathrm{m}^3/\mathrm{s}$，排气中 NO_2 质量浓度为 $2000\mathrm{mg/m}^3$，要求地面附近 NO_2 最大质量浓度不超过卫生标准规定，计算所需的排气立管高度。

【解】 已知：地面附近大气温度 $t_w=20℃$，排气温度 $t_p=40℃$，10m 处大气风速 $u_{10}=4\mathrm{m/s}$，大气为中性状态。

查得居住区大气中 NO_2 最高容许质量浓度（一次）$y_{max}=0.15\mathrm{mg/m}^3$，由表 6-21 查得 $n=0.25$。

假设排气立管 $H=28\mathrm{m}$，在 28m 高度处的大气风速为：

$$\bar{u}=u_{10}\left(\frac{H}{10}\right)^{n/(2-n)}=4\left(\frac{28}{10}\right)^{0.25/(2-0.25)}=4.63\ (\mathrm{m/s})$$

排气立管出口处大气温度 $t_a\approx t_w=20℃$。

NO_2 排放量为：

$$M=1.39\times2000=2.78\times10^3\ (\mathrm{mg/s})=2.78\ (\mathrm{g/s})$$

由表 6-21 查得 $C_y=C_z\approx0.12$。

根据式（6-111），需要的排气立管有效高度为：

$$H_y=\left(\frac{235M}{\bar{u}_d y_{max}}\cdot\frac{C_z}{C_y}\right)^{\frac{1}{2}}=\left(\frac{235\times2.78}{4.88\times0.08}\right)^{\frac{1}{2}}=40.9\ (\mathrm{m})$$

假设排气立管出口处流速 $v_{ch}=15\mathrm{m/s}$。

出口直径为：

$$D=\left(\frac{4L}{\pi v_{ch}}\right)^{\frac{1}{2}}=\left(\frac{4\times1.39}{3.14\times15}\right)^{\frac{1}{2}}=0.343\ (\mathrm{m})\approx0.35\ (\mathrm{m})$$

烟气排热量为：

$$\begin{aligned}Q_H&=G\cdot C\cdot(t_p-t_a)\\&=1.39\times1.09\times1.01\times(40-20)\\&=30.6\ (\mathrm{kJ/s})\end{aligned}$$

烟气的抬升高度为：

$$\begin{aligned}\Delta h&=1.5\frac{v_{ch}D}{\bar{u}}+9.56\times10^{-3}\frac{Q_H}{\bar{u}}\\&=1.5\times\frac{15\times0.35}{4.88}+9.56\times10^{-3}\times\frac{30.6}{4.88}=1.67\ (\mathrm{m})\end{aligned}$$

所需的排气立管高度为：

$$H=H_y-\Delta h=40.9-1.67=39.23\ (\mathrm{m})$$

计算值与假定值基本一致，取排气立管高度 $H=40\mathrm{m}$。

地面最大浓度点距排气立管的距离为：

$$x_{max}=\left(\frac{H_y}{C_z}\right)^{2/(2-n)}=\left(\frac{40+1.67}{0.105}\right)^{2/(2-0.25)}=932.97\ (\mathrm{m})$$

6.3　工业建筑环境热湿处理

6.3.1　自然冷却技术

当室外环境温度低于室内温度时，自然冷却技术利用室外环境中的空气或水作为冷源，将低温空气或水送入室内，与室内温度较高的空气热交换，达到降温的目的。根据冷源载体不同，自然冷却技术可分为新风直接冷却技术和冷却水间接冷却技术，本书重点介绍以空气为载体的新风直接冷却技术。

1. 新风直接冷却技术原理

新风直接冷却技术利用送风设备将室外低温新风送入室内，吸收工业设备、产品或车间工人散发的热量。送入室内的空气温度升高，在压差作用下不断上升，逐渐形成热分层，沿高度将整个空间分为上、下两层。上部的空气在经过充分的热交换后排出室内，达到降温换气的效果，如图 6-89 所示。

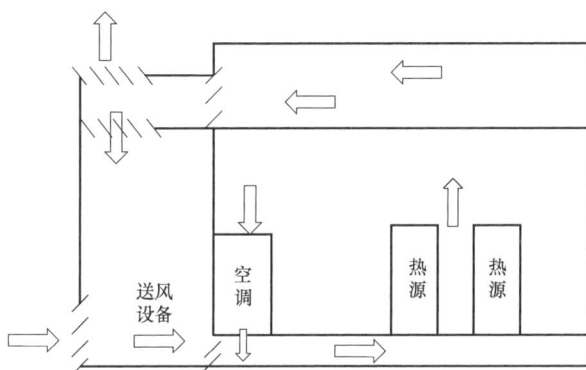

图 6-89　新风直接冷却过程

2. 新风直接冷却技术的特点

（1）新风直接冷却技术充分利用自然资源，降低了空调系统设备运行能耗，缩短了空调主机运行时间，延长了空调主机的使用寿命，减少了故障发生率，节约了维护成本。

（2）采用新风作为冷源，不仅可以降温，还能降低室内二氧化碳浓度，提升室内空气品质。

3. 新风直接冷却设备

新风直接冷却设备主要包括送风装置、排风装置以及过滤器。工作时仅需开启送风机，可根据室外环境情况对风机进行变频控制，换热后的空气可通过门窗等排出或通过排风机排至室外。

6.3.2　蒸发冷却降温通风

蒸发冷却利用自然环境中未饱和空气的干球温度和湿球温度差对空气进行降温。当水与不饱和空气接触时，部分水吸收空气中的显热产生相变生成水蒸气，使空气湿度增加、温度下降。根据工作原理，蒸发冷却分为直接蒸发冷却（DEC）和间接蒸发冷却（IEC）两种形式。当室内存在余热热源时，可以采用蒸发冷却方式，增大室内外送风温差、减少送风量，达到降温效果。

本节重点介绍工业领域通常使用的直接蒸发冷却。

1. 直接蒸发冷却（DEC）工作原理

直接蒸发冷却的工作原理是利用自然条件中空气的干、湿球温差来获取降温幅度，简

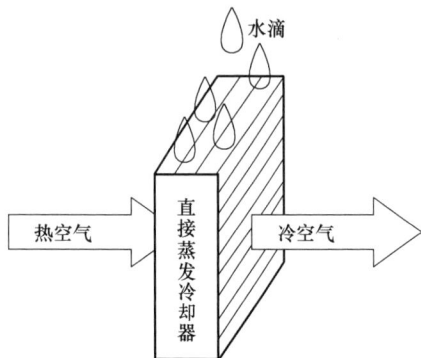

图 6-90　直接蒸发冷却物理过程

单来说就是把显热转变为潜热进行降温，其物理过程如图 6-90 所示。室外空气在风机的作用下流过被水淋湿的填料而被冷却，空气的干球温度降低而湿球温度保持不变，直接蒸发冷却器通过液态水汽化吸收汽化潜热来降低干空气温度。

直接蒸发冷却可分为绝热加湿冷却和非绝热加湿冷却。

（1）绝热加湿冷却

当直接蒸发冷却器使用循环水时，若喷淋到填料上的水温等于直接蒸发冷却器进风湿球温度，在空气与水的温差的作用下，空气传给水的显热量在数值上恰好等于在二者水蒸气分压力差的作用下，水蒸发到空气中所需要的汽化潜热，总热交换量为零。此过程中忽略水蒸发带给空气的水蒸气自身的液态热（湿球温度×1kcal/kg），称为等焓冷却加湿过程，简称绝热加湿过程。

绝热加湿冷却空气处理过程如图 6-91 所示，空气干球温度为 t_{gw}，从状态点 1 进入冷却器，冷却过程沿等焓线 h_w 向空气湿球温度（状态点 2）移动，但因为直接蒸发冷却器效率达不到 100%，所以空气只能被冷却到状态点 3，状态点 3 就是空气离开直接蒸发冷却器的状态点。

绝热加湿的冷却程度是有一定限度的，干空气传递的显热量不可能超过液态水汽化所吸收的潜热，它受空气湿球温度限制，也就是说空气只能在这个湿球温度下达到饱和。在实际应用中，干空气的饱和程度达不到 100%，即直接蒸发冷却器的冷却效率（或饱和效率）达不到 100%，一般能达到 70%～95%。饱和效率计算公式如下：

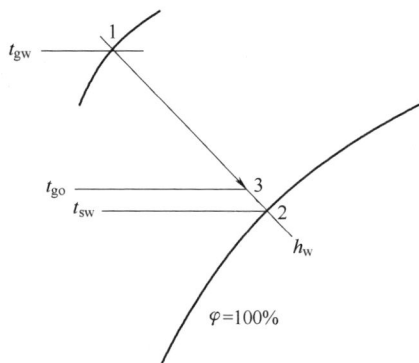

图 6-91　绝热加湿冷却空气处理过程

$$\eta_{DEC}=\frac{t_{gw}-t_{go}}{t_{gw}-t_{sw}}\times100\% \qquad (6\text{-}113)$$

式中　η_{DEC}——直接蒸发冷却器的饱和效率；

t_{gw}——输入空气的干球温度，℃；

t_{go}——干空气被冷却后的干球温度，℃；

t_{sw}——输入空气的湿球温度，℃。

从上述分析可以看出，直接蒸发冷却的降温效果取决于当地室外空气的湿球温度。在我国西北地区（如新疆），室外空气的湿球温度较低，在某些相对湿度控制要求不高的场合，把直接蒸发冷却作为空调系统的冷源。表 6-22 是我国部分城市夏季空调室外空气计算温度和相对湿度。

地名	干球温度(℃)	湿球温度(℃)	相对湿度(%)		地名	干球温度(℃)	湿球温度(℃)	相对湿度(%)	
			最热月平均	最热月14时平均				最热月平均	最热月14时平均
北京	33.2	26.4	78.0	64.0	天津	33.4	26.9	78.0	65.0
沈阳	31.4	25.4	78.0	64.0	哈尔滨	30.3	23.4	77.0	61.0
上海	34.0	28.2	83.0	67.0	南京	35.0	28.3	81.0	64.0
武汉	35.2	28.2	79.0	63.0	广州	33.5	27.7	83.0	67.0
济南	34.8	26.7	73.0	54.0	成都	31.6	26.7	85.0	70.0
重庆	36.5	27.3	75.0	56.0	昆明	25.8	19.9	83.0	64.0
西安	35.2	26.0	72.0	55.0	兰州	30.5	20.2	61.0	44.0
乌鲁木齐	34.1	18.5	44.0	31.0	克拉玛依	34.9	19.1	32.0	29.0

（2）非绝热加湿冷却

当直接蒸发冷却器使用不循环水，喷淋水温度不等于空气的湿球温度时，空气与外界有热交换，所以冷却过程是非绝热加湿冷却过程。

当喷淋水温度高于空气的湿球温度而低于干球温度时，空气传给水的显热量在数值上小于在二者水蒸气分压力差作用下水蒸发到空气中所需要的汽化潜热，即显热交换量小于潜热交换量，空气的焓值增加。非绝热加湿冷却空气处理过程如图 6-92 所示，图中状态点 2 是空气湿球温度，1-2 是绝热加湿冷却过程，此时这种情况不会发生。当空气干球温度 $t_{gw} > t_2$ 时，空气从状态点 1 进入冷却器，空气从水中吸收额外的热量，冷却过程沿增焓增湿球温度线 h'_w 向状态点 3 移动。但是因为空气最终被冷却的状况不确定，所以理论上状态点 3 的位置不确定。状态点 4 是空气的最终状态点，又因为直接蒸发冷却器的效率

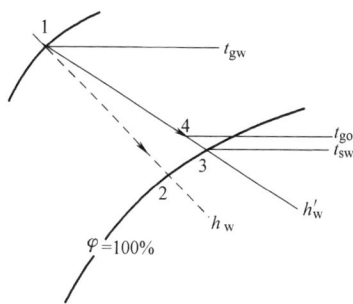

图 6-92　非绝热加湿冷却
空气处理过程

总是低于 100%，所以状态点 4 的温度总是高于饱和温度。状态点 4 的温度也就是空气离开直接蒸发冷却器的干球温度。

（3）直接蒸发冷却的特点

以广东省某电子厂车间为例，说明直接蒸发冷却的特点。

该车间面积为 3500m²，楼层高 3.5m，工人数量 800 人，夏天车间温度约 40℃。密集的岗位及浸锡炉产生的浓烈气味和烟雾使车间的空气质量较差，出现工人因太热或缺氧而晕倒的现象，车间虽装有大量的风扇及排气扇，但难以改善空气质量。

根据该电子厂实际情况，安装多台直接蒸发空调机组后，取得了良好通风、换气效果，同时调节了室内温度，在室外较热时，仍然可把车间温度下降超过 5℃左右（表 6-23）。由表 6-24 可以看出，针对该厂房情况，采用直接蒸发冷却进行降温，可以显著降低通风空调能耗。

直接蒸发冷却空调机组运行时实际测量数据   表 6-23

天气状况	晴	晴	晴	小雨	晴	晴	阴	晴
室外温度(℃)	32	32	33	28	30	31	30	34
室内出风口温度(℃)	26	25	25	24	25	26	26	26
室内外温差(℃)	6	7	8	4	5	5	4	8
相对湿度	52%	56%	52%	80%	60%	62%	72%	50%

空调运行费用对比   表 6-24

机型	机组数量	功率(kW)	每天运行费(元) (按 12h,1 元/kWh 计算)	每年运行费(万元)
集中式空调系统	冷水机组	192	2240	81.76
直接蒸发冷却空调系统	40 台	44	528	19

由此可见,直接蒸发冷却具有以下特点:

1) 投资少,能耗小,效能大。

2) 直接蒸发冷却系统采用直流式系统,100%新风送入室内,再通过门、窗等无组织排出。对室内降温的同时,进行通风、换气、防尘、除味,并增加空气含氧量,提高工作效率。

2. 直接蒸发冷却设备

(1) 使用循环水的直接蒸发冷却设备

使用循环水的直接蒸发冷却设备主要包括风机、填料、水泵、补水管、布水管等,如图 6-93 所示。风机抽取室外空气通过湿润的填料,使得室外空气加湿冷却,被冷却的空气进入房间,并将室内热空气从打开的窗口、门等处排出,这一点与传统制冷空调明显不同,它不使用循环风,所以能保持室内空气清新。

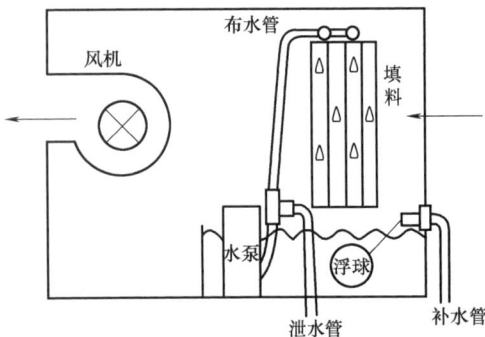

图 6-93 使用循环水的直接蒸发冷却设备

(2) 喷雾冷却设备

喷雾冷却设备由风机、雾化装置等部件构成,主要对局部环境进行控制。运行时利用风机叶片将水雾化后送至工作环境,雾滴与环境空气进行热质交换,吸收空气中的显热,使环境空气温度下降。

6.3.3 通风除湿技术

通风除湿是将室外湿度较低的空气送入室内,与室内的高湿空气进行湿交换,以此达到除湿目的。按照动力来源,通风除湿可分为自然通风除湿和机械通风除湿两种。

1. 自然通风除湿工作原理

自然通风除湿利用热压或风压作用将室外含湿量低的空气送入室内,通过置换的方式,实现除湿,如图 6-94 所示。

热压作用下的自然通风:室内外的空气温度差引起密度差,沿着建筑物墙面的垂直方向出现压力梯度。当室内空气温度高于室外时，建筑物的上部会有较高的压力，而下部压力较低。当这些位置存在开口时，空气通过下部的开口进入，从上部的开口流出。

风压作用下的自然通风：当风吹向建筑时，因受到建筑的阻挡，会在建筑的迎风面产生正压力。同时，气流绕过建筑的各个侧面及背面，会在相应位置产生负压力。风压通风就是利用建筑的迎风面和背风面之间的压力差实现空气的流通。

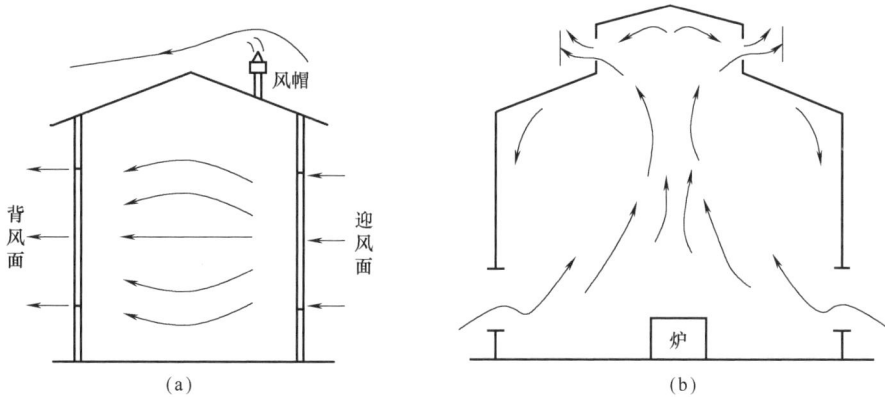

图 6-94　自然通风除湿
(a) 风压作用；(b) 热压作用

2. 自然通风除湿的特点

自然通风除湿完全依靠自然条件，不需要使用其他动力设备，占地面积小、初投资低。由于无设备运行，不存在设备产生的噪声。但是该除湿方式受制于室外气候条件，稳定性较差。

3. 机械通风除湿工作原理

机械通风除湿依靠风机提供的风压，将室外含湿量低的空气送入室内，与室内含湿量高的空气进行湿交换后，再通过门窗或排风设备排至室外，达到除湿的目的，如图 6-95 所示。

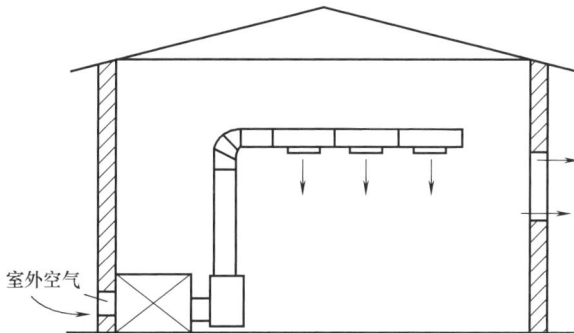

图 6-95　机械通风除湿

4. 机械通风除湿的特点

机械通风除湿利用风机等设备强制室内外空气流通，通风效果稳定，且可以根据工业生产中实际的通风需求进行风量控制。但是其初投资和运行成本较高，设备占用较大的空间，需要专门的人员管理，还会产生噪声。通常优先采用自然通风除湿，当自然通风除湿无法满足要求时，配合使用机械通风除湿。

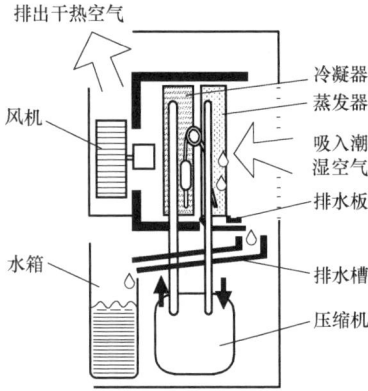

图 6-96 冷冻除湿机工作原理

6.3.4 冷却除湿技术

冷却除湿是将室内湿空气送进温度很低的设备，使其温度降低至露点温度以下而冷凝结露的一种除湿方式。冷冻除湿机即为典型的冷却除湿技术应用，它包括送风系统和制冷系统。

1. 冷却除湿工作原理

冷冻除湿机工作原理如图 6-96 所示。室内含湿量较高的空气通过蒸发器后降温冷凝，空气中的水分析出并被排出机外，含湿量降低。在通过冷凝器时，降湿后的空气吸收制冷剂释放的热量，温度升高，可重新进入室内，从而达到除湿的目的。

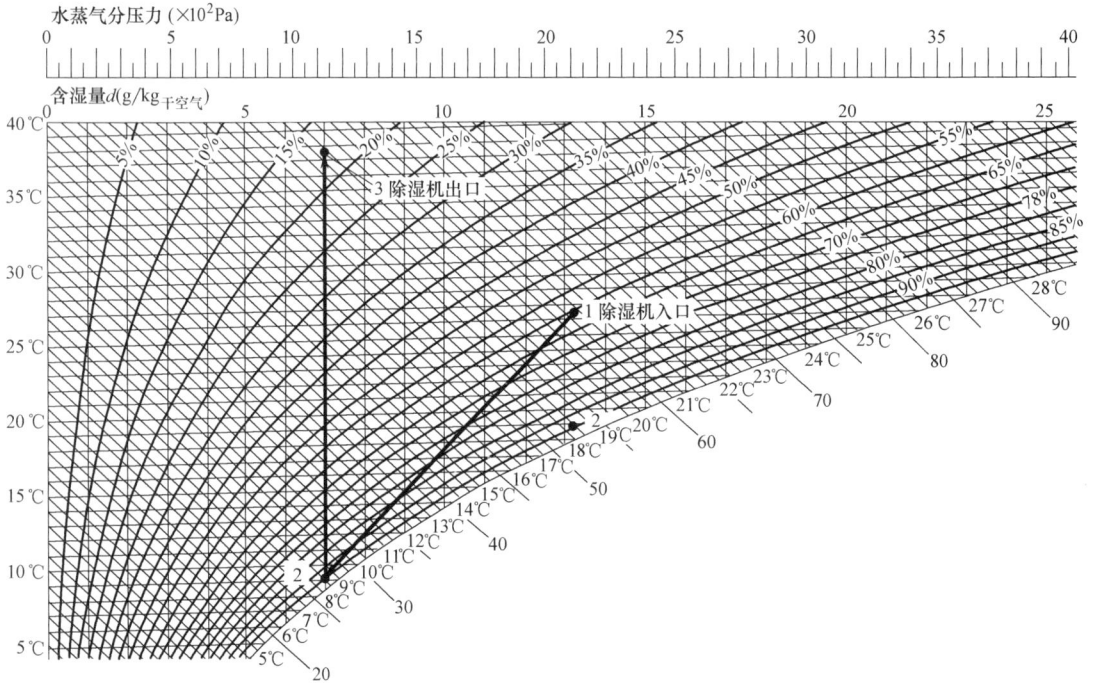

图 6-97 冷却除湿空气处理过程

冷却除湿空气处理过程如图 6-97 所示。状态点 1 的湿空气进入机组后，与直接蒸发式表冷器进行热湿交换，换热表面附近的空气温度下降，随着空气向前流动，不断有水蒸气因结露而析出，离开表冷器时，空气的平均状态达到状态点 2。此时空气的焓值和含湿量都减小了，但相对湿度大了。状态点 2 的空气与冷凝器发生显热交换，被等湿加热到状态点 4，此时空气的焓值和干球温度都高于初始状态点 1，但含湿量和相对湿度都降低了。

2. 冷却除湿的特点

冷却除湿的除湿性能稳定可靠，其常用的表冷式机组结构紧凑、简单、占地面积小，

170

但初投资和运行费用较高，不适用于空气的露点温度较低的场合；喷淋式冷却除湿则一般用于净化空气的辅助除湿，使用较灵活。

3. 冷却除湿设备

常用的冷冻除湿机如图 6-96 所示，主要部件为：压缩机、冷凝器、蒸发器、风机等。

6.3.5 热泵除湿技术

热泵除湿与冷却除湿的原理相同，区别在于加热除湿后空气的热量由热泵供给，可利用太阳能、地热能、工业废热等低品位热源，节能效果较好。

1. 热泵除湿工作原理

热泵除湿工作原理如图 6-98 所示，气态的循环制冷介质通过压缩机提高压力和温度后，在冷凝器放热冷凝成液态。液态的循环制冷介质经过膨胀阀膨胀，在蒸发器中吸热蒸发成气态，之后进入压缩机升温升压，如此循环往复。室内湿热空气进入蒸发器，冷凝出水分后，再经冷凝器加热进入室内。

2. 热泵除湿系统分类

根据不同场合的除湿要求，热泵除湿系统又可以分为单蒸发器单冷凝器系统、双蒸发器单冷凝器系统和双蒸发器双冷凝器系统。单蒸发器单冷凝器系统主要适用于需要除湿和加热的场合，而双蒸发器单冷凝器系统进一步增加了系统的供热能力，系统的调节性能也得到了很大的提高。双蒸发器双冷凝器系统在除湿的同时，还对室内环境进行温度调节。

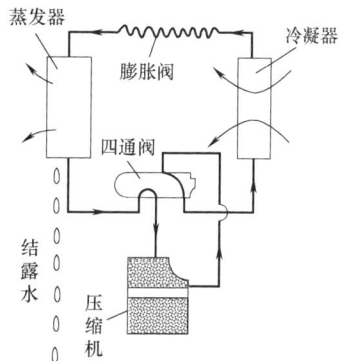

图 6-98　热泵除湿工作原理

3. 热泵除湿技术的特点

热泵除湿技术可利用低品位热源，如太阳能、地热能、工业废热等，节能效果显著，但是加热温度较低，需要的除湿时间较长。另外，为防止制冷工质泄漏，热泵系统还需要定期进行维护。

4. 热泵除湿设备

热泵除湿设备主要包括压缩机、蒸发器、冷凝器以及膨胀阀等，如图 6-98 所示。

习　　题

1. 为什么两个型号相同的除尘器串联运行时，它们的除尘效率是不同的？哪一级的除尘效率高？

2. 粉尘的平均几何标准偏差 σ_j 的物理意义是什么？为什么 σ_j 能反映粒径的分布状况？

3. 式（6-19）和式（6-23）的物理意义有何不同？如何把式（6-19）变换成式（6-23）？

4. 尘粒的沉降速度为什么有的文献中称为末端沉降速度？沉降速度和悬浮速度的物理意义有何不同？各有什么用处？

5. 在湿式除尘器或过滤式除尘器中，影响惯性碰撞除尘效率和扩散除尘效率的主要因素是什么？

6. 袋式除尘器的阻力和过滤风速主要受哪些因素影响？

7. 分析影响电除尘除尘效率的主要因素。

8. 说明理论驱进速度和有效驱进速度的物理意义。

9. 根据除尘机理分析重力沉降室、旋风除尘器及电除尘器的工作原理的共同点和不同点。为什么对同一粒径的尘粒，它们的分级效率各不相同？

10. 某除尘系统在除尘器前气流中取样，测得气流中粉尘的累计粒径分布如下：

粒径d_c(μm)	2.0	3.0	5.0	7.0	10	25
$\phi(d_c)$(%)	2	10	40	70	92	99.9

在对数概率纸上作图检查它是否符合对数正态分布，求出它的中位径d_{cj}及几何标准偏差σ_j。

11. 有一两级除尘系统，系统风量为 2.22m³/s，工艺设备产尘量为 22.2g/s，两级除尘器的除尘效率分别为 80% 和 95%，计算该系统的总除尘效率和排空质量浓度。

12. 有一两级除尘系统，第一级为旋风除尘器，第二级为电除尘器，处理一般的工业粉尘。已知起始的含尘质量浓度为 15g/m³，旋风除尘器的除尘效率为 85%，为了达到排放标准的要求，电除尘器的除尘效率最少应是多少？

13. 某旋风除尘器在试验过程中测得下表所列数据：

粒径(μm)	0～5	5～10	10～20	20～40	＞40
分级效率(%)	70	92.5	96	99	100
实验粉尘的分组质量分数(%)	14	17	25	23	21

求该除尘器的全效率。

14. 在现场对某除尘器进行测定，测得数据如下：

除尘器进口含尘质量浓度 y_1＝3200mg/m³；

除尘器出口含尘质量浓度 y_2＝480mg/m³。

除尘器进口和出口管道内粉尘的粒径分布如下表所示：

粒径(μm)	0～5	5～10	10～20	20～40	＞40
除尘器前(%)	20	10	15	20	35
除尘器后(%)	78	14	7.4	0.6	0

计算该除尘器的全效率和分级效率。

15. 金刚砂尘的真密度ρ_c＝3100kg/m³，在大气压力 P＝1atm、温度 t＝20℃的静止空气中自由沉降，计算粉尘粒径d_c＝2μm、5μm、10μm、40μm 时的沉降速度。

16. 有一重力沉降室长 6m，高 3m，在常温常压下工作。已知含尘气流的速度为 0.5m/s，尘粒的真密度ρ_c＝2000kg/m³，计算除尘效率为 100% 时的最小捕集粒径。如果除尘器处理风量不变，高度改为 2m，除尘器的最小捕集粒径是否会发生变化？为什么？

17. 对某电除尘器进行现场实测时发现，处理风量 L＝55m³/s，集尘极总集尘面积 A＝2500m²，断面风速 v＝1.2m/s，除尘器效率为 99%，计算粉尘的有效驱进速度。

18. 某除尘系统采用两个型号相同的高效长锥体旋风除尘器串联运行。已知除尘器进口处含尘质量浓度 y_1＝5g/m³，粒径分布如下表。根据表 6-9 给出的分级效率，计算该除尘器的排空质量浓度。

粒径 d_c(μm)	0～5	5～10	10～20	20～44	＞44
$\phi(d_c)$(%)	20	10	15	20	35

19. 对某除尘器测定后，取得以下数据：除尘器进口含尘质量浓度 4g/m³，除尘器处理风量 L＝5600m³/h，除尘器进口处及灰斗中粉尘的粒径分布如下：

粒径范围(μm)	0～5	5～10	10～20	20～40	40～60	>44
进口处 $\phi(d_1)$(%)	10.4	14	19.6	22.4	14	19.6
灰斗中 $\phi(d_2)$(%)	7.8	12.6	20	23.2	14.8	21.6

除尘器全效率 $\eta = 90.8\%$。

计算：（1）除尘器分级效率；

（2）除尘器出口处粉尘的粒径分布；

（3）除尘器的粉尘排空量（kg/h）。

20. 已知试验粉尘的中位径 $d_{cj} = 10.5\mu$m，平均几何标准偏差 $\sigma_j = 2.0$，利用对数概率纸求出该粉尘的粒径分布。

21. 已知某旋风除尘器特性系数 $m = 0.8$，在进口风速 $u = 15$m/s，粉尘真密度 $\rho_c = 2000$kg/m^3 时，测得该除尘器分割粒径 $d_{c50} = 3\mu$m。现在该除尘器处理 $\rho_c = 2700$kg/m^3 的滑石粉，滑石粉的粒径分布如下：

粒径范围(μm)	0～5	5～10	10～20	20～30	30～40	>40
粒径分布 $\phi(d)$(%)	7	18	36	17	9	10

进口风速保持不变，计算该除尘器的全效率。

22. 含尘气流与液滴在湿式除尘器内发生惯性碰撞。已知液滴直径 $d_y = 120\mu$m，气液相对运动速度 $v_y = 5$m/s，气体温度 $t = 20$℃。计算粉尘真密度 $\rho_c = 2000$kg/m^3，粒径为 5μm、10μm、20μm 时的惯性碰撞除尘效率。

23. 已知某电除尘器处理风量 $L = 12.2 \times 10^4$ m^3/h，集尘极总集尘面积 $A = 648$m^2，除尘器进口处粒径分布如下：

粒径范围(μm)	0～5	5～10	10～20	20～30	30～40	>40
粒径分布 $\phi(d)$(%)	3	10	30	35	15	7

根据计算和测定，得：理论驱进速度 $w = 3.95 \times 10^4 d_c$ cm/s（d_c 为粒径，m）；有效驱进速度 $w_e = \frac{1}{2}w$。计算该电除尘器的除尘效率。

24. 摩尔分数和比摩尔分数的物理意义有何差别？为什么在吸收计算中常用比摩尔分数？

25. 为什么下列公式都是亨利定律表达式？它们之间有何联系？

$$\begin{cases} c = HP^* \\ P = Ex \\ Y = mX \end{cases}$$

26. 什么是吸收推动力？吸收推动力有几种表示方法？如何计算吸收塔的吸收推动力？

27. 画出吸收过程的操作线和平衡线，并利用它们分析该吸收过程的特点。

28. 双膜理论的基本点是什么？根据双膜理论分析提高吸收效率及吸收速率的方法。

29. 吸收法和吸附法各有什么特点？它们各适用于什么场合？

30. 什么是吸附层的静活性和动活性？如何提高其动活性？

31. 已知 HCl—空气的混合气体中，HCl 的质量分数为 30%，求 HCl 的摩尔分数和比摩尔分数。

32. 某通风排气系统中，NO$_2$ 质量浓度为 2000mg/m^3，排气温度为 50℃，试把该浓度用比摩尔分数表示。

33. 在 $P = 101.3$kPa、$t = 20$℃时，氨在水中的溶解度如下：

NH_3 的分压力(kPa)	0	0.4	0.8	1.2	1.6	2.0
溶液浓度:(kgNH_3/100kg H_2O)	0	0.5	1	1.5	2.0	2.5

把上述关系换算成 Y^* 和 X 的关系,并在 $Y—X$ 图上绘出平衡图,求出相平衡系数 m。

34. NH_3—空气混合气体的体积为 $100m^3$,其中 NH_3 的体积分数为 20%,用水吸收,使 NH_3 的体积分数减小到 5%。吸收过程有中间冷却,前后温度不变。求被吸收的 NH_3 的体积分数,并用比摩尔分数计算作对比。

35. SO_2—空气混合气体在 $P=1atm$、$t=20℃$ 时与水接触,当水溶液中 SO_2 质量分数达到 2.5% 时,气液两相达到平衡,求这时气相中 SO_2 分压力(kPa)。

36. 已知 Cl_2—空气的混合气体在 $P=1atm$、$t=20℃$ 下,Cl_2 的体积分数为 2.5%,在填料塔用水吸收,要求净化效率为 98%。填料塔实际液气比为最小液气比的 1.2 倍。计算出口处 Cl_2 的液相浓度。

37. 某厂排出空气中 SO_2 的体积分数为 1%,已知排风量为 $1000m^3/h$,$t=20℃$、$P=1atm$ 下用水吸收 SO_2,实际用水量为 $44600kg/h$(实际液气比为最小液气比的 2 倍)。求吸收塔出口处 SO_2 气相浓度(mg/m^3)。

38. 有一通风系统在 $t=20℃$、$P=1atm$ 下运行,排出空气中 H_2S 的体积分数为 5.4%,排风量 $L=0.5m^3/s$。在吸收塔内用水吸收 H_2S,实际的供液量为最小供液量的 1.3 倍,气相总吸收系数 $K_g=0.0021kmol/(m^2 \cdot s)$。要求吸收塔出口处气相中 H_2S 质量浓度不超过 $1000mg/L$。计算:

(1) 实际的供液量(kg/h);

(2) 出口处液相中 H_2S 质量浓度;

(3) 必需的气液接触面积。

39. 某油漆车间利用固定床活性炭吸附器净化通风排气中的甲苯蒸气。已知排风量 $L=2000m^3/h$、$t=20℃$、空气中甲苯蒸气质量浓度为 $100mg/L$。要求的净化效率为 100%。活性炭不进行再生,每 90d 更换一次吸附剂。通风排气系统每天工作 4h。活性炭的容积密度为 $600kg/m^3$,气流通过吸附层的流速 $v=0.4m/s$,吸附层动活性与静活性之比为 0.8。计算该吸附器的活性炭装载量(kg)及吸附层总厚度。

40. 有一供暖锅炉的排烟量 $L=3.44m^3/s$,排烟温度 $t_p=150℃$,在标准状态下烟气密度 $\rho=1.3kg/m^3$,烟气定压比热容 $c=0.98kJ/(kg \cdot ℃)$。烟气中 SO_2 质量浓度 $y_{SO_2}=2000mg/m^3$,地面附近大气温度 $t_w=20℃$,在 10m 处大气平均风速 $v_{10}=4m/s$,烟气出口流速 $v_{ch}=18m/s$。要求烟囱下风侧地面附近 SO_2 的最大质量浓度不超过环境空气质量标准的规定。计算最小烟囱高度。(大气状态中性)

第7章 通风管道的设计计算

通风管道（简称风管）是通风空调系统的重要组成部分。设计计算的目的是在保证要求的风量分配前提下，合理确定通风管道布置和尺寸，使系统的初投资和运行费用综合最优。通风管道系统的设计直接影响到通风空调系统的使用效果和技术经济性能。本章主要阐述通风管道的设计原理和计算方法。

7.1 风管内空气流动的阻力

风管内空气流动的阻力有两种，一种是由于空气本身的黏滞性及其与管壁间的摩擦而产生的沿程能量损失，称为摩擦阻力或沿程阻力；另一种是空气流经风管中的管件及设备时，由于流速的大小和方向变化以及产生涡流造成比较集中的能量损失，称为局部阻力。

7.1.1 摩擦阻力

根据流体力学原理，空气在横断面形状不变的管道内流动时的摩擦阻力按下式计算：

$$\Delta P_{\mathrm{m}} = \lambda \frac{1}{4R_{\mathrm{s}}} \cdot \frac{v^2 \rho}{2} l \quad \mathrm{Pa} \tag{7-1}$$

对于圆形风管，摩擦阻力计算公式可改写为：

$$\Delta P_{\mathrm{m}} = \frac{\lambda}{D} \cdot \frac{v^2 \rho}{2} l \quad \mathrm{Pa} \tag{7-2}$$

圆形风管单位长度的摩擦阻力（又称比摩阻）为：

$$R_{\mathrm{m}} = \frac{\lambda}{D} \cdot \frac{v^2 \rho}{2} \quad \mathrm{Pa/m} \tag{7-3}$$

式中 λ——摩擦阻力系数；

       v——风管内空气的平均流速，m/s；

       ρ——空气的密度，kg/m³；

       l——风管长度，m；

       D——圆形风管直径，m；

       R_{s}——风管的水力半径，m。

$$R_{\mathrm{s}} = \frac{f}{P}$$

式中 f——管道中充满流体部分的横断面积，m²；

       P——湿周，在通风空调系统中即为风管的周长，m。

摩擦阻力系数 λ 与空气在风管内的流动状态和风管管壁的粗糙度有关。在通风空调系统中，薄钢板风管的空气流动状态大多数属于紊流光滑区到粗糙区之间的过渡区。通常，高速风管的流动状态也处于过渡区。只有流速很高、表面粗糙的砖或混凝土风管流动状态才属于粗糙区。计算过渡区摩擦阻力系数的公式很多，下列公式适用范围较大，在目前得到较广泛的应用：

$$\frac{1}{\sqrt{\lambda}}=-2\lg\left(\frac{K}{3.7D}+\frac{2.51}{Re\sqrt{\lambda}}\right)$$ (7-4)

式中 K——风管内壁粗糙度，mm；

D——风管直径，mm。

进行通风管道的计算时，可以采用根据式（7-3）和式（7-4）制成的计算表或线算图。附录 10 所示的线算图可供计算管道阻力时使用。只要已知流量、管径、流速、阻力四个参数中的任意两个，即可利用该图求得其余两个参数。附录 10 中的线算图是按过渡区的 λ，在压力 $B_0=101.3\text{kPa}$、温度 $t_0=20℃$、空气密度 $\rho_0=1.204\text{kg/m}^3$、运动黏度 $\nu_0=15.06\times10^{-6}\text{m}^2/\text{s}$、管壁粗糙度 $K=0.15\text{mm}$、圆形风管等条件下得出的。当实际使用条件与上述条件不相符时，应进行修正。

1. 密度和黏度的修正

$$R_{\text{m}}=R_{\text{m0}}(\rho/\rho_0)(\nu/\nu_0)^{0.15}\quad\text{Pa/m}$$ (7-5)

式中 R_{m}——实际的单位长度摩擦阻力，Pa/m；

R_{m0}——线算图中查出的单位长度摩擦阻力，Pa/m；

ρ——实际的空气密度，kg/m^3；

ν——实际的空气运动黏度，m^2/s。

2. 空气温度和大气压力的修正

$$R_{\text{m}}=K_{\text{t}}K_{\text{B}}R_{\text{m0}}\quad\text{Pa/m}$$ (7-6)

式中 K_{t}——温度修正系数；

K_{B}——大气压力修正系数。

$$K_{\text{t}}=\left(\frac{273+20}{273+t}\right)^{0.825}$$ (7-7)

式中 t——实际的空气温度，℃。

$$K_{\text{B}}=(B/101.3)^{0.9}$$ (7-8)

式中 B——实际的大气压力，kPa。

K_{t} 和 K_{B} 可直接由图 7-1 查得。从图 7-1 可以看出，在 $t=0\sim100℃$ 的范围内，可近似把温度和压力的影响看作是直线关系。

【例 7-1】 兰州市某厂有一通风系统，风管用薄钢板制作。已知风量 $L=1500\text{m}^3/\text{h}$（$0.417\text{m}^3/\text{s}$），管内空气流速 $v=12\text{m/s}$，空气温度 $t=100℃$。求风管的管径和单位长度摩擦阻力。

【解】 兰州市大气压力 $B=82.5\text{kPa}$。

由附录 10 查得：$D=200\text{mm}$、$R_{\text{m0}}=11\text{Pa/m}$。

由图 7-1 查得：$K_{\text{t}}=0.82$、$K_{\text{B}}=0.83$。

$$R_{\text{m}}=K_{\text{t}}\cdot K_{\text{B}}\cdot R_{\text{m0}}=0.82\times0.83\times11=7.5\quad(\text{Pa/m})$$

3. 管壁粗糙度的修正

在通风空调工程中，常采用不同材料制作风管，不同材料的粗糙度 K 见表 7-1。

当风管管壁的粗糙度 $K\neq0.15\text{mm}$ 时，可先由附录 10 查出 R_{m0}，再近似按下式修正：

$$R_{\text{m}}=K_{\text{t}}R_{\text{m0}}\quad\text{Pa/m}$$ (7-9)

$$K_t = (Kv)^{0.25} \tag{7-10}$$

式中 K_t——管壁粗糙度修正系数；

K——管壁粗糙度，mm；

v——管内空气流速，m/s。

如需进行较精确计算，K_t 值可从文献［5］中查得。

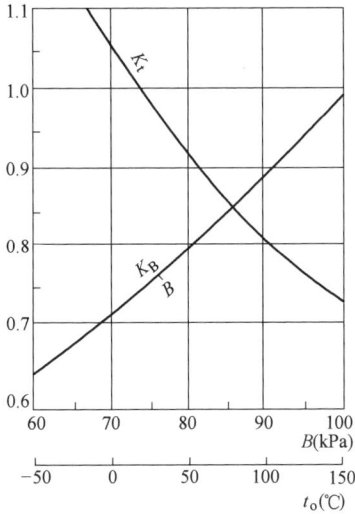

图 7-1 温度和大气压力的修正曲线

不同材料的粗糙度 K	表 7-1
风管材料	粗糙度（mm）
薄钢板或镀锌薄钢板	0.15～0.18
塑料板	0.01～0.05
矿渣石膏板	1.0
矿渣混凝土板	1.5
胶 合 板	1.0
砖砌板	3～6
混凝土	1～3
木板	0.2～1.0

7.1.2 矩形风管摩擦阻力计算

附录 10 中通风管道单位长度摩擦阻力线算图是按圆形风管得出的，为利用该图进行矩形风管计算，需先把矩形风管断面尺寸折算成相当的圆形风管直径，即折算成当量直径，再由此求得矩形风管的单位长度摩擦阻力。

当量直径就是矩形风管采用与之具有相同单位长度摩擦阻力的圆形风管的直径，有流速当量直径和流量当量直径两种。

1. 流速当量直径

假设某一圆形风管中的空气流速与矩形风管中的空气流速相等，并且二者的单位长度摩擦阻力也相等，则该圆形风管的直径就称为此矩形风管的流速当量直径，以 D_v 表示。根据这一定义，从式（7-1）可以看出，圆形风管和矩形风管的水力半径必须相等。

圆形风管的水力半径

$$R'_s = \frac{D}{4}$$

矩形风管的水力半径

$$R''_s = \frac{ab}{2(a+b)}$$

令

$$R'_s = R''_s$$
$$\frac{D}{4} = \frac{ab}{2(a+b)}$$

则

$$D = \frac{2ab}{a+b} = D_v \tag{7-11}$$

D_v 称为边长为 $a \times b$ 的矩形风管的流速当量直径。如果矩形风管内的流速与管径为 D_v 的圆形风管内的流速相同，则二者的单位长度摩擦阻力也相等。因此，根据矩形风管的流速当量直径 D_v 和实际流速 v，由附录 10 查得的 R_{m0} 即为矩形风管的单位长度摩擦阻力。

【例 7-2】 有一表面光滑的砖砌风管（$K = 3\text{mm}$），断面尺寸为 $500\text{mm} \times 400\text{mm}$，流量 $L = 1\text{m}^3/\text{s}$（$3600\text{m}^3/\text{h}$）。求该风管的单位长度摩擦阻力。

【解】 矩形风管内空气流速：

$$v = \frac{1}{0.5 \times 0.4} = 5 \ (\text{m/s})$$

矩形风管的流速当量直径：

$$D_v = \frac{2ab}{a+b} = \frac{2 \times 500 \times 400}{500 + 400} = 444 \ (\text{mm})$$

根据 $v = 5\text{m/s}$、$D_v = 444\text{mm}$，由本书附录 10 查得 $R_{m0} = 0.62\text{Pa/m}$。

粗糙度修正系数

$$K_t = (Kv)^{0.25} = (3 \times 5)^{0.25} = 1.96$$
$$R_m = 1.96 \times 0.62 = 1.22 \ (\text{Pa/m})$$

2. 流量当量直径

设某一圆形风管中的空气流量与矩形风管的空气流量相等，并且单位长度摩擦阻力也相等，则该圆形风管的直径就称为此矩形风管的流量当量直径，以 D_L 表示。流量当量直径可近似按下式计算：

$$D_L = 1.3 \frac{(ab)^{0.625}}{(a+b)^{0.25}} \tag{7-12}$$

以流量当量直径 D_L 和矩形风管的流量 L，查本书附录 10 所得的单位长度摩擦阻力 R_{m0}，即为矩形风管的单位长度摩擦阻力。

利用当量直径法求矩形风管阻力时，要注意其对应关系：采用流速当量直径时，必须用矩形风管中的空气流速去查单位长度摩擦阻力；采用流量当量直径时，必须用矩形风管中的空气流量去查单位长度摩擦阻力。两种算法中，流速当量直径法比较简单。

7.1.3 局部阻力

当空气流过断面变化的管件（如各种变径管、风管进出口、阀门）、流向变化的管件（弯头）和流量变化的管件（如三通、四通、风管的侧面送、排风口）时都会产生局部阻力。

局部阻力 Z 按下式计算：

$$Z = \zeta \frac{v^2 \rho}{2} \tag{7-13}$$

式中 ζ——局部阻力系数。

局部阻力系数一般用实验方法确定。实验时先测出管件前后的全压差（即局部阻力 Z），再除以与速度 v 相应的动压 $v^2 \rho / 2$，求得局部阻力系数 ζ。有的还整理成经验公式，在本书附录 11 中列出了部分常见管件的局部阻力系数。计算局部阻力时，必须注意 ζ 值所对应的气流速度。

由于通风空调系统中空气的流动都处于自模区，局部阻力系数 ζ 只取决于管件的形状，一般不考虑相对粗糙度和雷诺数的影响。

局部阻力在通风空调系统的总阻力中占有较大的比例，在设计时应加以注意，为了减小局部阻力，通常采取以下措施：

1. 弯头

布置管道时，应尽量取直线，减少弯头。圆形风管弯头的曲率半径一般应超过管径的 1～2 倍（图 7-2）；矩形风管弯头断面的长宽比（b/a）越大，阻力越小（图 7-3）。在民用建筑中，常采用矩形直角弯头，应在其中设导流片，如图 7-4 所示。

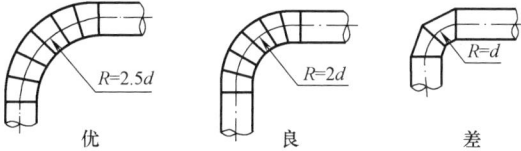

图 7-2 圆形风管弯头

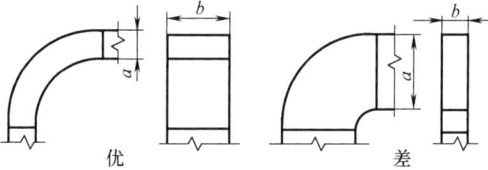

图 7-3 矩形风管弯头

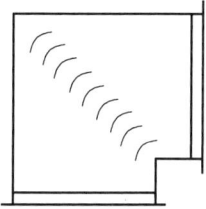

图 7-4 设有导流片的直角弯头

2. 三通

三通内流速不同的两股气流汇合时的碰撞，以及气流速度改变时形成涡流是造成局部阻力的原因。两股气流在汇合过程中的能量损失一般是不相同的，它们的局部阻力应分别计算。

合流三通内直管的气流速度大于支管的气流速度时，会产生直管气流引射支管气流的作用，即流速大的直管气流失去能量，流速小的支管气流得到能量，因而支管的局部阻力有时出现负值。同理，直管的局部阻力有时也会出现负值。但是，直管与支管的局部阻力不可能同时为负值。必须指出，引射过程会有能量损失，为了减小三通的局部阻力，应避免出现引射现象。

为减小三通的局部阻力，还应注意支管和干管的连接，减小其夹角，如图 7-5 所示。同时还应尽量使支管和干管内的流速保持相等。

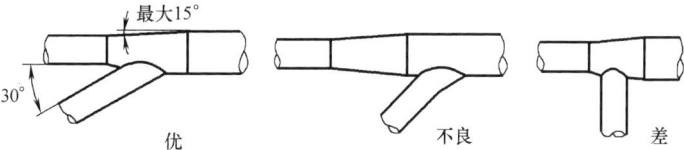

图 7-5 三通支管和干管的连接

179

3. 排风立管出口

通风排气如果不需要通过大气扩散进行稀释，应降低排风立管的出口流速，以减小出口动压损失。从附录 11 可以看出，采用带渐扩管的伞形风帽 $\zeta=0.60$；而直管式的伞形风帽 $\zeta=1.15$。

4. 管道和风机的连接

要尽量避免在接管处产生局部涡流，具体做法见图 7-6。

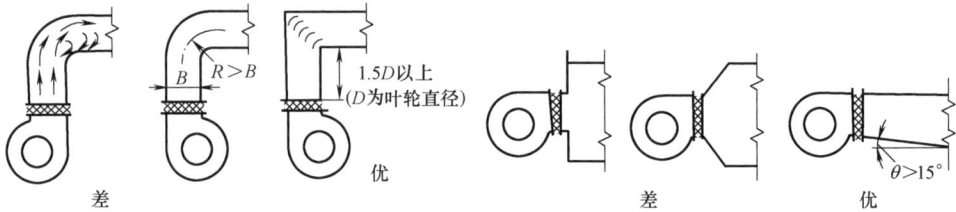

图 7-6　风机进出口的管道连接

【**例 7-3**】　有一合流三通，如图 7-7 所示，已知：

$L_1=1.17\text{m}^3/\text{s}$ （4200m³/h），$D_1=500\text{mm}$，$v_1=5.96\text{m/s}$；

$L_2=0.78\text{m}^3/\text{s}$ （2800m³/h），$D_2=250\text{mm}$，$v_2=15.9\text{m/s}$；

$L_3=1.94\text{m}^3/\text{s}$ （7000m³/h），$D_3=560\text{mm}$，$v_3=7.9\text{m/s}$。

分支管中心夹角 $\alpha=30°$。求此三通的局部阻力。

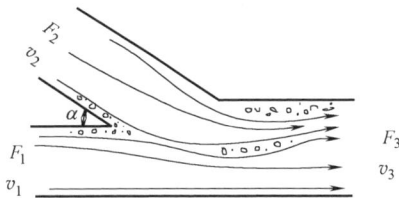

图 7-7　合流三通

【**解**】　按本书附录 11 列出的条件，计算以下各值：

$$\frac{L_2}{L_3}=\frac{0.78}{1.94}=\frac{2800}{7000}=0.4$$

$$\frac{F_2}{F_3}=\left(\frac{D_2}{D_3}\right)^2=\left(\frac{250}{560}\right)^2=0.2$$

经计算，$F_1+F_2=F_3$。根据 $F_1+F_2=F_3$ 及 $L_2/L_3=0.4$、$F_2/F_3=0.2$ 查得：

支管局部阻力系数 $\zeta_2=2.7$；

直管局部阻力系数 $\zeta_1=-0.73$。

支管的局部阻力为：

$$Z_2=\zeta_2\frac{v_2^2\rho}{2}=2.7\times\frac{15.9^2\times1.2}{2}=409.6\text{（Pa）}$$

直管的局部阻力为：

$$Z_1=\zeta_1\frac{v_1^2\rho}{2}=-0.73\times\frac{5.96^2\times1.2}{2}=-15.6\text{（Pa）}$$

7.2　风管内的压力分布

空气在风管中流动时，由于风管阻力和流速变化，空气压力是不断变化的。研究风管内空气压力的分布规律，有助于更好地解决通风空调系统的设计和运行管理问题。

如图 7-8 所示，空气进出口都有局部阻力，分析该系统风管内的压力分布。

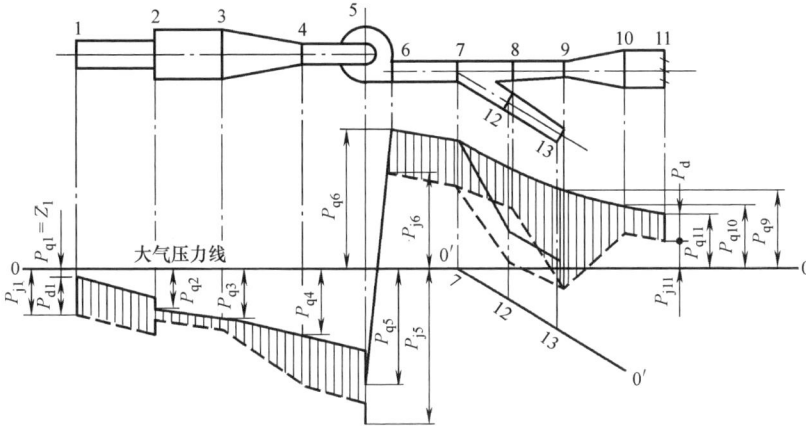

图 7-8　有摩擦阻力和局部阻力的风管压力分布

计算出各点（断面）的全压值、静压值和动压值，把它们标出，再逐点连接，就可求得风管内压力分布图。

下面确定各点的压力：

点 1：

列出空气入口外和入口（点 1）断面的能量方程式：

$$P_{q0} = P_{q1} + Z_1$$

因 P_{q0} = 大气压力 = 0，故

$$P_{q1} = -Z_1$$

$$P_{d1\text{-}2} = \frac{v_{1\text{-}2}^2 \rho}{2}$$

$$P_{Y1} = P_{q1} - P_{d1\text{-}2} = -\left(\frac{v_{1\text{-}2}^2 \rho}{2} + Z_1\right) \tag{7-14}$$

式中　Z_1——空气入口处的局部阻力，Pa；

　　　$P_{d1\text{-}2}$——管段 1-2 的动压，Pa。

上式表明，点 1 处的全压和静压均比大气压低。静压降 P_{Y1} 的一部分转化为动压 $P_{d1\text{-}2}$，另一部分消耗在克服入口的局部阻力 Z_1。

点 2：

$$P_{q2} = P_{q1} - (R_{m1\text{-}2} l_{1\text{-}2} + Z_2)$$

$$P_{Y2} = P_{q2} - P_{d1\text{-}2} = P_{Y1} + P_{d1\text{-}2} - (R_{m1\text{-}2} l_{1\text{-}2} + Z_2) - P_{Y1\text{-}2} = P_{Y1} - (R_{m1\text{-}2} l_{1\text{-}2} + Z_2)$$

则

$$P_{Y1} - P_{Y2} = R_{m1\text{-}2} l_{1\text{-}2} + Z_2 \tag{7-15}$$

式中　$R_{m1\text{-}2}$——管段 1-2 的比摩阻，Pa/m；

　　　Z_2——突然扩大的局部阻力，Pa。

由式（7-15）可以看出，当管段 1-2 内空气流速不变时，风管的阻力是由降低空气的

静压来克服的。从图 7-8 还可以看出，由于管段 2-3 的流速小于管段 1-2，空气流过点 2 后发生静压复得现象。

点 3：

$$P_{q3} = P_{q2} - R_{m2-3} l_{2-3}$$

点 4：

$$P_{q4} = P_{q3} - Z_{3-4}$$

式中　Z_{3-4}——渐缩管的局部阻力，Pa。

点 5（风机进口）：

$$P_{q5} = P_{q4} - (R_{m4-5} l_{4-5} + Z_5)$$

式中　Z_5——风机进口处 90°弯头的阻力。

点 11（风管出口）：

$$P_{q11} = \frac{v_{11}^2 \rho}{2} + Z_{11}' = \frac{v_{11}^2 \rho}{2} + \zeta_{11}' \frac{v_{11}^2 \rho}{2}$$

$$= (1 + \zeta_{11}') \frac{v_{11}^2 \rho}{2} = \zeta_{11} \frac{v_{11}^2 \rho}{2} = Z_{11}$$

式中　v_{11}——风管出口处空气流速，m/s；

　　　Z_{11}'——风管出口处局部阻力，Pa；

　　　ζ_{11}'——风管出口处局部阻力系数；

　　　ζ_{11}——包括动压损失在内的出口局部阻力系数，$\zeta_{11} = (1 + \zeta_{11}')$。

在实际工作中，为便于计算，相关设计手册中一般直接给出 ζ 值而不是 ζ' 值。

点 10：

$$P_{q10} = P_{q11} + R_{m10-11} l_{10-11}$$

点 9：

$$P_{q9} = P_{q10} + Z_{9-10}$$

式中　Z_{9-10}——渐扩管的局部阻力，Pa。

点 8：

$$P_{q8} = P_{q9} + Z_{8-9}$$

式中　Z_{8-9}——渐缩管的局部阻力，Pa。

点 7：

$$P_{q7} = P_{q8} + Z_{7-8}$$

式中　Z_{7-8}——三通直管的阻力，Pa。

点 6（风机出口）：

$$P_{q6} = P_{q7} + R_{m6-7} l_{6-7}$$

自点 7 开始，有 7-8 及 7-12 两个支管。为了表示支管 7-12 的压力分布。过点 0' 引平行于支管 7-12 轴线的 0'-0' 线作为基准线，用上述同样方法求出此支管的全压值。因为点 7 是两支管的共同点，它们的压力线必定要在此汇合，即压力的大小相等。

把以上各点的全压标在图上，并根据摩擦阻力与风管长度呈直线关系，连接各个全压点可得到全压分布曲线。用各点的全压减去该点的动压，即为各点的静压，可绘出静压分布曲线。从图 7-8 可看出，空气在管内的流动规律为：

（1）风机的风压 P_1 等于风机进、出口的全压差，或者说等于风管的阻力及出口动压损失之和，即等于风管总阻力，可用下式表示：

$$P_f = P_{q6} - P_{q5} = \sum_1^{10}(R_m l + Z) + R_{m10-11}l_{10-11} + Z'_{11} + \frac{v_{11}^2\rho}{2}$$
$$= \sum_1^{11}(R_m l + Z)$$

（2）风机吸入段的全压和静压均为负值，在风机入口处负压最大；风机压出段的全压和静压一般情况下均是正值，风机出口正压最大。因此，风管连接处不严密，会有空气漏入或逸出，以致影响风量分配或造成粉尘和有害气体向外泄漏。

（3）各并联支管的阻力总是相等。如果设计时各支管阻力不相等，在实际运行时，各支管会按其阻力特性自动平衡，同时改变预定的风量分配。

（4）压出段上点 9 的静压出现负值是由于断面 9 收缩得很小，使流速大大增加，当动压大于全压时，该处的静压出现负值。若在断面 9 处开孔，会吸入空气而不是压出空气。有些压送式气力输送系统的受料器进料和诱导式通风就是这一原理的运用。

7.3　通风管道的水力计算

通风管道的水力计算是在系统和设备布置、风管材料、各送排风点的位置和风量均已确定的基础上进行的。其主要目的是确定各管段的管径（或断面尺寸）和阻力，保证系统内达到所要求的风量分配。最后确定风机的型号和动力消耗。在有的情况下，风机的风量、风压已经确定，要由此确定风管的管径。

风管水力计算方法有假定流速法、压损平均法和静压复得法等，目前常用的是假定流速法。

压损平均法的特点是：将已知的总作用压头按干管长度平均分配给每一管段，再根据每一管段的风量确定风管断面尺寸。如果风管系统所用的风机压头已定，或对分支管路进行阻力平衡计算，此法较为方便。

静压复得法的特点是：利用风管分支处复得的静压来克服该管段的阻力，根据这一原则确定风管的断面尺寸。此法适用于高速空调系统的水力计算。

假定流速法的特点是：先按技术经济要求选定风管的流速，再根据风管的风量确定风管的断面尺寸和阻力。

假定流速法的计算步骤和方法如下：

（1）绘制通风或空调系统轴测图，对各管段进行编号，标注长度和风量。

管段长度一般按两管件间中心线长度计算，不扣除管件（如三通、弯头）本身的长度。

（2）确定合理的空气流速。风管内的空气流速对通风空调系统的经济性有较大影响。流速高，风管断面小，材料耗用少，建造费用小；但是系统的阻力大，动力消耗增大，运行费用增加；对除尘系统会增加设备和管道的磨损，对空调系统会增加噪声。流速低，阻力小，动力消耗少；但是风管断面大，材料和建造费用大，风管占用的空间也增大。对除尘系统，流速过低会使粉尘沉积堵塞管道。因此，必须通过全面的技术经济比较选定合理的流速。根据经验总结，风管内的空气流速可按表 7-2、表 7-3 及表 7-4 确定。

一般通风系统中常用空气流速（单位：m/s）　　　　表 7-2

类别	风管材料	干管	支管	室内进风口	室内回风口	新鲜空气入口
工业建筑机械通风	薄钢板、混凝土、砖等	6～14 4～12	2～8 2～6	1.5～3.5 1.5～3.0	2.5～3.5 2.0～3.0	5.5～6.5 5～6
工业辅助建筑及民用建筑 自然通风 机械通风		0.5～1.0 5～8	0.5～0.7 2～5			0.2～1.0 2～4

空调系统低速风管内的空气流速（单位：m/s）　　　　表 7-3

部位	频率为 1000Hz 时室内允许噪声(dB)		
	<40	40～60	>60
新风入口	3.5～4.0	4.0～4.5	5.0～6.0
总管和总干管	6.0～8.0	6.0～8.0	7.0～12.0
无送、回风口的支管	3.0～4.0	5.0～7.0	6.0～8.0
有送、回风口的支管	2.0～3.0	3.0～5.0	3.0～6.0

除尘风管的最小风速（单位：m/s）　　　　表 7-4

粉尘类别	粉尘名称	垂直风管	水平风管
纤维粉尘	干锯末、小刨屑、纺织尘	10	12
	木屑、刨花	12	14
	干燥粗刨花、大块干木屑	14	16
	潮湿粗刨花、大块湿木屑	18	20
	棉絮	8	10
	麻	11	13
	石棉粉尘	12	18
矿物粉尘	耐火材料粉尘	14	17
	黏土	13	16
	石灰石	14	16
	水泥	12	18
	湿土(含水 2% 以下)	15	18
	重矿物粉尘	14	16
	轻矿物粉尘	12	14
	灰土、砂尘	16	18
	干细型砂	17	20
	金刚砂、刚玉粉	15	19
金属粉尘	钢铁粉尘	13	15
	钢铁屑	19	23
	铅尘	20	25
其他粉尘	轻质干粉尘(木工磨床粉尘、烟草灰)	8	10
	煤尘	11	13
	焦炭粉尘	14	18
	谷物粉尘	10	12

除尘器后风管内的流速可比表 7-4 中的数值适当减小。

（3）根据各风管的风量和选择的流速确定各管段的断面尺寸，计算摩擦阻力和局部阻力。

确定风管断面尺寸时，应采用本书附录 12 所列的通风管道统一规格，以利于工业化加工制作。风管断面尺寸确定后，应按管内实际流速计算阻力。阻力计算应从最不利环路（即阻力最大的环路）开始。

袋式除尘器和静电除尘器后风管内的风量应把漏风量和反吹风量计入。在正常运行条件下，除尘器的漏风率应不超过 3%～5%。

（4）并联管路的阻力平衡。为了保证各送、排风点达到预期的风量，两并联支管的阻力必须保持平衡。对一般的通风系统，两支管的阻力差应不超过 15%；除尘系统的两支管的阻力差应不超过 10%。若超过上述规定，可采用下述方法使其阻力平衡。

1）调整支管管径。通过改变支管管径来改变支管的阻力，以达到阻力平衡。调整后的管径按下式计算：

$$D' = D\left(\frac{\Delta P}{\Delta P'}\right)^{0.225} \tag{7-16}$$

式中　D'——调整后的管径，mm；

　　　D——原设计的管径，mm；

　　　ΔP——原设计的支管阻力，Pa；

　　　$\Delta P'$——要求达到的支管阻力，Pa。

应当指出，采用该方法时，不宜改变三通的支管直径，可在三通支管上先增设一节渐扩（缩）管，以免引起三通局部阻力的变化。

通过改变管径进行阻力平衡时，对于除尘管路系统，应优先考虑缩小阻力较小的并联支路的管径。

2）增大风量。当两支管的阻力相差不大时（在 20% 以内），可不改变支管管径，适当加大阻力小的那段支管的流量，以达到阻力平衡。增大后的风量按下式计算：

$$L' = L\left(\frac{\Delta P'}{\Delta P}\right)^{\frac{1}{2}} \tag{7-17}$$

式中　L'——调整后的支管风量，m³/h；

　　　L——原设计的支管风量，m³/h。

采用该方法会引起后面干管内的流量相应增大，阻力也随之增大；同时，风机的风量和风压也会相应增大。

3）阀门调节。通过改变阀门开度，调节管道阻力，从理论上讲是一种最简单易行的方法。必须指出的是，对一个多支管的通风空调系统进行调试，是一项复杂的技术工作，必须进行反复调整、测试才能达到预期的流量分配。

（5）计算系统的总阻力。

（6）选择风机：

1）根据输送气体的性质、系统的风量和阻力确定风机的类型。例如，输送清洁空气，选用一般的风机；输送有爆炸危险的气体或粉尘，选用防爆风机。

2）考虑到风管、设备的漏风量及阻力计算的不精确，应按下式计算的风压、风量选择风机：

$$P_f = K_P \cdot \Delta P \qquad\qquad (7\text{-}18)$$

$$L_f = K_L \cdot L \qquad\qquad (7\text{-}19)$$

式中　P_f——风机的风压，Pa；

　　　L_f——风机的风量，m^3/h；

　　　K_P——风压附加系数，一般的送、排风系统，$K_P = 1.1 \sim 1.15$；除尘系统，$K_P = 1.15 \sim 1.20$；

　　　K_L——风量附加系数，一般的送、排风系统，$K_L = 1.1$；除尘系统，$K_L = 1.1 \sim 1.15$；

　　　ΔP——系统的总阻力，Pa；

　　　L——系统的总风量，m^3/h。

　　3）当风机在非标准状态下工作时，应按下式对风机性能进行换算，再以此参数从风机样本上选择风机。

$$L_f = L'_f \qquad\qquad (7\text{-}20)$$

$$P_f = P'_f \left(\frac{1.2}{\rho'}\right) \qquad\qquad (7\text{-}21)$$

式中　L_f——标准状态下风机的风量，m^3/h；

　　　L'_f——非标准状态下风机的风量，m^3/h；

　　　P_f——标准状态下风机的风压，Pa；

　　　P'_f——非标准状态下风机的风压，Pa；

　　　ρ'——非标准状态下空气的密度，kg/m^3。

　　4）选好风机后，根据风机的风压和风量计算风机的电机功率，再以此为参照从样本上选取电动机。

$$N = \frac{LP}{\eta \cdot 3600} \cdot K \qquad\qquad (7\text{-}22)$$

$$N_y = \frac{LP}{3600} \qquad\qquad (7\text{-}23)$$

$$\eta_m = \frac{N_y}{N}$$

式中　N——风机的电机功率，W；

　　　N_y——风机的有效功率，W；

　　　L——风机的风量，m^3/h；

　　　P——风机的风压，Pa；

　　　η——全压效率，由于风机在运行过程中有能量损失，故消耗在风机轴上的轴功率（风机的电机功率）N 要大于有效功率 N_y；

　　　η_m——风机的机械效率；

　　　K——电机容量安全系数。

　　风机性能参数表（或特性曲线）通常按特定的测试环境条件（温度、大气压力）给出，如：常温风机测试的环境条件为 20℃、1 个工程大气压力（或 $10^4\,mmH_2O$）；锅炉风机测试的环境条件为 200℃、1 个工程大气压力（或 $10^4\,mmH_2O$）。由于风机使用的环境温度、环境气体压力与测试环境条件不同，输送气体的密度与测试环境下气体密度有差别，故风机的电机功率要进行修正：

$$N_2 = N_1 \frac{\rho_2}{\rho_1}$$

式中　N_1——标准工况下风机的电机功率，W；

$\quad\quad N_2$——运行工况下风机的电机功率，W；

$\quad\quad \rho_1$——标准工况下空气的密度，kg/m^3；

$\quad\quad \rho_2$——运行工况下空气的密度，kg/m^3。

当运行工况的输送气体温度小于测试工况的温度时，$\rho_1 < \rho_2$，风机样本标配电机功率偏小，不能满足风机正常运行的需求；反之，运行时会造成能耗增加。

【例 7-4】 图 7-9 所示的通风除尘系统。风管用钢板制作，输送含有轻矿物粉尘的空气，气体温度为常温。该系统采用脉冲喷吹清灰袋式除尘器，除尘器阻力 $\Delta P_c = 1200Pa$。对该系统进行水力计算，并选择风机。

【解】

（1）对各管段进行编号，标出管段长度和各排风点的排风量。

（2）选定最不利环路，本系统选择 1-3-5-除尘器-6-风机-7 为最不利环路。

（3）根据各管段的风量及选定的风速，确定最不利环路上各管段的断面尺寸和单位长度摩擦阻力。

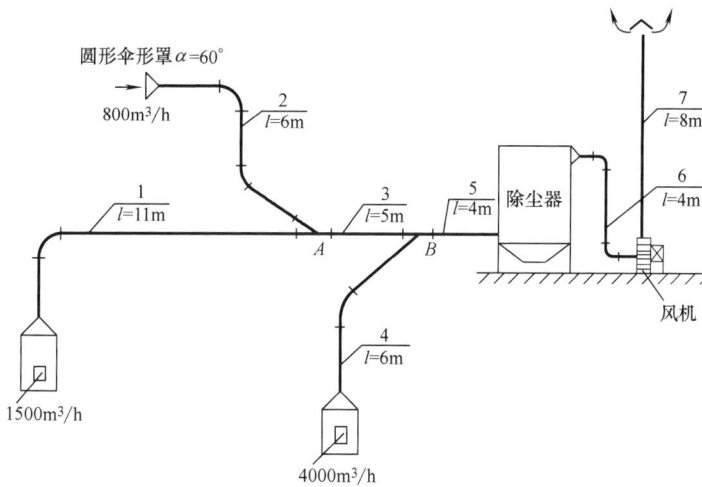

图 7-9　某通风除尘系统的系统图

根据表 7-4，输送含有轻矿物粉尘的空气时，风管内最小风速：垂直风管为 12m/s、水平风管为 14m/s。

考虑到除尘器及风管漏风，管段 6 及管段 7 的计算风量为 $6300 \times 1.05 = 6615 m^3/h$。

管段 1：根据 $L_1 = 1500 m^3/h (0.42 m^3/s)$、$v_1 = 14 m/s$，由本书附录 10 查出管径和单位长度摩擦阻力。所选管径应尽量符合本书附录 12 的通风管道统一规格：$D_1 = 200mm$、$R_{m1} = 12.5 Pa/m$。

同理可查得管段 3、管段 5、管段 6、管段 7 的管径及比摩阻，见表 7-5。

（4）确定管段 2、管段 4 的管径及单位长度摩擦阻力，见表 7-5。

（5）查本书附录 11，确定各管段的局部阻力系数。

1）管段 1：

设备密闭罩（参考文献［10］）：$\zeta=1.0$（对应接管动压）；$90°$弯头（$R/D=1.5$）：1 个、$\zeta=0.17$。

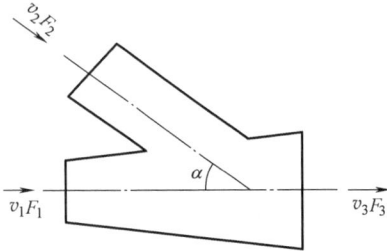

图 7-10 直流三通（一）

直流三通（1→3）（图 7-10）：

根据 $F_1+F_2 \approx F_3$，$\alpha=30°$，得：

$$\frac{F_2}{F_3}=\left(\frac{140}{240}\right)^2=0.34, \quad \frac{L_2}{L_3}=\frac{800}{2300}=0.347。$$

查得 $\zeta_{13}=0.20$。

$$\sum\zeta=1.0+0.17+0.20=1.37$$

2）管段 2：

圆形伞形罩：$\alpha=60°$、$\zeta=0.09$；$90°$弯头（$R/D=1.5$）：1 个、$\zeta=0.17$；$60°$弯头（$R/D=1.5$）：1 个、$\zeta=0.15$；直流三通（2→3）（图 7-10）：$\zeta_{23}=0.20$。

$$\sum\zeta=0.09+0.17+0.15+0.20=0.61$$

管道水力计算表 表 7-5

管段编号	流量 [m³/h(m³/s)]	长度 l (m)	管径 D (mm)	流速 v (m/s)	动压 P_d (Pa)	局部阻力系数 $\sum\zeta$	局部阻力 Z (Pa)	单位长度摩擦阻力 R_m (Pa/m)	摩擦阻力 $R_m l$ (Pa)	管段阻力 $R_m l+Z$ (Pa)	备注
1	1500(0.42)	11	200	14	117.6	1.37	161.0	12.5	137.5	298.5	
3	2300(0.64)	5	240	14	117.6	−0.05	−6.0	12.0	60.0	54.0	
5	6300(1.75)	5	380	14	117.6	0.61	71.7	5.5	27.5	99.2	
6	6615(1.84)	4	420	12	86.4	0.47	40.6	4.5	18.0	58.6	
7	6615(1.84)	8	420	12	86.4	0.60	51.8	4.5	36.0	87.8	
2	800(0.22)	6	140	14	117.6	0.61	71.7	18.0	108.0	179.7	阻力不平衡
4	4000(1.11)	6	280	16	153.6	1.81	278.0	14.0	84.0	362.0	
2	800(0.22)		130	15.9						249.7	
	除尘器									1200	

3）管段 3：

直流三通（3→5）（图 7-11）：$F_3+F_4=F_5$、$\alpha=30°$。

$$\frac{F_4}{F_5}=\left(\frac{280}{380}\right)^2=0.54, \quad \frac{L_4}{L_5}=\frac{4000}{6300}=0.634。$$

$$\zeta_{35}=-0.05$$

4）管段 4：设备密闭罩：$\zeta=1.0$；$90°$弯头（$R/D=1.5$）：1 个、$\zeta=0.17$；直流三通（4→5）（图 7-11）：$\zeta_{45}=0.64$。

$$\sum\zeta=1.0+0.17+0.64=1.81$$

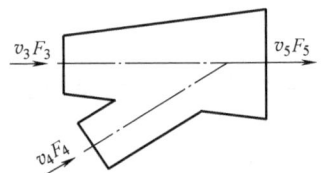

图 7-11 直流三通（二）

5）管段 5：

除尘器进口变径管（渐扩管）：除尘器进口尺寸为 $300mm \times 800mm$，变径管长度为

500mm，$\tan\alpha=\dfrac{1}{2}\dfrac{(800-380)}{500}=0.42$。

$$\alpha=22.7°$$
$$\zeta=0.60$$

6）管段 6：

① 除尘器出口变径管（渐缩管）：

除尘器出口尺寸为 $300\text{mm}\times800\text{mm}$，变径管长度 $l=400\text{mm}$，$\tan\alpha=\dfrac{1}{2}\dfrac{(800-420)}{400}=0.475$。

$$\alpha=25.4°$$
$$\zeta=0.10$$

90°弯头（$R/D=1.5$）：2 个、$\zeta=2\times0.17=0.31$。

② 风机进口渐扩管：

先近似选出一台风机，风机进口直径 $D_1=500\text{mm}$，变径管长度 $l=300\text{mm}$。

$$\frac{F_0}{F_6}=\left(\frac{500}{420}\right)^2=1.41$$
$$\tan\alpha=\frac{1}{2}\times\frac{500-420}{300}=0.13$$
$$\alpha=7.6°$$
$$\zeta=0.03$$
$$\sum\zeta=0.1+0.34+0.03=0.47$$

7）管段 7：

① 风机出口渐扩管：

风机出口尺寸为 $410\text{mm}\times315\text{mm}$，$D_7=420\text{mm}$。

$$\frac{F_7}{F_{出}}=\frac{0.138}{0.129}=1.07$$
$$\zeta\approx0$$

② 带扩散管的伞形风帽（$h/D_0=0.5$）：

$$\zeta=0.60$$
$$\sum\zeta=0.60$$

（6）计算各管段的沿程摩擦阻力和局部阻力，计算结果见表 7-5。

（7）对并联管路进行阻力平衡：

1）汇合点 A：

$$\Delta P_1=298.5\text{Pa}\quad\Delta P_2=179.7\text{Pa}$$

$$\frac{\Delta P_1-\Delta P_2}{\Delta P_1}\times100\%=\frac{298.5-179.7}{298.5}\times100\%=39.7\%>10\%$$

为使管段 1、管段 2 达到阻力平衡，改变管段 2 的管径，增大其阻力。

根据式（7-16），得：

$$D_2'=D_2\left(\frac{\Delta P_2}{\Delta P_Z'}\right)^{0.225}=140\left(\frac{179.7}{298.5}\right)^{0.225}=124.8\text{（mm）}$$

根据通风管道统一规格，取 $D''_2 = 130\text{mm}$，其对应的阻力为：

$$\Delta P''_2 = 179.7\left(\frac{140}{130}\right)^{0.225} = 249.7\text{(Pa)}$$

$$\frac{\Delta P_1 - \Delta P''_2}{\Delta P_1} \times 100\% = \frac{298.5 - 249.7}{298.5} \times 100\% = 16.3\% > 10\%$$

此时仍处于不平衡状态。如继续减小管径，取 $D_2 = 120\text{mm}$，其对应的阻力为 355.8Pa，同样处于不平衡状态。因此，决定取 $D_2 = 130\text{mm}$，在运行时再辅以阀门调节，消除不平衡。

2）汇合点 B：

$$\Delta P_1 + \Delta P_3 = 298.5 + 54 = 352.5\text{ (Pa)}$$

$$\Delta P_4 = 362\text{Pa}$$

$$\frac{\Delta P_4 - (\Delta P_1 + \Delta P_3)}{\Delta P_4} \times 100\% = \frac{362 - 32.5}{362} \times 100\% = 2.6\% < 10\%$$

符合要求。

（8）计算系统的总阻力：

$$\Delta P = \sum(R_\text{m}l + Z) = 298.5 + 54 + 99.2 + 58.6 + 87.8 + 1200$$
$$= 1798\text{ (Pa)}$$

（9）选择风机：

风机的风量 $L_\text{f} = 1.15L = 1.15 \times 6615 = 7607$（$\text{m}^3/\text{h}$）。

风机的风压 $P_\text{f} = 1.15\Delta P = 1.15 \times 1798 = 2067$（Pa）。

选用 C4-68No.6.3 型风机，$L_\text{f} = 8251\text{m}^3/\text{h}$、$P_\text{f} = 2018\text{Pa}$。

风机转速 $n = 1600\text{r/min}$，皮带传动。

配用 Y132S$_2$-Z 型电动机，电动机功率 $N = 7.5\text{kW}$。

7.4　均匀送风管道设计计算

根据工业与民用建筑的使用要求，通风空调系统的风管有时需要把等量的空气，沿风管侧壁的成排孔口或短管均匀送出。这种均匀送风方式可使送风房间得到均匀的空气分布，而且风管的制作简单、节约材料。因此，均匀送风管道在车间、会堂、冷库和气幕装置中广泛应用。

均匀送风管道的计算方法很多，下面介绍一种近似的计算方法。

7.4.1　均匀送风管道的设计原理

空气在风管内流动时，其静压垂直作用于管壁。如果在风管的侧壁开孔，由于孔口内外存在静压差，空气会按垂直于管壁的方向从孔口流出。静压差产生的流速为：

$$v_\text{i} = \sqrt{\frac{2P_\text{j}}{\rho}}$$

空气在风管内的流速为：

$$v_\text{d} = \sqrt{\frac{2P_\text{d}}{\rho}}$$

式中 P_j——风管内空气的静压，Pa；

P_d——风管内空气的动压，Pa。

因此，空气从孔口流出时，它的实际流速和出流方向不只取决于静压产生的流速和方向，还受管内流速的影响，如图 7-12 所示。在管内流速的影响下，孔口出流方向要发生偏斜，实际流速为合成速度，可用下列公式计算。

孔口出流与风管轴线间的夹角 α（出流角）为：

$$\tan\alpha = \frac{v_j}{v_d} = \sqrt{P_j/P_d}$$

孔口实际流速为：

$$v = \frac{v_j}{\sin\alpha}$$

孔口流出风量为：

$$L_0 = 3600\mu \cdot f \cdot v \tag{7-24}$$

式中 μ——孔口的流量系数；

f——孔口在气流垂直方向上的投影面积，m^2，由图 7-12 可知：

$$f = f_0\sin\alpha = f_0\frac{v_j}{v}$$

式中 f_0——孔口面积，m^2。

式（7-24）可改写为：

$$L_0 = 3600\mu \cdot f_0 \cdot \sin\alpha \cdot v$$
$$= 3600\mu \cdot f_0 \cdot v_j = 3600\mu \cdot f_0 \cdot \sqrt{2P_j/\rho} \tag{7-25}$$

空气在孔口面积 f_0 上的平均流速 v_0，按定义和式（7-25）得：

$$v_0 = \frac{L_0}{3600 \times f_0} = \mu \cdot v_j \tag{7-26}$$

对于断面不变的矩形送（排）风管，采用条缝形风口送（排）风时，风口上的速度分布如图 7-13 所示。在送风管上，从始端到末端，管内流量不断减小，动压相应下降，静压增大，使条缝形风口出口流速不断增大；在排风管上，则是相反，因管内静压不断下降，管内外压差增大，条缝形风口入口流速不断增大。

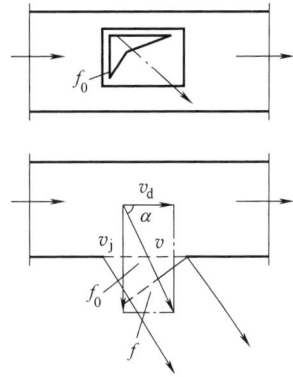

图 7-12　侧孔出流状态图

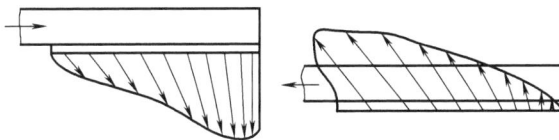

图 7-13　从条缝形风口吹出和吸入气流的速度分布

分析式（7-25）可以看出，要实现均匀送风，可采取以下措施：

（1）送风管断面面积 F 和孔口面积 f_0 不变时，管内静压会不断增大，可根据静压变化，在孔口上设置不同的阻体，使不同的孔口具有不同的阻力（即改变流量系数），如图

7-14（a）（b）所示。

（2）孔口面积 f_0 和孔口流量系数 μ 不变时，可采用锥形风管改变送风管断面面积，使管内静压基本保持不变，如图 7-14（c）所示。

（3）送风管断面面积 F 及孔口流量系数 μ 不变时，可根据管内静压变化，改变孔口面积 f_0，如图 7-14（d）（e）所示。

（4）增大送风管断面面积 F，减小孔口面积 f_0。对于图 7-14（f）所示的条缝形风口，试验表明，当 $f_0/F < 0.4$ 时，始端和末端出口流速的相对误差在 10% 以内，可近似认为是均匀分布的。

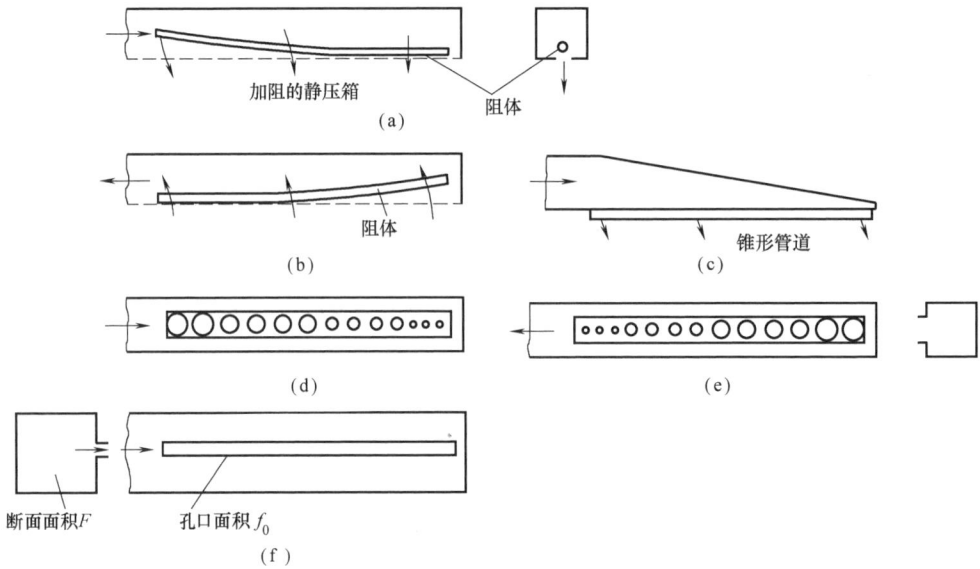

图 7-14　实现均匀送（排）风的方式

7.4.2　实现均匀送风的基本条件

从式（7-25）可以看出，对孔口面积 f_0 保持不变的均匀送风管，要使各侧孔的送风量保持相等，必须保证各侧孔的静压 P_j 和流量系数 μ 相等；要使出口气流尽量保持垂直，要求出流角 α 接近 $90°$。下面分析如何实现上述要求。

1. 保持各侧孔静压相等

图 7-15 所示管道上断面 1、断面 2 的能量方程式：

$$P_{j1} + P_{d1} = P_{j2} + P_{d2} + (Rl + Z)_{1\text{-}2} \tag{7-27}$$

若

$$P_{d1} - P_{d2} = (Rl + Z)_{1\text{-}2}$$

则

$$P_{j1} = P_{j2}$$

这表明，两侧孔间静压保持相等的条件是两侧孔间的动压降等于两侧孔间的阻力。

2. 保持各侧孔流量系数相等

流量系数 μ 与孔口形状、出流角 α 及孔口流出风量与孔口前风量之比（即 $L_0/L =$

$\overline{L}_0$，$\overline{L}_0$ 称为孔口的相对流量）有关。

如图 7-16 所示，在 $\alpha \geqslant 60°$、$\overline{L}_0 = 0.1 \sim 0.5$ 范围内，对于锐边的孔口可近似认为 $\mu \approx 0.6 \approx$ 常数。

3. 增大出流角 α

风管中的静压与动压的比值越大，气流在孔口的出流角 α 也就越大，出流方向越接近垂直；比值减小，气流会向一个方向偏斜，这时即使各侧孔风量相等，也达不到均匀送风的目的。

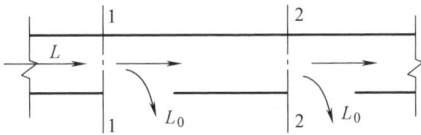

图 7-15 各侧孔静压相等的条件

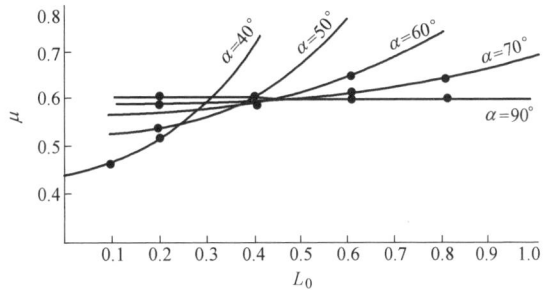

图 7-16 锐边孔口的孔口流量系数 μ

要保持 $\alpha \geqslant 60°$，必须使 $P_j / P_d \geqslant 3.0$（$v_j / v_d \geqslant 1.73$）。在要求高的工程中，为了使空气出流方向垂直于管道侧壁，可在孔口处装置垂直于侧壁的挡板，或把孔口改成短管。

7.4.3 局部阻力系数和流量系数

通常把侧孔送风的均匀风管看作是支管长度为零的三通，当空气从侧孔送出时，产生两部分局部阻力，即直通部分的局部阻力和侧孔出流时的局部阻力。

直通部分的局部阻力系数可由表 7-6 查得，表中数据由实验求得，表中 ζ 值对应侧孔前的管内动压。

空气流过侧孔直通部分的局部阻力系数 表 7-6

L_0/L	0	0.1	0.2	0.3	0.4	0.5	0.6	0.7	0.8	0.9	1.0
ζ	0.15	0.05	0.02	0.01	0.03	0.07	0.12	0.17	0.23	0.29	0.35

从侧孔或条缝出流时，孔口的流量系数 μ 可近似取 $0.60 \sim 0.65$。

7.4.4 均匀送风管道的计算方法

先确定侧孔数量、侧孔间距及每个侧孔的送风量，然后计算出侧孔面积、送风管道直径（或断面尺寸）及管道的阻力。

下面通过例题说明均匀送风管道的设计计算步骤和方法。

【例 7-5】 总风量为 $8000 \mathrm{m}^3/\mathrm{h}$ 的圆形均匀送风管道，采用 8 个等面积的侧孔送风，孔间距为 1.5m，如图 7-17 所示。试确定孔口面积、各断面直径及总阻力。

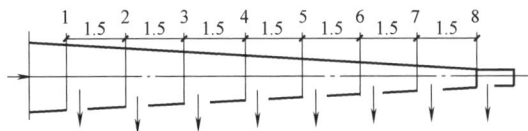

图 7-17 均匀送风管道

【解】

（1）根据室内对送风速度的要求，拟定孔口平均流速 v_0，从而计算出静压速度 v_j 和孔口面积。

设侧孔的平均出流速度 $v_0 = 4.5 \text{m/s}$，则有：

孔口面积

$$f_0 = \frac{L_0}{3600 \times v_0} = \frac{8000}{8 \times 3600 \times 4.5} = 0.062 \ (\text{m}^2)$$

孔口静压流速

$$v_j = \frac{v_0}{\mu} = \frac{4.5}{0.6} = 7.5 \ (\text{m/s})$$

孔口应有的静压

$$P_j = \frac{v_j^2 \rho}{2} = \frac{7.5^2 \times 1.2}{2} = 33.8 \ (\text{Pa})$$

（2）按 $v_j / v_d \geqslant 1.73$ 的原则设定 v_{d1}，求出第一侧孔前管道断面 1 处直径 D_1（或断面尺寸）。

设断面 1 处管内空气流速 $v_{d1} = 4 \text{m/s}$，则 $\dfrac{v_{j1}}{v_{d1}} = \dfrac{7.5}{4} = 1.88 > 1.73$，出流角 $\alpha = 62°$。

断面 1 动压

$$P_{d1} = \frac{4^2 \times 1.2}{2} = 9.6 \ (\text{Pa})$$

断面 1 直径

$$D_1 = \sqrt{\frac{8000}{3600 \times 4 \times 3.14/4}} = 0.84 \ (\text{m})$$

断面 1 全压

$$P_{q1} = 33.8 + 9.6 = 43.4 \ (\text{Pa})$$

（3）计算管段 1-2 的阻力 $(Rl + Z)_{1-2}$，再求出断面 2 处的全压 $P_{q2} = P_{q1} - (Rl + Z)_{1-2} = P_{d1} + P_j - (Rl + Z)_{1-2}$。

管段 1-2 的摩擦阻力：已知风量 $L = 7000 \text{m}^3/\text{h}$，管径应取断面 1、断面 2 的平均直径，设 D_2 未知，近似以 $D_1 = 840 \text{mm}$ 作为平均直径。查本书附录 10 得 $R_{m1} = 0.17 \text{Pa/m}$。

摩擦阻力

$$\Delta P_{m1} = R_{m1} l_1 = 0.17 \times 1.5 = 0.26 \ (\text{Pa})$$

管段 1-2 的局部阻力：空气流过侧孔直通部分的局部阻力系数由表 7-6 查得；当 $\dfrac{L_0}{L} = \dfrac{1000}{8000} = 0.125$ 时，用插入法得 $\zeta = 0.042$。

局部阻力

$$Z_1 = 0.042 \times 9.6 = 0.40 \ (\text{Pa})$$

管段 1-2 的阻力

$$\Delta P_1 = R_{m1} l_1 + Z_1 = 0.26 + 0.40 = 0.66 \ (\text{Pa})$$

断面 2 全压

$$P_{q2}=P_{q1}-(R_{m1}l_1+Z_1)=43.4-0.66=42.74 \text{ (Pa)}$$

（4）根据 P_{q2} 得到 P_{d2}，从而计算断面 2 处的直径 D_2。

管道中各断面的静压相等（均为 P_j），故断面 2 的动压为：

$$P_{d2}=P_{q2}-P_j=42.74-33.8=8.94 \text{ (Pa)}$$

断面 2 流速

$$v_{d2}=\sqrt{\frac{2\times8.94}{1.2}}=3.86 \text{ (m/s)}$$

断面 2 直径

$$D_2=\sqrt{\frac{7000}{3600\times3.86\times3.14/4}}=0.80 \text{ (m)}$$

（5）计算管段 2-3 的阻力 $(Rl+Z)_{2-3}$ 后，可求出断面 3 的直径 D_3。

管段 2-3 的摩擦阻力：以风量 $L=6000\text{m}^3/\text{h}$、$D_2=800\text{mm}$ 查本书附录 10 得，$R_{m2}=0.154\text{Pa/m}$。

摩擦阻力

$$\Delta P_{m2}=R_{m2}l_2=0.154\times1.5=0.23 \text{ (Pa)}$$

管段 2-3 的局部阻力：

当 $\dfrac{L_0}{L}=\dfrac{1000}{7000}=0.143$ 时，由表 7-6 查得 $\zeta=0.037$。

局部阻力

$$Z_2=0.037\times8.94=0.33 \text{ (Pa)}$$

管段 2-3 的阻力

$$\Delta P_2=R_{m2}l_2+Z_2=0.23+0.33=0.56 \text{ (Pa)}$$

断面 3 全压

$$P_{q3}=P_{q2}-(R_{m2}l_2+Z_2)=42.74-0.56=42.18 \text{ (Pa)}$$

断面 3 动压

$$P_{d3}=P_{q3}-P_j=42.18-33.8=8.38 \text{ (Pa)}$$

断面 3 流速

$$v_{d3}=\sqrt{\frac{2\times8.38}{1.2}}=3.74 \text{ (m/s)}$$

断面 3 直径

$$D_3=\sqrt{\frac{6000}{3600\times3.74\times3.14/4}}=0.75 \text{ (m)}$$

依此类推，继续计算各管段阻力，可求得其余各断面直径 $D_4\cdots D_{n-1}$，D_n。最后把断面连接起来，成为一条锥形风管。

断面 1 应具有的全压 43.4Pa（4.4mmH$_2$O），即为此均匀送风管道的总阻力。

必须指出的是，在计算均匀送风管道时，为了简化计算，把每一管段起始断面的动压作为该管段的平均动压，并假定孔口流量系数 μ 和摩擦阻力系数 λ 为常数。

7.5 通风管道设计中的有关问题

7.5.1 系统划分

相互连通的管路构成一个系统,当需要设置多个系统时,可以按照本书4.2节的原则进行划分。

7.5.2 风管布置

风管布置直接关系到通风空调系统的总体布置,它与工艺、土建、电气、给水排水等专业关系密切,各专业应相互配合、协调一致。

(1)除尘系统的排风点不宜过多,以利于各支管间阻力平衡。若排风点多,可用大断面集合管连接各支管。集合管内风速不宜超过3.0m/s,集合管下部设卸灰装置,如图7-18所示。

(2)除尘风管应尽可能垂直或倾斜敷设,倾斜敷设时与水平面夹角最好大于45°,如图7-19所示。如果必须水平敷设或倾角小于30°时,应采取措施,如加大风速、设清扫口等。

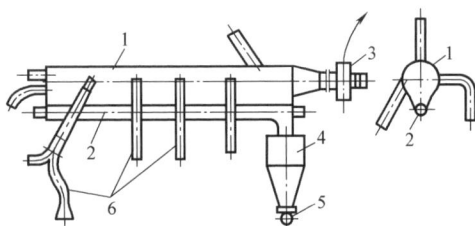

1—集合管;2—螺旋运输机;3—风机;4—集尘箱;
5—卸尘阀;6—排风管。

图 7-18 水平安装的集合管

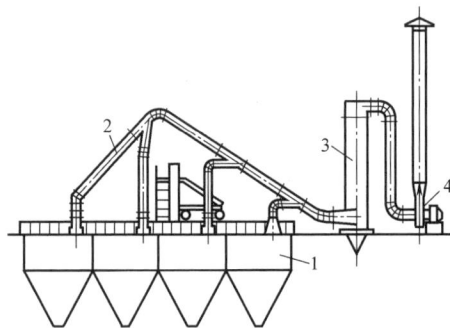

1—料仓;2—风管;3—除尘器;4—风机。

图 7-19 通风除尘管道的敷设

(3)输送含有蒸汽、雾滴的气体时,对于表面处理车间的排风管道,应有不小于5‰的坡度,以排除积液,并应在风管的最低点和风机底部装设水封泄液管。

(4)在除尘系统中,为防止风管堵塞,风管直径不宜小于下列数值:

排除细小粉尘:80mm;

排除较粗粉尘(如木屑):100mm;

排除粗粉尘(有小块物体):130mm。

(5)排除含有剧毒物质的正压风管,不应穿过其他房间。

(6)风管上应设置必要的调节和测量装置(如阀门、压力表、温度计、风量测定孔和采样孔等)或预留安装测量装置的接口。调节和测量装置应设在便于操作和观察的地点。

(7)风管的布置应力求顺直,避免复杂的局部管件。弯头、三通等管件要安排得当,与风管的连接要合理,以减少阻力和噪声。

7.5.3 风管断面形状的选择和管道定型化

1.风管断面形状的选择

风管断面形状有圆形和矩形两种。在相同断面面积下，圆形风管的阻力小、材料省、强度也大；圆形风管直径较小时比较容易制造，保温亦方便。但是圆形风管管件的放样、制作比矩形风管困难，布置时不易与建筑、结构配合，明装时不易布置得美观。

当风管中风速较大、风管直径较小时，例如除尘系统和高速空调系统都用圆形风管。当风管断面尺寸大时，为了充分利用建筑空间，通常采用矩形风管。例如民用建筑空调系统大多采用矩形风管。

矩形风管与相同断面面积的圆形风管的阻力比为：

$$\frac{R_j}{R_y} = \frac{0.49(a+b)^{1.25}}{(a+b)^{0.625}} \tag{7-28}$$

式中　R_j——矩形风管的比摩阻；

R_y——圆形风管的比摩阻；

a、b——矩形风管的两个边长。

在风管断面面积一定时，矩形风管的宽高比增大，阻力比 R_j/R_y 也增大，如图 7-20 所示。

矩形风管的宽高比最高可达 8∶1，但自 1∶1 至 8∶1，表面积要增加 60%。因此，设计风管时，除特殊情况外，宽高比越接近于 1 越好，可以节省动力及制造和安装费用。适宜的宽高比在 3∶1 以下。

2. 管道定型化

为了最大限度利用板材，实现风管制作、安装机械化、工厂化，建筑行业制定了《通风管道统一规格》。通风管道规格有圆形和矩形两类（见附录 12）。使用《通风管道统一规格》时须注意以下几点：

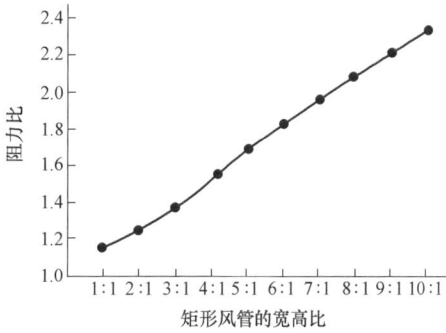

图 7-20　矩形风管与相同断面面积圆形风管的阻力比

（1）《通风管道统一规格》中，圆形风管的直径是指外径，矩形风管的断面尺寸是其外边长，即尺寸都包括了相应的材料厚度。

（2）为了满足阻力平衡的需要，除尘风管和气密性风管的管径规格较多。

（3）管道的断面尺寸（直径和边长）采用 R_{20} 系列，即管道断面尺寸是以公比数 $\sqrt[20]{10} \approx 1.12$ 的倍数来编制的。

7.5.4　风管材料的选择

制作风管的材料有钢板、硬聚氯乙烯塑料板、胶合板、纤维板、矿渣石膏板、砖及混凝土等。需要经常移动的风管，大多用柔性材料制成各种软管，如塑料软管、橡胶管及金属软管等。

风管材料应根据使用要求和就地取材的原则选用。

钢板是最常用的材料，有普通钢板和镀锌钢板两种。它们的优点是易于工业化加工制作、安装方便、能承受较高温度。镀锌钢板具有一定的防腐性能，适用于空气湿度较大或室内潮湿的通风空调系统和有净化要求的空调系统。除尘系统因管壁摩擦阻力大，通常用厚度为 3.0～5.0mm 的钢板。一般通风系统采用厚度为 0.5～1.5mm 的钢板。

硬聚氯乙烯塑料板适用于有腐蚀性气体的通风空调系统。它表面光滑，制作方便，这种材料不耐高温，也不耐寒，只适用于－10～60℃的场合；在辐射热作用下容易脆裂。

以砖、混凝土等材料制作的风管，主要用于需要与建筑、结构配合的场合。它节省钢材，结合装饰，经久耐用，但阻力较大。在体育馆、影剧院等公共建筑和纺织厂的空调工程中，常利用建筑空间组合成通风管道。这种管道的断面较大，使管内风速降低，阻力减小；还可以在风管内壁衬贴吸声材料，以降低噪声。

还有镀锌钢板加保温层的风管和无机玻璃钢风管，这两种风管本身相对较重。近年出现的复合型轻质保温风管，如酚醛泡沫塑料在适用工作温度范围及阻燃性能上有较大优势，特别是在低温环境下的绝热性能优势明显。铝箔面硬质酚醛泡沫夹芯板因其优异的阻燃性能和保温性能，被广泛应用于通风空调管道。与传统的金属管加保温层的做法相比，其自重轻，便于安装制作且所需安装空间较小。

在通风空调系统中还有的采用玻镁风管板材，它是以玻璃纤维、氯氧镁水泥为表面加强层，中间为夹芯层（泡沫绝热材料或超细玻璃棉），表面贴有1面或2面铝箔，经机械化工艺制成的复合板。板材的复合结构具有良好的隔声性能，保温材料又具有减振和吸声的功能，风管本身具有防火等级高、不生锈、耐腐蚀、强度高、不老化、使用寿命长、风阻低的特点。

7.5.5 风管的保温

当风管在输送空气过程中冷、热量损耗大，又要求空气温度保持恒定，或者要防止风管穿越房间时对室内空气参数产生影响及低温风管表面结露时，都需要对风管进行保温。

保温层厚度要根据以保温目的计算出经济厚度，再按其他要求来校核。

保温层结构可参阅相关的标准图。保温结构通常有三层：①保温层：是保温结构的主要组成部分，所用绝热材料及绝热层厚度应符合设计要求。②防潮层：所用的防潮材料主要有沥青及沥青油毡、玻璃丝布、聚乙烯薄膜等，用来防止水蒸气或雨水渗入保温材料，以保证保温材料良好的保温效果和使用寿命。③保护层：一般采用石棉石膏、石棉水泥、金属薄板及玻璃丝布等材料，主要作用是保护保温层或防潮层不受机械损伤。

目前常用的保温材料主要有：岩棉、离心玻璃棉、阻燃聚乙烯泡沫塑料、硬质聚氨酯泡沫塑料、橡塑海绵等，其部分参数如表7-7所示。

不同保温材料的部分参数　　　　　　　　　　　　　　　　表7-7

种类	密度 （kg/m³）	导热系数 [W/(m·K)]	吸水率 （g/100cm²）	透湿系数 [g/(m²·s·Pa)]	防火性能
岩棉	100	0.038	83.3	1.3×10^{-5}	不燃烧
离心玻璃棉	48	0.031～0.038	25（随 质量增加）	4.0×10^{-5}	不燃烧
阻燃聚乙烯泡沫塑料	22	0.031	0.050	4.0×10^{-11}	离火自熄
硬质聚氨酯泡沫塑料	33	0.018	0.80	2.2×10^{-7}	可燃，加阻燃剂后 离火2s内自熄
橡塑海绵	87	0.038	0.40	—	阻燃性为FV-0级

7.5.6 进、排风口

1. 进风口

进风口是通风空调系统采集室外新鲜空气的入口，其设置位置应满足下列要求：

（1）应设在室外空气较清洁的地点。进风口处室外空气中有害物质浓度不应大于室内作业地点最高容许浓度的 30%。

（2）应尽量设在排风口的上风侧，并且应低于排风口。

（3）进风口的底部距室外地坪不宜低于 2.0m，当布置在绿化地带时不宜低于 1.0m。

（4）应避免进风、排风短路。

（5）降温用的进风口宜设在建筑物的背阴处。

2. 排风口

（1）在一般情况下通风用排气立管出口至少应高出屋面 0.5m。

（2）通风排气中的有害物质必须经大气扩散稀释时，排风口应位于建筑物气流负压区（气流负压区概念见本书第 7 章）和正压区以上，具体要求如图 7-21 所示。

（3）要求在大气中扩散稀释的通风排气，其排风口上不应设风帽，为防止雨水进入风管，可按图 7-22 的方式制作排水装置。

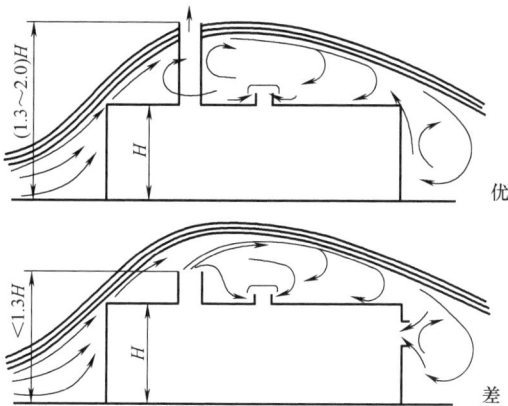

图 7-21　建筑物上进、排风口的布置

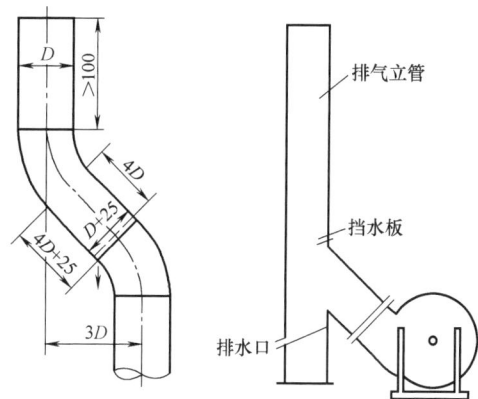

图 7-22　排风立管排水装置

（4）排放大气污染物时，排气筒高度除须符合现行国家标准《大气污染物综合排放标准》GB 16297 的规定外，还应高出周围 200m 半径范围内的建筑 5.0m 以上，不能达到该要求的排气筒，应比其高度对应的《大气污染物综合排放标准》GB 16297 规定的排放速率标准值严格 50% 确定。

（5）两个排放相同污染物（不论其是否由同一生产工艺产生）的排气筒，若其距离小于其几何高度之和，应合并视为一个等效排气筒。若有三个以上的近距排气筒，且排放同一种污染物时，应以前两个的等效排气筒，依次与第三、四个排气筒取等效值。

等效排气筒污染物排放速率按下式计算：

$$Q = Q_1 + Q_2$$

式中　Q——等效排气筒某污染物排放速率，m^3/s；

Q_1、Q_2——排气筒 1、排气筒 2 的某污染物排放速率，m^3/s。

等效排气筒高度按下式计算：

$$h = \sqrt{\frac{1}{2}(h_1^2 + h_2^2)}$$

式中 h——等效排气筒高度，m；

h_1、h_2——排气筒 1、排气筒 2 的高度，m。

等效排气筒应位于排气筒 1 和排气筒 2 的连线上，若以排气筒 1 为原点，则等效排气筒的位置与原点的距离为：

$$x = a\ (Q-Q_1)/Q = aQ_2/Q$$

式中 x——等效排气筒距排气筒 1 的距离，m；

a——排气筒 1 和排气筒 2 的距离，m。

（6）新污染源的排气筒高度一般不应低于 15m。若某新污染源的排气筒高度必须低于 15m，其排放速率标准值必须小于按外推法计算结果的 50%。

7.5.7 防爆及防火

空气中含有可燃物时，如果可燃物与空气中的氧在一定条件下进行剧烈的氧化反应，就可能发生爆炸。尽管某些可燃物（如糖、面粉、煤粉等）在常态下是不易爆炸的，但是当它们以粉末状悬浮在空气中时，与空气中的氧充分接触，这时只要在局部地点形成了可燃物与氧发生氧化反应所需的温度，局部地点就会立刻发生氧化反应。氧化反应产生的热量向周围空间传播时，若迅速地使周围的可燃物与空气的混合物达到了氧化反应所需的温度，由于连锁反应，在极短的时间内，能使整个空间的可燃混合物都发生剧烈的氧化反应，产生大量的热量和燃烧产物，形成急剧升高的压力波，这就是爆炸。

空气中可燃物浓度过小或过大时都不会造成爆炸。因为浓度过小，空气中可燃物质点之间的距离大，一个质点氧化反应所产生的热量还没有传递至另一质点，就被周围空气吸收，致使混合物达不到氧化反应的温度。如果可燃物浓度过大，混合物中氧气的含量相对不足，同样不会形成爆炸。因此，可燃物发生爆炸的浓度有一个范围，这个范围称为爆炸浓度极限。

由此可知，通风系统发生爆炸是空气中的可燃物含量达到了爆炸浓度极限，同时遇到电火花、金属碰撞引起的火花或其他火源而造成的。因此，设计有爆炸危险的通风系统时，应注意以下几点：

（1）系统的风量除了满足一般的要求外，还应校核可燃物的浓度。如果可燃物浓度在爆炸浓度的范围内，则应按下式加大风量：

$$L \geqslant \frac{x}{0.5y} \quad \mathrm{m^3/s} \tag{7-29}$$

式中 x——在局部排风罩内单位时间排出的可燃物量或产生的可燃物量，g/s；

y——可燃物爆炸浓度下限，$\mathrm{g/m^3}$（见本书附录 13 及附录 14）。

（2）防止可燃物在通风系统的局部地点（死角）积聚。

（3）选用防爆风机，并采用直联或联轴器传动方式。如果采用三角皮带传动，为防止静电产生火花，可用接地电刷把静电引入地下。

（4）有爆炸危险的通风系统应设防爆门。当系统内压力急剧升高时，靠防爆门的自动开启泄压。

7.6 气力输送系统的管道计算

气力输送是利用气流输送物料的一种输送方式，同时它也是一种有效的防尘措施，已受到普遍重视。近年来，车间内部和外部的粉（粒）状物料输送（如水泥、粮食、煤粉、型砂、烟丝等）已广泛采用气力输送。本节对气力输送作简要介绍，侧重于它的管道计算。

7.6.1 气力输送系统的特点

气力输送系统，按其装置的形式和工作特点，可分为吸送式、压送式、混合式和循环式四类。根据系统工作压力的不同，吸送式系统可分为低压（即低真空，真空度小于9.8kPa）吸送式和高真空（真空度为 40～60kPa）吸送式两种；压送式系统也可分为低压和高压两种。

1. 吸送式气力输送系统

低压吸送式气力输送系统如图 7-23 所示。风机启动后，系统内形成负压，物料和空气一起被吸入受料器，沿输料管送至分离器（设在卸料目的地），分离器分离下来的物料存入料仓，含尘空气则经除尘器净化后再通过风机排入大气。整个系统在负压下工作，所以也称负压气力输送系统。

低压吸送式气力输送系统结构简单，使用维修方便，应用广泛。由于输送能量小，它的输送距离和输料量有一定限制。

吸送式气力输送系统有以下特点：

（1）适用于数处进料向一处输送，或输送位于低处的物料；

（2）进料方便，受料器构造简单；

（3）风机或真空泵的润滑油不会污损物料；

（4）对整个系统以及分离器下部卸料器的气密性有较高要求。

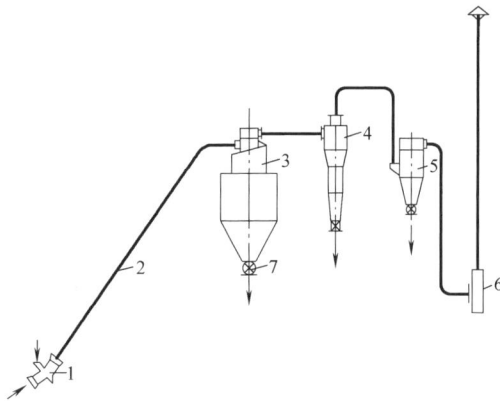

1—受料器；2—输料管；3—分离器；4、5—除尘器；6—风机；7—卸料器。

图 7-23 低压吸送式气力输送系统

7.6.2 压送式气力输送系统

压送式气力输送系统分为以风机为动力的低压压送式气力输送和以压缩空气为动力的

高压压送式气力输送。低压压送式气力输送系统如图 7-24 所示。图 7-25 是在低压压送式气力输送系统中应用较广的一种受料器，加料量可由叶轮的转速调节，加料口密封性较好。这种受料器的工作原理与引射器相同，利用空气引射物料。

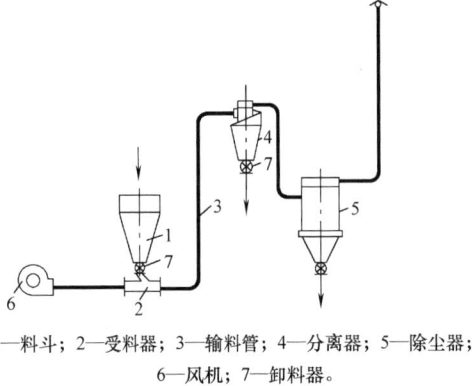

1—料斗；2—受料器；3—输料管；4—分离器；5—除尘器；
6—风机；7—卸料器。

图 7-24　低压压送式气力输送系统

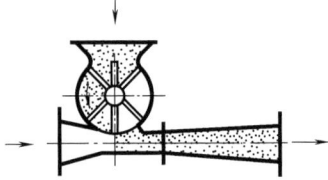

图 7-25　调速供料受料器

压送式气力输送系统适宜用作将集中的物料向几处分配的物料分配系统，如卷烟厂卷烟机用的烟丝风送系统。

7.6.3　气力输送系统的管道阻力计算

在气力输送系统中，由气流带动粉（粒）状物料一起流动，这种气流称为气固两相流。由于存在物料的运动，两相流的流动阻力要比单相流大，为简化计算，进行气力输送系统的管道阻力计算时，可以近似把两相流的流动阻力看作是单相流的流动阻力与物料颗粒运动引起的附加阻力之和。

1. 受料器的阻力

$$\Delta P_1 = (C + \mu_1)\frac{v^2\rho}{2} \quad \text{Pa} \tag{7-30}$$

式中　μ_1——料气比，kg 物料/kg 空气；
　　　v——输送风速，m/s；
　　　ρ——空气的密度，kg/m^3；
　　　C——与受料器构造有关的系数，通过试验求得：水平型受料器，$C = 1.1 \sim 1.2$；
　　　　　各种吸嘴，$C = 3.0 \sim 5.0$。

料气比 μ_1 亦称混合比，是单位时间内通过输料管的物料量与空气量的比值，所以也称料气流浓度，以下式表示：

$$\mu_1 = \frac{G_1}{G} = \frac{G_1}{L \cdot \rho} \quad \text{kg 物料/kg 空气} \tag{7-31}$$

式中　G_1——输料量，kg/s 或 kg/h；
　　　G——空气质量流量，kg/s 或 kg/h；
　　　L——空气体积流量，m^3/s 或 m^3/h。

料气比的大小关系到系统工作的经济性、可靠性和输料量的大小。料气比大，所需输送的风量小，因而管道、设备小，动力消耗少，在相同的输送风量下输料量大。设计气力输送系统时，在保证正常运行的前提下，应力求达到较高的料气比。但是，提高料气比要受到管道堵塞和气源压力等条件的限制。

根据经验，低压吸送式气力输送系统 $\mu_1 = 1 \sim 4 \mathrm{kg}$ 物料/kg 空气，低压压送式气力输送系统 $\mu_1 = 1 \sim 10 \mathrm{kg}$ 物料/kg 空气。

气力输送系统管路内的空气流速称为输送风速，输送风速的大小对系统的正常运行和能量消耗有很大影响。通常根据经验确定，如表 7-8 所示。输送的物料粒径、密度、含湿量、黏性较大时，或系统的规模大、管路复杂时，应采用较大的输送风速。

2. 空气和物料的加速阻力

加速阻力是指空气和物料由受料器进入输料管后，从初速为零分别加速到最大速度 v 和 v_1 所消耗的能量，按下式计算：

$$\Delta P_2 = (1 + \mu_1 \beta) \frac{v^2}{2} \rho \quad \mathrm{Pa} \tag{7-32}$$

式中　β——系数。

$$\beta = \left(\frac{v_1}{v}\right)^2 \tag{7-33}$$

式中　v_1——物料最大速度，m/s；

　　　v——空气最大速度，m/s。

物料的悬浮速度及输送风速　　　　　　　　　　表 7-8

物料名称	平均粒径 (mm)	密度（kg/m³）	容积密度 （kg/m³）	悬浮速度（m/s）	输送风速（m/s）
稻谷	3.58	1020	550	7.5	16~25
小麦	4~4.5	1270~1490	600~810	9.8~11.0	18~30
大麦	3.5~4.2	1230~1300	600~700	9.0~10.5	15~25
大豆	—	1180~1220	560~760	10	18~30
花生	21×12	1020	620~640	12~14	16
茶叶	—	800~1200	—	—	13~15
煤粉	—	1400~1600	—	—	15~22
煤屑 煤灰	0.01~0.03	2000~2500	—	—	20~30 20~25
砂	—	2600	1410	6.8	25~35
水泥	—	3200	1100	0.223	10~25
潮模旧砂 （含水量 3%~5%）	—	2500~2800	—	—	22~28
干模旧砂、干新砂	—	—	—	—	17~25
陶土、黏土	—	2300~2700	—	—	16~23
锯末、刨花	—	750	—	—	12~19
钢丸	1~3	7800	—	—	30~40

物料最大速度 v_1 按下式计算：

$$\frac{v_1}{v} = 0.9 - \frac{7.5}{v} \tag{7-34}$$

3. 物料的悬浮阻力

为了使输料管内的物料处于悬浮状态所消耗的能量称为悬浮阻力。悬浮阻力只存在于水平管和倾斜管。

水平管的悬浮阻力：

$$\Delta P_3' = \mu_1 \rho g l \frac{v_f}{v_1} \quad \text{Pa} \tag{7-35}$$

与水平面呈 α 角的倾斜管的悬浮阻力：

$$\Delta P_3'' = \mu_1 \rho g l \frac{v_f}{v_1} \cos\alpha \quad \text{Pa} \tag{7-36}$$

式中　v_f——悬浮速度，m/s。

气流的悬浮速度在数值上等于物料的沉降速度。

4. 物料的提升阻力

在垂直管和倾斜管内，把物料提升一定高度所消耗的能量称为提升阻力。

$$\Delta P_4 = \frac{G_1 gh}{L} = \frac{G_1 gh}{G/\rho} = \mu_1 \rho gh \quad \text{Pa} \tag{7-37}$$

式中　h——物料提升的垂直高度，m。

若物料从高处下落，则 ΔP_4 为负值。

5. 输料管的摩擦阻力

输料管的摩擦阻力包括气流的阻力和物料引起的附加阻力两部分。

$$\Delta P_5 = \Delta P_m + \Delta P_{ml} = (1 + K_1 \mu_1) R_m l \quad \text{Pa} \tag{7-38}$$

式中　K_1——输料管的摩擦阻力附加系数，与物料性质有关，见表7-9；

R_m——输送空气时单位长度摩擦阻力，Pa/m；

l——输料管长度，m。

6. 变管阻力

$$\Delta P_6 = (1 + K_0 \mu_1) \zeta \frac{v^2 \rho}{2} \quad \text{Pa} \tag{7-39}$$

式中　ζ——弯管的局部阻力系数，参见附录11；

K_0——弯管局部阻力附加系数，与弯管布置形式有关，见表7-10。

输料管的摩擦阻力附加系数 K_1　　　　　　　　表 7-9

物料种类		输送风速(m/s)	料气比 μ_1(kg 物料/kg 空气)	K_1
细粒状物料		25～35	3～5	0.5～1.0
粒状物料	低压吸送	15～25	3～8	0.5～0.7
	高真空吸送	20～30	15～25	0.3～0.5
粉状物料		16～32	1～4	0.5～1.5
纤维状物料		15～18	0.1～0.6	1.0～2.0

弯管局部阻力附加系数 K_0　　　　　　　　表 7-10

弯管布置形式	K_0
垂直(向下)弯向水平(90°)	1.0
垂直(向上)弯向水平(90°)	1.6
水平弯向水平(90°)	1.5
水平弯向垂直(向上，90°)	2.2

7. 分离器阻力

$$\Delta P_7 = (1+K\mu_1)\zeta\frac{v^2\rho}{2}\quad\text{Pa}\tag{7-40}$$

式中　v——分离器入口风速，m/s；

　　　ζ——分离器的局部阻力系数；

　　　K——分离器局部阻力附加系数，与分离器入口风速有关，见图7-26。

8. 其他部件的阻力

其他部件（如变径管等）的阻力可按式（7-40）计算。式中 ζ 为各部件的局部阻力系数；K 值由图7-26查得。

图7-27给出了采用吸送式气力输送系统把分开设置的两组除尘器灰斗收尘输送到大贮料仓的工程示例。除尘器捕集的粉尘在除尘器灰斗处由回转卸料阀通过螺旋输送机进入气力输送系统，经输料漏斗、喉管、管道进入受料罐，被高效旋风分离器分离后收入大贮料仓，排出废气经过袋式除尘器后排放。收集后粉尘经大贮料仓下设置的圆盘给料机、带式输送机送至输灰车辆外送。

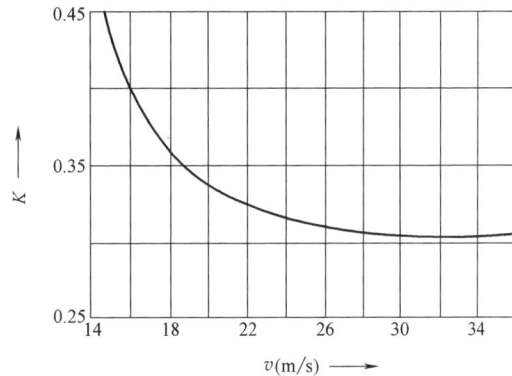

图7-26　分离器局部阻力附加系数K

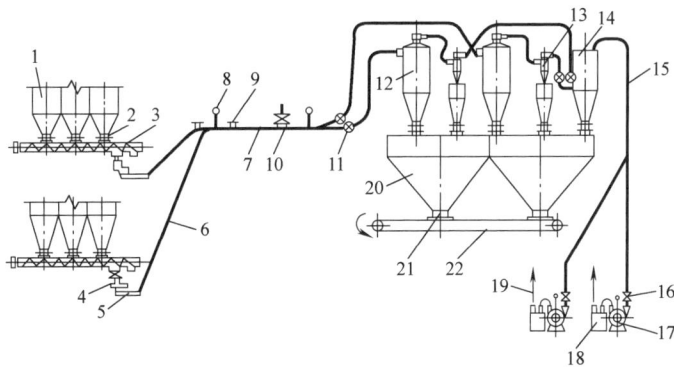

1—除尘器灰斗；2—回转卸料阀；3—螺旋输送机；4—输料漏斗；5—喉管；6—支管；
7—干管；8—真空表；9—清扫孔；10—空吸塞阀；11—球阀；12—受料罐；13—高效旋风分离器；
14—袋式除尘器；15—风管；16—入口闸门；17—水环式真空泵；18—气水分离器；
19—排风管；20—大贮料仓；21—圆盘给料机；22—带式输送机。

图7-27　吸送式气力输送系统工程示例

7.7　通风除尘管网系统设计

通风除尘系统管网的实际运行风量是根据管网的结构特性和风机的运行特性按一定规律进行分配的。为了使系统的风量分配满足设计和生产的要求，设计时须进行管网系统各支路的平衡计算，按设计流量调整各支路的管径。传统的风量平衡方法是根据前文所述的阻力平衡法，即以设计风量为基础，对每个并联的支路或环路进行阻力计算，最终实现支、干管的设计阻力平衡。实际上不论计算结果如何，在实际运行时各并联支路的压力都会自动保持平衡，只是管网中各管段的流量也会相应改变，重新进行分配，有些管段就达不到设计风量。对于较大的管网系统，原则上相互并联的支路都需要进行阻力平衡计算，这样计算工作量很大。为提高管网系统的设计计算效率和计算精度，优化通风除尘系统的设计和运行，提出以下分析计算方法，它把管网和风机统一在一个系统内进行分析计算。

7.7.1 通风除尘管网系统的运行特性

空气在通风管道内的流动阻力可用下式表示：

$$\Delta P = \sum(R_m l + Z) = \sum\left(\lambda\frac{l}{d} + \sum\zeta\right)\frac{v^2}{2}\rho \quad \text{Pa} \tag{7-41}$$

若管网的结构、尺寸及管内的输送介质均已确定，则上式中的 λ、d、l、ζ 及 ρ 等均为定值，上式可改写为：

$$\Delta P = KL^2 \quad \text{Pa} \tag{7-42}$$

式中　K——管道的综合阻力特性系数，$\text{Pa} \cdot \text{s}^2/\text{m}^6$；

　　　L——管道内通过的流量，m^3/s。

根据节点压力（阻力）和流量平衡原理，对图 7-28 所示的系统，可列出下列方程式：

$$L_{11} + L_{12} = L_{02} \tag{7-43}$$

$$L_{11} + L_{12} + L_{13} = L_{03} \tag{7-44}$$

$\Delta P_{12'} = \Delta P_{22'}$，即

$$K_{11}L_{11}{}^2 = K_{12}L_{12}{}^2 \tag{7-45}$$

$\Delta P_{12'} + \Delta P_{02} = \Delta P_{13}$，即

$$K_{11}L_{11}{}^2 + K_{02}L_{02}{}^2 = K_{13}L_{13}{}^2 \tag{7-46}$$

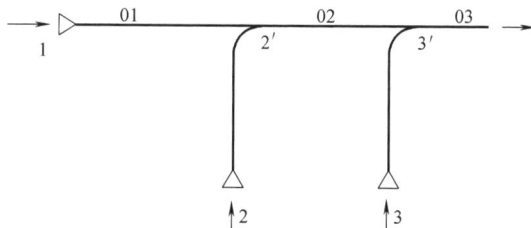

图 7-28　通风系统节点示意图

在上述下标中，第一位数字"1"表示支管，第一位数字"0"表示干管，第二位数字为管段编号。例如"L_{12}"表示第 2 号支管段的流量，"L_{02}"表示第 2 号干管段的流量。

对于图 7-29 所示的较为复杂的通风系统，可写出以下方程式：

1. 对于整个系统的大环路

$$K_{01}L_{01}^2 + K_{02}L_{02}^2 + \cdots + K_{0n}L_{0n}^2 - P_f = 0 \tag{7-47}$$

式中　K_{01}、$K_{02}\cdots K_{0n}$——各干管段的阻力系数，$\text{Pa} \cdot \text{s}^2/\text{m}^6$；

　　　L_{01}、$L_{02}\cdots L_{0n}$——各干管段的流量，m^3/s；

　　　P_f——风机的风压，Pa。

$L_{01} = L_{11}$，$L_{02} = L_{11} + L_{12}$，$L_{03} = L_{02} = L_{13}$。

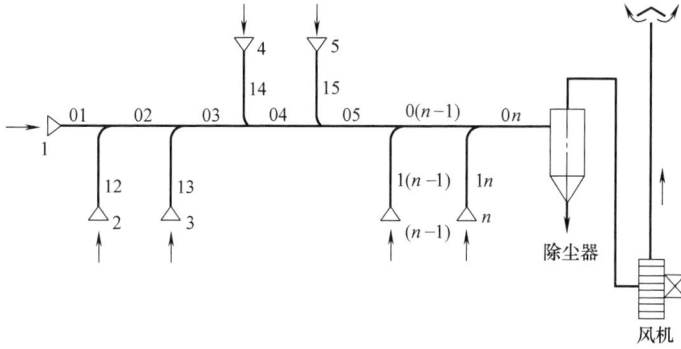

图 7-29 通风除尘系统

因此，可写出以下通式：

$$L_{0i} = \sum_{i=1}^{m} L_{1i} \tag{7-48}$$

式中 m——支管编号，$m=2\sim n$（n 为支管的总数）。

2. 对于 $n-1$ 号支管前的环路

$$K_{01}L_{01}{}^2 + K_{02}L_{02}{}^2 + \cdots + K_{0(n-1)}L_{0(n-1)}{}^2 - K_{1n}L_{1n}{}^2 = 0 \tag{7-49}$$

3. 对于任意一个支管（m 号支管）环路

$$\sum_{i=1}^{m-1} K_{0i}L_{0i}{}^2 - K_{1m}L_{1m}{}^2 = 0 \tag{7-50}$$

对于有 n 个支管的系统，可以按上述方法列出 n 个压力（阻力）平衡方程式。求解这组方程式，就可求出在实际运行条件下，各支管的流量 L_{11}、$L_{12}\cdots L_{1n}$ 和阻力，以及风机实际的风压。

7.7.2 计算方法

1. 风机特性曲线的拟合

风机型号确定以后，其特性曲线可由产品样本查得。风机的特性曲线可用下式表示：

$$P_{\mathrm{f}} = A + BL_{\mathrm{f}}CL_{\mathrm{f}}{}^2 \quad \mathrm{Pa} \tag{7-51}$$

式中 L_{f}——风机的风量，$\mathrm{m^3/s}$；

A、B、C——常数。

上式中的 A、B、C 可通过最小二乘法求出。风机的风量 L_{f} 等于系统的总风量 L_{0n}。

2. 方程组的求解

（1）根据工艺要求与排风罩特性，计算确定各支管所需的设计风量 L_{11}、$L_{12}\cdots L_{1n}$。

（2）根据式（7-48）求出各干管段的流量 L_{01}、$L_{02}\cdots L_{0n}$。

（3）如果计算的目的是分析现有系统的运行特性，由于管网结构已定，可根据实际情况求出各管段的阻力系数。

（4）现有系统的风机型号、尺寸均已确定，从产品样本上查出风机的特性曲线，进行曲线拟合，求出式（7-51）中的常数 A、B、C。

207

（5）对方程组求解。把最初假设的流量代入方程组，各节点上的阻力不一定平衡，即方程式不为零。因此，在每一管段上应减去修正流量 ΔL，对各管段流量进行修正，直到各环路的阻力平衡为止。

3. 修正流量 ΔL 的计算

ΔL 的计算可以采用牛顿法。如果已知方程式 $f(x)=0$ 的一个近似根为 x_0，则函数 $f(x)=0$ 在点 x_0 附近，可用一阶泰勒多项式近似，即

$$f(x)=f(x_0)+f'(x_0)(x-x_0) \tag{7-52}$$

因此，$f(x)=f(x_0)+f'(x_0)(x-x_0)=0$。

$$\Delta x = x - x_0 = -\frac{f(x_0)}{f'(x_0)} \tag{7-53}$$

把式（7-53）应用于式（7-47）和式（7-50），则可得出下列修正风量计算式。

总风量修正风量计算式

$$(\Delta L_{0n})_1 = -\frac{\displaystyle\sum_{i=1}^{n} K_{0i} L_{0i}^2 - P_f}{2\displaystyle\sum_{i=1}^{n} K_{0i} L_{0i} - (B + 2CL_{0n})} \tag{7-54}$$

任一支管的修正流量计算式

$$(\Delta L_{1m})_1 = -\frac{\displaystyle\sum_{i=1}^{m-1} K_{0i} L_{0i}^2 - K_{1m} L_{1m}^2}{2\displaystyle\sum_{i=1}^{m-1} K_{0i} L_{0i} + 2K_{1m} L_{1m}} \tag{7-55}$$

因此第二次迭代计算风量：

系统总风量

$$(L_{0n})_2 = (L_{0n})_1 - (\Delta L_{0n})_1 \tag{7-56}$$

式中　$(L_{0n})_2$——第二次迭代计算风量；

　　　$(L_{0n})_1$——第一次迭代计算风量；

　　　$(\Delta L_{0n})_1$——第一次修正风量。

某一支管

$$(L_{1m})_2 = (L_{1m})_1 - (\Delta L_{1m})_1$$

在求出新的迭代风量 $(L_{11})_2$、$(L_{12})_2 \cdots (L_{1n})_2$ 后，再代入式（7-54）、式（7-55）重新进行计算。

由此可以得出以下计算公式：

系统总风量的第 j 次修正风量

$$(\Delta L_{0n})_j = -\frac{\displaystyle\sum_{i=1}^{n} K_{0i} (L_{0i}^2)_j - P_f}{2\displaystyle\sum_{i=1}^{n} K_{0i} (L_{0i}^2)_j - [B + 2C(L_{0i})_j]} \tag{7-57}$$

$$(L_{0n})_{j+1} = (L_{0n})_j - (\Delta L_{0n})_j \tag{7-58}$$

某一分支管段第 j 次修正流量

$$(\Delta L_{1m})_j = -\frac{\sum_{i=1}^{m-i} K_{0i}(L_{0i}{}^2)_j - K_{1m}(L_{1m}{}^2)_j}{2\sum_{i=1}^{m-1} K_{0i}(L_{0i})_j + 2K_{1m}L_{1m}} \tag{7-59}$$

$$(\Delta L_{1m})_{j+1} = (L_{1m})_j - (\Delta L_{1m})_j \tag{7-60}$$

$$(L_{1i})_{j+1} = (L_{0n})_{j+1} - \sum_{i=2}^{n} (L_{1i})_{j+1} \tag{7-61}$$

经多次迭代计算，当 ΔL_{1i} 均小于规定的误差值［通常取 $(\Delta L_{1i})_{max} \leqslant 0.001$］时，计算结束，此时求出的风量 $(L_{1i})_j$ 即为各支管的实际分配风量。当各管段的实际分配风量不满足设计风量时，应按照 7.3 节的方法调整对应管段的管径，重新按上述步骤进行计算，直到满足设计风量。最后求出风机的实际风量和风压。

具体的计算程序可根据上述计算原理和方法自行编制。

习　题

1. 有一矿渣混凝土板通风管道，宽 1.2m、高 0.6m，管内风速为 8m/s，空气温度为 20℃。计算其单位长度摩擦阻力 R_m。

2. 一矩形风管的断面尺寸为 400mm×200mm，管长 8m，风量为 0.88m³/s，在 $t=20℃$ 的工况下运行，如果采用薄钢板或混凝土制作风管（$K=3.0mm$），试分别用流速当量直径和流量当量直径计算其摩擦阻力。空气在冬季加热至 50℃，夏季冷却至 10℃时，该矩形风管的摩擦阻力有何变化？

3. 有一通风系统如图 7-30 所示。起初只设 a 和 b 两个排风点。已知 $L_a = L_b = 0.5m³/s$，$\Delta P_{ac} = \Delta P_{bc} = 250Pa$，$\Delta P_{cd} = 100Pa$。因工作需要，又增设排风点 e，要求 $L_e = 0.4m³/s$。如果在设计中管段 de 的阻力 ΔP_{de} 分别为 300 Pa 和 350Pa（忽略 d 点三通直通部分阻力），试问此时实际的 L_a 及 L_b 各为多少？

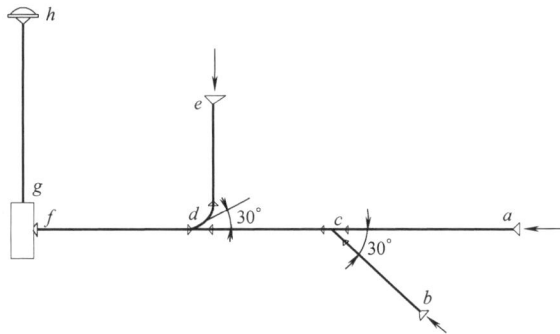

图 7-30　习题 3、习题 4 图

4. 对图 7-30 所示的排风系统进行水力计算并选择风机。已知 $L_a = L_b = 0.5m³/s$，$L_e = 0.4m³/s$，$l_{ac} = l_{bc} = 7m$，$l_{cd} = 8m$，$l_{ed} = 10m$，$l_{df} = 6m$，$l_{gh} = 5m$，局部排风罩为圆伞形罩（扩张角 $\alpha = 60°$）；锥形风帽 $\zeta = 1.6$（管内输送 $t=20℃$ 的空气）；风管材料为薄钢板。

5. 为什么不能根据矩形风管的流速当量直径 D_v 及风量 L 查线算图求风管的比摩阻 R_m？

6. 对图 7-31 所示的通风系统，绘出其压力分布图。

7. 为什么进行通风管道设计时，并联支管汇合点上的压力必须保持平衡（即阻力平衡）？如果设计时不平衡，运行时是否会保持平衡？对系统运行有何影响？

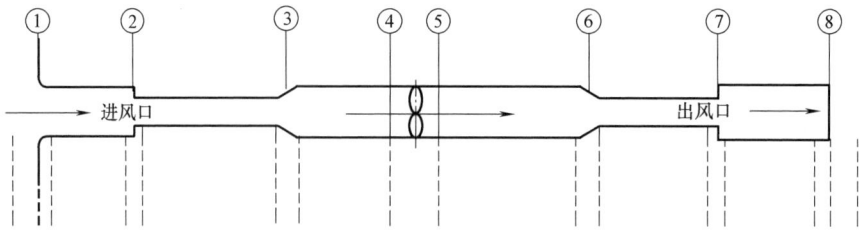

图 7-31 习题 6 图

8. 在纵轴为压力 P、横轴为管长 l 的坐标上，画出等断面均匀送风管道和排风管道的压力分布图（可不计局部阻力）。

9. 有一矩形断面的均匀送风管，总长 $l=12.5\text{m}$，总送风量 $L=9600\text{m}^3/\text{h}$。均匀送风管上设有 8 个侧孔，侧孔的间距为 1.5m。确定该均匀送风管的断面尺寸、阻力及侧孔的尺寸。

10. 某工厂全部设备从上海迁至青海西宁，西宁的大气压力 $B=77.5\text{kPa}$。如果对通风除尘系统进行测试，试问其性能（系统风量、阻力，以及风机风量、风压、轴功率）有何变化？

11. 当输送非标准状态空气的通风系统采用设计风量和系统压力损失选用风机时，风机产品样本中给出的风量、全压、电动机的轴功率应怎样进行核算？从理论上加以说明。

12. 某厂铸造车间采用低压吸送式气力输送系统，输送温度为 100℃ 的旧砂，如图 7-32 所示。要求输料量 $G_1=11000\text{kg/h}(3.05\text{kg/s})$，已知物料密度 $\rho_1=2650\text{kg/m}^3$，输料管倾角为 70°，车间内空气温度为 20℃，不计管道散热；$\mu_1=2.0\text{kg}$ 物料/kg 空气；第一级分离器进口风速 $v_1=18\text{m/s}$，局部阻力系数 $\zeta_1=3.0$；第二级分离器进口风速 $v_2=16\text{m/s}$，局部阻力系数 $\zeta_2=5.6$；第三级袋式除尘器阻力 $\Delta P=1000\text{Pa}$；第一、二级分离器效率均为 80%。计算该气力输送系统的总阻力（受料器阻力系数为 1.5）。

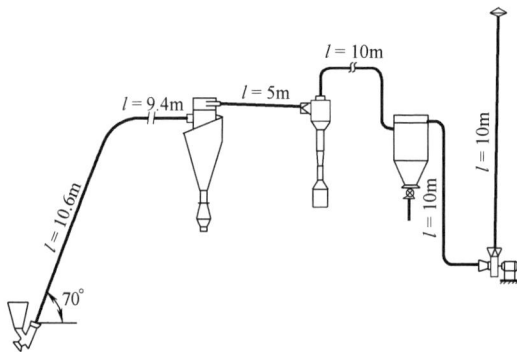

图 7-32 习题 12 图

第8章 自然通风

自然通风利用自然风压差或温差、高差形成的压差作动力，使空气流动进行通风，不需要消耗机械动力，是一种经济的通风方式。对于产生大量余热的车间的通风降温，通风动力可以以热压作用为主、室外风力为辅，排出室内空气、进入室外空气，实现自然通风。由于自然通风易受室外气象条件的影响，特别是风力的作用很不稳定，所以以自然通风主要用于热车间排除余热的全面通风。某些热设备的局部排风也可采用自然通风。本章主要阐述热压和风压作用下自然通风的基本原理及设计计算方法。

8.1 自然通风的基本原理

如果建筑物外墙上的窗孔内外两侧存在压力差 ΔP，就会有空气流过该窗孔，空气流过窗孔时的阻力就等于 ΔP。

$$\Delta P = \zeta \frac{v^2 \rho}{2} \tag{8-1}$$

式中　ΔP——窗孔两侧的压力差，Pa；

　　　　v——空气流过窗孔时的流速，m/s；

　　　　ρ——空气的密度，kg/m^3；

　　　　ζ——窗孔的局部阻力系数。

上式可改写为：

$$v = \sqrt{\frac{2\Delta P}{\zeta \rho}} = \mu \sqrt{\frac{2\Delta P}{\rho}} \tag{8-2}$$

式中　μ——窗孔的流量系数，$\mu = \sqrt{\dfrac{1}{\zeta}}$，其大小与窗孔的构造有关，一般小于 1。

通过窗孔的空气量为：

$$L = vF = \mu F \sqrt{\frac{2\Delta P}{\rho}} \quad \text{m}^3/\text{s} \tag{8-3}$$

$$G = L\rho = \mu F \sqrt{2\Delta P \rho} \quad \text{kg/s} \tag{8-4}$$

式中　F——窗孔的面积，m^2。

由以上公式可以看出，只要已知窗孔两侧的压力差 ΔP 和窗孔的面积 F 就可以求得通过该窗孔的空气量 G。要实现自然通风，窗孔两侧必须存在压力差，下面分析在自然通风条件下，ΔP 产生的原因和提高 ΔP 的途径。

8.1.1 热压作用下的自然通风

有一建筑物在热压作用下的自然通风如图 8-1 所示，在外围结构的不同高度上设有窗孔 a 和 b，两者的高差为 h。假设窗孔外的静压力分别为 P_a、P_b，窗孔内的静压力分别为 P_a'、P_b'，室内外的空气温度和密度分别为 t_n、ρ_n 和 t_w、ρ_w。由于 $t_n > t_w$，所以

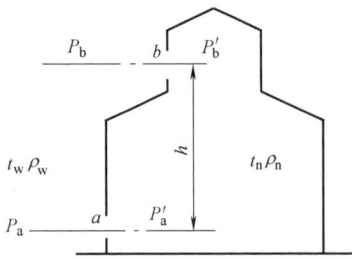

图 8-1 建筑物在热压作用下的自然通风

$\rho_n < \rho_w$。

如果首先关闭窗孔 b，仅开启窗孔 a，不管最初窗孔 a 两侧的压差如何，由于空气的流动，P_a 和 P'_a 会趋于平衡，窗孔 a 的内外压差 $\Delta P_a = P'_a - P_a = 0$，空气停止流动。

根据流体静力学原理，这时窗孔 b 的内外压差为：

$$\Delta P_b = P'_b - P_b = (P'_a - gh\rho_n) - (P_a - gh\rho_w)$$
$$= (P'_a - P_a) + gh(\rho_w - \rho_n) = \Delta P_a + gh(\rho_w - \rho_n)$$

(8-5)

式中　ΔP_a、ΔP_b——窗孔 a 和窗孔 b 的内外压差，Pa；

g——重力加速度，m/s^2。

从式（8-5）可以看出，在 $\Delta P_a = 0$ 的情况下，只要 $\rho_w > \rho_n$（即 $t_n > t_w$），则 $\Delta P_b > 0$。因此，如果又开启窗孔 b，空气将从窗孔 b 流出。随着室内空气的向外流动，室内静压逐渐降低，$P'_a - P_a$ 由等于零变为小于零。这时室外空气就由窗孔 a 流入室内，一直到窗孔 a 的进风量等于窗孔 b 的排风量时，室内静压才保持稳定。由于窗孔 a 进风，$\Delta P_a < 0$；窗孔 b 排风，$\Delta P_b > 0$。

根据式（8-5），有：

$$\Delta P_b + (-\Delta P_a) = \Delta P_b + |\Delta P_a| = gh(\rho_w - \rho_n)$$

(8-6)

由上式可以看出，进风窗孔和排风窗孔两侧压差的绝对值之和与两窗孔的高度差 h 和室内外的空气密度差（$\Delta\rho = \rho_w - \rho_n$）有关，把 $gh(\rho_w - \rho_n)$ 称为热压。如果室内外没有空气温度差或者窗孔之间没有高度差，就不会产生热压作用下的自然通风。实际上，如果只有一个窗孔也会形成自然通风，这时窗孔的上部排风，下部进风，相当于两个窗孔连在一起。

8.1.2　余压的概念

为了便于计算，把室内某一点的压力和室外同标高未受建筑或其他物体扰动的空气压力的差值称为该点的余压。仅有热压作用时，由于窗孔外的空气未受室外风扰动的影响，此时窗孔内外的压差称为该窗孔的余压。余压为正，室内压力大于室外压力，该窗孔排风；反之，该窗孔进风。

根据式（8-5），某一窗孔的余压为：

$$P'_x = \Delta P_x = \Delta P_a + gh'(\rho_w - \rho_n) = \Delta P_{xa} + gh'(\rho_w - \rho_n)$$

(8-7)

式中　ΔP_x——某窗孔的内外压差，Pa；

ΔP_a——窗孔 a 的内外压差，Pa；

h'——某窗孔至窗孔 a 的高度差，m；

P_{xa}——窗孔 a 的余压，Pa。

由上式可以看出，如果以窗孔 a 的中心平面作为基准面，任何窗孔的余压等于窗孔 a 的余压和该窗孔与窗孔 a 的高度差和室内外密度差的乘积之和。该窗孔与窗孔 a 的高度差 h' 越大，则余压越大。室内同一水平面上各点的静压都是相等的，因此某一窗孔的余压也就是该窗孔中心平面上室内各点的余压。在热压作用下，余压沿车间高度的变化如图

212

8-2 所示。余压从进风窗孔 a 的负值逐渐增大到排风窗孔 b 的正值。在 0—0 平面上，余压等于零，把这个平面称为中和面。位于中和面上的窗孔是没有空气流动的。

如果把中和面作为基准面，窗孔 a 的余压为：

$$P_{xa}=P_{x0}-h_1(\rho_w-\rho_n)g=-h_1(\rho_w-\rho_n)g \tag{8-8}$$

窗孔 b 的余压为：

$$P_{xb}=P_{x0}-h_2(\rho_w-\rho_n)g=h_2(\rho_w-\rho_n)g \tag{8-9}$$

式中　P_{x0}——中和面上的余压，Pa，$P_{x0}=0$；

h_1、h_2——窗孔 a、窗孔 b 至中和面的距离，m。

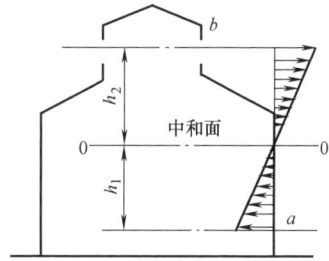

图 8-2　在热压作用下，余压沿车间高度的变化

由上式可以看出，某一窗孔余压的绝对值与中和面至该窗孔的距离有关，中和面以上的窗孔的余压为正，排风；中和面以下的窗孔的余压为负，进风。

8.1.3　风压作用下的自然通风

室外气流吹过建筑物时，气流将发生绕流，经过一段距离后才恢复平行流动。在建筑物附近的平均风速是随建筑物高度的增加而增加的。迎风面的风速和风的紊流度会强烈影响气流的流动状况和建筑物表面及周围的压力分布。

从图 8-3 可以看出，由于气流的撞击作用，在迎风面形成一个滞流区，该处的静压高于大气压力，处于正压状态。在正压区气流呈循环流动，在地面附近气流方向与主导风向相反。一般情况下，风向与该平面的夹角大于 30°时，会形成正压区。

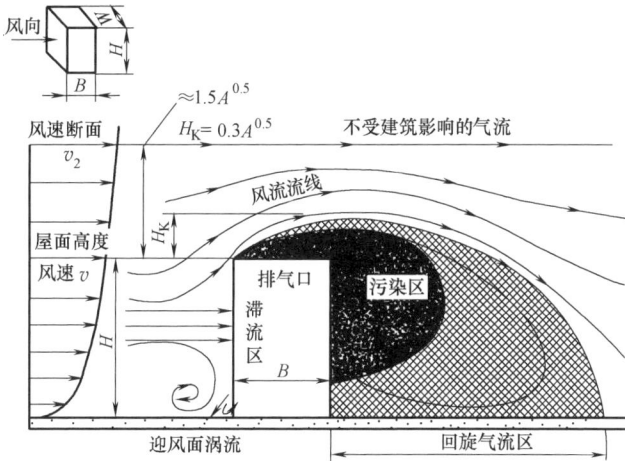

图 8-3　建筑物周围的气流流形

室外气流绕流时，在建筑物的顶部和后侧形成弯曲循环气流。屋顶上部的涡流区称为回流空腔，建筑物背风面的涡流区称为回旋气流区。这两个区域的静压均低于大气压力，把这个区域称为建筑物气流负压区。气流负压区覆盖建筑物下风向各表面（如屋顶、两侧外墙和背风面外墙），并延伸一定距离，直至尾流。

气流负压区最大高度（m）为：

$$H_k \approx 0.3 A^{0.5} \quad \text{m} \tag{8-10}$$

式中 A——建筑物横断面积，m^2。

屋顶上方受建筑影响的气流最大高度为：

$$H_K \approx A^{0.5} \quad \text{m} \tag{8-11}$$

了解建筑物周围气流运动状况，不仅对自然通风计算、天窗形式的选择和配置有重要意义，而且对通风空调系统进、排风口的配置也有重大影响。如第 7 章所述，局部排风系统排放的有害物浓度不符合排放标准时，如果将其排入气流负压区内，有害物会逐渐积聚；如果有机械进风口布置在该区域，有害物会随进风进入厂房。图 8-4 是不同排放高度下，铸造车间周围有害物分布示意图。如图 8-4（a）所示，烟气排入建筑物上部气流负压区内，有害物在车间上部及周围积聚。如图 8-4（b）所示，烟气排入气流负压区以上，车间周围有害物浓度大大下降。

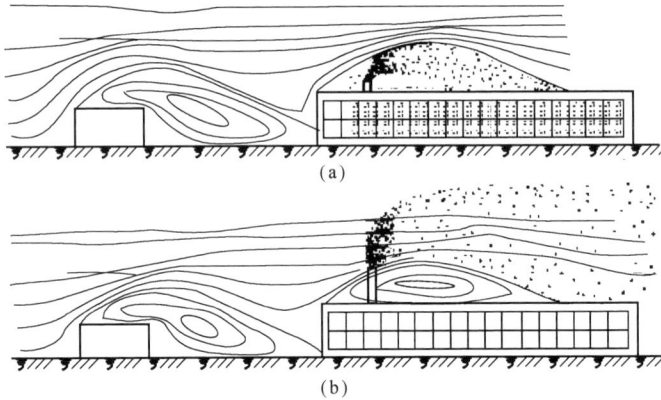

图 8-4　不同排放高度下，铸造车间周围有害物质分布示意图

室外气流吹过建筑物时，其四周的静压分布如图 8-5 所示，迎风面为正压区，顶部及背风面均为负压区。图 8-6 所示的双凹形天窗的窗孔 2 和窗孔 4，从局部看处于迎风面，由于它处于整个建筑所造成的空气动力阴影之内，所以窗孔 2、窗孔 4 处均为负压。

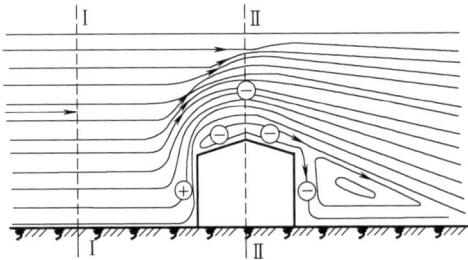

图 8-5　建筑物四周的静压分布

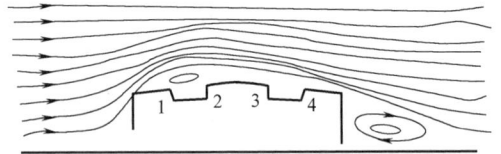

图 8-6　双凹形天窗

与远处未受扰动的气流相比，由于风的作用在建筑物表面所形成的空气静压变化称为风压。

某一建筑物周围的风压分布与该建筑的几何形状和室外风向有关。风向一定时，建筑物外围护结构上某一点的风压可用下式计算：

$$P_f = K \frac{v_w^2 \rho_w}{2} \quad \text{Pa} \tag{8-12}$$

式中 K——空气动力系数;

$\qquad v_w$——室外空气流速,m/s;

$\qquad \rho_w$——室外空气密度,kg/m³。

K 为正,说明该点的风压为正值;K 为负,说明该点的风压为负值。不同形状的建筑物在不同方向的风力作用下,空气动力系数分布是不同的。空气动力系数要在风洞内通过模型试验求得。

同一建筑物的外围护结构上,如果有两个风压不同的窗孔,空气动力系数大的窗孔将会进风,空气动力系数小的窗孔将会排风。如图 8-7 所示,在风速为 v_w 的风力作用下,由于 $t_n = t_w$,没有热压的作用。在风的作用下,迎风面窗孔 a 的风压为 P_{fa},背风面窗孔 b 的风压为 $P_{fb}(P_{fa} > P_{fb})$,窗孔中心平面上室内的压力为 P_n,余压为 P_x。当窗孔 a、窗孔 b 均未开启时,由式(8-7)可以看出,室内各点的余压均相等,而且均等于零。

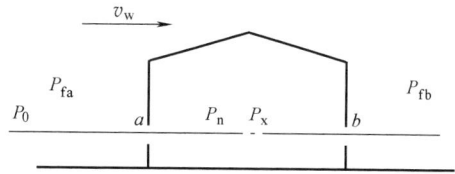

图 8-7　风力作用下的自然通风

如果先开启窗孔 a、关闭窗孔 b,不管窗孔 a 的内外压差大小,由于空气的流动,室内的压力会逐渐升高。当室内的压力 P_{na} 等于窗口 a 的风压时,即 $P_{na} = P_{fa}$,空气停止流动。此时室内的余压 $P_{xa} = P_{na}$。所以在风压单独作用下,窗孔 a 的内外压差为:

$$\Delta P_a = P_{na} - P_{fa} = P_{xa} - P_{fa} \qquad (8-13)$$

如果再开启窗孔 b,由于 $P_{na} > P_{fb}$,空气会由窗孔 b 流出。随着室内空气的流出,室内压力下降,这时 $P_{fa} > P_{na} > P_{fb}$,直到由窗孔 a 流入的空气量和由窗孔 b 流出的空气量保持相等,室内压力(室内余压)P_{na} 保持稳定。

8.1.4　风压、热压同时作用下的自然通风

某一建筑物受到风压、热压同时作用时,外围护结构各窗孔的内外压差就等于风压、热压单独作用时窗孔内外压差之和,也就等于各窗孔的余压和室外风压之差 [式(8-13)]。

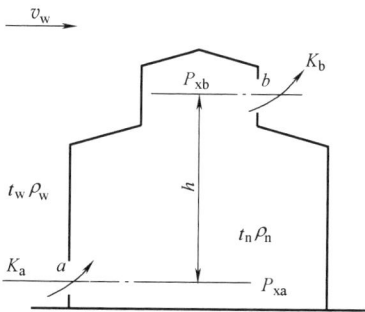

图 8-8　风压、热压同时作用下的自然通风

如图 8-8 所示,窗孔 a 的内外压差为:

$$\Delta P_a = P_{xa} - K_a \frac{v_w^2 \rho_w}{2} \quad \text{Pa} \qquad (8-14)$$

窗孔 b 的内外压差为:

$$\Delta P_b = P_{xb} - K_b \frac{v_w^2 \rho_w}{2} = P_{xa} +$$

$$hg(\rho_w - \rho_n) - K_b \frac{v_w^2 \rho_w}{2} \quad \text{Pa} \qquad (8-15)$$

式中 P_{xa}——窗孔 a 的余压,Pa;

$\qquad P_{xb}$——窗孔 b 的余压,Pa;

$\qquad K_a$、K_b——窗孔 a 和窗孔 b 的空气动力系数;

$\qquad h$——窗孔 a 和窗孔 b 的高差,m。

由于室外风的风速和风向是经常变化的,为了保证自然通风的设计效果,根据现行国家标准《工业建筑供暖通风与空气调节设计规范》GB 50019 的规定,在实际计算时仅考

虑热压的作用，风压的作用一般不予考虑，但必须定性地考虑风压对自然通风的影响。

8.2 自然通风的计算

工业厂房自然通风包括两类计算：一类是设计计算，即根据已确定的工艺条件和要求的工作区温度计算需要的全面换气量，确定进、排风窗孔位置和窗孔面积；另一类是校核计算，即在工艺、土建、窗孔位置和面积确定的条件下，计算能达到的最大自然通风量，校核工作区温度是否满足标准的要求。

应当指出的是，车间内部的温度分布和气流分布对自然通风有较大影响。热车间内部的温度和气流分布是比较复杂的，例如热源上部的热射流和各种局部气流都会影响热车间的温度分布，其中热射流的影响最大。具体地说，影响热车间自然通风的主要因素有厂房形式、工艺设备布置、设备散热量等。要对这些因素进行详细的研究，必须进行模型试验，或在类似的厂房进行实地观测。目前采用的自然通风计算方法是在简化条件下进行的，这些简化的条件是：

（1）通风过程是稳定的，影响自然通风的因素不随时间而变化。

（2）整个车间的空气温度都等于车间的平均空气温度 t_{np}：

$$t_{np} = \frac{t_n + t_p}{2} \tag{8-16}$$

式中 t_n——室内工作区温度，℃；

t_p——上部窗孔的排风温度，℃。

（3）同一平面上各点的静压均保持相等，静压沿高度方向的变化符合流体静力学法则。

（4）车间内空气流动时，不受任何障碍物的阻挡。

（5）不考虑局部气流的影响，热射流、通风气流到达排风窗孔前已经消散。

（6）用封闭模型得出的空气动力系数适用于有空气流动的孔口。

8.2.1 自然通风的设计计算步骤

（1）计算车间自然通风量：

$$G = \frac{Q}{c(t_p - t_j)} \quad kg/s \tag{8-17}$$

式中 Q——车间的总余热量，kJ/s；

t_p——车间上部的排风温度，℃；

t_j——车间的进风温度，$t_j = t_w$，℃；

c——空气比热容，kJ/(kg·℃)，$c = 1.01$ kJ/(kg·℃)。

（2）确定窗孔的位置，分配各窗孔的进、排风量。

（3）计算各窗孔的内外压差和窗孔面积。

仅有热压作用时，先假定中和面位置或某一窗孔的余压，然后根据式（8-7）式（8-8）计算其余窗孔的余压。在风压、热压同时作用时，同样先假定某一窗孔的余压，然后按式（8-14）和式（8-15）计算其余窗孔的内外压差。

应当指出的是，最初假定的余压不同，最后计算得出的各窗孔面积分配是不同的。以

图 8-2 为例,在热压作用下,进、排风窗孔的面积分别为:

进风窗孔面积为:

$$F_a = \frac{G_a}{\mu_a \sqrt{2|\Delta P_a|\rho_w}} = \frac{G_a}{\mu_a \sqrt{2h_1 g(\rho_w - \rho_n)\rho_w}} \quad (8-18)$$

排风窗孔面积为:

$$F_b = \frac{G_b}{\mu_b \sqrt{2|\Delta P_b|\rho_p}} = \frac{G_b}{\mu_b \sqrt{2h_2 g(\rho_w - \rho_n)\rho_p}} \quad (8-19)$$

式中 ΔP_a、ΔP_b——窗孔 a、窗孔 b 的内外压差,Pa;

       G_a、G_b——窗孔 a、窗孔 b 的流量,kg/s;

       μ_a、μ_b——窗孔 a、窗孔 b 的流量系数;

       ρ_w——室外空气的密度,kg/m³;

       ρ_p——上部排风温度下的空气密度,kg/m³;

       ρ_n——室内平均温度下的空气密度,kg/m³;

       h_1、h_2——中和面至窗孔 a、窗孔 b 的距离,m。

现行国家标准《工业建筑供暖通风与空气调节设计规范》GB 50019 中采用进、排风口的局部阻力系数进行计算,在热压作用下,进、排风窗孔的面积分别为:

进风窗孔面积为:

$$F_j = \frac{G_j}{\sqrt{\dfrac{2g\rho_{wf}h_j(\rho_{wf} - \rho_{np})}{\zeta_j}}}$$

排风窗孔面积为:

$$F_p = \frac{G_j}{\sqrt{\dfrac{2g\rho_p h_p(\rho_{wf} - \rho_{np})}{\zeta_p}}}$$

根据空气量平衡方程式,$G_a = G_b$,如果近似认为 $\mu_a \approx \mu_b$、$\rho_w \approx \rho_p$。上述公式可简化为:

$$\left(\frac{F_a}{F_b}\right)^2 = \frac{h_2}{h_1} \text{ 或} \frac{F_a}{F_b} = \left(\frac{h_2}{h_1}\right)^{\frac{1}{2}} \quad (8-20)$$

从式(8-20)可以看出,进、排风窗孔面积之比是随中和面位置的变化而变化的。中和面向上移(即增大 h_1、减小 h_2),排风窗孔面积增大,进风窗孔面积减小;中和面向下移,则相反。在热车间,采用上部天窗进行排风,天窗的造价要比侧窗高,因此中和面位置不宜选得太高。

如果车间内同时设有机械通风,在空气量平衡方程式中应同时加以考虑。

8.2.2 车间排风温度的计算

利用式(8-16)计算车间的平均温度,必须知道车间上部的排风温度 t_p。由于热车间的温度分布和气流分布比较复杂,不同的研究者对此有不同的看法和解释,他们提出的计算方法也各不相同。要得到统一的计算方法,今后还要进行大量的工作。

根据设计规范的规定,热车间夏季自然通风的排风温度可按下述三种方法计算:

（1）根据科研、设计单位多年的研究、实践，某些特定的车间可按排风温度与夏季通风计算温度差的允许值确定，例如相关文献认为，对大多数车间而言，要保证 $t_n - t_w \leqslant 5℃$，$t_p - t_w$ 应不超过 10～12℃。

（2）当厂房高度不大于 15m，室内散热源比较均匀，且散热量不大于 $116W/m^3$ 时，可用温度梯度法计算排风温度 t_p。

$$t_p = t_n + \alpha(h-2) \quad ℃ \tag{8-21}$$

式中　α——温度梯度，℃/m，见表 8-1；

　　　h——排风天窗中心距地面的高度，m。

温度梯度 α（单位：℃/m）　　　　　表 8-1

室内散热量	厂房高度（m）										
（W/m^3）	5	6	7	8	9	10	11	12	13	14	15
12～23	1.0	0.9	0.8	0.7	0.6	0.5	0.4	0.4	0.4	0.3	0.2
24～47	1.2	1.2	0.9	0.8	0.7	0.6	0.5	0.5	0.5	0.4	0.4
48～70	1.5	1.5	1.2	1.1	0.9	0.8	0.8	0.8	0.8	0.8	0.5
71～93		1.5	1..5	1.3	1.2	1.2	1.2	1.2	1.1	1.0	0.9
94～116			1.5	1.5	1.5	1.5	1.5	1.5	1.5	1.4	1.3

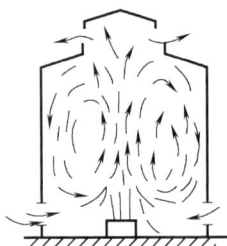

图 8-9　热源上部的热射流

（3）按有效热量系数 m 计算。在有强热源的车间内，空气温度沿高度方向的分布是比较复杂的。从图 8-9 可以看出，热源上部的热射流在上升过程中，周围空气不断被卷入，热射流的温度逐渐下降。热射流上升到屋顶后，一部分由天窗排出，一部分沿四周外墙向下回流，返回工作区或在工作区上部重新被卷入热射流。返回工作区的那部分循环气流与从下部窗孔进入室内的室外气流混合后，一起进入室内工作区，工作区温度就是这两股气流的混合温度。如果车间内工艺设备的总散热量为 Q，其中直接散入工作区的那部分热量为 mQ，把 mQ 称为有效余热量，m 称为有效热量系数。

根据整个车间的热平衡，消除车间余热所需的全面进风量为：

$$L = \frac{Q}{c(t_p - t_w)\rho_w\beta} \quad m^3/s \tag{8-22}$$

根据工作区的热平衡，消除工作区的余热所需全面进风量为：

$$L' = \frac{mQ}{c(t_n - t_w)\rho_w\beta} \quad m^3/s \tag{8-23}$$

式中　Q——车间的余热量，kJ/s；

　　　m——有效热量系数；

　　　c——空气的比热容，kJ/(kg·℃)；

　　　ρ_w——室外空气密度，kg/m³；

　　　t_p——车间上部排风温度，℃；

　　　t_n——室内工作区温度，℃；

t_w——夏季通风室外计算温度，℃；

β——进风有效系数，见图 8-10。

当进风口高度小于或等于 2m 时，$\beta=1.0$；当进风口高度大于 2m 时，$\beta<1.0$。这是考虑进风气流在进入工作区前已被加热，要通过增大进风量来保证工作区的温度。

根据现行国家标准《工业建筑供暖通风与空气调节设计规范》GB 50019，夏季通风室外计算温度为当地每年最热月 14 时月平均温度的历年平均值。

因为 $L=L'$，所以有：

$$\frac{Q}{c(t_p-t_w)\rho_w\beta}=\frac{mQ}{c(t_n-t_w)\rho_w\beta}$$

$$m=\frac{t_n-t_w}{t_p-t_w} \tag{8-24}$$

$$t_p=t_w+\frac{t_n-t_w}{m} \tag{8-25}$$

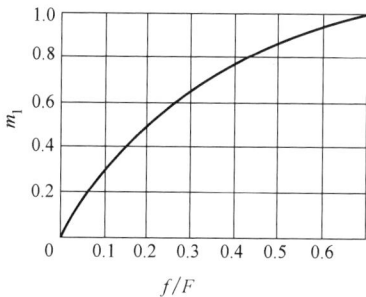

图 8-10 进风有效系数 β 值

8.2.3 车间有效热量系数的确定

由式（8-24）可以看出，在同样的 t_p 下，m 值越大，散入工作区的有效热量越多，t_n 就越高。在式（8-25）中，把 t_p 的计算问题变成了 m 值的计算问题，m 值确定以后，即可求得 t_p。确定 m 值是一个很复杂的工作，其大小主要取决于热源的集中程度和热源布置，同时也取决于建筑物的某些几何因素。例如，在模型试验中发现，在其他条件均相同的情况下，热源按图 8-11（a）布置，$m=0.44$；热源按图 8-11（b）布置，$m=0.81$。在一般情况下，m 值按下式计算：

$$m=m_1\times m_2\times m_3 \tag{8-26}$$

式中　m_1——根据热源占地面积 f 与地板面积 F 之比，按图 8-12 确定的系数；

m_2——根据热源高度，按表 8-2 确定的系数；

m_3——根据热源的辐射散热量 Q_f 与总散热量 Q 之比，按表 8-3 确定的系数。

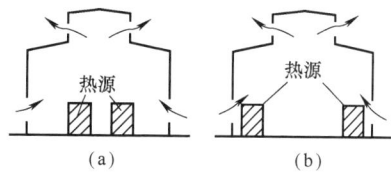

图 8-11 热源布置对 m 值的影响

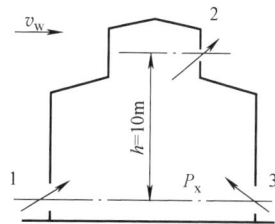

图 8-12 m_1 的计算图

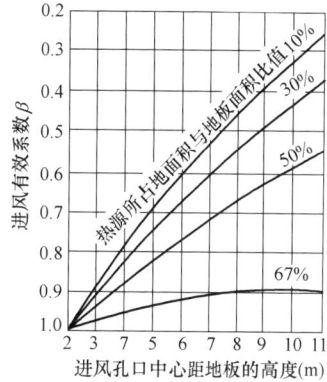

图 8-13 例 8-1 图

热源高度(m)	≤2	4	6	8	10	12	≥14
m_2	1.0	0.85	0.75	0.65	0.60	0.55	0.5

Q_f/Q	≤0.4	0.5	0.55	0.60	0.65	0.7
m_3	1.0	1.07	1.12	1.18	1.30	1.45

【例 8-1】 某车间如图 8-13 所示，车间总余热量 $Q=582\mathrm{kJ/s}$，$m=0.4$，$F_1=15\mathrm{m}^2$，$F_3=15\mathrm{m}^2$，$\mu_1=\mu_3=0.6$，$\mu_2=0.4$，空气动力系数 $K_1=0.6$，$K_2=-0.4$，$K_3=-0.3$，室外风速 $v_w=4\mathrm{m/s}$，室外空气温度 $t_w=26℃$，$\beta=1.0$，要求室内工作区温度 t_n $≤t_w+5℃$。计算天窗面积 F_2。

【解】

(1) 计算全面换气量

工作区温度为：

$$t_n=t_w+5=26+5=31（℃）$$

上部排风温度为：

$$t_p=t_w+\frac{t_n-t_w}{m}=26+\frac{31-26}{0.4}=38.5（℃）$$

车间的平均空气温度为：

$$t_{np}=\frac{1}{2}(t_n+t_p)=\frac{1}{2}\times(31+38.5)=34.8（℃）$$

全面换气量为：

$$G=\frac{582}{1.01(38.5-26)}=46.1（\mathrm{kg/s}）$$

(2) 计算各窗孔的内外压差

$$\Delta\rho=\rho_w-\rho_n=\rho_{26}-\rho_{34.8}=1.181-1.147=0.034（\mathrm{kg/m^3}）$$

室外风的动压为：

$$\frac{v_w^2}{2}\rho_w=\frac{4^2}{2}\times1.181=9.45（\mathrm{Pa}）$$

假设窗孔 1 的余压为 P_x，各窗孔的内外压差为：

$$\Delta P_1=P_x-P_{f1}=P_x-K_1\frac{v_w^2}{2}\rho_w=P_x-0.6\times9.45=P_x-5.67$$

$$\Delta P_2=P_x-P_{f2}=P_x+gh\Delta\rho-K_2\frac{v_w^2}{2}\rho_w$$

$$=(P_x+9.81\times10\times0.034)-(-0.4)\times9.45=P_x+7.11$$

$$\Delta P_3=P_{x3}-P_{f3}=P_x-K_3\frac{v_w^2}{2}\rho_w=P_x-(-0.3)\times9.45=P_x+2.84$$

由于窗孔 1、窗孔 3 进风，ΔP_1 和 ΔP_3 均是负值，代入公式时，应取绝对值。

(3) 确定 P_x

根据空气量平衡原理，$G_1 + G_3 = G_2 = 46.1 \text{kg/s}$。

根据式（8-4），得：

$$0.6 \times 15\sqrt{2 \times (5.67 - P_x) \times 1.181} + 0.6 \times 15\sqrt{2 \times (-2.84 - P_x) \times 1.181} = 46.1$$

解得：$P_x \approx -3.0 \text{Pa}$。

（4）计算天窗面积 F_2

$$F_2 = \frac{G_2}{\mu_2\sqrt{2\Delta P_2 \rho_p}} = \frac{46.1}{0.4\sqrt{2(7.11-3) \times 1.134}} = 37.8 \text{（m}^2\text{)}$$

8.3　避风天窗及风帽

8.3.1　避风天窗

在风的作用下，普通天窗迎风面的排风窗孔会发生倒灌现象。因此，在平时要及时关闭迎风面天窗，只能依靠背风面天窗进行排风。这样既增加了天窗面积，又给天窗的管理带来了很多麻烦。为了让天窗能稳定排风，不倒灌，可以在天窗上增设如图 8-14 所示的挡风板，或者采取其他措施，保证天窗排风口在任何风向下都处于负压区，这种天窗称为避风天窗。

目前常用的避风天窗有以下几种形式：

（1）矩形避风天窗：如图 8-14 所示，它是过去应用较多的一种天窗。这种天窗采光面积大，窗孔集中在车间中部，当热源集中布置在车间中部时，便于热气流迅速被排除。这种天窗的缺点是结构复杂、造价高。

（2）下沉式避风天窗：其特点是把部分屋面下移，放在屋架的下弦上，利用屋架本身的高度（即上、下弦之间的空间）形成天窗。它不像矩形避风天窗那样凸出在屋面之上，而是凹入屋盖里面。因处理的方法不同，下沉式避风天窗分为纵向下沉式（图 8-15）、横向下沉式和天井式三种。下沉式避风天窗可比矩形避风天窗降低厂房高度 2～5m，节省了天窗架和挡风板。它的缺点是天窗高度受屋架高度限制，清灰、排水比较困难。

（3）曲（折）线形避风天窗

曲（折）线形避风天窗是一种新型的轻型避风天窗，如图 8-16 所示。它的挡风板是按曲（折）线制作的，因此阻力要比设置垂直式挡风板的天窗小，排风能力大。曲（折）线形避风天窗还具有构造简单、质量轻、施工方便、造价低等优点。

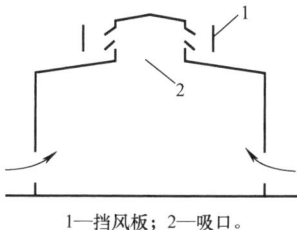

1—挡风板；2—吸口。

图 8-14　矩形避风天窗　　　图 8-15　纵向下沉式避风天窗　　　图 8-16　折线形避风天窗

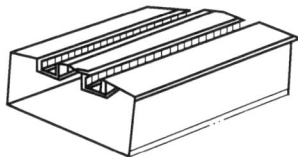

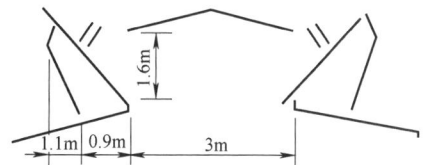

避风天窗在自然通风计算中是作为一个整体考虑的，计算时只考虑热压的作用。在热压作用下，避风天窗口的内外压差为：

$$\Delta P_t = \zeta \frac{v_t^2}{2} \rho_p \quad \text{Pa} \tag{8-27}$$

式中 v_t——天窗喉口处的空气流速（对下沉式天窗是指窗孔处的空气流速），m/s；

ρ_p——天窗排风温度下的空气密度，kg/m^3；

ζ——天窗的局部阻力系数。

仅有热压作用时，ζ 是一个常数，由试验求得。几种常用避风天窗的 ζ 在表 8-4 列出。

局部阻力系数 ζ 反映避风天窗内外压差一定时，单位面积避风天窗的排风能力。ζ 小，排风能力大。必须指出，ζ 不是衡量避风天窗性能的唯一指标。选择避风天窗时必须全面考虑其避风性能、单位面积造价等多种因素。

几种常用避风天窗的 ζ 值 表 8-4

避风天窗形式	尺寸	ζ 值	备注
矩形	$H=1.82m$、$B=6m$、$L=18m$	5.38	无窗扇、有挡雨片
	$H=1.82m$、$B=9m$、$L=24m$	4.64	
	$H=3.0m$、$B=9m$、$L=30m$	5.68	
天井式	$H=1.66m$、$l=6m$	4.24~4.13	无窗扇、有挡雨片
	$H=1.78m$、$l=12m$	3.83~3.57	
横向下沉式	$H=2.5m$、$L=24m$	3.4~3.18	无窗扇、有挡雨片
	$H=4.0m$、$L=24m$	5.35	
折线形	$B=3.0m$、$H=1.6m$	2.74	无窗扇、有挡雨片
	$B=4.2m$、$H=2.1m$	3.91	
	$B=6m$、$H=3.0m$	4.85	

注：B—天窗喉口宽度；L—厂房跨度；H—天窗垂直口高度；l—井长。

8.3.2 避风风帽

避风风帽安装在自然排风系统出口，它是利用风力造成的负压，加强排风能力的一种装置，如图 8-17 所示。它的特点是在普通风帽的外围增设一圈挡风圈，挡风圈的作用与避风天窗的挡风板类似，室外气流吹过风帽时，可以保证排出口基本上处于负压区内。在自然排风系统的出口装设避风风帽可以增大系统的抽力。有些阻力比较小的自然排风系统则完全依靠避风风帽的负压克服系统阻力。图 8-18 是避风风帽用于自然排风系统的情况。有时避风风帽也可以装在屋顶上，进行全面排风，如图 8-19 所示。

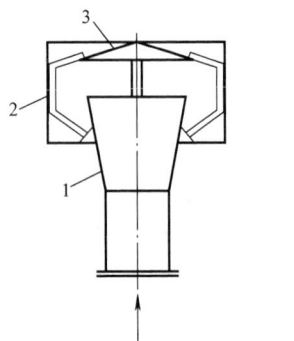

1—渐扩管；2—挡风圈；3—遮雨盖。

图 8-17 避风风帽

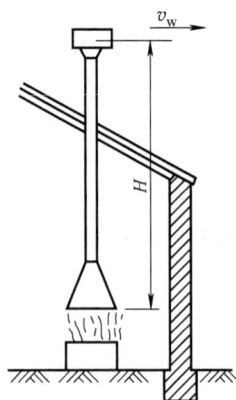

图 8-18 避风风帽用于自然
排风系统

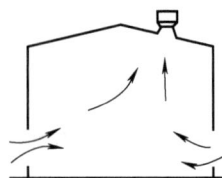

图 8-19 用作全面通
风的避风风帽

8.4　自然通风与工艺、建筑设计的配合

工业厂房的建筑形式、总平面布置和车间内的工艺布置对自然通风有较大影响,如果处理不当,不仅会造成经济上的浪费,而且直接影响工人的劳动环境。因此,确定车间的设计方案时,通风、工艺和建筑等各专业应密切配合,对有关问题综合考虑。

8.4.1　关于建筑形式的选择

(1) 为了增大进风面积,以自然通风为主的热车间应尽量采用单跨厂房。

(2) 当迎风面和背风面的外墙开孔面积占外墙总面积的 25% 以上,而且车间内部阻挡较少时,室外气流在车间内的速度衰减比较小,能横贯整个车间,形成穿堂风。穿堂风具有一定的风速,有利于人体散热。在我国南方的冷加工车间和一般的民用建筑广泛采用穿堂风,有些热车间也把穿堂风作为车间的主要降温措施。图 8-20 所示的开敞式厂房是应用穿堂风的主要建筑形式之一。应用穿堂风时应将主要热源布置在夏季主导风向的下风侧。刮倒风时,热车间的通风效果会急剧恶化。

(3) 有些生产车间(如铝电解车间),为了降低工作区温度,冲淡有害物浓度,厂房采用双层结构,如图 8-21 所示。主要工艺设备(电解槽)布置在二层,电解槽两侧的地板上设置四排连续的进风格子板。室外新鲜空气由侧窗和地板的送风格子板直接进入工作区。这种双层厂房自然通风量大,工作区温升小,能较好地改善车间中部的劳动条件。

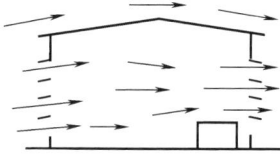

图 8-20　开敞式厂房的自然通风

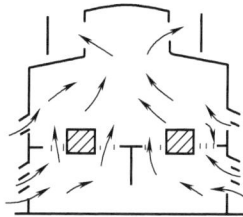

图 8-21　双层厂房的自然通风

(4) 为了提高自然通风的降温效果,应尽量降低进风侧窗离地面的高度,一般不宜超过 1.2m,夏热地区可取 0.60~0.80m。进风窗最好采用阻力小的立式中轴窗和对开窗,把气流直接导入工作区。集中供暖地区,冬季自然通风的进风窗应设在 4m 以上,以便室外气流到达工作区前能与室内空气充分混合。

(5) 利用天窗排风的生产厂房,符合下列情况之一者应采用避风天窗:

1) 夏热地区,室内散热量大于 $23W/m^2$ 时;

2) 其他地区,室内散热量大于 $35w/m^2$ 时;

3) 不允许气流倒灌时。

(6) 在多跨厂房中应将冷热跨间隔布置,尽量避免热跨相邻。图 8-22 所示的多跨厂房小,中间跨为冷跨,利用冷跨进风,热跨工作区的降温效果好。在图 8-23 中,三跨均为热跨,中间跨的热气流不能及时被排出,影响相邻热跨。

(7) 多跨厂房可利用相邻冷跨的天窗或外墙孔洞进风。但利用相邻跨进入空气时,空

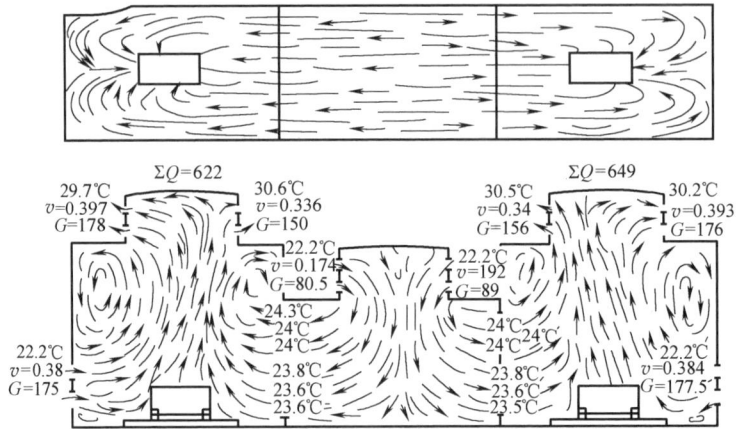

图 8-22 冷、热跨间隔布置时多跨厂房的气流运动示意图

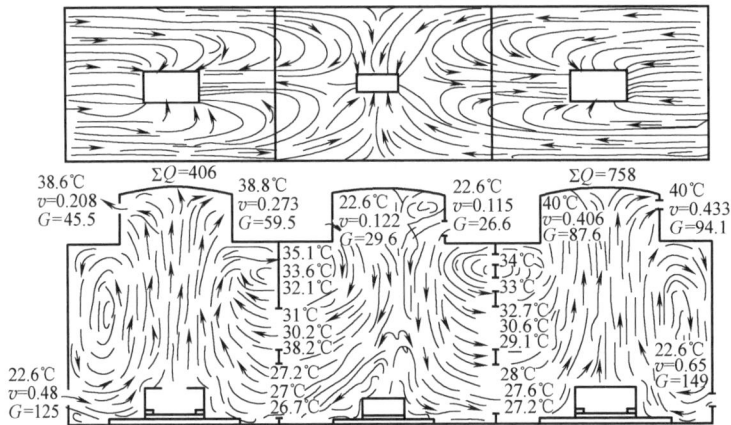

图 8-23 均为热跨的多跨厂房气流运动示意图

气中有害气体或粉尘浓度应小于其最高容许浓度的 30%。

8.4.2 厂房总平面布置

（1）为了保证厂房的自然通风效果，厂房迎风面与夏季最多风向呈 60°～90° 角，且不宜小于 45°，同时应避免大面积外墙和玻璃窗西晒。夏热地区的冷加工车间应以避免西晒为主。为了保证厂房有足够的进风窗孔，不宜将过多的附属建筑布置在厂房四周，特别是厂房的迎风面。

（2）室外风吹过建筑物时，迎风面的正压区和背风面的负压区都会延伸一定的距离，距离的大小与建筑物的形状和高度有关。在这个距离内，如果有其他较低矮的建筑物存在，就会受高大建筑所形成的正压区或负压区的影响。为了保证较低矮的建筑物能正常进风和排风，各建筑之间有关的尺寸应保持适当的比例。例如图 8-24 和图 8-25 所示的避风天窗和避风风帽，其有关尺寸应符合表 8-5 的要求。

避风天窗、避风风帽或竖风管与相邻较高建筑外墙之间的最小距离　　　　表 8-5

Z/a	0.40	0.60	0.80	1.0	1.2	1.4	1.6	1.8	2.0	2.1	2.2	2.3
$(L-Z)/h$	1.3	1.4	1.45	1.5	1.65	1.8	2.1	2.5	2.9	3.7	4.6	5.6

224

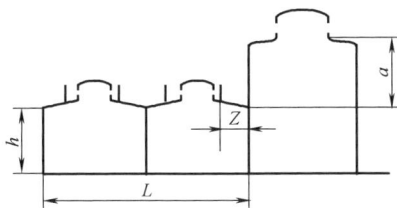

图 8-24 避风天窗尺寸

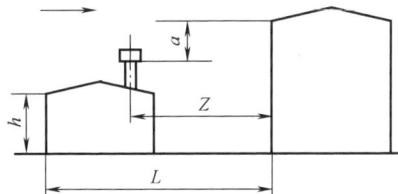

图 8-25 避风风帽尺寸

由图 8-26 可以看出，如果按图 8-26（a）布置天窗，由于相邻建筑的影响，该天窗处于正压区内，天窗会出现倒灌现象。应改用图 8-26（b）所示的竖风道排风，排风口应高于正压区。

8.4.3 工艺布置

（1）以热压为主进行自然通风的厂房，应尽量将散热设备布置在天窗下方。

（2）散热量大的热源（如加热炉、热料等）应尽量布置在厂房外面，夏季主导风向的下风侧。布置在室内的热源，应采取有效的隔热措施。

（3）当热源靠近生产厂房一侧的外墙布置，而且外墙与热源间无工作点时，热源应尽量布置在该侧外墙的两个进风口之间，如图 8-27 所示。

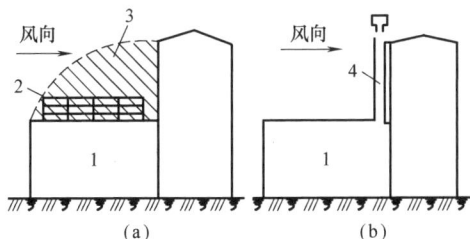

1—建筑物；2—排风天窗；3—正压区；4—排风立管。

图 8-26 正压区内的自然通风装置

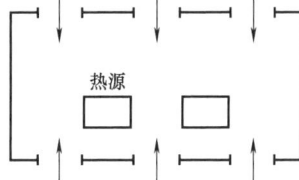

图 8-27 热车间的热源布置

习　　题

1. 利用风压、热压进行自然通风时，必须具备什么条件？

2. 什么是余压？在仅有热压作用时，余压和热压有何关系？

3. 已知中和面位置如何求各窗孔的余压？

4. 有效热量系数 m 的物理意义是什么？为什么图 8-11（b）所示的热源布置形式 m 值要比图 8-11（a）大？

5. 热源占地面积 f 与地板面积 F 之比 f/F 很大时，有效热量系数 m 和车间内热气流的运动与 f/F 很小时有何不同？

6. 在夏热地区高温车间采用风扇进行降温有何优缺点？要注意什么问题？

7. 本书图 8-18 所示的自然排风系统，要求其局部排风量 $L=1000\mathrm{m}^3/\mathrm{h}$。已知避风风帽的空气动力系数 $K=-0.4$，室外风速 v_w，避风风帽局部阻力系数 $\zeta=1.2$（对应于接管动压），室内空气温度 t_n，管道内空气温度 t_0（$t_0 > t_\mathrm{n}$），管道的摩擦阻力系数 $\lambda=0.02$。如何计算该排风管道直径？列出其计算步骤。

8. 有一排风柜如图 8-28 所示，采用自然排风。已知室内温度为 t_n，柜内排出空气温度为 t_0（$t_0 >$

t_n），风柜孔口宽度为 B，孔口流量系数 $\mu=0.6$，为防止污染气体进入室内，中和面的最低位置应位于何处？最小的自然排风量是多少？列出其计算式

9. 某车间如图 8-29 所示，已知 $F_1=F_1=10\text{m}^2$，$\mu_1=\mu_2=0.6$，$K_1=0.6$，$K_2=-0.3$，室外空气流速 $v_w=2.5\text{m/s}$，室内无大的发热源。计算该车间的全面换气量。

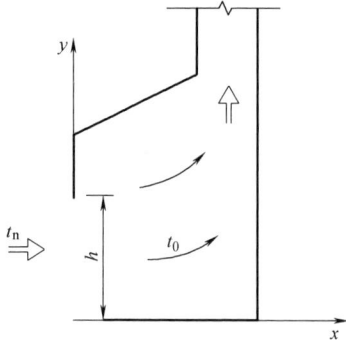

图 8-28 习题 8 图

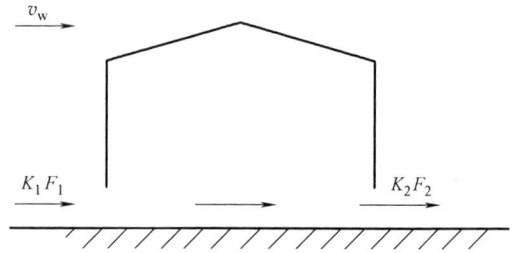

图 8-29 习题 9 图

10. 某车间如图 8-30 所示，已知 $t_w=31℃$，室内工作区温度 $t_n=35℃$，$m=0.4$，下部窗孔中心至地面的距离 $h=2.5$，下部窗孔面积 $F_1=50\text{m}^2$，上部窗孔面积 $F_2=36\text{m}^2$，$\mu_1=\mu_2=0.6$。计算该车间全面换气量及中和面位置（不考虑风压作用）。

11. 某车间形式如图 8-13 所示，车间总余热量 $Q=800\text{kJ/s}$，$m=0.3$，室外空气温度 $t_w=30℃$，室内工作区温度 $t_n=t_w+5℃$，$\mu_1=\mu_s=0.6$，$\mu_2=0.4$。如果不考虑风压作用，求所需的各窗孔面积（要求排风窗孔面积为进风窗孔面积的一半）。

12. 相邻建筑的布置如图 8-31 所示，排气立管距外墙 1m。为保证排气主管能正常排气，不发生倒灌，排气立管伸出屋顶的最小高度是多少？

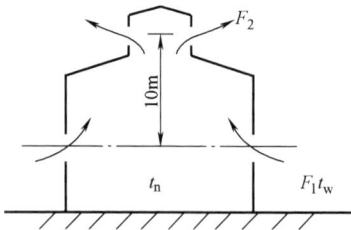

图 8-30 习题 10 图

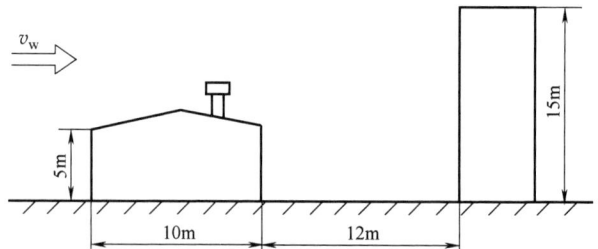

图 8-31 习题 12 图

226

第9章 典型通风系统设计案例及分析

在工业生产过程中往往产生粉尘、有害气体、余热和余湿。通风系统为维持车间内所需的空气环境、热环境，需要对这些有害物进行捕集、控制、处理和排除。通风系统在处理这些有害物的同时，除自身运行需要消耗能源外，随着室内外空气的交换以及不同温度的流体之间、流体与固体或液体之间的热湿交换，还存在能量传递和转移，也常常损失了大量的能量，如余热、余湿，空调车间的冷/热，有的还损失了生产过程中的原材料。设计与运行良好的通风除尘系统，既能有效控制车间有害物，又可实现能源的高效利用和最大限度节能。本章介绍两种典型车间的通风系统节能设计。

9.1 高能耗、高散热量车间

随着科技的发展，高能耗、高散热量车间越来越普遍，如新型电池材料生产车间。浙江某电池材料生产车间，生产粉末电池材料，设计年生产能力为 5 万 t，车间电力装机容量上万千瓦，最后都将转化为热量散发到车间；各设备的表面温度较高（50～70℃），热量通过对流、辐射方式散发到车间内，造成车间内部的空气温度、平均辐射温度高（45℃左右），热环境非常恶劣，不仅影响巡检人员的身体健康，也影响工艺控制系统的正常工作和使用寿命。同时，工艺过程及办公区域同时需要电、冷和热等多种形式的能源。如何排除散发到车间内的余热，是一个关键问题。如果单纯依赖通风，按进排风温差 5℃设计，则需要约 700 万 m³/h 的风量，且在夏季室外气温高时，也无法实现排热降温，同时，大量进风也会影响电池材料的品质（空气中不允许有金属元素），所以该方案不可行。

经研究，可以采用如下设计方案：

方案一：将二级蒸发冷却后的水（低于当地室外空气湿球温度，接近室外空气露点温度）送至车间高温区域，通过"气—水换热器"冷却车间内空气，同时对表面温度高的设备表面（回转炉、反应釜）进行保温隔热，降低其表面温度（图 9-1～图 9-3）。这样既降低了空气温度，又降低了辐射温度，从而改善车间内热环境。

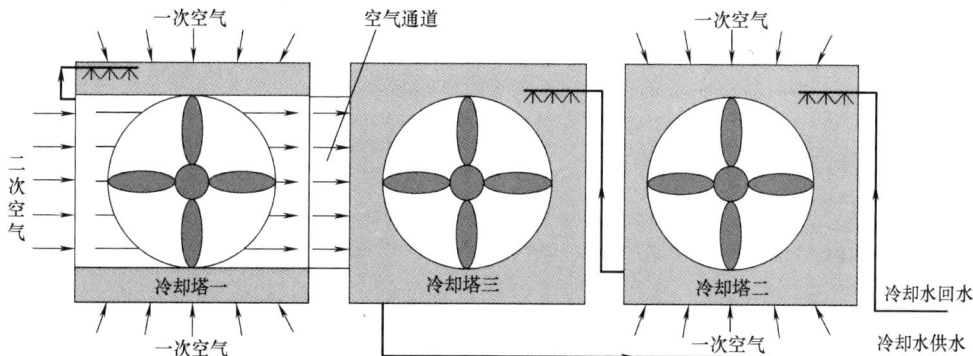

图 9-1 二级蒸发冷却系统示意图

方案特点："以水代气"排除大量余热而降温，通过二级蒸发冷却获取温度较低的水。

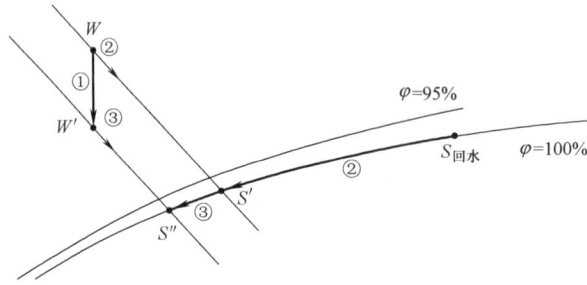

① 冷却塔一内，二次空气（状态点 W ）等湿冷却至状态点 W' 。
② 冷却塔二内，冷却水（状态点 S' ）与二次空气（状态点 W' ）直接蒸发冷却至状态点 S'' 。
③ 冷却塔三内，冷却水回水（状态点 $S_{回水}$ ）与一次空气（状态点 W ）直接蒸发冷却至状态点 S' 。

图 9-2　二级蒸发冷却系统工作原理图

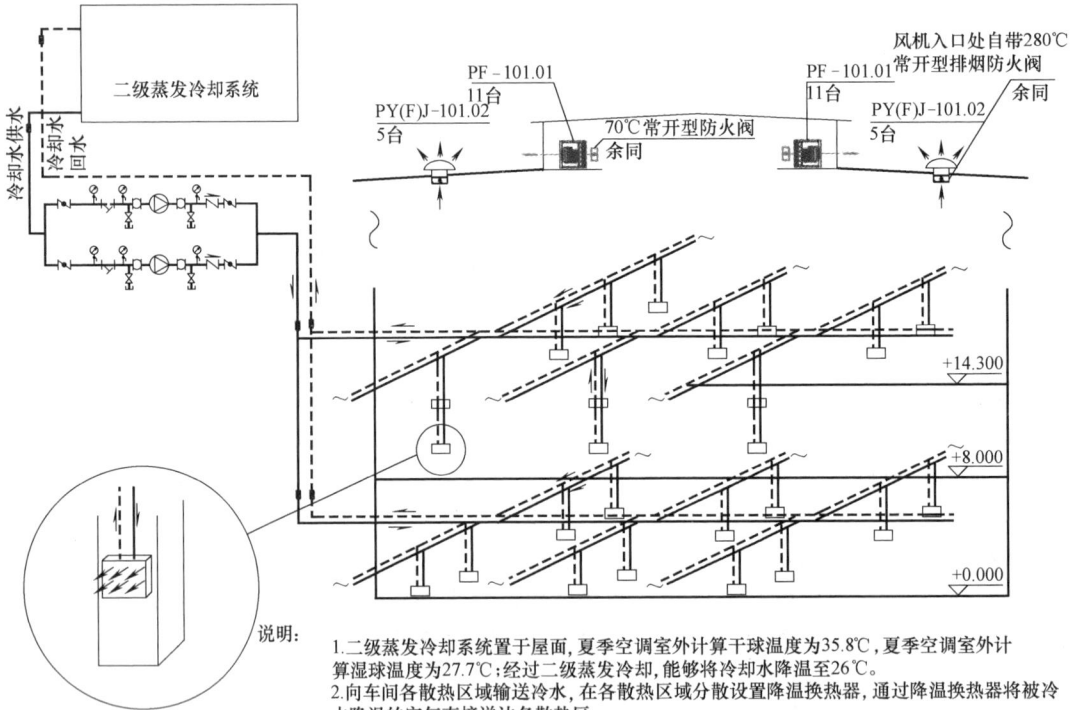

说明：1.二级蒸发冷却系统置于屋面，夏季空调室外计算干球温度为35.8℃，夏季空调室外计算湿球温度为27.7℃；经过二级蒸发冷却，能够将冷却水降温至26℃。
2.向车间各散热区域输送冷水，在各散热区域分散设置降温换热器，通过降温换热器将被冷水降温的空气直接送达各散热区。

图 9-3　分散冷却系统图

方案二：能源综合应用方案

整个生产过程对冷、热、电三种能源都有需求，由此考虑根据车间对冷量或者热量的需求量设计一套燃气冷热电联供系统，进行冷、热、电耦合供应，实现能源的综合梯级应用，从而大幅度提高车间的一次能源利用效率，降低能耗和碳排放。

燃气冷热电联供系统由燃机设备和余热利用设备构成，其中燃机设备包括燃气轮机和内燃机，余热利用设备包括余热锅炉、吸收式制冷机、换热装置和燃气锅炉等。燃机烟气驱动余热锅炉产生蒸汽。其中,选择小型燃气轮机,发电效率为35%,高温烟气热量占55%,烟气温度为500℃;余热锅炉,热效率为75%,低温烟气热量占20%,烟气温度为130℃;烟气驱动溴化锂吸收式制冷机组,制冷效率为80%。

经现场测试、计算后,燃气冷热电联供系统设备配置如表9-1所示,能量分配与流程图如图9-4所示。

燃气冷热电联供系统设备配置表 表9-1

燃气轮机			余热锅炉			蒸汽吸收式制冷机组	
容量 (kW)	燃气耗气量 (m³/h)	发电功率 (kW)	高温烟气 (kW)	蒸汽量 (kW)	低温烟气 (kW)	制冷量 (kW)	余热
11525	1166	4034	6339	4755	1268	1014	生活热水

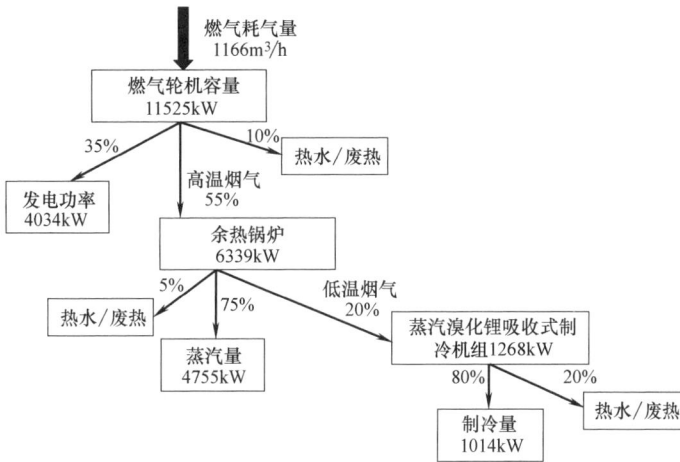

图9-4 燃气冷热电联供系统能量分配与流程图

通过对比计算,燃气冷热电联供方案比传统方案节能44%,降低二氧化碳排放63%,年节约生产成本1214.6万元。

方案特点:从能源规划层面统筹生产过程对冷、热、电的需求,进行能源的梯级应用,实现节能降碳。

9.2 高温高湿车间

以某制浆造纸车间为例。该车间的主要机械设备为造纸机。造纸机分"湿部"和"干部","湿部"通常敞开,大量水分蒸发直接进入车间;"干部"通常密闭干燥,送入热风、排出大量水蒸气。车间的主要特点是水蒸气含量高,"干部"需要大量热量,同时排出大量的高温、高湿空气,能耗高。在室外空气温度较低的季节(如冬季),围护结构内表面温度低时,内表面会结露,影响纸品质量、腐蚀车间内金属构件。为此,经常采用大风量设计和运行,又进一步增加了能耗。

制浆造纸车间通风系统的设计难点在于需要的风量大,通常小时风量在数十万立方米以上，由于工艺过程的限制，对"湿部"水蒸气的控制不理想，"干部"的通风热损失大。根据通风系统的设计原则，应注意选择合理的气流组织形式，力求用较小的风量控制"湿部"水蒸气向车间散发；对"干部"，结合造纸机特点，对排风进行能量回收，通过热泵进行温度提升后循环利用。

为了不影响车间行车的运行，同时尽可能以较小的排风量控制水蒸气在车间内的大量散发，可以采用大型空气幕缩小控制区域，减小造纸机"湿部"的排风量（图 9-5）；对"干部"的高温高湿排风进行热回收利用（图 9-6），从而降低能耗。

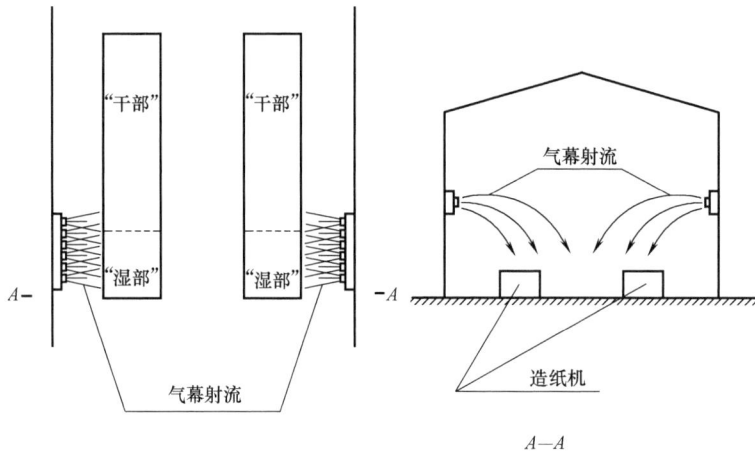

图 9-5　造纸机"湿部"空气幕控制水蒸气扩散示意图

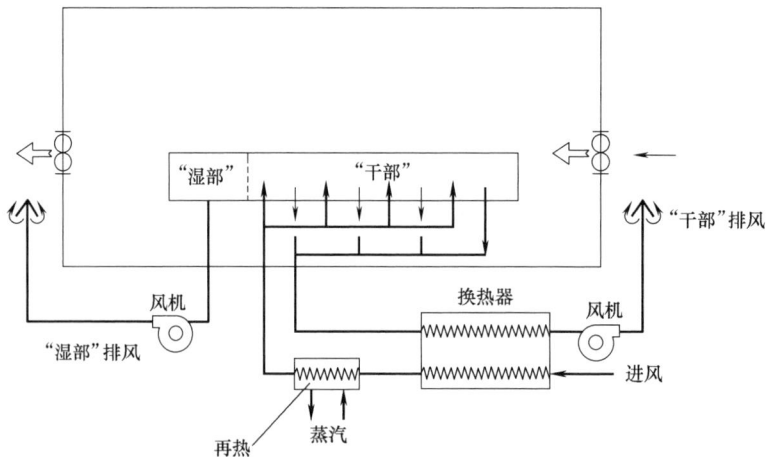

图 9-6　造纸车间通风与热回收示意图

9.3　通风（除尘）系统设计注意事项

在进行通风（除尘）系统设计时，应注意如下事项：

（1）对于高能耗车间，应优先考虑能源规划，综合高效用能，进行能量回收、循环利用。

230

（2）应优先利用自然能源进行通风，且充分考虑不同季节系统的转换。

（3）充分合理应用能量转换和提升设备及系统，用较少的能耗实现能量的转换、转移和提升，从而使系统的运行节能高效。

（4）尽可能做到能量、材料、资源的循环利用。能用干式净化就不用湿式净化，能分别净化就不混合净化，能就地解决则就地解决。

（5）针对不同工艺的特点，结合工艺过程进行通风除尘系统设计。

（6）优化管理和控制。进行智能化控制系统设计，实现自动优化控制。

（7）能采用简单的方法和系统解决的问题，就用简单的方法和系统解决。

第10章 通风（除尘）系统的测试、调试与运行调节

通风（除尘）系统施工完毕后，正式运行前，要通过测试对系统各分支管的风量进行调整。对于已经运行的通风（除尘）系统，通过测试可以了解运行情况，发现存在的问题。设计新车间时，为收集原始资料和有关数据，也需进行现场测试。

本章将重点介绍主要参数（风量、风压、粉尘密度及其粒径分布、空气中含尘浓度等）的测试方法。

10.1 通风（除尘）系统的测试

10.1.1 通风（除尘）系统压力、风速、风量的测定

1. 测定断面和测点

（1）测定断面的选择

通风管道内的风速及风量的测定，目前都是通过测量压力，再换算求得。要得到管道

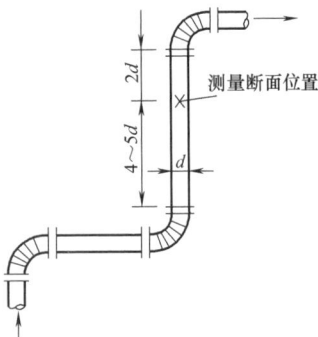

图10-1 测量断面位置示意图

中气体的真实压力值，除了正确使用测压仪器外，合理选择测量断面，减少气流扰动对测量结果的影响，也很重要。测量断面应选择在气流平稳的直管段上。测量断面设在弯头、三通等异形部件前面（相对气流运动方向）时，距这些部件的距离要大于管道直径的 2 倍；设在这些部件的后面时，应超过管道直径的 4 倍。如图 10-1 所示。现场条件许可时，离这些部件的距离越远，气流越平稳，对测量越有利。但是测试现场往往难以完全满足要求，这时只能根据上述原则选取适宜的断面，同时适当增加测点密度。但是，距局部构件的距离至少是管道直径的 1.5 倍。

在测定动压时，如果发现任何一个测点出现零值或负值，表明气流不稳定，有涡流，该断面不宜作为测定断面。如果气流方向偏出风管中心线 15°以上，该断面也不宜作测量断面（检查方法：用毕托管端部正对气流方向，慢慢摆动毕托管，使动压值最大，这时毕托管与风管外壁垂线的夹角即为气流方向与风管中心线的偏离角）。选择测量断面，还应考虑测量操作的方便和安全。

（2）测点的布置

由流体力学可知，气流速度在管道断面上的分布是不均匀的。由于速度的不均匀性，压力分布也是不均匀的。因此，必须在同一断面上多点测量，然后求出该断面的平均值。

1）矩形风管　可将管道断面划分为若干等面积的小矩形，测点布置在每个小矩形的中心，小矩形每边的长度为 200mm 左右，如图 10-2 所示。对于工业炉窑，其烟道的断面面积较大，测点数按表 10-1 确定。

矩形烟道的分块和测点数		表 10-1
烟道断面面积（m²）	等面积小块数	测点数
1 以下	2×2	4
1~4	3×3	9
4~9	4×3	12

2）圆形风管　在同一断面设置两个彼此垂直的测孔，并将管道断面分成一定数量的等面积同心环，同心环的环数按表 10-2 确定。

圆形风管的同心环环数					表 10-2
风管直径 D（mm）	≤300	300~500	500~800	850~1100	>1150
同心环环数 n	2	3	4	5	6

图 10-3 是划分为三个同心环的圆形风管测点布置图，其他同心环的测点可参照该图布置。

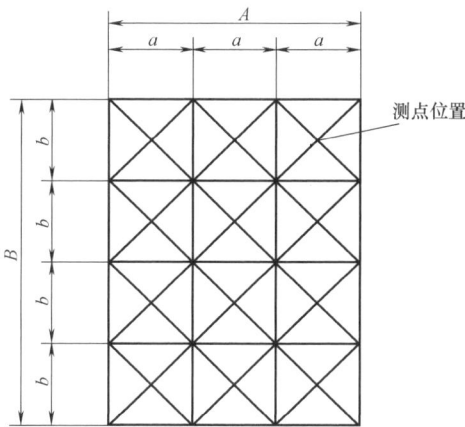

图 10-2　矩形风管测点布置图

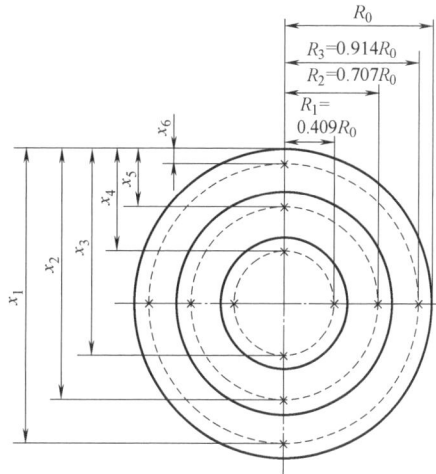

图 10-3　圆形风管测点布置图

对于圆形烟道，其同心环环数按表 10-3 确定。

圆形烟道的同心环环数					表 10-3
烟道直径（m）	<0.5	0.5~1.0	1~2	2~3	3~5
同心环环数 n	1	2	3	4	5

同心环上各测点距中心的距离按下式计算：

$$R_i = R_0 \sqrt{\frac{2i-1}{2n}} \tag{10-1}$$

式中　R_0——风管的半径，mm；
　　　R_i——风管中心到第 i 点的距离，mm；
　　　i——从风管中心算起的同心环顺序号；
　　　n——风管断面上划分的同心环环数。

【例10-1】 已知风管直径 $D=400mm$，确定风管断面上各测点的位置。

根据表10-2划分三个同心环，见图10-3。

$$R_1 = 200\sqrt{\frac{2\times1-1}{2\times3}} = 82 \text{（mm）}$$

$$R_2 = 200\sqrt{\frac{2\times2-1}{2\times3}} = 141 \text{（mm）}$$

$$R_3 = 200\sqrt{\frac{2\times3-1}{2\times3}} = 183 \text{（mm）}$$

为了简化计算，表10-4列出了以管径为基数的圆形风管测点至管壁的距离系数。

圆形风管测点与管壁距离系数（以管径为基数）　　　　表 10-4

测点序号	同心环环数				
	2	3	4	5	6
1	0.933	0.956	0.968	0.975	0.98
2	0.75	0.853	0.895	0.92	0.93
3	0.25	0.704	0.806	0.85	0.88
4	0.067	0.296	0.68	0.77	0.82
5		0.147	0.32	0.66	0.75
6		0.044	0.194	0.34	0.65
7			0.105	0.226	0.36
8			0.032	0.147	0.25
9				0.081	0.177
10				0.025	0.118
11					0.067
12					0.021

对于例10-1的风管，若分成三个同心环，查表10-4，各测点至管壁的距离（图10-3）为：

点1：$X_1 = 0.956D = 0.956\times400 = 382$（mm）；

点2：$X_2 = 0.853D = 0.853\times400 = 341$（mm）；

点3：$X_3 = 0.704D = 0.704\times400 = 282$（mm）；

点4：$X_4 = 0.296D = 0.296\times400 = 118$（mm）；

点5：$X_5 = 0.147D = 0.147\times400 = 59$（mm）；

点6：$X_6 = 0.044D = 0.044\times400 = 17.6$（mm）。

测点越多，测量精度越高，但工作量越大。应保证在满足精度的前提下，尽量减少测点数。

2. 管内压力的测量

风管内气体的压力（全压、静压与动压）可用测压管与不同测量范围和精度的微压计配合测得。常用的测压管是L形毕托管和数字式压差计。

测压管与微压计的连接方式如图10-4所示。测压管的管头应迎向气流，其轴线应与气流平行。

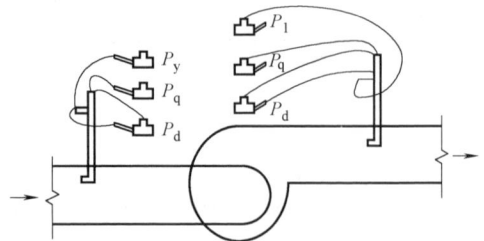

图 10-4　测压管与微压计的连接方式

在管内压力测量中，一般采用斜管式微压计。在靠近通风机的管段上，当压力超过斜管式微压计的量程时，采用 U 形压力计。用测压管、微压计测量风速时，气流速度不能小于 5.0m/s。流速过小，误差较大。必须在小于 5.0m/s 的流速点测量时，应使用精度高的补偿式微压计。

按上述方法测得断面上各点的压力值后，可按下式求出该断面的平均值。

平均动压

$$P_d = \frac{P_{d1} + P_{d2} + \cdots + P_{dn}}{n} \quad Pa \tag{10-2}$$

平均全压

$$P_q = \frac{P_{q1} + P_{q2} + \cdots + P_{qn}}{n} \quad Pa \tag{10-3}$$

平均静压

$$P_j = \frac{P_{j1} + P_{j2} + \cdots + P_{jn}}{n} \quad Pa \tag{10-4}$$

式中　P_{d1}、P_{d2} ⋯ P_{dn}——各测点的动压，Pa；

　　　P_{q1}、P_{q2} ⋯ P_{qn}——各测点的全压，Pa；

　　　P_{j1}、P_{j2} ⋯ P_{jn}——各测点的静压，Pa；

　　　n——测点数。

由于全压等于动压与静压的代数和，可只测其中两个值，另一值通过计算求得。

在同一断面上静压变化较小，静压测量除用毕托管外，也可直接在管壁上开凿小孔测得。在不产生堵塞的情况下，静压测孔的直径尽量小，一般不宜超过 2.0mm。钻孔必须与风管壁垂直，在圆孔周围不应有毛刺。

数字式压差计是利用压力敏感元件（简称压敏元件）将被测压力转换成各种电信号，如电阻、频率、电荷量等来实现测量的。该方法具有较好的静态和动态性能，量程范围大、线性好，便于进行压力的自动控制，尤其适用于压力变化快和高真空、超高压的测量。数字式压差计主要有电压式压差计、电阻式压差计、振频式压差计等。

3. 风速的测定

测定管道内风速的方法分为间接式和直读式两类。

（1）间接式

先测得管内某点动压 P_d，再用下式算出该点的流速 v：

$$v = \sqrt{\frac{2P_d}{\rho}} \quad m/s \tag{10-5}$$

式中　ρ——管道内空气的密度，kg/m³。

平均流速 v_p 是断面上各测点流速的平均值：

$$v_p = \sqrt{\frac{2}{\rho}} \left(\frac{\sqrt{P_{d1}} + \sqrt{P_{d2}} + \cdots + \sqrt{P_{dn}}}{n} \right) \quad m/s \tag{10-6}$$

式中　n——测点数。

这种方法虽然比较繁琐，但由于其精度高，在通风系统中主要采用此方法。

（2）直读式

1）热球式热电风速仪

这种仪器的传感器是一球形测头，其中为镍铬丝弹簧圈，用低熔点的玻璃将其包成球状。弹簧圈内有一对镍铬—康铜热电偶，用以测量球体的温升。测头用电加热。由于测头的加热量集中在球部，只需较小的加热电流（约30mA）就能达到要求的温升。测头的温升会受到周围空气流速的影响，根据温升的大小，即可测出气流的速度。

热球式热电风速仪的测量部分采用电子放大线路和运算放大器，并用数字显示测量结果。测量的范围为0.05～9.90m/s（必要时可扩大至40 m/s）。

热球式热电风速仪中还设有P-N结温度测头，可以在测量风速的同时，测量气流的温度。

2）旋桨叶轮式风速计

叶轮式风速计将气流推动叶轮的旋转圈数转换成风速的数值。常规的叶轮式风速计，叶轮直径较大，只能直接在叶轮盘上读数，不能远距离测定，在通风管内使用很不方便。

旋桨叶轮式风速计采用了光纤式旋桨流速传感器且用单片机进行自动控制和运算。其工作原理是旋桨叶轮在气流推动下旋转，其反射面掠过检测端前方，反射光通过光纤传输系统，经光敏管转换成电脉冲，根据单位时间内的脉冲累计数和标定的关系，可计算出流速的大小。

旋桨叶轮式风速仪可同时测定气流的温度值，可以直接显示瞬间的流速和温度，并经过运算可显示采样时间内的平均流速、工况流量和标况流量（事先将管道横截面面积、取样时间、当地大气压力等参数输入）。

旋桨叶轮式风速仪测定的温度范围为0～150℃、0～250℃，流速范围为0.5～30.0m/s、4.0～50.0m/s。

4. 管内流量的计算

平均流速确定后，可按下式计算管内流量L。

$$L = v_v \cdot F \quad m^3/s \tag{10-7}$$

式中　F——管道断面面积，m^2。

气体在管道内的流速、流量与大气压力、气流温度有关，所以要同时给出气流温度、大气压力。

在实验室进行管内流量测量时，可用孔板流量计、喷嘴、进口流量管、弯头流量计、超声波流量计等固定的测量装置。

5. 用于含尘气流的测压管

毕托管只适用于无尘气流的测量，若用于含尘气流，容易堵塞。因此，必须采用其他形式的测压管。下面介绍一种测量含尘气流动压的S形测压管。

S形测压管由两根同样的金属管组成，测端做成方向相反的两个相互平行开口（图10-5）。一个开口面向气流，另一个背向气流。由于背向气流的开口上有涡流影响，测出的动压值比实际值大。因此，S形

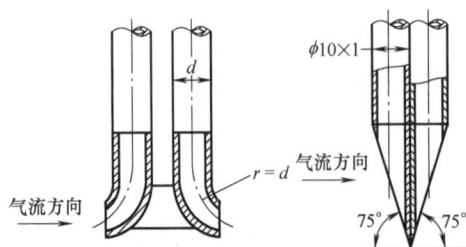

图10-5　S形测压管

测压管在使用前必须校正，求出修正系数。校正方法不同，测压管的修正系数也不同。常用的有流速修正系数（K）和动压修正系数（K^2）两种，使用时必须注意。

流速修正系数
$$K=\frac{v_0}{v} \tag{10-8}$$

动压修正系数
$$K^2=\frac{P_{d0}}{P_d} \tag{10-9}$$

式中　v_0——标准毕托管测出的风速，m/s；

　　　v——S形测压管测出的风速，m/s；

　　P_{d0}——标准毕托管测出的动压，Pa；

　　P_d——S形测压管测出的动压，Pa。

不同的S形测压管，修正系数不同。同一根S形测压管在不同的流速范围内修正系数也略有变化。一般在5.0～30.0m/s的流速范围内校正。

S形测压管开口大、管径粗，减少了被粉尘堵塞的可能性；当流速低时，测量误差大。S形测压管的测孔有方向性，两个开口的朝向必须和校正的朝向一致，不能颠倒。

10.1.2　局部排风罩风量的测定

1. 用动压法测量排风罩的排风量

如图10-6所示，测出断面1—1上各测点的动压P_d，再按式（10-6）、式（10-7）计算排风罩排风量。

2. 用静压法测量排风罩的排风量

在现场测量时，各管件之间的距离很短，不易找到比较稳定的测量断面，用动压法测量流量有一定困难。在这种情况下，可通过测量静压求得排风罩的风量，如图10-7所示。

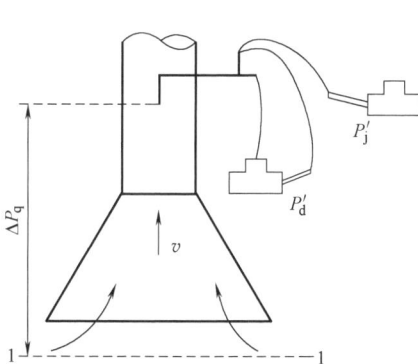

图10-6　排风罩风量测量装置　　　　　图10-7　用静压法测量排风罩风量

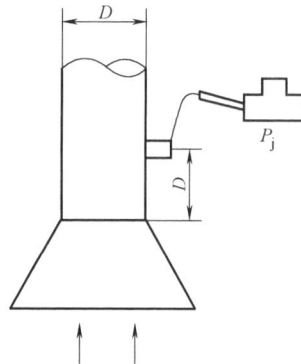

局部排风罩的阻力为：

$$\Delta P_q=P_q^0-P_q'=0-(P_j'+P_d')=-(P_j'+P_d')=\zeta\frac{v_1^2}{2}\rho=\zeta P_d' \tag{10-10}$$

式中　P_q^0——罩口断面的全压，Pa；

　　　P_q'——断面1-1的全压，Pa；

　　　P_j'——断面1-1的静压，Pa；

237

P'_d——断面 1—1 的动压；Pa；

ζ——局部排风罩的局部阻力系数；

v_1——断面 1—1 的平均流速，m/s；

ρ——空气的密度，$\mathrm{kg/m^3}$。

因此

$$P'_\mathrm{d}=\frac{1}{1+\zeta}|P'_\mathrm{j}|$$

$$\sqrt{P'_\mathrm{d}}=\frac{1}{\sqrt{1+\zeta}}\sqrt{|P'_\mathrm{j}|}=\mu\sqrt{|P'_\mathrm{j}|} \tag{10-11}$$

式中　μ——局部排风罩的流量系数。

局部排风罩的排风量为：

$$L=v_1F=\sqrt{\frac{2P'_\mathrm{d}}{\rho}}\cdot F=\mu F\sqrt{\frac{2}{\rho}}\sqrt{|P'_\mathrm{j}|} \tag{10-12}$$

式中　F——断面 1—1 的面积，$\mathrm{m^2}$。

从式（10-12）可以看出，只要已知排风罩的流量系数 μ 及管口处的静压，即可测出排风罩的风量。有些流量计（如各种类型的进口流量计）也是按此原理工作的。

不同形状的排风罩的流量系数 μ 可用实验方法求得，也可由下式计算：

$$\mu=\sqrt{\frac{P'_\mathrm{d}}{|P'_\mathrm{j}|}}$$

μ 值可以从有关资料查得。由于实际的排风罩与资料中给出的 μ 值不可能完全相同，按资料中的 μ 值计算排风量会有一定的误差。

在一个排风系统中，如果有多个形式相同的排风罩，用动压法测出罩口风量后，再对各排风罩的排风量进行调整，非常麻烦。如果先测出排风罩的 μ 值，然后按式（10-11）算出各排风罩要求的静压，通过调整静压调整各排风罩的排风量，工作量可以大大减少。上述原理也适用于送风系统风量的调节。如均匀送风管上要保持各孔口的送风量相等，只需调整出口处的静压，使其保持相等。

【例 10-2】　某排风罩的连接管直径 $d=200\mathrm{mm}$，连接管上的静压 $P_\mathrm{j}=-36\mathrm{Pa}$，空气温度 $t=20\text{℃}$，$\mu=0.9$，求该排风罩的排风量。

连接管断面面积为：

$$F=\frac{\pi}{4}d^2=\frac{\pi}{4}0.2^2=0.0314\ (\mathrm{m^2})$$

20℃时空气的密度 $\rho_{20}=1.2\mathrm{kg/m^3}$。

排风罩的排风量为：

$$L=\sqrt{\frac{2}{\rho}}\cdot F\mu\sqrt{|P_\mathrm{j}|}=\sqrt{\frac{2}{1.2}}\times0.0314\times0.9\times\sqrt{|-36|}=0.219\ (\mathrm{m^3/s})$$

10.1.3　粉尘性质的测定

粉尘的性质对通风（除尘）系统和除尘器的工作有很大影响。目前粉尘性质的测定还没有统一的方法，下面介绍一些常用的方法。

1. 粉尘真密度的测定

粉尘在空气中的沉降或悬浮与其密度有很大关系，真密度是粉尘的重要物性之一。下面介绍用比重瓶法测定粉尘真密度的原理和方法。

用比重瓶法测定粉尘真密度的原理是：利用液体介质浸没尘样，在真空状态下排除粉尘内部的空气，求出粉尘在密实状态下的体积和质量，然后计算出单位体积粉尘的质量，即真密度。

如果把粉尘放入装满水的比重瓶内，排出水的体积就是粉尘的真实体积 V_0。

由图 10-8 可以看出，从比重瓶中排出的水的体积为：

$$V_s = \frac{m_s}{\rho_s} = \frac{m_1 + m_c - m_2}{\rho_s} \quad m^3 \tag{10-13}$$

式中　m_s——排出水的质量，kg；

　　　m_c——粉尘的质量，kg；

　　　m_1——比重瓶加水的质量，kg；

　　　m_2——比重瓶加水加粉尘的质量，kg；

　　　ρ_s——水的密度，kg/m³。

V_s 就是粉尘的体积 V_c，所以粉尘的真密度为：

$$\rho_c = \frac{m_c}{V_c} = \frac{m_c}{m_1 + m_c - m_2} \cdot \rho_s \quad kg/m^3 \tag{10-14}$$

测出式（10-14）中各项的数值后，即可求得粉尘真密度 ρ_c。

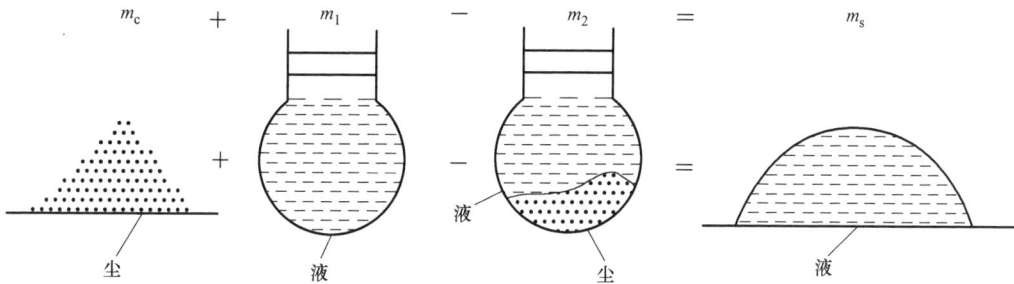

图 10-8　粉尘真密度测定示意图

测定时应先求得 m_1，然后将烘干的尘样称重求得 m_c，并装入空比重瓶中。为了排除粉尘内部的空气，先向装有尘样的比重瓶装入一定量的液体介质（正好让尘样全部浸没），随后把装有尘样的比重瓶和装有备用液体的烧杯一起放在密闭容器内，用真空泵抽气。容器内真空度接近 100kPa 后，保持 30min。然后取出比重瓶静置 30min，使其与室温相同，再将备用液体注满比重瓶，称重求得 m_2。同时用温度计测出备用液体的温度，得出相应的密度 ρ_s，应用式（10-14）求出粉尘真密度 ρ_c。应同时测定 2～3 个样品，然后求平均值。每两个样品的相对误差不应超过 2.0%。

选用的液体介质既要易于渗入粉尘内部的空隙，又不使粉尘发生物理化学变化。

2. 粉尘容积密度的测定

测出粉尘在自然堆积状态下所占的体积及粉尘的质量，即可按下式求得粉尘的容积密度 ρ_B。

$$\rho_B = \frac{m_s - m_0}{V} \quad kg/m^3 \tag{10-15}$$

式中 m_0——量筒的质量，kg；

m_s——盛有粉尘的量筒质量，kg；

V——量筒的体积，m^3。

考虑粉尘在不同堆积状态下的体积不同，因此先将粉尘由一定高度（约 115mm）落入量桶内，用刮刀刮平，再称重求得 m_s。

3. 粉尘粒径的测定

粉尘粒径的测定方法很多，可以利用粉尘的不同特性（如光学性能、惯性、荷电性等）测出；由于不同测定方法所依据的原理不同，测出粒径的物理意义也不同。例如，用筛分法和显微镜法测得的粉尘粒径是投影径（定向径、长径、短径等）；用电导法（库尔特法）测得的是等体积径；用沉降法测得的是斯托克斯径等。一般说来，粉尘并非球体，因而不同方法测出的粒径没有可比性。下面介绍几种在我国通风工程中常用的方法。

（1）离心沉降法

离心沉降法的工作原理是利用不同粒径的尘粒在高速旋转时受到的惯性离心力不同，使尘粒分级。测定用的仪器为离心分级机，也有人把这种仪器称为巴寇（Bahco）离心分级机。下面简要介绍其作用原理和使用方法。

图 10-9 所示是离心分级机结构示意图，粉尘在带金属筛的试料容器中由金属筛网除去 0.4mm 以上的粗大尘粒后，均匀进入供料漏斗，再经小孔落入旋转通道。在电机的带动下，旋转通道以 3500r/min 的速度高速旋转。位于旋转通道内的尘粒在惯性离心力的作用下，向外侧移动。电机同时带动辐射叶片旋转，由于叶片的旋转，空气从仪器下部被吸入，经节流装置、均流片、分级室、气流出口后，由上部边缘排出。尘粒由旋转通道到达分级室时，既受到惯性离心力的作用，又受到向心气流的作用。图 10-10 是尘粒在分级室内运动示意图。从该图可以看出，当作用在尘粒 A 上的惯性离心力大于气流的作用力时，尘粒 A 沿点划线继续向外壁移动，最后落入分级室内。如果惯性离心力小于气流的作用力，尘粒 A 沿虚线移动，随气流一起向中心运动，最后吹出离心分级机。当旋转速度、尘粒密度和通过分级室的风量一定时，被气流吹出分级机的尘粒粒径是一定的。

离心分级机带有一套节流片（共 7 片），改变节流片就可以改变通过离心分级机的风量。由最小的风量开始，逐渐顺序加大风量，就可以由小到大逐级地把粉尘由离心分级机

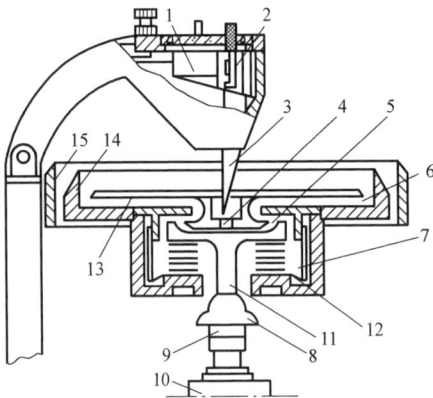

1—带金属筛的试料容器；2—带调节螺钉的垂直遮板；
3—供料漏斗；4—小孔；5—旋转通道；6—气流出口；
7—分级室；8—节流装置；9—节流片；10—电机；
11—圆柱状芯子；12—均流片；13—辐射叶片；
14—上部边缘；15—保护圈。
图 10-9 离心分级机结构示意图

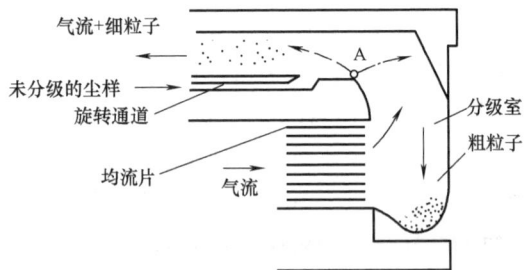

图 10-10 尘粒在分级室内运动示意图

240

吹出，使粉尘由细到粗逐渐分级。每分级一次应把分级室内残留的粉尘刷出、称重，两次分级的质量差就是被吹出的粉尘质量，即两次分级相对应的粉尘粒径间隔之间的粉尘质量。

为了确定在离心分级机内被吹出的粉尘粒径，仪器在出厂前，厂方要先用标准粉尘进行试验，确定每一个节流片（即每一种风量）所对应的粉尘粒径。试验用的粉尘密度如与标准粉尘不同，用下式进行修正：

$$d_c = d_c' \sqrt{\frac{\rho_c'}{\rho_c}} \tag{10-16}$$

式中 d_c——某一节流片对应的实际粉尘的分级粒径，μm；

      d_c'——某一节流片对应的标准粉尘的分级粒径，μm；

      ρ_c'——标准粉尘的真密度，kg/L，一般为 1kg/L；

      ρ_c——实际粉尘的真密度，kg/L。

为了便于计算，有的厂家给出换算表，根据粉尘真密度和节流片规格，即可查得分级粒径。

每次试验所需的尘样为 10～20g，采用万分之一天平称重。分级一次所需时间为 20～30min。每次分级后，应将分级室内残留的粉尘刷出、称重。然后再放入离心分级机中，在新的风量下（即新的节流片下）进行分级，直到分级完毕。

经第 i 级分离后的残留物，即粒径大于 d_i 的粉尘，在尘样中所占的质量分数按下式计算：

$$\phi_{ci-co} = \frac{G_i + G_0}{G} \times 100\% \tag{10-17}$$

式中 ϕ_{ci-co}——第 i 级分离后，粒径大于 $d_{c,i}$ 的粉尘的质量分数，%；

      G_i——第 i 级分离后，在分级室内残留的粉尘质量，g；

      G_0——第一级分离时残留在加料容器金属筛网上的粉尘质量，g；

      G——试验粉尘的质量，g。

某一粒径间隔内的粉尘的质量分数为：

$$\mathrm{d}\phi_i = \frac{(G_{i-1} + G_0) - (G_i + G_0)}{G} \times 100\% = \frac{G_{i-1} - G_i}{G} \times 100\% \tag{10-18}$$

式中 $\mathrm{d}\phi_i$——在 $d_{c,i-1} \sim d_{c,i}$ 的粒径间隔内粉尘的质量分数，%；

      G_{i-1}——第 $i-1$ 次分级后，在分级室内残留的粉尘质量，g。

这种仪器操作简单，重现性好，适用于松散性的粉尘，如滑石粉、石英粉、煤粉等。不适用于黏性粉尘或粒径小于或等于 $10\mu m$ 的粉尘。由于它分离粉尘的情况与旋风除尘器相似，旋风除尘器试验用的粉尘用它进行测定较为适宜。

（2）沉降天平法

沉降天平法是利用粒径不同的粉尘在液体介质中沉降速度的不同，使粉尘尘粒分级的，其原理图如图 10-11 所示。如果均匀分散的悬浮液中含有不同粒径（d_1、d_2、d_3、d_4）的尘粒，由于沉降速度的不同，在沉降距离 H 内，它们的沉降时间分别为 τ_1、τ_2、τ_3、τ_4。不同粒径尘粒的沉降量与时间的函数关系可用线Ⅰ、Ⅱ、Ⅲ、Ⅳ表示。把不同尘粒的沉降线叠加，得出的折线 $OPQRN$ 就是全部尘粒的合成沉降曲线。运用几何原理可以证明，直线 OP 和 PQ 的斜率差就是粒径为 d_1 的尘粒的沉降率 $\dfrac{\mathrm{d}W_1}{\mathrm{d}\tau}$。$\dfrac{\mathrm{d}W_1}{\mathrm{d}\tau} \cdot \tau_1$ 就是粒径为 d_1 的尘粒的沉降总量，在纵坐标用 $W_1 O$ 表示。同理，$W_2 W_1$ 即为粒径为 d_2 的尘粒的沉降总量。$W_4 O$ 即为全部尘粒的总沉降量。将某一粒径（d_i）尘粒的沉降量 ΔW_i 除以总沉降量 W，即为该粒径下尘粒的质量分数。

因为尘粒的粒径分布大多是连续的，所以得出的沉降曲线如图 10-12 所示，该曲线的顶点（坐标原点）是尘粒开始沉降的点。横坐标为尘粒沉降所需的时间（或相应的尘粒粒径）；纵坐标为沉降尘粒的累计质量。

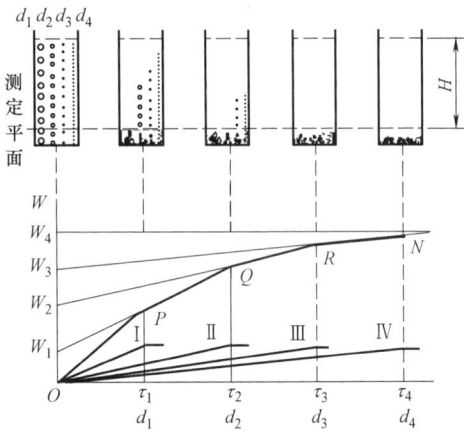

图 10-11　沉降曲线解析原理图

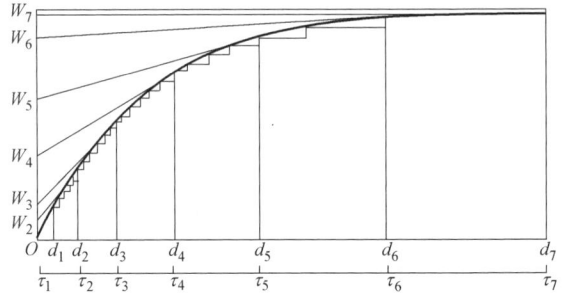

图 10-12　沉降曲线

沉降天平的结构示意图如图 10-13 所示。天平原处于平衡状态，当悬浮液中尘粒沉积到称量盘上达到一定量（10～20mg）时，天平失去平衡，天平横梁产生最大倾斜，此时光路接通。光电二极管接收到光源的信号后，经驱动装置，使记录装置和加载部分产生动作，记录笔向右画出一小格，同时加载链条下降一定的高度，使天平横梁恢复平衡，天平

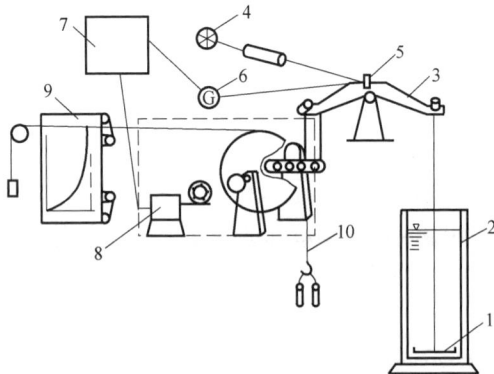

1—称量盘；2—沉降瓶；3—天平横梁；4—光源；5—反光镜；
6—光电二极管；7—放大器；8—驱动装置；9—记录笔；10—加载部分。

图 10-13　沉降天平结构示意图

横梁平衡时，光路被遮断，信号中断。当第二次再沉降10～20mg时，上述过程再循环一次。这样，记录下整个沉降过程。记录下的曲线为阶梯状（图10-12），把阶梯角连成一条光滑的曲线，即为粉尘的沉降曲线。根据沉降曲线即可算出粉尘的粒径分布。先进的沉降天平可直接给出粒径分布。

沉降天平测定的粒径范围为0.20～40μm，大于40μm的尘粒要预先去除。因沉降天平装有自动记录装置，简化了操作，缩短了测定时间。

用沉降天平法测出的粒径就是斯托克斯粒径。

（3）惯性冲击法

惯性冲击法是利用惯性冲击使尘粒分级的。图10-14是惯性冲击法原理图，从喷嘴高速喷出的含尘气流与隔板相遇时，要改变自身的流动方向，进行绕流。气流中惯性大的尘粒会脱离气流撞击并沉积在隔板上。如果把几个喷嘴依次串联，逐渐减小喷嘴直径（即加大喷嘴出口流速），并由上向下依次减小喷嘴与隔板的距离，在各级隔板上就会沉积不同粒径的尘粒。各级喷嘴所能分离的尘粒粒径，可用有关公式计算。

用上述原理测定尘粒粒径分布的仪器称为串联冲击器，串联冲击器通常由两级以上的喷嘴串联而成，如图10-15所示。这种仪器可以直接测定管道内粉尘的浓度和粒径分布。和前面所述的仪器相比，采用串联冲击器可以大大简化操作程序和测定时间。用其他方法测定粉尘粒径分布时，最少需要5.0～10g尘样，在高效除尘器的出口，取如此多的尘样是很困难的。所以，当测定高效除尘器出口处的粉尘粒径分布时，它的优越性更为突出。

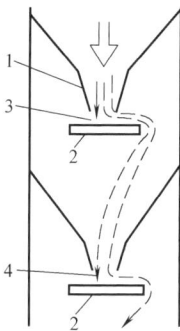

1—喷嘴；2—隔板；3—粗大尘粒；4—细小尘粒。

图10-14　惯性冲击法原理图

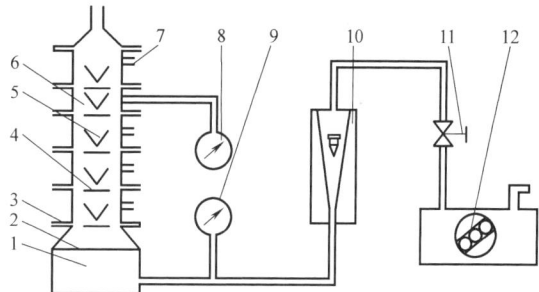

1—冲击底座；2—滤膜；3—底座上盖；4—挡板；5—喷嘴；6—缓冲击器；7—真空度测试孔；8—真空表Ⅰ；9—真空表Ⅱ；10—转子流量计；11—针状阀；12—真空泵。

图10-15　串联冲击器

用上述方法测出的粉尘粒径分布都可以画在对数概率纸上，以便进一步分析检查。

4.粉尘比电阻的测定

如第6章所述，粉尘的比电阻是随其所处的状态（烟气温度、湿度、成分等）而变化的，因此在实验室条件下测定时，应尽可能模拟现场实际的烟气条件。具体的要求为：

（1）模拟电除尘器粉尘的沉积状态，即粉尘层的形成是在电场作用下荷电尘粒逐步堆积而成。

（2）模拟电除尘器中的气体状态（气体的温度、湿度、气体成分等）。

（3）模拟电除尘器的电气工况，即在高压电场下的电压和电晕电流。

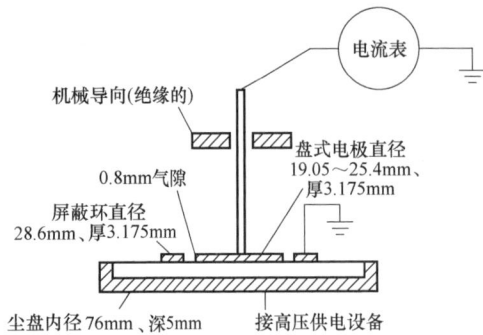

图 10-16　比电阻测定仪结构示意图

在实际测量中，使粉尘、烟气及电气条件完全满足上述要求是相当困难的。因而不同的仪器及测定方法在满足上述要求时，各有侧重。用不同方法测出的比电阻差别较大。

下面介绍一种目前在实验室中采用较多的方法——平板（圆盘）电极法。仪器的结构示意如图 10-16 所示。在一个内径为 76mm、深 5mm 的圆盘内装上被测粉尘，圆盘下部接高压电源，粉尘上表面放置一根可上下移动的盘式电极，在圆盘的外周有一圆环，圆环与圆盘之间有 0.8mm 的气隙（或氧化硅、氧化铝、云母等绝缘材料），导环的作用是消除边缘效应。圆盘上连接一根导杆，使圆盘能上下移动，导杆的端部用导线串联一个电流表并与地极连接。

测定时，将粉尘自然填充到圆盘内，然后用刮片刮平，给粉尘层施加逐渐升高的电压，取 90% 的击穿电压时的电压和电流，按下式计算比电阻：

$$R_b = \frac{V}{I} \cdot \frac{A}{\delta} \tag{10-19}$$

式中　R_b——粉尘的比电阻，$\Omega \cdot cm$；

　　　V——计算电压，V；

　　　I——计算电流，A；

　　　δ——粉尘层厚度，cm；

　　　A——圆盘面积，cm^2。

根据需要，也可将圆盘置于可调温度、湿度和气体参数的测定箱内进行测定。

10.1.4　车间工作区空气含尘浓度的测定

测定车间工作区空气中含尘浓度最常用的方法是滤膜测尘。另外还有光散射测尘、β 射线测尘、压电晶体测尘等方法。这些方法测尘时间短，可直接显示结果。

1. 滤膜测尘

（1）测定原理

在测定地点用抽气机抽吸一定体积的含尘空气，当它通过滤膜采样器中的滤膜时，其中的粉尘被阻留在滤膜上。根据采样前后滤膜的增重（即集尘量）和总抽气量，即可算出空气的含尘质量浓度（单位为 mg/m^3，简称含尘浓度）。

（2）主要采样仪器和器材

图 10-17 是测定工作区空气含尘浓度的采样装置，采样用的主要仪器和器材有滤膜采样器、压力计、温度计、转子流量计以及抽气机等。下面简要介绍滤膜采样器。

滤膜采样器的构造如图 10-18 所示，它由顶盖、滤膜夹及漏斗等组成。装在滤膜夹中的滤膜被固定盖紧压在锥形环和螺丝底座中间。

滤膜是一种带有电荷的高分子聚合物。在一般的温湿度下（温度在 60℃ 以下，相对湿度为 25%～90%），滤膜的质量不受温湿度影响。因此，滤膜测尘可以简化操作，缩短

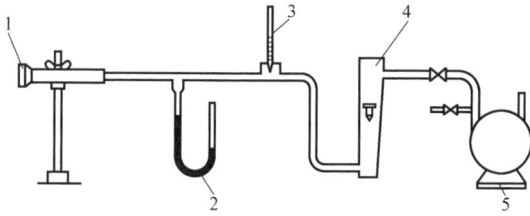

1—滤膜采样器；2—压力计；3—温度计；4—转子流量计；
5—抽气机。

图 10-17 测定工作区空气含尘浓度的采样装置

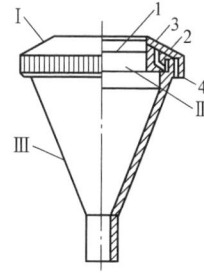

Ⅰ—顶盖；Ⅱ—滤膜夹；Ⅲ—漏斗；
1—滤膜；2—固定盖；3—锥形环；4—螺丝底座。

图 10-18 滤膜采样器的构造

准备和分析时间。空气通过滤膜时的阻力为 190～470Pa（抽气量为 15L/min）。滤膜分平面滤膜和锥形滤膜两种。平面滤膜的直径为 40mm，容尘量小，适用于空气含尘浓度小于 200mg/m³ 的场合；锥形滤膜用直径 75mm 的平面滤膜折叠而成，它的容尘量大，适用于含尘浓度大于 200mg/m³ 的场合。

抽气机是采样装置的动力。目前应用较多的是刮板泵，此外还有电动离心式吸气机及压缩空气喷射器等。喷射器一般用在没有电源或要求防火、防爆、不能使用电动设备的场合。

为了便于携带，生产厂商已将图 10-17 中所示的各种仪器组装在一起，构成一个测试箱，供现场测试使用。

（3）测定方法

1）滤膜的准备

用感量为万分之一克的分析天平进行滤膜称重，记录质量并编号。

2）现场采样

将采样装置架设在测尘地点，检查采样装置是否严密。抽气机开动后，用螺旋夹迅速调整采样流量至所需数值（通常为 15～30L/min），同时计时。在整个采样过程中保持流量稳定。

应当指出的是，为了使采集的尘样具有代表性，在选择采样地点前，应详细了解和观察生产操作、粉尘发生过程及除尘设备使用情况等。例如，为了评价工作区的卫生条件，应在距地面 1.5m 左右（工人进行作业和经常停留的地点）采样，必要时可在同一种操作的不同阶段分别采样。

为了减少天平称量的相对误差，应根据空气含尘浓度的大小确定采样时间的长短，一般不得少于 10min。平面滤膜采集的最大粉尘质量应不大于 20mg（锥形滤膜不受此限制）。为了减小测定误差，要求滤膜的增重不小于 1.0mg。

3）含尘浓度的计算

采样流量 L_j' 由流量计测出。目前常用的转子流量计是在 $t = 20℃$、$P = 101.3kPa$ 的工况下标定的。当流量计前采样气体的状态与标定时的气体状态相差较大时，流量计的读数必须进行修正，修正后的读数才是测定状态下的实际流量值。修正公式如下：

$$L_j = L_j' \sqrt{\frac{101.3 \times (273 + t)}{(B + P) \times (273 + 20)}} \quad L/min \qquad (10\text{-}20)$$

245

式中 L_j——实际采样流量，L/min；

L_j'——流量计读数，L/min；

P——当地大气压力，kPa；

t——流量计前温度计读数，℃。

实际采样流量 L_j（L/min）乘以采样时间 τ（min）得到实际抽气量 $V_t = L_j\tau$。将 V_t 换算成标准工况下的体积，则有：

$$V_0 = V_t \cdot \frac{273}{273+t} \cdot \frac{B+P}{101.3} \tag{10-21}$$

空气含尘浓度为：

$$y = \frac{G_2 - G_1}{V_0} \times 10^3 \quad mg/m^3 \tag{10-22}$$

式中 G_1——采样前滤膜的质量，mg；

G_2——采样后滤膜的质量，mg；

V_0——换算成标准工况后的抽气量，L。

两个平行样品测出的含尘浓度偏差小于 20% 时，为有效样品，取其平均值作为该采样点的含尘浓度。否则应重新采样。

为了准确反映室内空气的污染程度、操作工人实际接触的粉尘浓度和评价作业环境中粉尘对人体的危害，采用小型个体粉尘采样器。该仪器体积小、质量轻。使用时将装滤膜的采样头直接固定在工人胸前至锁骨附近的呼吸带。工人进入岗位时，打开仪器开始测定，离开岗位后，关闭仪器停止测定。记下测定时间、滤膜增重及流量，便可求出整个工作时间段内工人所接触的空气平均含尘浓度。

【例 10-3】 在空气温度为 28℃，大气压为 95.7kPa 的工况下，以 15L/min 的流量采样。流量计前压力计读数为 −3.3kPa，采样时间为 60min。采样前滤膜质量为 44.6mg，采样后滤膜质量为 51.4mg，求空气的含尘浓度。

【解】 从流量计读出的流量 $L_j' = 15$L/min。

通过流量计的实际流量为：

$$L_j = L_j' \sqrt{\frac{101.3 \times (273+t)}{(B+P) \times (273+20)}} = 15 \times \sqrt{\frac{101.3 \times (273+28)}{(95.7-3.3) \times (273+20)}}$$

$$= 5.9(\text{L/min})$$

实际抽气量为：

$$V_t = L_j\tau = 15.9 \times 60 = 955 \text{（L）}$$

换算成标准工况的体积为：

$$V_0 = 955 \times \frac{273}{273+28} \times \frac{95.7-3.3}{101.3} = 790 \text{（L）}$$

空气含尘浓度为：

246

$$y = \frac{51.4 - 44.6}{790} \times 10^3 = 8.61 \ (\text{mg/m}^3)$$

2. 光散射测尘

光散射式粉尘浓度计是利用光照射尘粒引起的散射光，经光电器件变成电信号，用其表示悬浮粉尘浓度的一种快速测定仪。被测量的含尘空气由仪器内的抽气泵吸入，通过尘粒测量区。在此区域尘粒受到由专门光源经透镜产生的平行光的照射，由于尘粒的存在，会产生不同方向（或某一方向）的散射光，由光电倍增管接收后，再转变为电信号。如果光学系和尘粒系一定，则这种散射光强度与粉尘浓度之间具有一定的函数关系。如果将散射光量经过光电转换元件变换成为有比例的电脉冲，通过单位时间内的脉冲计数，就可以知道悬浮粉尘的相对浓度。由于尘粒所产生的散射光强弱与尘粒的大小、形状、光折射率、吸收率、组成等因素密切相关，因而根据所测得散射光的强弱从理论上推算粉尘浓度比较困难。这种仪器要通过对不同粉尘的标定，以确定散射光的强弱与粉尘浓度的关系。

光散射式粉尘浓度计可以测出瞬时的粉尘浓度及一定时间间隔内的平均浓度，并可将数据储存于计算机中。量测范围为 0.010mg/m^3 至 100 mg/m^3。其缺点是对不同的粉尘需进行专门的标定。这种仪器在国外应用较为广泛。

3. 压电晶体测尘

压电晶体测尘仪的工作原理是：石英压电晶体有一定的振荡频率，当晶体表面沉积有一定量的粉尘时，就会改变其振荡频率，根据振荡频率的变化，可求出含尘浓度。

压电晶体测尘仪一般由含尘浓度变送器和含尘浓度计算器组成，其测定步骤为：小型抽气泵把含尘空气抽到一个惯性冲击式的分尘装置中，除去粒径大于 10μm 的粒尘，然后利用电沉降的原理，使尘粒被采集在石英晶体上，最后根据采样后粉尘质量的不同，使振荡频率发生改变，以一定的系数换算成粉尘的质量浓度。这种测尘仪的优点是能较快地获得现场的空气含尘浓度，其缺点是含尘浓度的测定范围有限，一般在 10mg/m^3 以内。

4. β 射线测尘

β 射线是一种电子流，当 β 射线通过被测物质后，其衰减程度与所透过物质的质量有关，而与物质的物理、化学性质无关。当它的能量很小，穿过物质的质量小于 20mg 而被吸收时，这一吸收量与物质的质量成正比，即

$$Y = Y_0 \mathrm{e}^{\gamma B \rho}$$

式中　Y——采样后经介质吸收的 β 粒子计数；

$\quad Y_0$——采样前未经介质吸收的 β 粒子计数；

$\quad \gamma$——β 粒子对特定介质的吸收系数，cm^2/mg；

$\quad B$——吸收介质的厚度，cm；

$\quad \rho$——吸收介质的密度，mg/cm^3。

因为采集空气样的体积是已知的，所以可利用这种 β 射线的吸收原理，通过测定清洁滤膜和采样滤膜对 β 射线吸收程度的差异，来测定采样滤膜含尘浓度。

β 射线测尘仪可以直接读出含尘浓度，操作比较简单，获得结果迅速，适于瞬间测定环境中的含尘浓度，也可以用于较长时间的采样。粉尘一般附着在有胶粘剂的玻璃板或滤膜上，在滤膜上的粉尘处理后也可以在显微镜下观察或做成分分析。该仪器既可测定总含

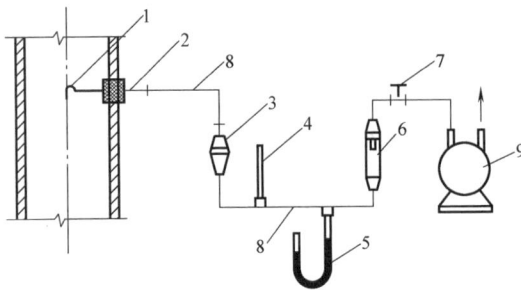

1—采样头；2—采样管；3—滤膜采样器；4—温度计；
5—压力计；6—流量计；7—螺旋夹；
8—橡皮管；9—抽气机。

图 10-19 管道内空气含尘浓度的测定装置

尘浓度，也可使用呼吸性粉尘预分离器测定呼吸性含尘浓度，测定精度一般为 ±10%。

10.1.5 管道内空气含尘浓度的测定

1. 采样装置

管道内空气含尘浓度的测定装置如图 10-19 所示。它与工作区空气含尘浓度采样装置的不同之处是，在滤膜采样器之前增设采样管，含尘气流经采样管进入滤膜采样器，因此采样管也称引尘管。采样管头部设有可更换的尖嘴形采样头，如图 10-20 所示。滤膜采样器的结构也略有不同，在滤膜夹前增设了圆锥形漏斗，如图 10-21 所示。

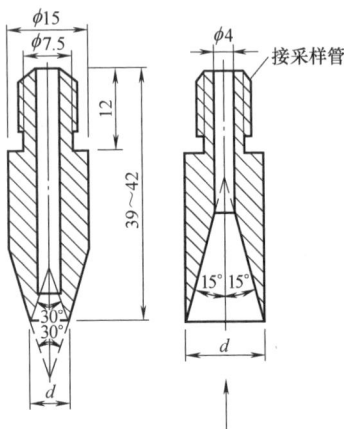

图 10-20 尖嘴形采样头

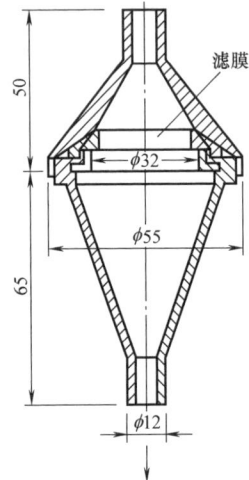

图 10-21 管道采样的滤膜采样器

在高含尘浓度场合下，为增大滤料的容尘量，可以采用图 10-22 所示的滤筒收集尘样。滤筒的集尘面积大、容尘量大、阻力小、过滤效率高，对 $0.30\sim0.50\mu m$ 的尘粒的捕集效率在 99.5% 以上。国产的玻璃纤维滤筒有加胶粘剂的和不加胶粘剂的两种。加胶粘剂的滤筒能在 200℃ 以下使用，不加胶粘剂的滤筒可在 400℃ 以下使用，国产的刚玉滤筒可在 850℃ 以下使用。有胶粘剂的玻璃纤维滤筒含有少量的有机胶粘剂，在高温下使用时，由于胶粘剂蒸发，滤筒质量会减轻。因此，使用前、后必须加热处理，以去除有机物质，使滤筒质量保持稳定。

按照集尘装置（滤膜、滤筒）所放位置的不同，采样方式分为管内采样和管外采样两种。滤膜放在管外，称为管外采样。如果滤膜或滤筒和采样头一起直接插入管内，称为管内采样（图 10-23）。管内采样的主要优点是尘样通过采样嘴后直接进入集尘装置，沿途没有损耗。管外采样时，尘样要经过较长的采样管才进入集尘装置，沿途有可能粘附在采样管壁上，使采集到的尘量减少，不能反映真实情况。尤其是高温、高湿气体，在采样管中容易产生冷凝水，粉尘粘附于管壁，造成采样管堵塞。管外采样大多用于常温下通风除尘系统的测定，管内采样主要用于高温烟气的测定。

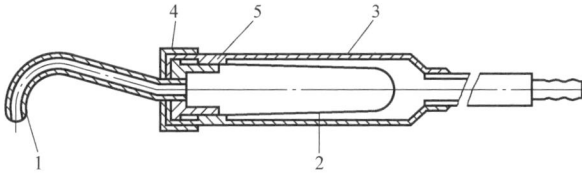

1—采样嘴；2—滤筒；3—滤筒夹；4—外盖；5—内盖。

图10-22　滤筒及滤筒夹

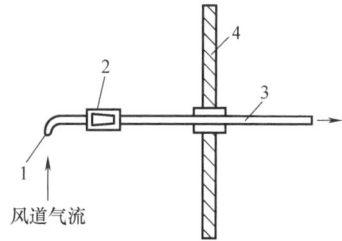

1—采样嘴；2—滤筒；3—采样管；
4—风道壁。

图10-23　管内采样

管道中采样的方法与步骤和工作区采样不完全相同，它有两个特点：一是采样流量必须根据等速采样的原则确定，即采样头进口处的采样速度应等于风管中该点的气流速度；二是考虑风管断面上含尘浓度分布不均匀，必须在风管的测定断面上多点取样，求得平均的含尘浓度。

2. 等速采样

在风管中采样时，为了取得有代表性的尘样，要求采样头进口正对含尘气流，采样头轴线与气流方向一致，其偏斜的角度不应超过$\pm 5°$。否则，将有部分尘粒（直径大于$4.0 \mu m$）因惯性不能进入采样头，使采集的粉尘量低于实际值。另外，采样头进口处的采样速度应等于风管中该点的气流速度，即通常所说的"等速采样"。非等速采样时，较大的尘粒会因惯性影响不能完全沿流线运动，因而所采得的样品不能真实反映风管内的尘粒分布。

图10-24是采样速度小于、大于和等于风管内气流速度时尘粒的运动情况。采样速度小于风管内气流速度时，处于采样头边缘的一些粗大尘粒（$>3.0 \sim 5.0 \mu m$），本应随气流一起绕过采样头，由于惯性的作用，粗大尘粒会继续按原来方向前进，进入采样头内，使测定结果偏高。当采样速度大于风管内流速时，处于采样头边缘的一些粗大尘粒，出于本身的惯性，不能随气流改变方向进入采样头内，而是继续沿着原来的方向前进，在采样头外通过，使测定结果比实际情况偏低。因此，只有当采样速度等于风管内气流速度时，采样管收集到的含尘气流样品才能反映风管内气流的实际含尘情况。

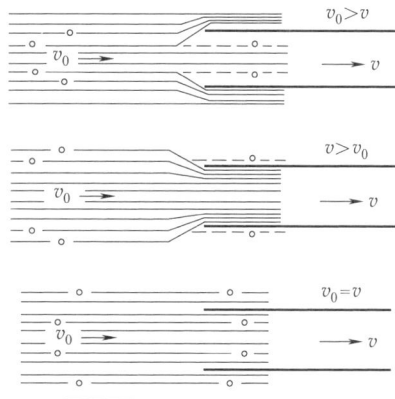

图10-24　在不同采样速度时尘粒运动情况

在实际测定中，不易做到完全等速采样。研究证明，当采样速度与风管内气流速度误差在$-5.0\% \sim 10\%$以内时，引起的误差可以忽略不计。采样速度高于风管内气流速度时所造成的误差，要比低于气流速度时小。

为了保持等速采样，经常采用的是预测流速法等，另外还有静压平衡法和动压平衡法等。

（1）预测流速法

为了做到等速采样，在测尘之前，要先测出风管测定断面上各测点的气流速度，然后根据各测点速度及采样头进口直径算出各点采样流量，进行采样。为了适应不同的气流速度，备有进口内径为 4mm、5mm、6mm、8mm、10mm、12mm、14mm 的采样头。采样头一般做成渐缩锐边圆形，锐边的锥度以 30°为宜。

根据采样头进口内径 d（mm）和采样点的气流速度 v（m/s），即可算出等速采样的抽气量 L：

$$L=\frac{\pi}{4}\left(\frac{d}{1000}\right)^2\times v\times 60\times 1000=0.047d^2v \quad \text{L/min} \tag{10-23}$$

若计算的抽气量 L 超出了流量计或抽气机的工作范围，应更换小号的采样头及采样管，再按上式重新计算抽气量。

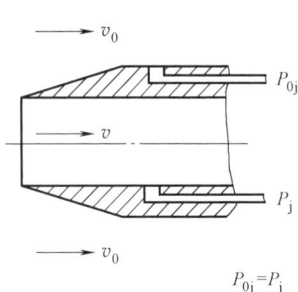

图 10-25　等速采样头示意图

（2）静压平衡法

风管内气流速度波动大时，按上述方法难以取得准确的结果。为简化操作，可采用图 10-25 所示的等速采样头。在等速采样头的内、外壁上各有一根静压管。对于采用锐角边缘、内外表面精密加工的等速采样头，可以近似认为气流通过采样头时的阻力为零。因此，只要采样头内外的静压差保持相等，采样头内的气流速度就等于风管内的气流速度（即采样头内外的动压相等）。采用等速采样头采样，不需预先测定气流速度，只要在测定过程中调节采样流量，使采样头内外静压相等，就可以做到等速采样。采用等速采样头可以简化操作，缩短测定时间，但是由于管内气流的紊流、摩擦以及采样头的设计和加工等因素的影响，实际上并不能完全做到等速采样。等速采样头目前主要用于工况不太稳定的锅炉烟气采样。

应当指出的是，等速采样头是利用静压而不是用采样流量来指示等速情况的，其瞬时流量是不断变化的，所以记录采样流量时不能用瞬时流量，要用累计流量。

3. 采样点的布置

测定管内气流的含尘浓度，要考虑气流的运动状况和管道内粉尘的分布情况。研究证明，风管断面上含尘浓度的分布是不均匀的。在垂直管中，含尘浓度由管中心向管壁逐渐增加。在水平管中，由于重力的影响，下部的含尘浓度较上部大，而且粒径也大。因此，一般认为，在垂直管段采样要比在水平管段采样好。要取得风管中某断面上的平均含尘浓度，必须在该断面进行多点采样。在管道断面上应如何布点才能测得平均含尘浓度，目前尚未有一致的看法。

目前常用的采样方法有以下几种：

（1）多点采样法

分别在已定的每个采样点上采样，每点采集一个样品，然后计算出断面的平均含尘浓度。这种方法可以测出各点的含尘浓度，了解断面上的含尘浓度分布情况，找出平均含尘浓度点的位置。其缺点是测定时间长、工序繁琐。

（2）移动采样法

为了较快地测得管道内粉尘的平均浓度，可以用同一集尘装置，在已定的各采样点上，用相同的时间移动采样头连续采样。由于各测点的气流速度是不同的，要做到等速采样，每移动一个测点，必须迅速调整采样流量。在测定过程中，随滤膜上或滤筒内粉尘的积聚，阻力也会不断增加，必须随时调整螺旋夹，保证各测点的采样流量保持稳定。每个采样点的采样时间不得少于2min。

这种方法测定结果精度高，目前应用较为广泛。

（3）平均流速点采样法

找出风管测定断面上的气流平均流速点，并以此点作为代表点进行等速采样。把测得的含尘浓度作为断面的平均含尘浓度。

（4）中心点采样法

在风管中心点进行等速采样，以此点的含尘浓度作为断面的平均含尘浓度。这种方法测点定位较为方便。

对于含尘浓度随时间变化显著的场合，采用方法（3）和方法（4）测出的结果较为接近实际。

在常温下进行管道测尘时，同样要考虑温度、压力变化对流量计读数的影响，具体的修正方法以及滤膜的准备、含尘浓度计算等，与工作区采样基本相同。

10.1.6 高温烟气含尘浓度的测定

1. 高温测尘的特点

测定管道中气流的含尘浓度时，经常遇到高温高湿气体，如锅炉及工业炉的烟气。因此，测定时要涉及烟气的温度、压力、含湿量及烟气的成分等参数。高温测尘采用的设备和方法比常温测尘复杂。图10-26是高温测尘采样装置示意图。

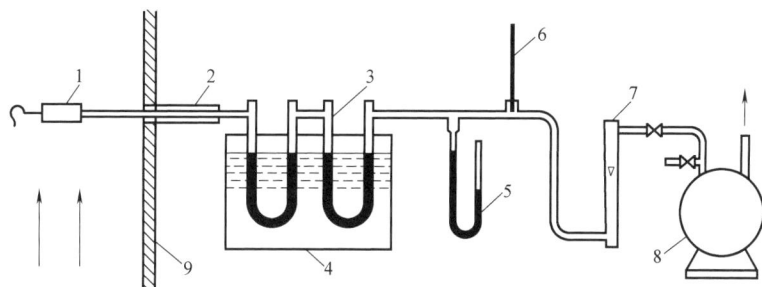

1—滤筒；2—采样管（加热或保温）；3—吸湿器；4—冷却器；5—压力计；
6—温度计；7—流量计；8—抽气机；9—烟道。

图10-26　高温测尘采样装置示意图

为了简化高温烟气测尘的计算，作以下假设：

（1）整个系统内烟气的状态变化规律符合理想气体状态方程。

（2）烟气的成分和空气不同，在一般情况下，二氧化碳浓度高，氧浓度低，而且还有其他气体。由于它们对整个计算的影响不大，计算中可把干烟气看成干空气，即把烟气看成干空气和水蒸气的混合气体。

（3）在测试过程中，整个系统严密，无漏气现象。

高温测尘和常温测尘的不同之处，主要有以下几点：

（1）高温烟气是干烟气和水蒸气的混合气体，为防止结露，流量计前要设不同形式的吸湿器，以去除烟气中的水蒸气。

（2）在采样装置内，高温烟气的温度、压力及含湿量是变化的，要根据它们的变化对流量计读数进行修正。

（3）高温测尘时，应根据烟气温度选择玻璃纤维滤筒或刚玉滤筒。

另外，为了防止烟气中水蒸气在采样管中冷凝，高温烟气常采用管内采样。如采用管外采样，采样管必须保温或设加热装置。

2. 烟气含湿量的测定

当高温烟气冷却产生的凝结水进入转子流量计时，会使转子失灵。因此，必须在转子流量计前设置吸湿装置，并测定烟气的含湿量。

测定烟气含湿量的常用方法有：称重法、干湿球温度法和冷凝法。下面简要介绍称重法和干湿球温度法。

（1）称重法

称重法是从烟道中抽出一定体积的烟气，通过装有吸湿剂的吸湿器，水蒸气100％地被吸湿剂吸收，吸湿管的增重即为烟气中所含的水蒸气量。选用的吸湿剂应只吸收水蒸气，不吸收其他气体，常用的吸湿剂有硅胶、五氧化二磷、氯化钙等。

使用时，将吸湿剂装在吸湿器里，吸湿剂上面要充填少量的玻璃棉以防止吸湿剂飞散。装有吸湿剂的吸湿器阀门应严密关闭，仅在抽取气体时才打开，以免因漏气吸湿产生误差。为使烟气中的水蒸气通过吸湿器时被完全吸收，两个吸湿器通常串联使用（图10-26）。在正式测尘前，先测定烟气含湿量。通过吸湿器的烟气流量应为 1.0L/min。测试中记录进入流量计的烟气温度、压力和流量。测试完毕后求出吸湿器增重，再利用下式计算烟气中水蒸气的体积分数 x_{sw}。

$$x_{sw} = \frac{1.24G_w}{V_d \cdot \dfrac{273}{273+t_1} \cdot \dfrac{B+P_1}{101.3} + 1.24G_w} \times 100\% \qquad (10\text{-}24)$$

式中　1.24——标准状态下，1g 水蒸气所占的体积，L；

　　　G_w——吸湿管吸收的水蒸气量，g；

　　　V_d——测量状态下抽取的干烟气体积，L；

　　　B——当地大气压力，kPa；

　　　P_1——流量计前烟气的压力，kPa。

称重法的精度较高，由于吸湿剂对水蒸气的吸收速率随温度的升高而减少，因此使用称重法测定含湿量时要有冷却装置。

（2）干湿球温度法

干湿球温度法是根据烟气的干湿球温度计算出烟气的水蒸气含量。

图10-27、图10-28是干湿球温度计和干湿球测湿装置。测定时，让经滤筒除尘的烟气以大于 2.5m/s 的速度流过干湿球温度计，待干湿球温度计上数值稳定时读数。然后按下式算出烟气中所含水蒸气的体积分数 x_{sw}。

$$x_{sw} = \frac{P_{bv} - a(t_c - t_b)B_b}{B_g} \times 100\% \qquad (10\text{-}25)$$

式中 P_{bv}——温度为 t_b 时饱和水蒸气压力，kPa；

$\quad\quad B_b$——通过湿球表面的烟气绝对压力，由压力计测出，kPa；

$\quad\quad B_g$——烟道内烟气绝对静压，kPa；

$\quad\quad t_c$——干球温度，℃；

$\quad\quad t_b$——湿球温度，℃；

$\quad\quad a$——系数，$a=0.00066$。

应当注意的是，通过干湿球温度计的烟气温度不超过95℃时才能采用干湿球温度法。

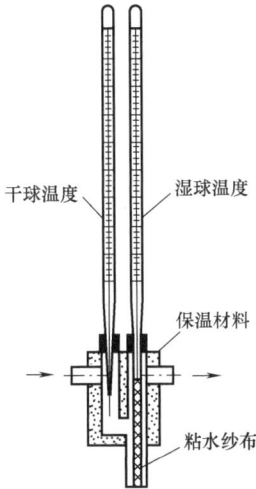

图 10-27 干湿球温度计

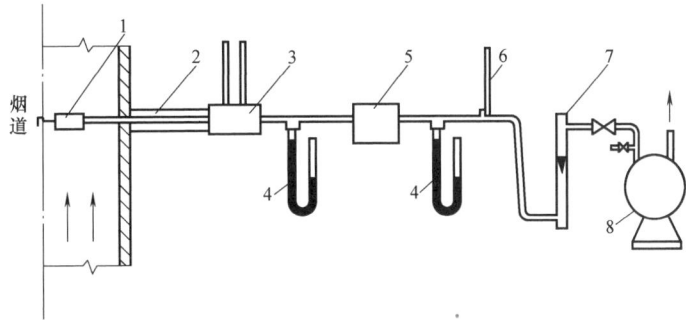

1—采样器；2—保温或加热装置；3—干湿球温度计；4—压力计；
5—干燥器；6—温度计；7—流量计；8—抽气泵。

图 10-28 干湿球测湿装置的应用

3. 流量计读数的修正及采气量的计算

进行高温测尘时，要根据烟气温度和压力的变化对流量计读数进行修正。

根据式（10-23），等速采样时采样头的抽气量为：

$$L_2=0.047d^2v\quad\text{L/min}$$

烟气经除湿及沿途冷却后，通过流量计的实际流量 L_1 为：

$$L_1=L_2\frac{B+P_2}{B+P_1}\cdot\frac{273+t_1}{273+t_2}(1-x_{sw})\quad\text{L/min}\tag{10-26}$$

式中 P_2——烟道内烟气的静压，kPa；

$\quad\quad t_2$——烟道内烟气的温度，℃；

$\quad\quad P_1$——流量计前压力计的读数，kPa；

$\quad\quad t_1$——流量计前的烟气温度，℃；

$\quad\quad x_{sw}$——烟气中水蒸气的体积分数，%；

$\quad\quad B$——当地的大气压力，kPa。

因为流量计在非标定工况（P_1、t_1）下工作，通过流量计的实际流量为 L_1 时，流量计的读数 L_j' 应为：

$$L_j'=L_1\left(\frac{B+P_1}{B_j}\right)^{\frac{1}{2}}\left(\frac{273+t_j}{273+t_1}\right)^{\frac{1}{2}}\quad\text{L/min}\tag{10-27}$$

式中 t_j——标定流量计的气体温度，℃，一般为20℃；

B——标定流量计的气体压力，kPa，一般为 101.3kPa。

将式（10-23）、式（10-26）代入式（10-27），可求得等速采样时所需的流量计读数 L_j'：

$$L_j'=0.08d^2v(1-x_{sw})\frac{B+P_2}{273+t_2}\left(\frac{273+t_1}{B+P_1}\right)^{\frac{1}{2}} \quad \text{L/min} \tag{10-28}$$

式中 d——采样头直径，mm；

v——采样头流速，m/s。

通过流量计的实际气体量，即采气量为：

$$V_\tau=L_j'\left(\frac{B_j}{73+t_j}\right)^{\frac{1}{2}}\left(\frac{273+t_1}{B+P_1}\right)^{\frac{1}{2}}\cdot\tau \quad \text{L} \tag{10-29}$$

式中 τ——测定时间，min。

将 $t_j=20℃$、$B_j=101.3$kPa 代入式（10-29），可简化为：

$$V_\tau=0.588L_j'\tau\left(\frac{273+t_1}{B+P_1}\right)^{\frac{1}{2}} \quad \text{L} \tag{10-30}$$

将 V_τ 换算成标准状态下的采气量 V_0 为：

$$V_0=V_\tau\left(\frac{B+P_1}{273+t_1}\right)\left(\frac{273}{101.3}\right) \quad \text{L} \tag{10-31}$$

计算烟尘的含尘浓度时，其单位为在标准状态下每立方米干空气所含有的粉尘质量。

【例 10-4】 某烟道内烟气温度 $t_2=150℃$，流速 $v_2=12$m/s，烟气中水蒸气的体积分数 $x_{sw}=10\%$，烟气静压 $P_2=-2$kPa，当地大量压力 $B=100$kPa，使用进口内径为 6mm 的采样头等速采样，流量计前烟气温度 $t_1=50℃$，压力 $P_1=-3$kPa，求应取的流量计读数是多少？

【解】 根据式（10-28），有：

$$L_j'=0.08d^2v(1-x_{sw})\frac{B+P_2}{273+t_2}\left(\frac{273+t_1}{B+P_1}\right)^{\frac{1}{2}}$$

$$=0.08\times6^2\times12\times(1-10\%)\frac{100+(-2)}{273+150}-\left[\frac{273+50}{100+(-3)}\right]^{\frac{1}{2}}$$

$$=13.15 \text{ (L/min)}$$

【例 10-5】 测定某加热炉烟气的含尘浓度时，已知转子流量计前的烟气温度 $t_1=40℃$，压力 $P_1=-8$kPa，所需的流量计读数 $L_j'=25$L/min，流量计前装有吸湿器。采样时间为 20min，当地大气压 $B=98.7$kPa。滤筒收集下来的粉尘质量 $G=0.6$g，计算烟气的含尘浓度。

【解】 按式（10-30）、式（10-31）计算采气量：

$$V_\tau=0.588L_j'\tau\left(\frac{273+t_1}{B+P_1}\right)^{\frac{1}{2}}$$

$$=0.588\times25\times20\times\left[\frac{273+40}{98.7+(-8)}\right]^{\frac{1}{2}}=546.155 \text{ (L)}$$

$$V_0=V_2\frac{B+P_1}{273+t_1}\cdot\frac{273}{101.3}=546.155\times\frac{98.7+(-8)}{273+40}\times\frac{273}{101.3}$$

$$=426.513\,(\text{L})$$

含尘浓度为：

$$y=\frac{G}{V_0}=\frac{0.6\times10^3}{426.513}\times10^3=1.407\times10^4\,(\text{mg}/\text{m}^3)$$

10.1.7 除尘器性能的测定

除尘器的性能参数主要包括处理风量、漏风率、阻力及除尘效率等。

测定除尘器性能时，所用的测定方法及仪表均与前述的风量、风压、含尘浓度的测定相同。

1. 处理风量的测定

处理风量是反映除尘器处理气体能力的指标。处理风量应以除尘器进口的流量为依据，除尘器的漏风量或清灰系统引入的风量均不能计入处理风量之内。因此，测定除尘器处理风量时，其测定断面应设于除尘器进口管段上（图 10-29）。

2. 漏风率的测定

漏风率是除尘器一项重要的技术指标。它对除尘器的处理风量和除尘效率均有重大影响。因此，某些除尘器的制造标准中对漏风量提出了具体要求。如 CDWY 系列电除尘器要

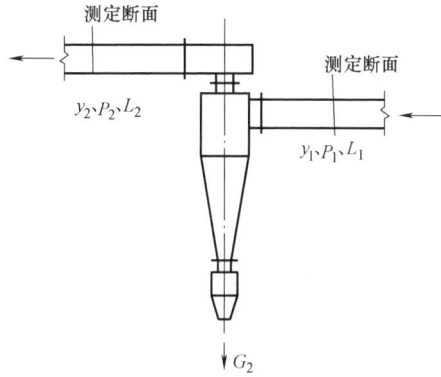

图 10-29 除尘器处理风量测定断面

求漏风率小于 7.0%，大型袋式除尘器要求漏风率小于 5.0%等。

漏风率的测定方法有风量平衡法、热平衡法和碳平衡法等，风量平衡法是最常用的方法。

根据定义，除尘器漏风率用下式表示：

$$\varepsilon=\frac{L_2-L_1}{L_1}\times100\%\tag{10-32}$$

式中　L_1——除尘器进口风量，m^3/s；

　　　L_2——除尘器出口风量，m^3/s。

从式（10-32）可以看出，只要测出除尘器进、出口风量，即可求得漏风率 ε。

采用风量平衡法测定漏风率时，要注意温度变化对气体体积的影响。对于反吹清灰的袋式除尘器，清灰风量应从除尘器出口风量中扣除。

3. 阻力的测定

除尘器前后的全压差即为除尘器阻力：

$$\Delta P=P_1-P_2\tag{10-33}$$

式中　ΔP——除尘器阻力，Pa；

　　　P_1——除尘器进口处的平均全压，Pa

　　　P_2——除尘器出口处的平均全压，Pa。

4. 除尘效率的测定

现场测定时，由于条件限制，一般用浓度法测定除尘器全效率。除尘器全效率为：

$$\eta = \frac{y_1 - y_2}{y_1} \times 100\%$$ (10-34)

式中　y_1——除尘器进口处平均含尘浓度，mg/m^3；

　　　y_2——除尘器出口处平均含尘浓度，mg/m^3。

现场使用的除尘系统总有少量漏风，为了消除漏风对测定结果的影响，应按下列公式计算除尘器全效率。

在吸入段（$L_2 > L_1$）

$$\eta = \frac{y_1 L_1 - y_1 L_2}{y_1 L_1} \times 100\%$$ (10-35)

在压出段（$L_1 > L_2$）

$$\eta = \frac{y_1 L_1 - y_1(L_1 - L_2) - y_2 L_2}{y_1 L_1} \times 100\% = \frac{L_2}{L_1}\left(1 - \frac{y_2}{y_1}\right) \times 100\%$$ (10-36)

测定除尘器分级效率时，应首先测出除尘器进、出口处粉尘的粒径分布或测出进口和灰斗中粉尘的粒径分布，然后再计算除尘器的分级效率。

粉尘的性质及系统运行工况对除尘效率影响较大，因此给出除尘器全效率时，应同时说明系统运行工况，以及粉尘真密度、粒径分布，或者直接给出除尘器的分级效率。

10.2　通风（除尘）系统的调试

一般情况下，由于受实际条件的限制，设计阶段很难做到各并联支路或环路在设计工况下的阻力平衡，再加上设计与实际施工安装之间往往不可避免地存在偏差，会导致管路系统设计风量与运行时的实际分配风量不一致。为保证投入使用后各排风罩、风口风量达到设计风量，保证系统的正常运行，在完成系统安装后、交付使用前，须对通风（除尘）系统进行调试，将各管段的风量调整到设计风量。

通风（除尘）系统调试包括设备调试和管路系统调试，以及设备与系统的联合调试。本节主要介绍管路系统调试。

10.2.1　调试原理

（1）管段阻力可以近似按下式计算：

$$\Delta P = SL^2$$ (10-37)

式中　S——该管段的综合阻力系数；

　　　L——该管段的流量，m^3/h。

当不调节该管段上的阀门时，可近似认为 S 不变，此时该管段的阻力只与流过该管段的流量有关。

（2）相并联的支路阻力必定相等。

设两并联支路分别为 1 和 2，则有：

$$\Delta P_1 = \Delta P_2, \frac{L_1}{L_2} = \sqrt{\frac{S_2}{S_1}} \qquad (10\text{-}38)$$

故只要将并联支路的流量比调成设计工况下对应的流量比即可。

10.2.2 调试方法与步骤

下面以图 10-30 所示通风（除尘）系统为例说明调试方法与步骤。

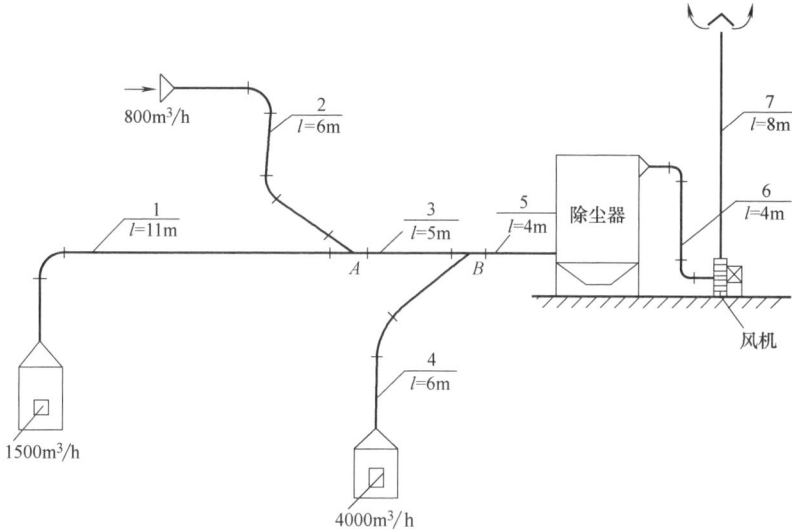

图 10-30　通风（除尘）系统示意图

（1）打开系统中所有风量调节阀。

（2）从系统最末端向风机端开始调试。先调节管段 1 和管段 2 上的阀门，将二者在调试工况下的流量比调成设计工况下的流量比，即 800/1500；管段 1、管段 2 调好后，固定其风量调节阀。接着调管段 3 和管段 4 的流量比，将二者在调试工况下的流量比调至（1500+800）/4000 即可。

（3）各并联支路全部调试完成后，将系统总风量调整到设计总风量。此时，各排风罩、风口及管段的风量即为设计工况下的风量。

10.3　通风（除尘）系统的运行调节

10.3.1 风机的性能曲线和工作点

1. 风机的特性曲线

通风（除尘）系统的动力来自风机，对于特定的风机，即便转速相同，它所输送的风量也可能不同。通风（除尘）系统压力损失小，要求的风机全压小，输送的气体量就大。反之，通风（除尘）系统压力损失大，要求的风机全压大，输送的气体量就小。因此，风机的工作特性与运行工况相对应，运行工况下风机的全压与风量，以及功率、转速、效率与风量的关系形成了风机的特性曲线。

某一特定风机在某一转速下运行时，其风量与风压、效率、功率的变化关系可用图 10-31 所示的曲线表示，该曲线称为风机的特性曲线。不同风机的特性曲线各不相同，必

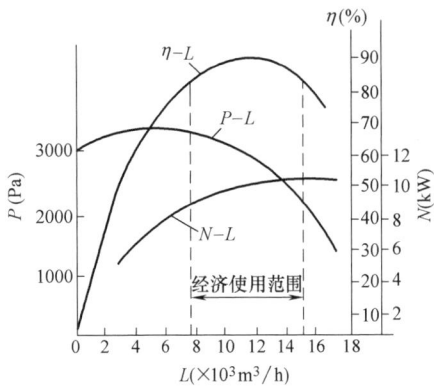

图 10-31 风机的特性曲线

须通过实测得出。

风机的特性曲线通常包括（转速一定）：全压随风量的变化（P-L）曲线；功率随风量的变化（N-L）曲线；全效率随风量的变化（η-L）曲线。一定的风量对应一定的全压、功率和效率。对于特定的风机类型，将有一个经济合理的使用范围。

由于同类型风机具有几何相似、运动相似和动力相似的特性，可以采用参数的无量纲量来表示其特性，用来推算该类风机任意型号的风机性能。

由风机的特性曲线可以看出，风机可以在不同风量下工作。在通风（除尘）系统中，风机将在其特性曲线上的某一点工作，称之为风机工作点。在此点上风机全压与通风（除尘）系统的阻力一致，由此确定风机需提供的风量。

由于风机的自动平衡性能，实际使用中风机的风量和风压有时满足不了设计要求。例如，风机在通风（除尘）系统阻力增大时，风机的风量减少；反之亦反。

2. 管路特性曲线

通风管路的压力损失可用下式表示：

$$P = \Sigma \left(\lambda \frac{l}{d} + \zeta \right) \frac{v^2}{2} \rho \tag{10-39}$$

$$v = L \Big/ \left(\frac{\pi}{4} d^2 \right) \tag{10-40}$$

式中 λ ——管路沿程阻力系数；

    l ——管长，m；

    d ——管径，m；

    ζ ——管路局部阻力系数；

    v ——管路中工质流速，m/s；

    ρ ——管路系统中工质密度，kg/m^3；

    L ——系统流量，m^3/h。

在某一已确定的管路系统中，λ、l、d 等均为定值，上式可以改写为：

$$P = SL^2 \tag{10-41}$$

式（10-41）可以描述管路特性曲线。式中，S 为管网综合阻力系数。改变 S 值，管路特性曲线会发生相应变化。

3. 风机的工作点

当风机在某一特定的管路中运行时，由于风机的风量等于管路中的风量，风机的风压等于管路的阻力，因此风机的性能曲线与管路的特性曲线的交点，就是风机运行时的工作点，如图 10-32 所示。工作点 A 的风量 L_A、风压 P_A 即为风机运行时的实际风量和风压，

P_A 也就是管路的实际阻力。

10.3.2 风机风量的调节

由于各种原因，通风（除尘）系统在运行过程中需对风量进行调节。要改变风机的运行风量，就需要改变风机的工作点，可以通过改变管路的特性曲线或改变风机的性能曲线来实现（图 10-33）。

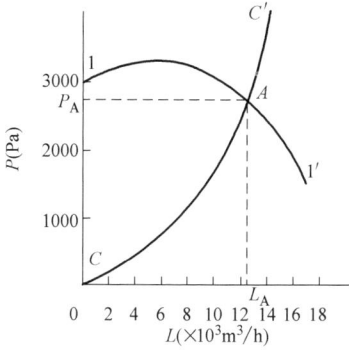

图 10-32　风机运行工况

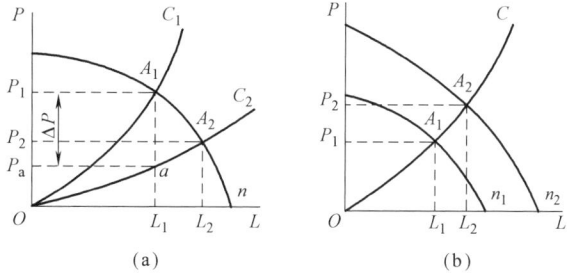

图 10-33　风机风量的调节
（a）阀门调节；（b）转速调节

1. 阀门调节

通过调节阀门开度改变管路的性能曲线，从而改变风机的工作点。当风机的工作点从 A_2 变化为 A_1 时，风机的风量由 L_2 变化为 L_1。这种方法简单易行，但部分能量（两条曲线间风压差 ΔP）消耗在阀门上，不节能。它仅适用于风量小的系统。

2. 转速调节

通过调整风机转速改变风机的特性曲线。例如，当风机转速由 n_2 变化为 n_1 时，风机的风量由 L_2 变化为 L_1。

在相似工况点上（风机效率保持相等），风机的转速与风量、风压，功率的关系如下式所示：

$$\frac{L_1}{L_2}=\frac{n_1}{n_2}; \quad \frac{P_1}{P_2}=\left(\frac{n_1}{n_2}\right)^2; \quad \frac{N_1}{N_2}=\left(\frac{n_1}{n_2}\right)^3 \tag{10-42}$$

当 $L_1=0.8L_2$ 时，$N_1=0.512N_2$，风机的能耗仅为原能耗的一半。目前，常采用的改变风机转速的方法有：改变皮带轮的转速比、采用液力耦合器、采用变速电机等。

随着科学技术的发展，变频器的价格不断下降，变频调速节能控制方法目前已得到大量应用。交流电动机转速和供电频率间存在以下关系：

$$n=\frac{60f(1-s)}{M} \tag{10-43}$$

式中　n——电动机的转速，r/min；

　　　f——电动机的供电频率，Hz；

　　　M——电动机极对数；

　　　s——转差率。

由上式可知，电动机的转速 n 与供电频率 f 成正比，只要改变供电频率即可改变电动机的转速，当供电频率 f 在 $0\sim50\mathrm{Hz}$ 的范围内变化时，电动机转速的调节范围非常宽。变频调速就是通过改变电动机供电频率实现转速调节的。当风机转速变化过大时，风机的效率也会相应下降。因此，采用变转速运行时，风机转速不宜低于设计转速的 $50\%\sim60\%$。

10.3.3 通风（除尘）系统的变风量节能控制

在通风（除尘）系统中，常见的风量调节有以下几种情况：

（1）由于计算不周或选型不当，系统实际风量大大超出设计值。风机可采用变频调速控制。根据运行负荷调节风机转速，达到系统最优控制。

以某工厂排风系统设计计算为例：系统排风量 $L_1=12000\mathrm{m^3/h}$，系统阻力 $\Delta P_1=1500\mathrm{Pa}$。要求风机的风量 $L_2=K_\mathrm{L}\cdot L_1=1.1\times12000=13200\mathrm{m^3/h}$，风机的风压 $P_2=K_\mathrm{P}\cdot\Delta P_1=1.15\times1500=1725\mathrm{Pa}$。

查样本选风机，选用风机的参数为：风量 $L_\mathrm{f}=13850\mathrm{m^3/h}$，风压 $P_\mathrm{f}=2100\mathrm{Pa}$，电动机功率 $N=15\mathrm{kW}$，电动机转速 $n=1450\mathrm{r/min}$。

经实测，系统实际运行风量 $L'_\mathrm{f}=15300\mathrm{m^3/h}$，风机实际风压 $P'_\mathrm{f}=1976\mathrm{Pa}$，电动机实际功率 $N'=13.2\mathrm{kW}$。

为实现排风系统在设计风量下的节能运行，风机采用变频调速控制。变频调速后电动机实际转速 $n_2=(12000/15300)\times1450=1136\mathrm{r/min}$，风机节能控制的运行工况对比见表 10-5。

风机节能控制运行工况对比 表 10-5

参数	原风机运行工况	变频调速后运行工况	参数	原风机运行工况	变频调速后运行工况
风量（$\mathrm{m^3/h}$）	15300	12000	电动机功率（kW）	13.2	6.36
风压（Pa）	1976	1214	全年运行时间（h）	4000	4000
电动机转速（r/min）	1450	1136	全年节电量（kWh/a）	—	27356

若电费按 0.75 元/kWh 计，该系统全年可节省电费 20517 元，变频风机的投资在一年内即可全部回收。

（2）某些环境中有害物质的散发量是不稳定的，如地下停车库在平时排风时，随着汽车出入，车库内 CO（或 CO_2）的浓度会随之变化。在排风（烟）风机进口前的风道内安装 CO（或 CO_2）气体传感器，用于检测气流中的 CO（或 CO_2）浓度，当其浓度超过设定值时，调节器可以发送信号给变频器，变频器则根据信号大小改变电流频率和电动机的转速，进而调节排（烟）风机和送风机的转速，从而达到调节风量的目的，如图 10-34 所示。

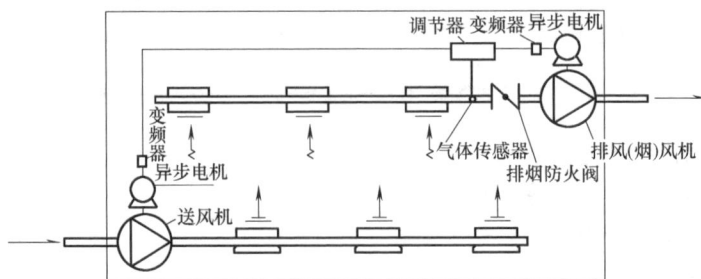

图 10-34 采用变频技术的地下汽车库变风量通风排烟系统示意图

（3）同一系统有多个排风点，各排风点并不同时工作，应注意同时工作点的排风量设计；对关断的排风点应特别注意，要设置密闭性能好的阀门，便于操控。对于风量具有周期性变化的工艺排风，在不同工作阶段可采用变频调速实现风机变风量节能运行。

<h1 style="text-align:center">习　　题</h1>

1. 如何在现场测定除尘器的分级效率？说明采用的仪器、测定步骤和计算方法。

2. 测定管道中的含尘浓度时为什么要等速采样？如何做到等速采样？

3. 测定管道中烟气含湿量时是否需要多点等速采样，为什么？

4. 计算含尘浓度时为什么要把采气量折算成标准状态？

5. 在图 10-35 所示的管段 AB（管径 $D=600$mm）上测量风量，试确定测定断面及断面上各测点位置。

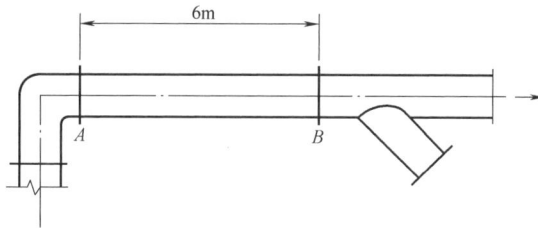

图 10-35　习题 5 图

6. 某局部排风系统如图 10-36 所示，三个局部排风罩的结构完全相同。已知系统总风量 $L=2$m^3/s，A 点静压 $P_A=-150$Pa，B 点静压 $P_B=-180$Pa，C 点静压 $P_C=-150$Pa。求各排风罩的排风量。

7. 局部排风罩结构如图 10-37 所示，连接管直径 $D=250$mm。在 $t=20$℃下测得断面 A-B 的静压为 -30Pa，平均动压为 24.3Pa，求该局部排风罩的排风量及流量系数。

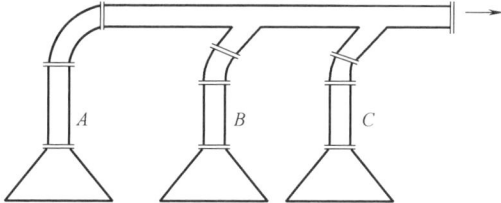

图 10-36　习题 6 图

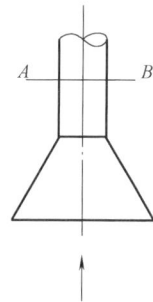

图 10-37　习题 7 图

8. 某通风管道直径为 440mm，用流速校正系数 $K=1$ 的毕托管测定动压，读数分别为 250Pa、260Pa、260Pa、270Pa、260Pa、250Pa、240Pa、250Pa、250Pa、260Pa、250Pa、240Pa，倾斜式压力计修正系数 $\alpha=0.3$，管道内气流温度为 20℃，求该风管的流量。

9. 车间空气温度 $t=30$℃，大气压力 $B=87.2$kPa，采样时转子流量计读数为 20L/min，流量计前温度 $t_1=30$℃，压力 $P_1=-2.8$kPa，采样时间为 20min，采样前滤膜重 38.2mg，采样后滤膜重 45.1mg，求空气含尘浓度。

10. 在 20℃的酒精中测定某锅炉的粉尘真密度，酒精密度为 789.5kg/m^3，两次测定记录如下表所示：

瓶号	瓶重 m_0(g)	(瓶+尘)重 m_3(g)	(瓶+尘+液)重 m_2(g)	(瓶+液)重 m_2(g)
1	1765	2434	6544	6212
2	1558	2186	6281	5965

求该粉尘的平均真密度。

11. 应用离心分级机测定粉尘的粒径分布。各节流片对应的标准粉尘直径如下表所示。标准粉尘的密度 $\rho'_c = 1$kg/L，试验粉尘质量 $G = 10$g，试验粉尘密度 $\rho_0 = 2.815$kg/L。第一次分级时，剩余在筛网上的粗粒子质量 $G_0 = 0.0201$g，各级分离后残留粉尘质量见下表。

节流片号数	18 号	17 号	16 号	14 号	12 号	8 号	4 号	0 号
对应标准直径(μm)	8.1	5.0	10.2	17.7	25.1	38.2	51.5	60.3
残留粉尘质量(g)	9.4653	8.8603	6.8135	4.6418	3.2852	2.0294	1.3309	0.9637

求：(1) 对应于各节流片的实际粉尘直径。

(2) 当粉尘按粒径<2μm、2~5μm、5~10μm、10~15μm、15~20μm、20~30μm、>30μm 分组时，计算各粒径间隔内的粉尘的质量分数。

12. 已知管道内含尘气流流量 $L = 0.6$m³/s，管道直径 $d = 200$mm，用 5mm 采样管在平均流速点采样，测定气体含尘浓度。试确定采样头直径及等速采样时采样头的抽气量。

13. 已知烟道内烟气温度 $t_s = 123$℃，烟气静压 $P_s = -2$kPa，流量计前装有吸湿器，流量计前烟气温度 $t_1 = 28$℃，烟气静压 $P_1 = -7.7$kPa，当地大气压力 $B = 100.8$kPa，烟气中水蒸气体积分数 $x_{sw} = 15.4\%$。用 6mm 采样头在流速 $v = 15$m/s 的测点上采样，计算等速采样时的流量计读数。

附录1 单位名称、符号、工程单位和国际单位的换算

单位名称	国际单位		工程单位	换 算
	中文	符号		
长度	米 厘米 毫米 微米	m cm mm μm		
质量	千克 克 毫克	kg g mg		
体积	立方米 升 毫升	m^3 L mL		
时间	小时 分 秒	h min s		
流量	立方米每小时 立方米每秒 千克每秒	m^3/h m^3/s kg/s		
密度	千克每立方米	kg/m^3		
力	牛顿	N	公斤力	1公斤力=9.8N
压力	标准大气压 帕斯卡 千帕	atm Pa kPa	毫米水柱	1毫米水柱=9.8Pa 1atm=101.325kPa
绝对温度 摄氏温度	开尔文 摄氏度(度)	K ℃		
热量	瓦、焦耳每秒 千瓦、千焦耳每秒	W、J/s kW、kJ/s	大卡/时	1大卡/时=1.16W=1.16J/s
比热容 传热系数 辐射强度	千焦耳每千克摄氏度 瓦每平方米摄氏度 瓦每平方米	kJ/(kg·℃) W/(m^2·℃) W/m^2	大卡/(公斤·℃) 大卡/(时·平方米·℃) 大卡/(平方厘米·分)	1大卡/(公斤·℃)=4.18kJ/(kg·℃) 1大卡/(时·平方米·℃)=1.163W/(m^2·℃) 1大卡/(平方厘米·分)=0.07W/m^2
动力黏度	帕·秒	Pa·s	公斤·秒/平方米	1公斤·秒/平方米=9.8Pa·s
浓度	毫克每立方米 克每立方米 毫升每立方米 千摩尔每立方米	mg/m^3 g/m^3 mL/m^3 $kmol/m^3$		
转速			转/分(r/min)	
电压	伏 千伏	V kV		
电流	安 毫安	A mA		
电阻	欧姆	Ω		

附录2 环境空气中各项污染物的浓度限值

环境空气污染物基本项目浓度限值

序号	污染物项目	平均时间	浓度限值 一级	浓度限值 二级	单位
1	二氧化硫（SO_2）	年平均	20	60	$\mu g/m^3$
		24h平均	50	150	
		1h平均	150	500	
2	二氧化氮（NO_2）	年平均	40	40	
		24h平均	80	80	
		1h平均	200	200	
3	一氧化碳（CO）	24h平均	4	4	mg/m^3
		1h平均	10	10	
4	臭氧（O_3）	日最大8h平均	100	160	$\mu g/m^3$
		1h平均	160	200	
5	颗粒物（粒径小于等于10μm）	年平均	40	70	
		24h平均	50	150	
6	颗粒物（粒径小于等于2.5μm）	年平均	15	35	
		24h平均	35	75	

环境空气污染物其他项目浓度限值

1	总悬浮颗粒物（TSP）	年平均	80	200	$\mu g/m^3$
		24h平均	120	300	
2	氮氧化物（NO_x）（以NO_2计）	年平均	50	50	
		24h平均	100	100	
		1h平均	250	250	
3	铅（Pb）	年平均	0.5	0.5	
		季平均	1	1	
4	苯并[a]芘（BaP）	年平均	0.001	0.001	
		季平均	0.0025	0.0025	

注：1. 环境空气污染物基本项目浓度限值在全国范围内实施；环境空气污染物其他项目浓度限值由国务院环境保护行政主管部门或省级人民政府根据实际情况，确定具体实施方式。

2. 摘自《环境空气质量标准》GB 3095—2012。

附录 3　工作场所空气中化学有害因素、粉尘的职业接触限值

工作场所空气中化学有害因素的职业接触限值

序号	中文名	英文名	化学文摘号 CAS号	职业接触限值（mg/m³）			临界不良健康效应	备注
				最高容许浓度	时间加权平均容许浓度	短时间接触容许浓度		
1	氨	Ammonia	7664-41-7	—	20	30	眼和上呼吸道刺激	—
2	苯	Benzene	71-43-2	—	6	10	头晕、头痛、意识障碍；全血细胞减少；再障；白血病	皮，G1
3	臭氧	Ozone	10028-15-6	0.3	—	—	刺激	—
4	丙烯醛	Acrolein	107-02-8	0.3	—	—	眼和上呼吸道刺激；肺水肿；肺气肿	皮
5	二甲苯（全部异构体）	Xylene(all isomers)	1330-20-7；95-47-6；108-38-3	—	50	100	呼吸道和眼刺激；中枢神经系统损害	—
6	二硫化碳	Carbon disulfide	75-15-0	—	5	10	眼及鼻黏膜刺激；周围神经系统损害	皮
7	氮氧化物（一氧化氮和二氧化氮）	Nitrogen oxides (Nitric oxide, Nitrogen dioxide)	10102-43-9；10102-44-0	—	5	10	呼吸道刺激	—
8	二氧化硫	Sulfur dioxide	7446-09-5	—	5	10	呼吸道刺激	—
9	二氧化碳	Carbon dioxide	124-38-9	—	9000	18000	呼吸中枢、中枢神经系作用；窒息	—
10	氟化氢（按F计）	Hydrogen fluoride, as F	7664-39-3	2	—	—	呼吸道、皮肤和眼刺激；肺水肿；皮肤灼伤；牙齿酸蚀症	—
11	汞-金属汞（蒸气）	Mercury metal(vapor)	7439-97-6	—	0.02	0.04	肾损害	皮
12	汞-有机汞化合物（按Hg计）	Mercury organic compounds, as Hg	—	—	0.01	0.03	中枢神经系统损害；肾损害	皮，G2B（甲基汞）
13	环己酮（皮）	Cyclohexanone	108-94-1	—	50	—	眼和上呼吸道刺激；中枢神经系统抑制；麻醉作用	皮

工作场所空气中化学有害因素的职业接触限值

序号	中文名	英文名	化学文摘号 CAS号	职业接触限值（mg/m³）			临界不良健康效应	备注
				最高容许浓度	时间加权平均容许浓度	短时间接触容许浓度		
14	环己烷	Cyclohexane	110-82-7	—	250	—	眼、上呼吸道刺激；中枢神经系统损害；麻醉作用	—
15	甲苯	Toluene	108-88-3	—	50	100	麻醉作用；皮肤黏膜刺激	皮
16	甲醛	Formaldehyde	50-00-0	0.5	—	—	上呼吸道和眼睛刺激	敏,G1
17	硫化氢	Hydrogen sulfide	7783-06-4	10	—	—	神经毒性；强烈黏膜刺激	—
18	磷化氢	Phosphine	7803-51-2	0.3	—	—	上呼吸道刺激；头痛；胃肠道刺激；中枢神经系统损害	—
19	硫酸及三氧化硫	Sulfuric acid and sulfur trioxide	7664-93-9 7446-11-9	—	1	2	肺功能改变	G1
20	氯	Chlorine	7782-50-5	1	—	—	上呼吸道和眼刺激	—
21	氯化氰	Cyanogen chloride	506-77-4	0.75	—	—	肺水肿；眼、皮肤和呼吸道刺激	—
22	松节油	Turpentine	8006-64-2	—	300	—	上呼吸道、皮肤刺激；中枢神经系统损害；肺损害	—
23	溴	Bromine	7726-95-6	—	0.6	2	呼吸道刺激，肺损害	—
24	一氧化碳 非高原	Carbon monoxide not in high altitude area	630-08-0	—	20	30	碳氧血红蛋白症	—
	高原 海拔2000～3000m	in high altitude area 2000～3000m		20	—	—		
	海拔>3000m	>3000m		15	—	—		
25	乙二醇	Ethylene glycol	107-21-1	—	20	40	上呼吸道和眼刺激	—
26	乙酸乙酯	Ethyl acetate	141-78-6	—	200	300	上呼吸道和眼刺激	—

工作场所空气中化学有害因素的职业接触限值

序号	中文名	英文名	化学文摘号 CAS号	职业接触限值（mg/m³）			临界不良健康效应	备注
				最高容许浓度	时间加权平均容许浓度	短时间接触容许浓度		
27	氰化氢（按CN计）	Hydrogen cyanide, as CN	74-90-8	1	—	—	上呼吸道刺激；头痛；恶心；甲状腺效应	皮
28	氰化物（按CN计）	Cyanides, as CN	57-12-5	1	—	—	上呼吸道刺激；头痛；恶心；甲状腺效应	皮
29	镉及其化合物（按Cd计）	Cadmium and compounds, as Cd	7440-43-9(Cd)	—	0.01	0.02	肾损害	G1
30	铅及其无机化合物（按Pb计）	Lead and inorganic Compounds, as Pb	7439-92-1(Pb)	—	—	—	中枢神经系统损害；周围神经损害	G2B(铅)，G2A(铅的无机化合物)
	铅尘	Lead dust	—	—	0.05	—		
	铅烟	Lead fume	—	—	0.03	—		
31	砷及其无机化合物（按As计）	Arsenic and inorganic compounds, as As	7440-38-2(As)	—	0.01	0.02	肺癌、皮肤癌	G1
32	锰及其无机化合物（按MnO₂计）	Manganese and inorganic compounds, as MnO2	7439-96-5(Mn)	—	0.15	—	中枢神经系统损害	—

工作场所空气中粉尘的职业接触限值

序号	中文名	英文名	化学文摘号 CAS号	时间加权平均容许浓度（mg/m³）		临界不良健康效应	备注
				总尘	呼尘		
1	白云石粉尘	Dolomite dust	—	8	4	尘肺病	—
2	玻璃钢粉尘	Fiberglass reinforced plastic dust	—	3	—	尘肺病；呼吸道、皮肤刺激	—
3	茶尘	Tea dust	—	2	—	哮喘	—

工作场所空气中粉尘的职业接触限值

序号	中文名	英文名	化学文摘号 CAS号	时间加权平均容许浓度 (mg/m³)		临界不良健康效应	备注
				总尘	呼尘		
4	沉淀SiO₂(白炭黑)	Precipitated silica dust	112926-00-8	5	—	上呼吸道及皮肤刺激	—
5	大理石粉尘(碳酸钙)	Marble dust	(1317-65-3)	8	4	眼,皮肤刺激;尘肺病	—
6	电焊烟尘	Welding fume	—	4	—	电焊工尘肺	G2B
7	二氧化钛粉尘	Titanium dioxide dust	13463-67-7	8	—	下呼吸道刺激	G2B
8	沸石粉尘	Zeolite dust	—	5	—	尘肺病;肺癌	G1
9	酚醛树脂粉尘	Phenolic aldehyde resin dust	—	6	—	上呼吸道刺激	—
10	工业酶混合尘	Industrial enzyme-containing dust	—	2	—	皮肤,眼,上呼吸道刺激	敏
11	谷物粉尘(游离SiO₂含量<10%)	Grain dust(free SiO₂<10%)	—	4	—	上呼吸道刺激;尘肺;过敏性哮喘	敏
12	硅灰石粉尘	Wollastonite dust	13983-17-0	5	—	—	—
13	硅藻土粉尘(游离SiO₂含量<10%)	Diatomite dust(free SiO₂<10%)	61790-53-2	6	—	尘肺病	—
14	过氯酸铵粉尘	Ammonium Perchlorate	7790-98-9	8	—	肺间质纤维化	—
15	滑石粉尘(游离SiO₂含量<10%)	Talc dust (free SiO₂<10%)	14807-96-6	3	1	滑石尘肺	—
16	活性炭粉尘	Active carbon dust	64365-11-3	5	—	尘肺病	—
17	聚丙烯粉尘	Polypropylene dust	—	5	—	—	—
18	聚丙烯腈纤维粉尘	Polyacrylonitrile fiber dust	—	2	—	肺通气功能损伤	—
19	聚氯乙烯粉尘	Polyvinyl chloride (PVC) dust	9002-86-2	5	—	下呼吸道刺激;肺功能改变	—
20	聚乙烯粉尘	Polyethylene dust	9002-88-4	5	—	呼吸道刺激	—

工作场所空气中粉尘的职业接触限值

序号	中文名	英文名	化学文摘号 CAS号	时间加权平均容许浓度 (mg/m³) 总尘	呼尘	临界不良健康效应	备注
21	铝尘 铝金属，铝合金粉尘 氧化铝粉尘	Aluminum dust; Metal & alloys dust Aluminium oxide dust	7429-90-5	3 4	— —	铝尘肺；眼损害；黏膜、皮肤刺激	— —
22	麻尘（游离SiO₂含量<10%） 亚麻 黄麻 苎麻	Flax,jute and ramie dust (free SiO₂<10%) Flax Jute Ramie	— — —	1.5 2 3	— — —	棉尘病	—
23	煤尘（游离SiO₂含量<10%）	Coal dust(free SiO₂<10%)	—	4	2.5	煤工尘肺	—
24	棉尘	Cotton dust	—	1	—	棉尘病	—
25	木粉尘（硬）	Wood dust	—	3	—	皮炎，鼻炎，结膜炎，哮喘，外源性过敏性肺炎；鼻咽癌等	G1；敏
26	凝聚SiO₂粉尘	Condensed silica dust	—	1.5	0.5	鼻、喉、肺，眼刺激；支气管哮喘	—
27	膨润土粉尘	Bentonite dust	1302-78-9	6	—	过敏性肺泡炎；支气管哮喘	敏
28	皮毛粉尘	Fur dust	—	8	—		—
29	人造矿物纤维绝热棉粉尘（玻璃棉、矿渣棉、岩棉）	Man-made mineral fiber insulation cotton(Filrous glass, Slag wool,Rock wool)dust	—	5 1 f/mL	—	质量浓度：皮肤和眼刺激 纤维浓度：呼吸道不良健康效应	—
30	桑蚕丝尘	Mulberry silk dust	—	8	—	眼和上呼吸道刺激；肺功能损伤	—
31	砂轮磨尘	Grinding wheel dust	—	8	—	轻微致肺纤维化作用	—
32	石膏粉尘	Gypsum dust	10101-41-4	8	4	上呼吸道和皮肤刺激；肺炎等	—
33	石灰石粉尘	Limestone dust	1317-65-3	8	4	眼、皮肤刺激；尘肺	—
34	石棉（石棉含量>10%） 粉尘 纤维	Asbestos(Asbestos>10%) dust Asbestos fibre	1332-21-4	0.8 0.8f/mL		石棉肺；肺癌，间皮瘤	G1

续表

工作场所空气中粉尘的职业接触限值

序号	中文名	英文名	化学文摘号 CAS 号	时间加权平均容许浓度 (mg/m³) 总尘	时间加权平均容许浓度 (mg/m³) 呼尘	临界不良健康效应	备注
35	石墨粉尘	Graphite dust	7782-42-5	4	2	石墨尘肺	—
36	水泥粉尘(游离 SiO₂ 含量<10%)	Cement dust (free SiO₂<10%)	—	4	1.5	水泥尘肺	—
37	炭黑粉尘	Carbon black dust	1333-86-4	4	—	炭黑尘肺	G2B
38	碳化硅粉尘	Silicon carbide dust	409-21-2	8	4	尘肺病;上呼吸道刺激	—
39	碳纤维粉尘	Carbon fiber dust	—	3	—	上呼吸道、眼及皮肤刺激	—
40	矽尘 10%≤游离 SiO₂ 含量≤50% 50%<游离 SiO₂ 含量≤80% 游离 SiO₂ 含量>80%	Silica dust 10%≤free SiO₂≤50% 50%<free SiO₂≤80% free SiO₂>80%	14808-60-7	1 0.7 0.6	0.7 0.3 0.2	矽肺	G1(结晶型)
41	稀土粉尘(游离 SiO₂ 含量<10%)	Rare-earth dust (free SiO₂<10%)	—	2.5	—	稀土尘肺;皮肤刺激	—
42	洗衣粉混合尘	Detergent mixed dust	—	1	—	皮肤,眼和上呼吸道刺激;致敏	敏
43	烟草尘	Tobacco dust	—	2	—	鼻咽炎;肺损伤	—
44	萤石混合性粉尘	Fluorspar mixed dust	—	1	0.7	矽肺	—
45	云母粉尘	Mica dust	12001-26-2	2	1.5	云母尘肺	—
46	珍珠岩粉尘	Perlite dust	93763-70-3	8	4	眼,皮肤,上呼吸道刺激	—
47	蛭石粉尘	Vermiculite dust	—	3	—	眼、上呼吸道刺激	—
48	重晶石粉尘	Barite dust	7727-43-7	5	—	眼刺激;尘肺	—
49	其他粉尘①	Particles not otherwise regulated	—	8	—	—	—

注：1. 表中列出的各种粉尘（石棉纤维尘除外），凡游离 SiO₂ 等于或高于 10%者，均按矽尘职业接触限值对待。
2. 摘自《工作场所有害因素职业接触限值 第 1 部分：化学有害因素》GBZ 2.1—2019。
① 指游离 SiO₂ 低于 10%，不含石棉和有毒物质，而未制定职业接触限值的粉尘。

270

附录4 现有污染源大气污染物排放限值

序号	污染物	最高允许排放浓度(mg/m³)	排气筒高度(m)	最高允许排放速率(kg/h) 一级	二级	三级	无组织排放监控浓度限值 监控点	浓度(mg/m³)
1	二氧化硫	1200（硫、二氧化硫、硫酸和其他含硫化合物生产）　700（硫、二氧化硫、硫酸和其他含硫化合物生产）	15 20 30 40 50 60 70 80 90 100	1.6 2.6 8.8 15 23 33 47 63 82 100	3.0 5.1 17 30 45 64 91 120 160 200	4.1 7.7 26 45 69 98 140 190 240 310	无组织排放源上风向设参照点,下风向设监控点①	0.5（监控点与参照点浓度差值）
2	氮氧化物	1700（硝酸、氮肥和火炸药生产）　420（硝酸使用和其他）	15 20 30 40 50 60 70 80 90 100	0.47 0.77 2.6 4.6 7.0 9.9 14 19 24 31	0.91 1.5 5.1 8.9 14 19 27 37 47 61	1.4 2.3 7.7 14 21 29 41 56 72 92	无组织排放源上风向设参照点,下风向设监控点	0.15（监控点与参照点浓度差值）
3	颗粒物	22（碳黑尘、染料尘）	15 20 30 40	禁排	0.60 1.0 4.0 6.8	0.87 1.5 5.9 10	周界外浓度最高点②	肉眼不可见
		80③（玻璃棉尘、石英粉尘、矿渣棉尘）	15 20 30 40	禁排	2.2 3.7 14 25	3.1 5.3 21 37	无组织排放源上风向设参照点,下风向设监控点	2.0（监控点与参照点浓度差值）
		150（其他）	15 20 30 40 50 60	2.1 3.5 14 24 36 51	4.1 6.9 27 46 70 100	5.9 10 40 69 110 150	无组织排放源上风向设参照点,下风向设监控点	5.0（监控点与参照点浓度差值）
4	氮氧化物	150	15 20 30 40 50 60 70 80	禁排	0.30 0.51 3.0 4.5 6.4 9.1 12	0.46 0.77 2.6 4.6 6.9 14.19	周界外浓度最高点	0.25
5	铬酸雾	0.080	15 20 30 40 50 60	禁排	0.009 0.015 0.089 0.14 0.19	0.014 0.023 0.178 0.13 0.21 0.29	周界外浓度最高点	0.0075

序号	污染物	最高允许排放浓度（mg/m³）	排气筒高度（m）	最高允许排放速率（kg/h）			无组织排放监控浓度限值	
				一级	二级	三级	监控点	浓度（mg/m³）
6	硫酸雾	1000（火炸药厂） 70（其他）	15 20 30 40 50 60 70 80	禁排	1.8 3.1 10 18 27 39 55 74	2.8 4.6 16 27 41 59 83 110	周界外浓度最高点	1.5
7	氟化物	100（普钙林业） 11（其他）	15 20 30 40 50 60 70 80	禁排	0.12 0.20 0.69 1.2 1.8 2.6 3.6 4.9	0.18 0.31 1.0 1.8 2.7 3.9 5.5 7.5	无组织排放源上风设参照点，下风向设监控点	20μg/m³（监控点与参照点浓度差值）
8	氯气④	85	25 30 40 50 60 70 80	禁排	0.60 1.0 3.4 5.9 9.1 13.3 1.8	0.90 1.5 5.2 9.0 14 20 28	周界外浓度最高点	0.50
9	铅及其化合物	0.90	15 20 30 40 50 60 70 80 90 100	禁排	0.005 0.007 0.031 0.055 0.085 0.12 0.17 0.23 0.31 0.39	0.007 0.011 0.048 0.083 0.13 0.18 0.26 0.35 0.47 0.60	周界外浓度最高点	0.0015
10	汞及其化合物	0.015	15 20 30 40 50 60	禁排	1.8×10^{-3} 3.1×10^{-3} 10×10^{-3} 18×10^{-3} 27×10^{-3} 39×10^{-3}	2.8×10^{-3} 4.6×10^{-3} 16×10^{-3} 27×10^{-3} 41×10^{-3} 59×10^{-3}	周界外浓度最高点	0.0015
11	镉及其化合物	1.0	15 20 30 40 50 60 70 80	禁排	0.060 0.10 0.34 0.59 0.91 1.3 1.8 2.5	0.090 0.15 0.52 0.90 1.4 2.0 2.8 3.7	周界外浓度最高点	0.050
12	铍及其化合物	0.015	15 20 30 40 50 60 70 80	禁排	1.3×10^{-3} 2.2×10^{-3} 7.3×10^{-3} 13×10^{-3} 19×10^{-3} 27×10^{-3} 39×10^{-3} 52×10^{-3}	2.0×10^{-3} 3.3×10^{-3} 11×10^{-3} 19×10^{-3} 29×10^{-3} 41×10^{-3} 58×10^{-3} 79×10^{-3}	周界外浓度最高点	0.0010

序号	污染物	最高允许排放浓度（mg/m³）	排气筒高度（m）	最高允许排放速率(kg/h)			无组织排放监控浓度限值	
				一级	二级	三级	监控点	浓度(mg/m³)
13	镍及其化合物	5.0	15 20 30 40 50 60 70 80	禁排	0.18 0.46 1.6 2.7 4.1 5.5 7.4	0.28 0.46 1.6 2.7 4.1 5.9 8.2 11	周界外浓度最高点	0.050
14	锡及其化合物	10	15 20 30 40 50 60 70 80	禁排	0.36 0.61 2.1 3.5 5.4 7.7 11 15	0.55 0.93 3.1 5.4 8.2 12 17 22	周界外浓度最高点	0.30
15	苯	17	15 20 30 40	禁排	0.60 1.0 3.3 6.0	0.90 1.5 5.2 9.0	周界外浓度最高点	0.50
16	甲苯	60	15 20 30 40	禁排	3.6 6.1 21 36	5.5 9.3 31 54	周界外浓度最高点	3.0
17	二甲苯	90	15 20 30 40	禁排	1.2 2.0 6.9 12	1.8 3.1 10 18	周界外浓度最高点	1.5
18	酚类	115	15 20 30 40 50 60	禁排	0.30 0.51 1.7 3.0 4.5 6.4	0.46 0.77 2.6 4.5 6.9 9.8	周界外浓度最高点	0.25
19	甲醛	30	15 20 30 40 50 60	禁排	0.30 0.51 1.7 3.0 4.5 6.4	0.46 0.77 2.6 4.5 6.9 9.8	周界外浓度最高点	0.25
20	乙醛	150	15 20 30 40 50 60	禁排	0.060 0.10 0.34 0.59 1.3	0.090 0.15 0.52 0.90 1.4 2.0	周界外浓度最高点	0.050
21	丙烯醛	26	15 20 30 40 50 60	禁排	0.91 1.5 5.1 8.9 14 19	1.4 2.3 7.8 13 21 29	周界外浓度最高点	0.75

273

序号	污染物	最高允许排放浓度（mg/m³）	排气筒高度（m）	最高允许排放速率(kg/h)			无组织排放监控浓度限值	
				一级	二级	三级	监控点	浓度(mg/m³)
22	丙烯醛	20	15 20 30 40 50 60	禁排	0.61 1.0 3.4 5.9 9.1 13	0.92 1.5 5.2 9.0 14 20	周界外浓度最高点	0.50
23	氰化氢⑤	2.3	15 20 30 40 50 60 70 80	禁排	0.18 0.31 1.0 1.8 2.7 3.9 5.5	0.18 0.31 1.0 1.8 2.7 3.9 5.5	周界外浓度最高点	0.030
24	甲醇	2.3	15 20 30 40 50 60	禁排	6.1 10 34 59 91 130	9.2 15 52 90 140 200	周界外浓度最高点	15
25	苯胺类	25	15 20 30 40 50 60	禁排	0.61 1.0 3.4 5.9 9.1 13	0.92 1.5 5.2 9.0 14 20	周界外浓度最高点	0.50
26	氯苯类	85	15 20 30 40 50 60 70 80 90 100	禁排	0.67 1.0 2.9 5.0 7.7 11 15 21 17 34	0.92 1.5 4.4 7.6 12 17 23 32 41 52	周界外浓度最高点	0.50
27	硝基苯类	20	15 20 30 40 50 60	禁排	0.060 0.10 0.34 0.59 0.91 1.3	0.090 0.15 0.52 0.90 1.4 2.0	周界外浓度最高点	0.050
28	氯乙烯	65	15 20 30 40 50 60	禁排	0.91 1.5 5.0 8.9 14 19	1.4 2.3 7.8 13 21 29	周界外浓度最高点	0.75
29	苯并[a]芘	$0.50×10^{-3}$（沥青、碳素制品生产和加工）	15 20 30 40 50 60	禁排	$0.06×10^{-3}$ $010×10^{-3}$ $0.34×10^{-3}$ $0.59×10^{-3}$ $0.90×10^{-3}$ $1.3×10^{-3}$	$0.09×10^{-3}$ $015×10^{-3}$ $0.51×10^{-3}$ $0.89×10^{-3}$ $1.4×10^{-3}$ $2.0×10^{-3}$	周界外浓度最高点	$0.01μg/m^3$
30	光气⑥	5.0	25 30 40 50	禁排	0.12 0.20 0.69 1.2	0.18 0.31 1.0 1.8	周界外浓度最高点	0.10

序号	污染物	最高允许排放浓度 (mg/m³)	排气筒高度 (m)	最高允许排放速率(kg/h)			无组织排放 监控浓度限值	
				一级	二级	三级	监控点	浓度(mg/m³)
31	沥青烟	280 (吹制沥青) 80 (熔炼、浸涂) 150(建筑搅拌)	15	0.11	0.22	0.34	生产设备不得有明显无组织排放存在	
			20	0.19	0.36	0.55		
			30	0.82	1.6	2.4		
			40	1.4	2.8	4.2		
			50	2.2	4.3	6.6		
			60	3.0	5.9	9.0		
			70	4.5	8.7	13		
			80	6.2	12	18		
32	石棉尘	2 根(纤维)/cm³ 或 20mg/cm³	15	禁排	0.65	0.98	生产设备不得有明显无组织排放存在	
			20		1.1	1.7		
			30		4.2	6.4		
			40		7.2	11		
			50		11	17		
33	非甲烷总烃	150 (使用溶剂汽油或其他混合烃类物质)	15	6.3	12	18	周界外浓度最高点	5.0
			20	10	20	30		
			30	35	63	100		
			40	61	120	170		

① 一般应于无组织排放源上风向 2～50m 范围内设参考点，排放源下风向 2～50m 范围内设监控点。

② 周界外浓度最高点一般应设于排放源下风向的单位周界外范围内。如预计无组织排放的最大落地浓度点越出 10m 范围，可将监控点移至该预计浓度最高点。

③ 均指含游离二氧化硅 10％以上的各种尘。

④ 排放氯气的排气筒不得低于 25m。

⑤ 排放氰化氢的排气筒不得低于 25m。

⑥ 排放光气的排气筒不得低于 25m。

注：摘自《大气污染物综合排放标准》GB 16297—1996。

附录5　在用锅炉大气污染物排放浓度限制

污染物项目	限值(mg/m³)			污染物排放监控位置
	燃煤锅炉	燃油锅炉	燃气锅炉	
颗粒物	80	60	30	烟囱或烟道
二氧化硫	400 550①	300	100	
氮氧化物	400	400	400	
汞及其化合物	0.05	—	—	
烟气黑度 (林格曼黑度,级)	≤1			烟囱排放口

注：1. 10t/h 以上在用蒸汽锅炉和 7MW 以上在用热水锅炉自 2015 年 10 月 1 日起执行本表规定的大气污染物排放限值。

2. 10t/h 及以下在用蒸汽锅炉和 7MW 及以下在用热水锅炉自 2016 年 7 月 1 日起执行本表规定的大气污染物排放限值。

① 位于广西壮族自治区、重庆市、四川省和贵州省的燃煤锅炉执行该限值。

附录6 新建锅炉大气污染物排放浓度限值

污染物项目	限值(mg/m³)			污染物排放监控位置
	燃煤锅炉	燃油锅炉	燃气锅炉	
颗粒物	50	30	20	烟囱或烟道
二氧化硫	300	200	50	
氮氧化物	300	250	200	
汞及其化合物	0.05	—	—	
烟气黑度 (林格曼黑度,级)	≤1			烟囱排放口

注：自2014年7月1日起，新建锅炉执行本表规定的大气污染物排放限值。

附录7 大气污染物特别排放浓度限值

污染物项目	限值(mg/m³)			污染物排放监控位置
	燃煤锅炉	燃油锅炉	燃气锅炉	
颗粒物	30	30	20	烟囱或烟道
二氧化硫	200	100	50	
氮氧化物	200	200	150	
汞及其化合物	0.05	—	—	
烟气黑度 (林格曼黑度,级)	≤1			烟囱排放口

注：1. 重点地区锅炉执行本表规定的大气污染物特别排放限值。

2. 执行大气污染物特别排放限值的地域范围、时间，由国务院环境保护主管部门或省级人民政府规定。

附录8 大气污染物基准含氧量排放浓度折算方法

实测的锅炉颗粒物、二氧化硫、氮氧化物、汞及其化合物的排放浓度，应执行现行国家标准《锅炉烟尘测试方法》GB 5468 或《固定污染源排气中颗粒物测定与气态污染物采样方法》GB/T 16157 的规定，按下式折算为基准氧含量排放浓度。燃烧设备的基准氧含量按下表的规定执行。

燃烧设备的基准含氧量

锅炉类型	基准氧含量(%)
燃煤锅炉	9
燃油、燃气锅炉	3.5

$$\rho = \rho' \times \frac{21 - \varphi(O_2)}{21 - \varphi'(O_2)}$$

式中　ρ——大气污染物基准氧含量排放浓度，mg/m^3；

ρ'——实测的大气污染物排放浓度，mg/m^3；

$\varphi'(O_2)$——实测的氧含量，%；

$\varphi(O_2)$——基准氧含量，%。

附录9 镀槽边缘控制点的吸入速度 v_x

槽的用途	溶液中主要有害物	溶液温度 (℃)	电流密度 (A/cm²)	v_x (m/s)
镀铬	H_2SO_4、CrO_3	55～58	20～35	0.5
镀耐磨铬	H_2SO_4、CrO_3	68～75	35～70	0.5
镀铬	H_2SO_4、CrO_3	40～50	10～20	0.4
电化学抛光	H_3PO_4、H_2SO_4、CrO_3	70～90	15～20	0.4
电化学腐蚀	H_2SO_4、KCN	15～25	8～10	0.4
氰化镀锌	ZnO、NaCH、NaOH	40～70	5～20	0.4
氰化镀铜	CuCN、NaOH、NaCN	55	2～4	0.4
镍层电化学抛光	H_2SO_4、CrO_3、$C_3H_5(OH)_3$	40～45	15～20	0.4
铝件电抛光	H_3PO_4、$C_3H_5(OH)_3$	85～90	30	0.4
电化学去油	NaOH、Na_2CO_3、Na_3PO_4、Na_2SiO_3	～80	3～8	0.35
阳极腐蚀	H_2SO_4	15～25	3～5	0.35
电化学抛光	H_3PO_4	18～20	1.5～2	0.35
镀隔	NaOH、Na_2SO_4	15～25	1.5～4	0.35
氰化镀锌	ZnO、NaCN、NaOH	15～30	2～5	0.35
镀铜锡合金	NaCN、CuCN、NaOH、Na_2SnO_3	65～70	2～2.5	0.35
镀镍	$NiSO_4$、NaCl	50	3～4	0.35
镀锡(碱)	Na_2SnO_3、NaOH、CH_3COONa、H_2O_2	65～75	1.5～2	0.35
镀锡(滚)	Na_2SnO_3、NaOH、CH_3COONa	70～80	1～4	0.35
镀锡(酸)	Na_2SnO_3、NaOH、H_2SO_4、C_6H_5OH	65～75	0.5～2	0.35
氰化电化学浸蚀	KCN	15～25	3～5	0.35
镀金	$K_4Fe(CN)_6$、Na_2CO_3、$HAuCl_4$	70	4～6	0.35
铝件电抛光	Na_3PO_4	—	20～25	0.35
钢件电化学氧化	NaOH	80～90	5～10	0.35
退铬	NaOH	室温	5～10	0.35
酸性镀铜	$CuSO_4$、H_2SO_4	15～25	1～2	0.3
氰化镀黄铜	CuCN、NaCN、Na_2SO_3、$Zn(CN)_2$	20～30	0.3～0.5	0.3
氰化镀黄铜	CuCN、NaCN、NaOH、Na_2CO_3、$Zn(CN)_2$	15～25	1～1.5	0.3
镀镍	$NiSO_4$、Na_2SO_4、NaCl、$MgSO_4$	15～25	0.5～1	0.3
镀锡铅合金	Pb、Sn、H_3BO_4、HBF_4	15～25	1～1.2	0.3
电解纯化	Na_2CO_3、K_2CrO_4、H_2CO_3	20	1～6	0.3
铝阳极氧化	H_2SO_4	15～25	0.8～2.5	0.3
铝件阳极绝缘氧化	C_2H_4O	20～45	1～5	0.3
退铜	H_2SO_4、CrO_3	20	3～8	0.3
退镍	H_2SO_4、$C_3H_5(OH)_3$	20	3～8	0.3
化学去油	NaOH、Na_2CO_3、Na_3PO_4	—	—	0.3
黑镍	$NiSO_4$、$(NH_4)_2SO_4$、$ZnSO_4$	15～25	0.2～0.3	0.25
镀银	KCN、AgCl	20	0.5～1	0.25
预镀银	KCN、K_2CO_3	15～25	1～2	0.25
镀银后黑化	Na_2S、Na_2SO_3、$(CH_3)_2CO$	15～25	0.08～0.1	0.25
镀铍	$BeSO_3$、$(NH_4)_6Mo_7O_{24} \cdot 4H_2O$	15～25	0.005～0.02	0.25
镀金	KCN	20	0.1～0.2	0.25
镀钯	Pa、NH_4Cl、NH_4OH、NH_3	20	0.25～0.5	0.25
铝件铬酐阳极氧化	CrO_3	15～25	0.01～0.02	0.25
退银	AgCl、KCN、Na_2CO_3	20～30	0.3～0.1	0.25
退锡	NaOH	60～75	1	0.25
热水槽	水蒸气	＞50	—	0.25

注：v_x根据溶液浓度、成分、温度和电流密度等因素综合确定。

附录10 通风管道单位长度摩擦阻力线算图

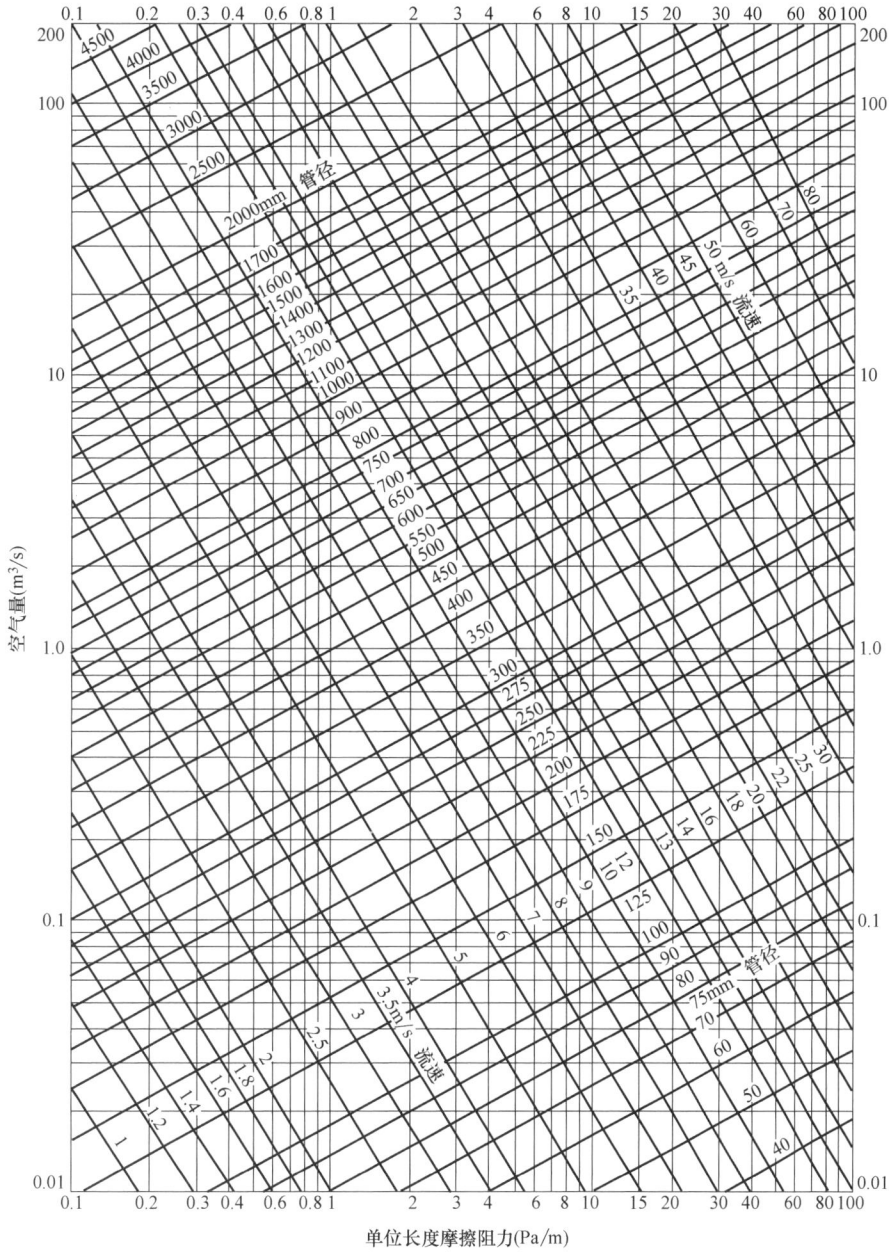

附录11 部分常见管件的局部阻力系数

序号	名称	图形和断面	局部阻力系数ζ(ζ值以图中所示的速度v计算)

1 (管边尖锐)伞形风帽

	h/D_0										
	0.1	0.2	0.3	0.4	0.5	0.6	0.7	0.8	0.9	1.0	∞
进风	2.63	1.83	1.53	1.39	1.31	1.19	1.15	1.08	1.07	1.06	1.06
排风	4.00	2.30	1.60	1.30	1.15	1.10	—	1.00	—	1.00	—

2 带扩散管的伞形风帽

	0.1	0.2	0.3	0.4	0.5	0.6	0.7	0.8	0.9	1.0	∞
进风	1.32	0.77	0.60	0.48	0.41	0.30	0.29	0.28	0.25	0.25	0.25
排风	2.60	1.30	0.80	0.7	0.60	0.60	—	0.60	—	0.60	—

3 渐扩管

$\dfrac{F_1}{F_0}$	α				
	10°	15°	20°	25°	30°
1.25	0.02	0.03	0.05	0.06	0.07
1.50	0.03	0.06	0.10	0.12	0.13
1.75	0.05	0.09	0.14	0.17	0.19
2.00	0.06	0.13	0.20	0.23	0.26
2.25	0.08	0.16	0.26	0.38	0.33
3.50	0.09	0.19	0.30	0.36	0.39

4 渐扩管

α	22.5°	30°	45°	90°
ζ_1	0.6	0.8	0.9	1.0

5 突扩

$\dfrac{F_1}{F_2}$	0	0.1	0.2	0.3	0.4	0.5	0.6	0.7	0.9	1.0
ζ_1	1.0	0.81	0.64	0.49	0.36	0.25	0.16	0.09	0.01	0

6 突缩

$\dfrac{F_2}{F_1}$	0	0.1	0.2	0.3	0.4	0.5	0.6	0.7	0.9	1.0
ζ_2	0.5	0.47	0.42	0.38	0.34	0.30	0.25	0.20	0.09	0

7 渐缩管

当 $\alpha \leqslant 45°$ 时　$\zeta = 0.10$

8 伞形罩

α	20°	40°	60°	90°	120°
圆形	0.11	0.06	0.09	0.16	0.27
矩形	0.19	0.13	0.16	0.25	0.33

序号	名称	图形和断面	局部阻力系数 ζ（ζ 值以图中所示的速度 v 计算）											

| 9 | 圆（方）弯管 | | |

10 矩形弯头

r/b	a/b										
	0.25	0.5	0.75	1.0	1.5	2.0	3.0	4.0	5.0	6.0	8.0
0.5	1.5	1.4	1.3	1.2	1.1	1.0	1.0	1.1	1.1	1.2	1.2
0.75	0.57	0.52	0.48	0.44	0.40	0.39	0.39	0.40	0.42	0.43	0.44
1.0	0.27	0.25	0.23	0.21	0.19	0.18	0.18	0.19	0.20	0.27	0.21
1.5	0.22	0.20	0.19	0.17	0.15	0.14	0.14	0.15	0.16	0.17	0.17
2.0	0.20	0.18	0.16	0.15	0.14	0.13	0.13	0114	0.14	0.15	0.15

11 板弯头带导叶

单叶式 ζ＝0.35
双叶式 ζ＝0.10

12 乙形管

l_0/D_0	0	1.0	2.0	3.0	4.0	5.0	6.0
R_0/D_0	0	1.90	3.74	5.60	7.46	9.30	11.3
ζ	0	0.15	0.15	0.16	0.16	0.16	0.16

13 乙形弯

l/b_0	0	0.4	0.6	0.8	1.0	1.2	1.4	1.6	1.8	2.0
ζ	0	0.62	0.89	1.61	2.63	3.61	4.01	4.18	4.22	4.18
l/b_0	2.4	2.8	3.2	4.0	5.0	6.0	7.0	9.0	10.0	∞
ζ	3.75	3.31	3.20	3.08	2.92	2.80	2.70	2.5	2.41	2.30

14 Z形弯

l/b_0	0	0.4	0.6	0.8	1.0	1.2	1.4	1.6	1.8	2.0
ζ	1.15	2.40	2.90	3.31	3.44	3.40	3.36	3.28	3.20	3.11
l/b_0	2.4	2.8	3.2	4.0	5.0	6.0	7.0	9.0	10.0	∞
ζ	3.16	3.18	3.15	3.00	2.89	2.78	2.70	2.50	2.41	2.30

15 合流三通

$F_1+F_2=F_3$
$\alpha=30°$

局部阻力系数 $\zeta\left(\begin{matrix}\zeta_1\\\zeta_2\end{matrix}$ 值以图中所示速度 $\begin{matrix}v_1\\v_2\end{matrix}$ 计算$\right)$

F_2/F_3	L_2/L_3											
	0.00	0.03	0.05	0.1	0.2	0.3	0.4	0.5	0.6	0.7	0.8	1.0
	ζ_2											
0.06	−1.13	−0.07	−0.30	+1.82	10.1	23.3	41.5	65.2	—	—	—	—
0.10	−1.22	−1.00	−0.76	+0.02	2.88	7.34	13.4	21.1	29.4	—	—	—
0.20	−1.50	−1.35	−1.22	−0.84	0.05	+1.4	2.70	4.46	6.48	8.70	11.4	17.3
0.33	−2.00	−1.80	−1.70	−1.40	−0.72	−0.12	+0.52	1.20	1.89	2.56	3.30	4.80
0.50	−3.00	−2.80	−2.6	−2.24	−1.44	−0.91	−0.36	0.14	0.56	0.84	1.18	1.53
	ζ_1											
0.01	0	0.06	0.04	−0.10	−0.81	−2.10	−4.07	−6.60	—	—	—	—
0.10	0.01	0.10	0.08	0.04	−0.33	−1.05	−2.14	−3.60	5.40	—	—	—
0.20	0.06	0.10	0.13	0.16	0.06	−0.24	−0.73	−1.40	−2.30	−3.34	−3.59	−8.64
0.33	0.42	0.45	0.48	0.51	0.52	+0.32	+0.07	−0.32	−0.83	−1.47	−2.19	−4.00
0.50	1.40	1.40	1.40	1.36	1.26	1.09	+0.86	+0.53	0.15	−0.52	−0.82	−2.07

283

序号	名称	图形和断面	局部阻力系数 $\zeta\left(\dfrac{\zeta_1}{\zeta_2}\text{值以图中所示速度}\dfrac{v_1}{v_2}\text{计算}\right)$

16　合流三通(分支管)

图形和断面：$v_1 F_1 L_1 \rightarrow$ ， $v_3 F_3 L_3$ ，$v_2 F_2 L_2$ ，α；$F_1+F_2>F_3$，$F_1=F_3$，$\alpha=30°$

$\dfrac{L_2}{L_3}$	\multicolumn{7}{c}{F_2/F_3，ζ_2}
	0.1	0.2	0.3	0.4	0.6	0.8	1.0
0	−1.00	−1.00	−1.00	−1.00	−1.00	−1.00	−1.00
0.1	+0.21	−0.46	−0.57	−0.60	−0.62	−0.63	−0.63
0.2	3.1	+0.37	−0.06	−0.20	−0.28	−0.30	−0.35
0.3	7.6	1.5	+0.50	+0.20	+0.05	−0.08	−0.10
0.4	13.50	2.95	1.15	0.59	0.26	+0.18	+0.16
0.5	21.2	4.58	1.78	0.97	0.44	0.35	0.27
0.6	30.4	6.42	2.60	1.37	0.64	0.46	0.31
0.7	41.3	8.5	3.40	1.77	0.76	0.56	0.40
0.8	53.8	11.5	4.22	2.14	0.85	0.53	0.45
0.9	58.0	14.2	5.30	2.58	0.89	0.52	0.40
1.0	83.7	17.3	6.33	2.92	0.89	0.39	0.27

17　合流三通(直管)

图形和断面：$v_1 F_1 L_1 \rightarrow$ ， $v_3 F_3 L_3$ ，$v_2 F_2 L_2$ ，α；$F_1+F_2>F_3$，$F_1=F_3$，$\alpha=30°$

$\dfrac{L_2}{L_3}$	\multicolumn{7}{c}{F_2/F_3，ζ_1}
	0.1	0.2	0.3	0.4	0.6	0.8	1.0
0	0.00	0	0	0	0	0	0
0.1	0.02	0.11	0.13	0.15	0.16	0.17	0.17
0.2	−0.33	0.01	0.13	0.18	0.20	0.24	0.29
0.3	−1.10	−0.25	−0.01	+0.10	0.22	0.30	0.35
0.4	−2.15	−0.75	−0.30	−0.05	0.17	0.26	0.36
0.5	−3.60	−1.43	−0.70	−0.35	0.00	0.21	0.32
0.6	−5.40	−2.35	−1.25	−0.70	−0.20	+0.06	0.25
0.7	−7.60	−3-40	−1.95	−1.2	−0.50	−0.15	+0.10
0.8	−10.1	−4.61	−2.74	−1.82	−0.90	−0.43	−0.15
0.9	−13.0	−6.02	−3.70	−2.55	−1.40	−0.80	−0.45
1.0	−16.30	−7.70	−4.75	−3.35	−1.90	−1.17	−0.75

18　合流三通

图形和断面：$F_2 L_2 v_2$ ，$F_1 L_1 v_1$ ，$F_3 L_3 v_3$ ，$45°$

ζ 支管 ζ_{31}(对应 v_3)

$\dfrac{F_2}{F_1}$	$\dfrac{F_3}{F_1}$	\multicolumn{10}{c}{L_3/L_2}
		0.2	0.4	0.6	0.8	1.0	1.2	1.4	1.6	1.8	2.0
0.3	0.2	−2.4	−0.01	2.0	3.8	5.3	6.6	7.8	8.9	9.8	11
	0.3	−2.8	−1.2	0.12	1.1	1.9	2.6	3.2	3.7	4.2	4.6
0.4	0.2	−1.2	0.93	2.8	4.5	5.9	7.2	8.4	9.5	10	11
	0.3	−1.6	−0.27	0.81	1.7	2.4	3.0	3.6	4.1	4.5	4.9
	0.4	−1.8	−0.72	0.07	0.66	1.1	1.5	1.8	2.1	2.3	2.5
0.5	0.2	−0.46	1.5	3.3	4.9	6.4	7.7	8.8	9.9	11	12
	0.3	−0.94	0.25	1.2	2.0	2.7	3.3	3.8	4.2	4.7	5.0
	0.4	−1.1	−0.24	0.42	0.92	1.3	1.6	1.9	2.1	2.3	2.5
	0.5	−1.2	−0.38	0.18	0.58	0.88	1.1	1.3	1.5	1.5	1.7
0.6	0.2	−0.55	1.3	3.1	4.7	6.1	7.4	8.6	9.6	11	12
	0.3	−1.1	0	0.88	1.6	2.3	2.8	3.3	3.7	4.1	4.5
	0.4	−1.2	−0.48	0.10	0.54	0.89	1.2	1.4	1.6	1.8	2.0
	0.5	−1.3	−0.62	−0.14	0.21	0.47	0.68	0.85	0.99	1.1	1.2
	0.6	−1.3	−0.69	−0.26	0.04	0.26	0.42	0.57	0.66	0.75	0.82
0.8	0.2	0.06	1.8	3.5	5.1	6.5	7.8	8.9	10	11	12
	0.3	−0.52	0.35	1.1	1.7	2.3	2.8	3.2	3.6	3.9	4.2
	0.4	−0.67	−0.05	0.43	0.80	1.1	1.4	1.6	1.8	1.9	2.1
	0.6	−0.75	−0.27	0.05	0.28	0.45	0.58	0.68	0.76	0.83	0.88
	0.7	−0.77	−0.31	−0.02	0.18	0.32	0.43	0.50	0.56	0.61	0.65
	0.8	−0.78	−0.34	−0.07	0.12	0.24	0.33	0.39	0.44	0.47	0.50
1.0	0.2	0.40	2.1	3.7	5.2	6.6	7.8	9.0	11	11	12
	0.3	−0.21	0.54	1.2	1.8	2.3	2.7	3.1	3.7	3.7	4.0
	0.4	−0.33	0.21	0.62	0.96	1.2	1.5	1.7	2.0	2.0	2.1
	0.5	−0.38	0.05	0.37	0.60	0.79	0.93	1.1	1.2	1.2	1.3
	0.6	−0.41	−0.02	0.23	0.42	0.55	0.66	0.73	0.80	0.85	0.89
	0.8	−0.44	−0.10	0.11	0.24	0.33	0.39	0.43	0.46	0.47	0.48
	1.0	−0.46	−0.14	0.05	0.16	0.23	0.27	0.29	0.30	0.30	0.29

序号	名称	图形	ζ											

序号18 合流三通

直管 ζ_{21}（对应 v_2）

$\dfrac{F_2}{F_1}$	$\dfrac{F_3}{F_1}$	L_3/L_2									
		0.2	0.4	0.6	0.8	1.0	1.2	1.4	1.6	1.8	2.0
0.3	0.2	5.3	−0.01	2.0	1.1	0.34	−0.20	−0.61	−0.93	−1.2	−1.4
	0.3	5.4	3.7	2.5	1.6	1.0	0.53	0.16	−0.14	−0.38	−0.58
0.4	0.2	1.9	1.1	0.46	−0.07	−0.49	−0.83	−1.1	−1.3	−1.5	−1.7
	0.3	2.0	1.4	0.81	0.42	0.08	−0.20	−0.43	−0.62	−0.78	−0.92
	0.4	2.0	1.5	1.0	0.68	0.39	0.16	−0.04	−0.21	−0.35	−0.47
0.5	0.2	0.77	0.34	−0.09	−0.48	−0.81	−1.1	1.3	−1.5	−1.7	−1.8
	0.3	0.85	0.56	0.25	0.03	−0.27	−0.48	−0.67	−0.82	−0.96	−1.1
	0.4	0.88	0.66	0.43	0.21	0.02	−0.15	−0.30	−0.42	−0.54	−0.64
	0.5	0.91	0.73	0.54	0.36	0.21	0.06	−0.06	−0.17	−0.26	−0.35

序号19 通风机出口变径管

α	A_0/A_1					
	1.5	2	2.5	3	3.5	4
10°	0.08	0.09	0.1	0.1	0.11	0.11
15°	0.1	0.11	0.12	0.13	0.11	0.15
20°	0.12	0.14	0.15	0.16	0.17	0.18
25°	0.15	0.18	0.21	0.23	0.25	0.26
30°	0.18	0.25	0.3	0.33	0.35	0.35
35°	0.21	0.31	0.38	0.41	0.43	0.44

序号20 分流三通

局部阻力系数 ζ（ζ 值以图内所示的速度 v 计算）

支管道（对应 v_3）

v_3/v_1	0.2	0.4	0.6	0.7	0.8	0.9	1.0	1.1	1.2
$\zeta_{1,3}$	0.76	0.60	0.52	0.50	0.51	0.52	0.56	0.6	0.68
v_3/v_1	1.4	1.6	1.8	2.0	2.2	2.4	2.6	2.8	3.0
$\zeta_{1,3}$	0.86	1.1	1.4	1.8	2.2	2.6	3.1	3.7	4.2

主管道（对应 v_2）

v_2/v_1	0.2	0.4	0.6	0.8	1.0	1.2	1.4	1.6	1.8	2.0
ζ_{12}	0.14	0.06	0.05	0.09	0.18	0.30	0.46	0.64	0.84	1.0

序号21 90°矩形断面吸入三通

$\dfrac{L_2}{L_1}$	$\dfrac{F_2}{F_3}$			$\dfrac{F_2}{F_3}$	
	0.25	0.50	1.0	0.5	1.0
	ζ_2（对应 v_2）			ζ_3（对应 v_3）	
0.1	−0.6	−0.6	−0.6	0.20	0.20
0.2	0.0	−0.2	−0.3	0.20	0.22
0.3	0.4	0.0	−0.1	0.10	0.25
0.4	1.2	0.5	0.0	0.0	0.24
0.5	2.3	0.40	0.1	−0.1	0.20
0.6	3.6	0.70	0.2	−0.2	0.18
0.7	—	1.0	0.3	−0.3	0.15
0.8	—	1.5	0.4	−0.4	0.00

序号22 矩形三通

F_2/F_1	0.5	1
分流	0.304	0.247
合流	0.233	0.072

285

続表

序号	名称	图形和断面	局部阻力系数 ζ（ζ值以图中所示的速度 v 计算）

23 圆形三通

合流($R_0/D_1=2$)

L_3/L_1	0	0.10	0.20	0.30	0.40	0.50	0.60	0.70	0.80	0.90	1.0
ζ_1	−0.13	−0.10	−0.07	−0.03	0	+0.03	0.03	0.03	0.03	0.05	0.08

分流($F_3/F=0.5, L_3/L_1=0.5$)

R_0/D_1	0.5	0.75	1.0	1.5	2.0
ζ_1	1.10	0.60	0.40	0.25	0.20

24 直角三通

v_2/v_1	0.6	0.8	1.0	1.2	1.4	1.6
ζ_{12}	1.18	1.32	1.50	1.72	1.98	2.28
ζ_{21}	0.6	0.8	1.0	1.6	1.9	2.5

25 矩形送出三通

$v_2/v_1<1$ 时可不计，$v_2/v_1\geq1.0$ 时

x	0.25	0.5	0.75	1.0	1.25
ζ_2	0.21	0.07	0.05	0.15	0.36
ζ_3	0.30	0.20	0.30	0.4	0.65

表中：$x=\left(\dfrac{v_3}{v_1}\right)\times\left(\dfrac{a}{b}\right)^{1/4}$

$\Delta P=\zeta\dfrac{\rho v_1^2}{2}$

26 矩形吸入三通

v_1/v_3	0.4	0.6	0.8	1.0	1.2	1.5
$\dfrac{F_1}{F_3}=0.75$	−1.2	−0.3	0.35	0.8	1.1	—
0.67	−1.7	−0.9	−0.3	0.1	0.45	0.7
0.60	−2.1	−0.3	−0.8	0.4	0.1	0.2
ζ_2	−1.3	−0.9	−0.5	0.1	0.55	1.4

$\Delta P=\zeta\dfrac{\rho v_3^2}{2}$

27 侧孔吸风

$\dfrac{F_2}{F_1}$	\multicolumn{5}{c}{L_2/L_0 (ζ_0)}
	0.1	0.2	0.3	0.4	0.5
0.1	0.8	1.3	1.4	1.4	1.4
0.2	−1.4	0.9	1.3	1.4	1.4
0.4	−9.5	0.2	0.9	1.2	1.3
0.6	−21.2	−2.5	0.3	1.0	1.2

$\dfrac{F_2}{F_1}$	\multicolumn{4}{c}{L_2/L_0 (ζ_1)}
	0.1	0.2	0.3	0.4
0.1	0.1	−0.1	−0.8	−2.6
0.2	0.1	0.2	−0.01	−0.6
0.4	0.2	0.3	0.3	0.2
0.6	0.2	0.3	0.4	0.4

28 调节式送风口

α	30°	40°	50°	60°	70°	80°	90°	100°	110°
流线型叶片	6.4	2.7	1.7	1.6	—	—	—	—	—
简易叶片	—	—	—	1.2	1.2	1.4	1.8	2.4	3.5

29 带外挡板的缝形送风口条

v_1/v_0	0.6	0.8	1.0	1.2	1.5	2.0
ζ_1	2.73	3.3	4.0	4.9	6.5	10.4

30 侧面送风口

$\zeta=2.04$

序号	名称	图形和断面	局部阻力系数 ζ（ζ值以图内所示的速度 v 计算）

31　45°的固定金属百叶窗

F_1/F_0	0.1	0.2	0.3	0.4	0.5	0.6	0.7	0.8	0.9	1.0
进风	—	45	17	6.8	4.0	2.3	1.4	0.9	0.6	0.5
排风	—	58	24	13	8.0	5.3	3.7	2.7	2.0	1.5

F_0—净面积

32　单面空气分布器

当网格净面积为80%时　$r=0.2D$　$R=1.2D$
$b=0.7D$　$l=1.25D$
$\zeta=1.0$　$K=1.8D$

33　侧面孔口（最后孔口）

F/F_0	0.2	0.3	0.4	0.5	0.6	0.7	0.8	0.9	1.0	1.2	1.4	1.6	1.8
送出 单孔 ζ	65.7	30.0	16.4	10.0	7.30	5.50	4.48	3.67	3.16	2.44	—	—	—
送出 双孔 ζ	67.7	33.0	17.2	11.6	8.45	6.80	5.86	5.00	4.38	3.47	2.90	2.52	2.25
吸入 单孔 ζ	64.5	30.0	14.9	9.11	6.27	4.54	3.54	2.70	2.28	1.60	—	—	—
吸入 双孔 ζ	65.5	36.5	17.0	12.0	8.75	6.85	5.50	4.54	3.84	2.76	2.01	1.40	1.10

34　墙孔

l/h	0.0	0.2	0.4	0.6	0.8	1.0	1.2	1.4	1.6	1.8	2.0	4.0
ζ	2.83	2.72	2.60	2.34	1.95	1.76	1.67	1.62	1.6	1.6	1.55	1.55

35　孔板送风口

v	开孔率 0.2	0.3	0.4	0.5	0.6
0.5	30	12	6.0	3.6	2.3
1.0	33	13	6.8	4.1	2.7
1.5	35	14.5	7.4	4.6	3.0
2.0	39	15.5	7.8	4.9	3.2
2.5	40	16.5	8.3	5.2	3.4
3.0	41	17.5	8.8	5.5	3.7

$$\Delta P=\zeta \frac{v^2\rho}{2}$$
v 为面风速

36　插板阀

ζ（相应风速为管内风速 v_0）

h/D_0	0	0.1	0.125	0.2	0.3	0.4	0.5	0.6	0.7	0.8	0.9	1.0
圆管 F_h/F_0	0	—	0.16	0.25	0.38	0.50	0.61	0.71	0.81	0.90	0.96	1.0
圆管 ζ	∞		97.9	35.0	10.0	4.60	2.06	0.98	0.44	0.17	0.06	0
矩形管 ζ	∞	193	—	44.5	17.8	8.12	4.02	2.08	0.95	0.39	0.09	0

附录12 通风管道统一规格

一、圆形通风管道规格

外径D（mm）	钢板制风管		塑料制风管		外径D（mm）	除尘风管		气密性风管	
	外径允许偏差（mm）	壁厚（mm）	外径允许偏差（mm）	壁厚（mm）		外径允许偏差（mm）	壁厚（mm）	外径允许偏差（mm）	壁厚（mm）
100	±1	0.5	±1	3.0	80／90／100	±1	1.5	±1	2.0
120					110／120				
140					(130)／140				
160					(150)／160				
180					(170)／180				
200					(190)／200				
220		0.75	±1	4.0	(210)／220				
250					(240)／250				
280					(260)／280				
320					(300)／320				
360					(340)／360				
400					(380)／400				
450					(420)／450				
500					(480)／500				
560		1.0	±1.5	5.0	(530)／560		2.0		3.0～4.0
630					(600)／630				
700					(670)／700				
800					(750)／800				
900					(850)／900				
1000					(950)／1000				
1120					(1060)／1120				
1250		1.2～1.5		6.0	(1180)／1250				
1400					(1320)／1400				
1600					(1500)／1600		3.0		4.0～6.0
1800					(1700)／1800				
2000					(1900)／2000				

二、矩形通风管道规格

外边长 a×b (mm)	钢板制风管		塑料制风管	
	外边长允许偏差 (mm)	壁厚 (mm)	外边长允许偏差 (mm)	壁厚 (mm)
120×120	−2	0.5	−2	3.0
160×120	−2	0.5	−2	3.0
160×160	−2	0.5	−2	3.0
220×120	−2	0.5	−2	3.0
200×160	−2	0.5	−2	3.0
200×200	−2	0.5	−2	3.0
250×120	−2	0.75	−2	3.0
250×160	−2	0.75	−2	3.0
250×200	−2	0.75	−2	3.0
250×250	−2	0.75	−2	3.0
320×160	−2	0.75	−2	3.0
320×200	−2	0.75	−2	3.0
320×250	−2	0.75	−2	3.0
320×320	−2	0.75	−2	3.0
400×200	−2	0.75	−2	3.0
400×250	−2	0.75	−2	3.0
400×320	−2	0.75	−2	3.0
400×400	−2	0.75	−2	3.0
500×200	−2	0.75	−2	4.0
500×250	−2	0.75	−2	4.0
500×320	−2	0.75	−2	4.0
500×400	−2	0.75	−2	4.0
500×500	−2	0.75	−2	4.0
630×250	−2	1.0	−3.0	5.0
630×320	−2	1.0	−3.0	5.0
630×400	−2	1.0	−3.0	5.0
630×500	−2	1.0	−3	5.0
630×630	−2	1.0	−3	5.0
800×320	−2	1.0	−3	5.0
800×400	−2	1.0	−3	5.0
800×500	−2	1.0	−3	5.0
800×630	−2	1.0	−3	5.0
800×800	−2	1.0	−3	5.0
1000×320	−2	1.0	−3	6.0
1000×400	−2	1.0	−3	6.0
1000×500	−2	1.0	−3	6.0
1000×630	−2	1.0	−3	6.0
1000×800	−2	1.0	−3	6.0
1000×1000	−2	1.0	−3	6.0
1250×400	−2	1.0	−3	6.0
1250×500	−2	1.0	−3	6.0
1250×630	−2	1.0	−3	6.0
1250×800	−2	1.0	−3	6.0
1250×1000	−2	1.0	−3	6.0
1600×500	−2	1.2	−3	8.0
1600×630	−2	1.2	−3	8.0
1600×800	−2	1.2	−3	8.0
1600×1000	−2	1.2	−3	8.0
1600×1250	−2	1.2	−3	8.0
2000×800	−2	1.2	−3	8.0
2000×1000	−2	1.2	−3	8.0
2000×1250	−2	1.2	−3	8.0

注：1. 本通风管道统一规格系经"通风管道定型化"审查会议通过，作为通用规格在全国使用。
2. 除尘、气密性风管规格中分基本系列和辅助系列，应优先采用基本系列。

附录 13　粉尘的爆炸浓度下限

名　　称	浓度(g/m³)	名　　称	浓度(g/m³)	名　　称	浓度(g/m³)	名　　称	浓度(g/m³)
铝粉末	85.0	饲粉粉末	7.6	萘	2.5	六次甲基四胺	15.0
蒽	5.0	咖啡	42.8	燕麦	30.2	棉花	25.2
硝酸纤维素塑料尘末	8.0	染料	270.0	麦糠	10.1	菊苣(蒲公英属)	45.4
豌豆粉	25.2	马铃薯淀粉	40.3	沥青	15.0	茶叶末	32.8
二苯基	12.5	玉蜀黍	37.8	甜菜糖	8.9	兵豆	10.1
木屑	65.0	木质	30.2	甘草尘土	20.2	虫胶	15.0
渣饼	20.2	亚麻皮屑	16.7	硫黄	2.3	一级硬橡胶尘末	7.6
工业用酪蛋白	32.8	玉蜀黍粉	12.6	硫矿粉	13.9	谷仓尘末	227.0
樟脑	10.0	硫的磨碎粉末	10.1	页岩粉	58.0	电子尘	30.0
煤末	114.0	奶粉	7.6	烟草末	68.0		
松香	5.0	面粉	30.2	泥炭粉	10.1		

附录14 气体和蒸气的爆炸极限浓度

名称	气体、蒸气相对密度	爆炸浓度				生产类别	发火点（℃）
		按体积（%）		按质量（mg/m³）			
		下限	上限	下限	上限		
氨	0.59	16.00	27.00	111.20	187.70	乙	
乙炔	0.90	3.50	82.00	37.20	870.00	甲	
汽油	3.15	1.00	6.00	37.20	223.20	甲	−50～+30
苯	2.77	1.50	9.50	49.10	31.00	甲	−50～+10
氢	0.07	9.15	75.00	3.45	62.50	甲	
水煤气	0.54	12.00	66.00	81.50	423.50	乙	
发生炉煤气	2.90	20.70	73.70	221.00	755.00	乙	
高炉煤气	—	35.00	74.00	315.00	666.00	乙	
甲烷	0.55	5.00	16.00	32.60	104.20	甲	
甲苯	3.20	1.20	7.00	45.50	266.00	甲	
丙烷	1.52	2.30	9.50	41.50	170.50	甲	
乙烷	1.03	3.00	15.00	30.10	180.50	甲	
戊烷	2.49	1.40	8.00	41.50	237.00	甲	−10
丁烷	2.00	1.60	8.50	38.00	201.50	甲	
丙酮	2.00	2.90	13.00	69.00	308.00	甲	−17
二氯乙烯	3.55	9.70	12.80	386.00	514.00	甲	+6
氯化乙烯	—	3.00	80.00	54.00	144.00	甲	
照明气	0.50	8.00	24.50	47.05	145.20	甲	
乙醇	1.59	3.50	18.00	66.20	340.10	甲	+9～+32
丙醇	2.10	2.50	8.70	62.30	226.00	甲	+22～+45
煤油	—	1.40	7.50	—	—	甲	+28
硫化氢	1.19	4.30	45.50	60.50	642.20	甲	
二硫化碳	2.60	1.90	81.30	58.80	250.00	甲	−43
甲醇	—	6.00	36.50	78.50	478.00	甲	−1～+32
丁醇	—	3.10	10.20	94.00	309.00	甲	+27～+34
乙烯	0.97	3.00	34.00	34.80	392.00	甲	
丙烯	1.45	2.00	11.00	34.40	190.00	甲	
松节油	—	0.80	—	44.50	—	乙	

注：根据生产过程中火灾危险性的特征，分为甲、乙、丙、丁、戊五种生产类别。

参 考 文 献

[1] 国家安全生产监督管理总局. 铸造防尘技术规程：GB 8959—2007 [S]. 北京：中国标准出版社，2007.

[2] 中华人民共和国住房和城乡建设部. 工业建筑供暖通风与空气调节设计规范：GB 50019—2015 [S]. 北京：中国计划出版社，2016.

[3] 中华人民共和国卫生部. 工业企业设计卫生标准：GBZ 1—2010 [S]. 北京：人民卫生出版社，2010.

[4] 国家卫生健康委员会. 工作场所有害因素职业接触限值 第1部分：化学有害因素：GBZ 2.1—2019 [S]. 北京：中国标准出版社，2020.

[5] 陆耀庆. 实用供热空调设计手册 [M]. 2版. 北京：中国建筑工业出版社，2008.

[6] 冶金工业部建设协调司，中国冶金建设协会. 钢铁企业采暖通风设计手册 [M]. 北京：冶金工业出版社. 1996.

[7] 许居鹓. 机械工业采暖通风与空调设计手册 [M]. 上海：同济大学出版社，2007.

[8] 张殿印，王纯，俞非漉. 袋式除尘技术 [M]. 北京：冶金工业出版社，2008.

[9] 王俊民. 电除尘工程手册 [M]. 北京：中国标准出版社，2007.

[10] 孙一坚. 简明通风设计手册 [M]. 北京：中国建筑工业出版社，1996.

[11] 中国劳动保护科学技术学会工业防尘专业委员会. 工业防尘手册 [M]. 北京：劳动人事出版社，1989.

[12] 林太郎. 工厂通风 [M]. 张本华，孙一坚，译. 北京：中国建筑工业出版社，1986.

[13] 陈明绍，吴光兴，张大中. 除尘技术的基本理论与应用 [M]. 北京：中国建筑工业出版社，1981.

[14] 嵇敬文. 工厂污染物质通风控制的原理和方法 [M]. 北京：中国工业出版社，1965.

[15] 郝吉明，马广大，等. 大气污染控制工程 [M]. 北京：高等教育出版社，1989.

[16] D. J. 克鲁姆，B. M. 罗伯茨. 建筑物空气调节与通风 [M]. 陈在康，尹业良，陆龙文，等，译. 北京：中国建筑工业出版社，1982.

[17] 魏润柏. 通风工程空气流动理论 [M]. 北京：中国建筑工业出版社，1981.

[18] B. B. 巴图林. 工业通风原理 [M]. 刘永年，译. 北京：中国工业出版社，1965.

[19] 嵇敬文. 除尘器 [M]. 北京：中国建筑工业出版社，1981.

[20] 谭天祐，梁凤珍. 工业通风防尘技术 [M]. 北京：中国建筑工业出版社，1984.

[21] 北京市设备安装工程公司，等. 全国通用通风管道计算表 [M]. 北京：中国建筑工业出版社，1977.

[22] 北京钢铁学院. 气力输送装置 [M]. 北京：人民交通出版社，1974.

[23] 《铸造车间通风除尘技术》编写组. 铸造车间通风除尘技术 [M]. 北京：机械工业出版社，1983.

[24] 沈恒根，叶龙，许晋源，等. 旋风分离器平衡粒径模型 [J]. 动力工程学报. 1996，16 (1)：33-36.

[25] 陈秉林，侯辉. 供热、锅炉房及其环保设计技术措施 [M]. 北京：中国建筑工业出版社，1989.

[26] 北京市环境保护科学研究所. 大气污染防治手册 [M]. 上海：上海科学技术出版社，1987.

[27] ASHRAE. Equipment Handbook [M]. Atlanta：ASHRAE，1979.

[28] 江熊. 工业防毒技术 [M]. 北京：化学工业出版社，1982.

[29] 北京大学化学系. 化学工程基础 [M]. 北京：人民教育出版社，1979.

[30] 上海师范学院. 化工基础 [M]. 北京：人民教育出版社，1980.

[31] 周谟仁. 流体力学泵与风机 [M]. 3版. 北京：中国建筑工业出版社，1994.

[32] V. V. BATURIN. Fundamentals of Industrial Ventilation [M]. Third Edition. Oxford：Pergamon Press，1972.

[33] 强天伟. 通风空调设备用蒸发冷却节能技术的研究 [D]. 上海：东华大学，2007.

[34] 刘建麟，郑熔堃，钟佳定，等. 风与诱导气流协同影响半开放厂房扬尘的评估 [J]. 安全与环境学报，2022，22（6）：3370-3378.

[35] 广州森电机电设备有限公司. 制冷式除湿机的工作原理 [EB/OL]. （2010-08-20）[2024-12-15]. http://www.cn-sen.com/news-100-.html.

[36] 刘德一. 冷冻除湿机优化设计及实验研究 [D]. 杭州：中国计量大学，2017.

[37] 韩宝琦，李树林. 制冷空调原理及应用 [M]. 北京：机械工业出版社，1995.

[38] 古在丰树，姜喆雄. 热泵原理和应用 [J]. 粮油加工与食品机械，1986（7）：52-55.

[39] 深圳根元环保科技有限公司. 热泵除湿原理、特点及不足 [EB/OL]. （2016-07-11）[2024-12-15]. http://www.rootsense.com.cn/h5/air/JiaShi/58.htm.